案例名称 为图像添加具有艺术气息的文字

成果所在地 第1章\Complete\为图像添加具有艺术气息的文字.psd

视　　频 第1章\为图像添加具有艺术气息的文字.swf

案例名称 快速抠取人物发丝图像

成果所在地 第2章\Complete\快速抠取人物发丝图像.psd

视　　频 第2章\快速抠取人物发丝图像.swf

案例名称 校正图像倾斜

成果所在地 第2章\Complete\校正图像倾斜.psd

视　　频 第2章\校正图像倾斜.swf

案例名称 快速抠取人物图像

成果所在地 第3章\Complete\快速抠取人物图像.psd

视　　频 第3章\快速抠取人物图像.swf

案例名称　制作可爱朦胧头像

成果所在地　第 3 章 \Complete\ 制作可爱朦胧头像 .psd

视　　频　第 3 章 \ 制作可爱朦胧头像 .swf

案例名称　制作梦幻光效

成果所在地　第 4 章 \Media\ 制作梦幻光效 .psd

视　　频　第 4 章 \ 制作梦幻光效 .swf

案例名称　绘制唯美空中城堡

成果所在地　第 4 章 \Media\ 绘制唯美空中城堡 .psd

视　　频　第 4 章 \ 绘制唯美空中城堡 .swf

案例名称　绘制文字图像

成果所在地　第 4 章 \Complete\ 绘制文字图像 .psd

视　　频　第 4 章 \ 绘制文字图像 .swf

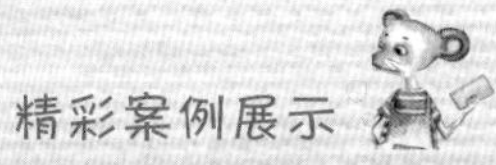

案例名称 美化人物图像
成果所在地 第 5 章 \Complete\ 美化人物图像 .psd
视　　频 第 5 章 \ 美化人物图像 .swf

案例名称 制作光影图像
成果所在地 第 5 章 \Complete\ 制作光影图像 .psd
视　　频 第 5 章 \ 制作光影图像 .swf

案例名称 制作可爱相框图像
成果所在地 第 5 章 \Complete\ 制作可爱相框图像 .psd
视　　频 第 5 章 \ 制作可爱相框图像 .swf

案例名称 制作立体文字
成果所在地 第 6 章 \Complete\ 制作立体文字 .psd
视　　频 第 6 章 \ 制作立体文字 .swf

案例名称 调整出炫彩梦幻图像
成果所在地 第 7 章 \Complete\ 调整出炫彩梦幻图像 .psd
视　　频 第 7 章 \ 调整出炫彩梦幻图像 .swf

案例名称 制作出黑白简单画图像
成果所在地 第 7 章 \Complete\ 制作出黑白简单画图像 .psd
视　　频 第 7 章 \ 制作出黑白简单画图像 .swf

案例名称 为画面添加文字
成果所在地 第 8 章 \Media\ 为画面添加文字 .psd
视　　频 第 8 章 \ 为画面添加文字 .swf

案例名称 制作出路径文字图像
成果所在地 第 8 章 \Media\ 制作出路径文字图像 .psd
视　　频 第 8 章 \ 制作出路径文字图像 .swf

案例名称 为画面添加文字
成果所在地 第 8 章 \Complete\ 为画面添加文字 .psd
视　　频 第 8 章 \ 为画面添加文字 .swf

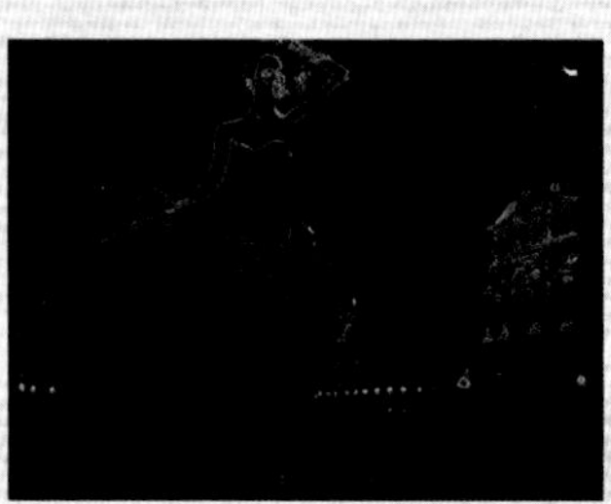

案例名称 添加图像个性边缘
成果所在地 第 11 章 \Complete\ 添加图像个性边缘 .psd
视　　频 第 11 章 \ 添加图像个性边缘 .swf

案例名称 制作素描图像

成果所在地 第 11 章 \Complete\ 制作素描图像 .psd

视　　频 第 11 章 \ 制作素描图像 .swf

案例名称 制作图像塑料效果

成果所在地 第 11 章 \Complete\ 制作图像塑料效果 .psd

视　　频 第 11 章 \ 制作图像塑料效果 .swf

案例名称 制作图像油画效果

成果所在地 第 11 章 \Complete\ 制作图像油画效果 .psd

视　　频 第 11 章 \ 制作图像油画效果 .swf

案例名称 制作喷溅画面效果

成果所在地 第 11 章 \Complete\ 制作喷溅画面效果 .psd

视　　频 第 11 章 \ 制作喷溅画面效果 .swf

案例名称 制作图像糖水效果

成果所在地 第 13 章 \Complete\ 制作图像糖水效果 .psd

视　　频 第 13 章 \ 制作图像糖水效果 .swf

案例名称 公益海报

成果所在地 第 13 章 \Complete\ 公益海报 .psd

视　　频 第 13 章 \ 公益海报 .swf

案例名称 制作个性相框效果

成果所在地 第 11 章 \Complete\ 制作个性相框效果 .psd

视　　频 第 11 章 \ 制作个性相框效果 .swf

案例名称 立体冰淇淋文字
成果所在地 第 13 章 \Complete\ 立体冰淇淋文字 .psd
视　　频 第 13 章 \ 立体冰淇淋文字 .swf

案例名称 古典人物插画
成果所在地 第 13 章 \Complete\ 古典人物插画 .psd
视　　频 第 13 章 \ 古典人物插画 .swf

案例名称 制作图像水墨画效果
成果所在地 第 13 章 \Complete\ 制作图像水墨画效果 .psd
视　　频 第 13 章 \ 制作图像水墨画效果 .swf

早该这样学！Photoshop比你想的简单

Art Eyes设计工作室　编著

人 民 邮 电 出 版 社
北 京

图书在版编目（CIP）数据

早该这样学！Photoshop比你想的简单 / Art Eyes设计工作室编著. -- 北京 : 人民邮电出版社, 2014.8
ISBN 978-7-115-35306-1

Ⅰ. ①早… Ⅱ. ①A… Ⅲ. ①图象处理软件 Ⅳ. ①TP391.41

中国版本图书馆CIP数据核字(2014)第085659号

内 容 提 要

Photoshop 是一款专业的图像处理软件，具有功能强大、设计人性化、插件丰富、兼容性好等特点。本书结合初、中级读者的学习特点，按照学习流程分为 13 章进行讲解。第 1～12 章分别从图像处理的基础知识、Photoshop 的功能、选区、绘画工具、修饰图像、图层、颜色调整、创建文字、路径、蒙版和通道、滤镜、高级功能等方面全面介绍了 Photoshop 的所有功能，并结合实例练习进行巩固。最后，第 13 章针对数码照片应用领域、平面广告应用领域、产品包装应用领域、网页设计应用领域、艺术文字应用领域和绘画插画应用领域 6 个领域来深入制作图像，展现所学习的每个知识点。

全书力求知识系统、全面，实例教程简单易懂，步骤讲解详尽。确保读者学起来轻松，做起来有趣。随书光盘包括了所有案例的素材文件和效果文件，并针对重点、难点制作了视频演示教程，帮助读者快速掌握操作技巧。

◆ 编　　著　Art Eyes 设计工作室
　责任编辑　张丹阳
　责任印制　程彦红

◆ 人民邮电出版社出版发行　　北京市丰台区成寿寺路 11 号
　邮编　100164　　电子邮件　315@ptpress.com.cn
　网址　http://www.ptpress.com.cn
　北京市雅迪彩色印刷有限公司印刷

◆ 开本：787 × 1092　1/16
　印张：22.5　　　　彩插：4
　字数：705 千字　　2014 年 8 月第 1 版
　印数：1 – 3 500 册　　2014 年 8 月北京第 1 次印刷

定价：79.00 元（附光盘）

读者服务热线：(010) 81055410　印装质量热线：(010) 81055316
反盗版热线：(010) 81055315

前言 PREFACE

软件介绍

通过全新的 Photoshop CS6 的简单界面，借助图像上的控件可以快速创建照片模糊效果，创建倾斜偏移效果，模糊所有内容，然后锐化一个焦点或在多个焦点间改变模糊强度。Mercury 图形引擎可即时呈现创作效果。Photoshop 是 Adobe 公司旗下最为出名的图像处理软件之一。

本书内容

全书按实际应用进行分类，以帮助读者在短时间之内掌握更有用的技术，快速提高图像处理水平。所选内容均来自于实际项目的设计制作经验。有的设计是作者教学经验的积累，有的实例来源于公司的设计项目，还有的来自于读者的提问。通过对 Photoshop CS6 软件进行实际地分析和讲解，可以帮助读者迅速掌握图像处理的设计理念和制作技巧，提高图像处理的综合水平。

在内容的编排上，全书采用了统一的编排方式，共分 13 章，包括图像处理的基础知识、进入 Photoshop CS6 的世界、选区就是通往 Photoshop 的铺地石、现在开始学习绘画、用 Photoshop 修饰出漂亮图像、图层就是通往 Photoshop 的通行证、让通往 Photoshop 的旅程色彩斑斓、图中有文字才完美、有路径通往 Photoshop 完全没阻碍、蒙版和通道应用、滤镜的强大之处、剖析 Photoshop CS6 的高级功能这 12 章，由浅入深、循序渐进地对 Photoshop CS6 进行介绍。最后的第 13 章以数码照片应用领域、平面广告应用领域、产品包装应用领域、网页设计应用领域、艺术文字应用领域以及绘画插画应用领域 6 个领域来深入制作图像，展现所学习的每个知识点。

本书特色

所有各章中的设置、实例内容都以解决读者在图像处理中遇到的实际问题和制作过程中应该掌握的核心技术为核心，每一章都有明确的主题，每一章中的多个实例都有其应用的价值，有的可以解决工作中的难题，有的可以提高工作效率，有的可以提高作品的价值。

读者对象

本书可供广大图像处理爱好者作为自学教材使用，也可作为广大设计人员的参考用书，还可供培训班作为培训教材使用。

编者

2014 年 6 月

目 录 CONTENTS

第 1 章 了解图像处理的基础知识

1.1 学习 Photoshop CS6 有什么用 12
- 1.1.1 在平面广告设计中的应用 12
- 试试看：利用 Photoshop 进行洗发水广告设计 12
- 1.1.2 在数码影楼中的应用 13
- 1.1.3 在绘画艺术中的应用 14
- 1.1.4 在动画中的应用 14
- 1.1.5 在艺术文字中的应用 15
- 试试看：为图像添加具有艺术气息的文字 15
- 1.1.6 在网站美工设计中的应用 16
- 1.1.7 在效果图后期调整中的应用 16
- 1.1.8 在界面与游戏设计中的应用 16

1.2 如何将 Photoshop CS6 搬进电脑 17
- 1.2.1 安装 Photoshop CS6 17
- 1.2.2 卸载 Photoshop CS6 19

1.3 了解 Photoshop 大家庭的专业术语 20
- 1.3.1 像素 20
- 1.3.2 位图 20
- 1.3.3 矢量图 20
- 1.3.4 分辨率 20

1.4 图像有很多颜色模式 21
- 1.4.1 RGB 颜色模式 21
- 1.4.2 CMYK 颜色模式 21
- 1.4.3 灰度模式 22
- 1.4.4 位图模式 22
- 1.4.5 索引颜色模式 22
- 1.4.6 双色调模式 23
- 1.4.7 多通道模式 23
- 1.4.8 Lab 模式 23

1.5 Photoshop 支持的文件格式 24
- 1.5.1 各种文件格式 24
- 1.5.2 Photoshop DCS 2.0 格式 24

1.6 使用 Adobe Bridge 管理文件 25
- 1.6.1 Adobe Bridge 操作界面 25
- 1.6.2 在 Adobe Bridge 中预览文件 27
- 1.6.3 对文件进行排序 27

温习一下 28

第 2 章 进入 Photoshop CS6 的世界

2.1 Photoshop 的整体工作界面 30
- 2.1.1 菜单栏 31
- 2.1.2 工具箱与快捷键 33
- 2.1.3 工具选项栏 36
- 2.1.4 文档窗口 38
- 2.1.5 状态栏 39
- 2.1.6 浮动面板 39
- 试试看：快速抠取人物发丝图像 42

2.2 学习怎么操作文件 44
- 2.2.1 新建空白图像文件 44
- 2.2.2 打开已存在的图像文件 44
- 2.2.3 保存 / 关闭图像文件 45

2.3 选择自己喜欢的方式查看图像 46
- 2.3.1 切换屏幕显示模式 46
- 2.3.2 文档窗口排列方式 46
- 2.3.3 使用“缩放工具”更改视图大小 47

2.3.4 使用“抓手工具”查看图像..................47
百变技能秀：制作精细图像..................48
2.4 标尺、参考线和网格线，三大辅助助手...49
2.4.1 标尺的设置..................49
试试看：校正图像倾斜..................49
2.4.2 参考线的设置..................50
2.4.3 网格的设置..................50
2.5 学会调整图像大小和画布尺寸..................51
2.5.1 图像尺寸的调整..................51
2.5.2 画布尺寸的调整..................51
2.6 图像处理缺少不了颜色的处理..................52
2.6.1 设置前景色和背景色..................52
2.6.2 使用“吸管工具”吸取颜色..................52
百变技能秀：结合油漆桶工具填充颜色..................53
2.7 图像大小形状不合适，咱们来调整..................54
2.7.1 图像的裁剪..................54
2.7.2 图像的变换..................54
试试看：裁剪图像，制作可爱画面..................55
温习一下..................56

第 3 章
选区就是通往 Photoshop 的铺地石

3.1 先看看有哪些选区工具..................58
3.1.1 矩形选框工具..................58
3.1.2 椭圆选框工具..................59
3.1.3 单行选框工具 / 单列选框工具..................59
3.1.4 套索工具..................59
3.1.5 多边形套索工具..................59
3.1.6 磁性套索工具..................60
3.1.7 魔棒工具..................61
3.1.8 快速选择工具..................61
试试看：快速抠取人物图像..................62
3.2 其他创建选区的方法..................63
3.2.1 “色彩范围”命令..................63
3.2.2 通过色彩创建选区..................64
百变技能秀：巧用“调整边缘”命令..................65
3.3 玩转选区..................66
3.3.1 创建选区..................66
试试看：更换蛋糕上花朵的颜色..................72
3.3.2 移动和取消选区..................72
3.3.3 反选选区..................73
3.3.4 存储和载入选区..................74
3.3.5 变换选区..................74
3.3.6 修改选区..................75
百变技能秀：选区与画笔的完美组合..................76
3.3.7 描边选区..................77
试试看：制作可爱朦胧头像..................77
3.4 怎么填充选区..................79
3.4.1 为选区填充单色..................79
3.4.2 为选区填充渐变..................79
3.4.3 为选区填充内容识别..................79
温习一下..................80

第 4 章
开始学习绘画

4.1 先来看看有哪些绘图工具..................82
4.1.1 画笔工具..................82
试试看：制作梦幻光效..................83
4.1.2 铅笔工具..................85
4.1.3 颜色替换工具..................85
4.1.4 混合器画笔工具..................86
百变技能秀：绘图中快速吸取颜色..................87
试试看：替换人物头发的颜色..................88
4.2 高一等级的历史记录画笔工具..................89
4.2.1 历史记录画笔工具..................89
试试看：恢复图像局部效果..................90
4.2.2 历史记录艺术画笔工具..................90
4.3 怎么设置画笔的属性..................91

4.3.1 画笔预设选取器......91
4.3.2 画笔预设面板......91
试试看：绘制文字图像......92
4.3.4 复位笔刷......93
4.3.5 新建画笔预设......94
试试看：绘制墙壁上的指纹效果......94
试试看：绘制唯美空中城堡......95
温习一下......96

第5章 用Photoshop修饰出漂亮图像

5.1 修复工具是美化图像的秘密武器......98
5.1.1 污点修复画笔工具......98
5.1.2 修复画笔工具......99
试试看：修复图片上的污渍......100
5.1.3 修补工具......101
5.1.4 红眼工具......101
5.1.5 图章工具......102
试试看：美化人物 图像......103
5.2 修饰工具是美化图像的辅助力量......104
5.2.1 模糊工具......104
5.2.2 锐化工具......105
5.2.3 减淡工具......105
5.2.4 加深工具......106
5.2.5 海绵工具......106
5.2.6 涂抹工具......106
试试看：制作光影图像......107
5.3 擦除不要的图像......108
5.3.1 橡皮擦工具......108
5.3.2 背景橡皮擦工具......109
5.3.3 魔术橡皮擦工具......110
试试看：制作可爱相框图像......111
温习一下......112

第6章 图层就是通往Photoshop的通行证

6.1 图层的基本属性......114
6.1.1 “图层”面板的组成......114
6.1.2 图层的不透明度......115
6.1.3 图层的显示与隐藏......115
6.1.4 图层的锁定......116
6.2 将图层掌控在手中......117
6.2.1 新建图层和图层组......117
6.2.2 复制和删除图层......118
6.2.3 链接图层......118
百变技能秀：快速变换多个图像......119
6.2.4 调整图层顺序......120
6.2.5 栅格化图层......120
6.2.6 合并图层和图层组......120
6.2.7 盖印图层......121
6.3 图层对象整整齐齐才好看......122
6.3.1 图层对象的对齐......122
6.3.2 图层对象的分布......122
6.4 图层混合模式是利器......123
6.4.1 图层混合模式的分类......123
6.4.2 图层混合模式的应用......124
试试看：制作金属徽章......125
6.5 图层样式的基本应用和高级应用......126
6.5.1 “图层样式”面板......126
6.5.2 图层样式分类......127
6.5.3 编辑图层样式......127
试试看：制作立体文字......129
6.6 填充和调整图层......130
6.6.1 填充图层......130
6.6.2 调整图层......130
6.7 图层复合......131
6.7.1 “图层复合”面板......131

6.7.2 更新图层复合......132

6.8 智能对象......132

6.8.1 了解智能对象......132

6.8.2 创建智能对象......132

6.8.3 替换智能对象......133

6.8.4 编辑智能对象......133

温习一下......134

第 7 章 让通往 Photoshop 的旅程色彩斑斓

7.1 了解颜色......136

7.1.1 关于颜色......136

7.1.2 转换图像颜色模式......138

7.1.3 “拾色器”对话框......139

7.1.4 “渐变编辑器”对话框......139

百变技能秀：渐变工具的使用......140

7.2 Photoshop 可以自动帮你调整颜色......141

7.2.1 “自动色调”命令......141

7.2.2 “自动对比度”命令......141

7.2.3 “自动颜色”命令......141

7.3 哪些命令可以调整图像色调......142

7.3.1 “色阶”命令......142

7.3.2 “曲线”命令......143

7.3.3 “亮度 / 对比度”命令......144

7.3.4 “色彩平衡”命令......144

7.3.5 调整 HDR 色调......145

7.3.6 “黑白”命令......145

7.3.7 “照片滤镜”命令......146

试试看：调整出小清新图像......147

7.4 哪些命令可以调整图像色彩......148

7.4.1 “曝光度”命令......148

7.4.2 “色相 / 饱和度”命令......149

7.4.3 “替换颜色”命令......149

7.4.4 “可选颜色”命令......150

7.4.5 “匹配颜色”命令......150

7.4.6 “去色”命令......151

7.4.7 “通道混合器”命令......151

7.4.8 “渐变映射”命令......151

7.4.9 “阴影 / 高光”命令......152

7.4.10 “自然饱和度”命令......153

7.4.11 “变化”命令......153

试试看：调整出炫彩梦幻图像......154

7.5 比较特殊的颜色处理......155

7.5.1 “反相”命令......155

7.5.2 “阈值”命令......155

7.5.3 “色调分离”命令......156

7.5.4 “色调均化”命令......156

试试看：制作黑白简单画图像......157

温习一下......158

第 8 章 图中有文字才完美

8.1 先来了解文字......160

8.1.1 文字图层......160

8.1.2 文字类型......161

8.2 怎么创建和编辑文字......162

8.2.1 创建点文字......162

8.2.2 创建段落文字......162

8.2.3 使用“字符”面板编辑点文字......163

8.2.4 使用“段落”面板编辑段落文字......165

试试看：添加纪念文字......166

8.2.5 点文字和段落文字的互换......167

试试看：为画面添加文字......167

8.3 文字也可以变幻莫测......169

8.3.1 变形文字......169

8.3.2 创建路径文字......171

8.3.3 创建蒙版文字......171

8.3.4 栅格化文字......172

8.3.5 将文字转换为路径 172
8.3.6 将文字转换为形状 173
8.3.7 字符拼写检查 173
8.3.8 查找和替换文本 174
试试看：制作路径文字图像 175
温习一下 176

第 9 章 有路径，通往 Photoshop 完全没阻碍

9.1 认识路径 178
9.1.1 关于路径 178
9.1.2 认识“路径”面板 178
9.1.3 路径与选区的区别 179
9.2 有钢笔工具才能自由绘制路径 180
9.2.1 钢笔工具 180
9.2.2 自由钢笔工具 181
试试看：抠取花朵图像 182
9.3 有些形状图形可以直接绘制出来 184
9.3.1 矩形工具 184
9.3.2 圆角矩形工具 185
9.3.3 椭圆工具 186
试试看：制作炫彩的背景图案 186
9.3.4 多边形工具 188
9.3.5 直线工具 188
9.3.6 自定形状工具 189
试试看：制作五彩图像 189
9.4 编辑路径，得到想要的图形 191
9.4.1 路径选择工具 191
9.4.2 直接选择工具 191
9.4.3 添加 / 删除锚点 192
9.4.4 改变锚点性质 192
9.4.5 填充路径 193
9.4.6 描边路径 193
9.4.7 存储、删除和剪贴路径 194
9.4.8 路径和选区的转换 194
9.4.9 “建立选区”对话框 195
试试看：制作晾晒图像 196
温习一下 198

第 10 章 神秘高级的蒙版和通道应用

10.1 认识蒙版 200
10.1.1 关于蒙版 200
试试看：更换图像天空 200
10.1.2 “蒙版”面板 201
10.2 详细了解蒙版的分类和管理 202
10.2.1 四大蒙版 202
试试看：绘制花朵形状图像 203
10.2.2 复制、删除蒙版 205
10.2.3 停用 / 启用图层蒙版 206
10.2.4 链接与取消链接图层蒙版 206
10.2.5 “快速蒙版选项”对话框 207
百变技能秀：快速抠取宠物图像 208
10.3 认识通道 209
10.3.1 关于通道 209
10.3.2 “通道”面板 209
10.4 通道的分类和编辑 210
10.4.1 四大通道 210
10.4.2 创建新通道 212
10.4.3 重命名通道 213
10.4.4 复制 / 删除通道 213
10.4.5 通道和选区的互换 214
10.4.6 显示与隐藏通道 214
10.4.7 分离与合并通道 215
试试看：抠取漂亮美女图像 216
10.5 两个功能强大的通道运算 218
10.5.1 “应用图像”命令 218
10.5.2 “计算”命令 219
温习一下 220

第 11 章 滤镜，Photoshop 的强大之处

11.1 认识滤镜 222
11.1.1 滤镜的作用 222
11.1.2 熟悉“滤镜库”对话框 222
11.2 “滤镜库”内的滤镜 223
11.2.1 “照亮边缘”滤镜 223
试试看：添加图像个性边缘 223
11.2.2 “画笔描边”滤镜组 224
试试看：制作喷溅画面效果 225
11.2.3 “扭曲”滤镜组 225
11.2.4 “素描”滤镜组 226
试试看：制作素描图像 228
11.2.5 “纹理”滤镜组 228
11.2.6 “艺术效果”滤镜组 229
试试看：制作图像塑料效果 231
11.3 独立的滤镜 232
11.3.1 镜头校正 232
试试看：矫正失真照片 233
11.3.2 液化 233
试试看：打造完美人像 234
11.3.3 油画 235
试试看：制作图像油画效果 236
11.3.4 消失点 237
试试看：制作个性相框效果 237
百变技能秀：“抽出”滤镜 239
11.4 其他滤镜组 240
11.4.1 “风格化”滤镜组 240
11.4.2 “模糊”滤镜组 241
试试看：制作照片朦胧效果 243
11.4.3 “扭曲”滤镜组 244
试试看：制作透明气泡效果 245
11.4.4 “锐化”滤镜组 247
11.4.5 “视频”滤镜组 247
11.4.6 “像素化”滤镜组 248
11.4.7 “渲染”滤镜组 249
11.4.8 “杂色”滤镜组 249
11.4.9 “其他”滤镜组 250
试试看：制作下雨天朦胧图像 251
11.5 常用的外挂滤镜 252
11.5.1 Portraiture 滤镜 252
11.5.2 Mask Pro4 滤镜 253
试试看：替换人物背景 254
温习一下 256

第 12 章 剖析 Photoshop CS6 的高级功能

12.1 Web 图像优化和打印输出 258
12.1.1 Web 图像优化 258
12.1.2 文件打印输出 258
12.2 Photoshop 也可以三维 261
12.2.1 创建 3D 对象 261
试试看：从选区中创建 3D 对象 261
试试看：从路径中创建 3D 对象 262
试试看：从图层中创建 3D 对象 263
12.2.2 创建 3D 明信片 264
12.2.3 熟悉 3D 面板 264
12.2.4 创建 3D 凸纹对象 265
12.2.5 3D 对象的设置 266
12.2.6 3D 图像渲染 268
12.2.7 存储和导出以及合并 3D 文件 269
12.3 动作和批处理 270
12.3.1 “动作”面板 270
12.3.2 创建 / 删除动作 271
12.3.3 播放 / 停止动作 271
12.3.4 “批处理”对话框 272
12.3.5 “批处理”命令 272
试试看：制作两个相同效果图像 273

12.4 让图像动起来 274
12.4.1 “动画（帧）”选项卡 274
12.4.2 “动画（时间轴）”面板 275
12.4.3 运用“动画（帧）”来创建动画 275
温习一下 276

第 13 章 展现实力的时候到了

13.1 数码照片应用领域 278
13.1.1 制作图像水墨画效果 278
13.1.2 制作图像复古效果 283
13.1.3 制作图像糖水效果 286
13.1.4 添加魅力妆容 289
13.2 平面广告应用领域 293
13.2.1 食品广告 293
13.2.2 公益海报 300
13.3 产品包装应用领域 306
13.3.1 香水产品造型设计 306
13.3.2 糖果包装设计 310
13.4 网页设计应用领域 314
13.4.1 儿童教育网页设计 314
13.4.2 个人网页设计 320
13.5 艺术文字应用领域 327
13.5.1 金属文字 327
13.5.2 荧光文字 333
13.5.3 立体冰淇淋文字 337
13.6 绘画插画应用领域 345
13.6.1 个性铅笔插画 345
13.6.2 古典人物插画 350

第1章 了解图像处理的基础知识

Photoshop CS6是国内用户最熟悉的平面图像处理软件，它最大的优点就是功能强大、操作便捷，并具有极强大的灵活性。学会选区操作是必修功课，本章就来好好学习一下选区的操作，看看它到底有多重要。其功能十分强大，它集图像设计、编辑、特效及高级品质的特效功能于一身。了解了Photoshop CS6图像处理的基础知识，可为以后的学习打下坚实的根基。

问：了解一下图像处理的基础知识有什么作用
呢？
答：学习Photoshop图像处理软件必须先对图
像处理的基础知识有一个清楚的了解，以使今
后的学习更加得心应手。

1.1 学习 Photoshop CS6 有什么用

Photoshop CS6 具有强大的绘图功能，利用它们可以绘制出逼真的卡通形象、人物、动植物和产品效果，以及生活中看到的所有事物。并且，Photoshop CS6 拥有强大的图像修复与调整功能，利用它们可以进行照片合成、修复与上色等操作。学习 Photoshop CS6 可以设计出商标、包装、海报、样本、招贴、壁纸和网页等平面作品，使设计出来的作品更加具有视觉效果和说服力。

1.1.1　在平面广告设计中的应用

Photoshop 可以为广告设计提供良好的平台，它作为平面图像处理软件中的一员，之所以受到广大设计师的喜爱，是因为该软件的功能非常强大。它根据用户作图时的不同需要，提供了一系列调整图像色调品质和色彩平衡的命令，加上强大的滤镜引擎和文字编辑功能，再配上图层、通道、路径等编辑方法，足以让我们的灵感和创作激情得到最大限度地发挥。

从 Photoshop 在广告设计中的重要作用，以及它功能的强大，足以看到它的发展前景是很广阔的。用它设计出的广告充满了新意，可让人们得到完美的视觉享受。另外，可以在该软件中随意地修改广告，增加很多奇特的效果，使观众享受广告带来的美感。

试试看：利用 Photoshop 进行洗发水广告设计

成果所在地：第 1 章\Complete\利用 Photoshop 进行洗发水广告设计 .psd
视频 \ 第 1 章 \ 利用 Photoshop 进行洗发水广告设计 .swf

1 执行“文件 > 打开”命令，打开“人物 .jpg”图像文件。创建好后，按快捷键 Ctrl+J 复制出图像并生成“图层 1”。

2 打开“洗发水 .png”文件，将其拖曳到当前文件图像中，生成“图层 2”，使用快捷键 Ctrl+T 变换图像大小，并将其放置于画面右下方合适的位置。单击横排文字工具T，设置前景色为棕色，输入所需文字，将其放至于画面合适的位置。至此，本实例制作完成。

小小提示：单击横排文字工具 T，设置前景色，输入所需文字，双击文字图层，在其属性栏中设置文字的字体样式及大小，并将其放于画面上合适的位置，很方便吧！

1.1.2 在数码影楼中的应用

Photoshop 拥有强大的图像修复与调整功能，利用它们可以进行照片合成、修复与上色等操作。它是在影楼修片中常用的软件，常用于制作数码照片的后期润饰，处理照片曝光不足、人物插画效果等数码影楼照片的修饰。

❶ 执行“文件 > 打开”命令，打开一个图像文件。

❷ 单击“创建新的填充或调整图层”按钮 ◐.，在弹出的菜单中选择“曝光度”选项设置参数，调整图像曝光度。

❸ 创建“色彩平衡 1”、“色相/饱和度 1”图层，以调整图层色调。

一张好的片子应功归于摄影师、化妆师和数码师，在他们的默契配合中，不同风格、不同类型的片子得以呈现给大家。Photoshop CS6 的功能非常强大，其批量处理的功能适合的人群比较广。现在有很多拍淘宝网的朋友们总是会因为大量的照片修不出来而发愁，下面就来介绍一下怎样批量处理照片。

❶ 执行“文件 > 打开”命令，打开一个图像文件。可先对原始图像进行裁剪、色彩校正后再进行动作设置。

❷ 单击“动作”面板右边的三角形按钮，在弹出菜单中选择“新动作”命令。在“新动作”面板里为动作设置名称和快捷键，单击“确定”按钮。按快捷键 Shift+Ctrl+Alt+E 盖印图层，并设置其混合模式为柔光。

❸ 单击“创建新的填充或调整图层”按钮 ◐.，在弹出的菜单中选择“色彩平衡”选项设置参数，并在通道设置颜色制作出画面色调效果。单击“动作”面板下面的方形“停止播放/记录”按钮，结束动作记录。

❹ 执行“文件 > 打开”命令，打开另一个需要批处理的图像文件。

❺ 单击所设置的快捷键 F12。

❻ 图像就会执行与上面设置一样的色调批处理。

1.1.3 在绘画艺术中的应用

Photoshop 具有强大的绘图功能，利用它们可以绘制出逼真的卡通形象、人物、动植物、产品效果，以及生活中看到的事物。使用 Photoshop 中的钢笔工具、画笔工具、椭圆选框工具、矩形选框工具等绘图工具，可绘制出所需要的任意绘画形状。

❶ 执行“文件 > 打开”命令，打开一个图像文件，按快捷键 Ctrl+J 复制图像。

❷ 单击“创建新的填充或调整图层”按钮，在弹出的菜单中选择需要设置的选项并设置参数，并设置其图层混合模式，制作图像梦幻效果。

❸ 新建图层，设置前景色为色，单击画笔工具，选择尖角画笔并适当调整大小及透明度，在画面上适当的位置绘制可爱的图形。

1.1.4 在动画中的应用

动画场景的制作是动画创作中的重要组成部分，动画场景具有独特的创作规律和技巧，而利用 Photoshop CS6 这一软件工具，能够实现动画场景中的特殊要求。因此，这些技术的掌握对动画场景的设计与制作是很有帮助的。

贴心巧计：运用 Photoshop 制作动画场景，一般会结合滤镜工具里滤镜库中的艺术效果滤镜和油画，来制作出具有儿童动画背景效果的图片。并且，滤镜带来的效果可以直观快速地被观众看见，这不但可以节省不少时间，而且快速又准确，切记哦！

❶ 执行“文件 > 打开”命令，打开一个图像文件。按快捷键 Ctrl+J 复制图像。

❷ 执行“滤镜 > 滤镜库 > 艺术效果 > 绘画涂抹”命令和“滤镜 > 油画”，并在弹出的对话框中设置参数，制作动画场景效果。

❸ 依次创建“色阶 1”、“色彩饱和度 1”、“亮度 / 对比度 1”调整图层，调整画面的色调，将动画场景效果制作完成。

1.1.5 在艺术文字中的应用

艺术文字在商业广告制作中占有极其重要的地位。在 Photoshop 中，文字的输入和文字格式设置是基础的文字编辑操作，此外还能对文字进行一些更加高级的编辑，如改变文本的排列方式、栅格化文字图层、将文字转换为路径、变形文字以及沿路径环绕排列文字，并进一步操作制作艺术文字，从而使艺术文字具有一定画面效果。

试试看：为图像添加具有艺术气息的文字

成果所在地：第 1 章 \Complete\ 为图像添加具有艺术气息的文字 .psd

视频 \ 第 1 章 \ 为图像添加具有艺术气息的文字 .swf

1 执行“文件 > 打开”命令，打开“为图像添加具有艺术气息的文字 jpg”图像文件，创建好后按快捷键 Ctrl+J 复制出图像并生成“图层 1”。

2 选择“图层 1”，单击“创建新的填充或调整图层”按钮 ，在弹出的菜单中选择“黑白”选项设置参数，将图像去色。

3 设置前景色为黑色，单击“添加图层蒙版”按钮 ，单击画笔工具 ，选择柔角画笔并适当调整大小及透明度，在蒙版上对房子以外的部分加以涂抹，制作出特殊的艺术图像效果。

4 单击横排文字工具 ，分别设置前景色为黄色和白色，输入所需文字，双击文字图层，在其属性栏中设置文字的字体样式及大小，使用快捷键 Ctrl+T 变换图像大小，并将其放置于画面中合适的位置，在图片上添加艺术文字，制作明信片效果。至此，本实例制作完成。

1.1.6 在网站美工设计中的应用

设计一个网站，有的人是喜欢用铅笔画给客户他设计的首页的样式，让客户对首页将会做成什么样有所了解。而用 Photoshop 图像设计软件直接做出这个首页的雏形则更有表达能力，这样客户也会根据他们的需求提出一些比较明了的建议。所以说，Photoshop 是网站设计的首选软件。在电商十分流行的今天，淘宝网站中图片的美化和修饰主要使用 Photoshop 这一软件来进行的。

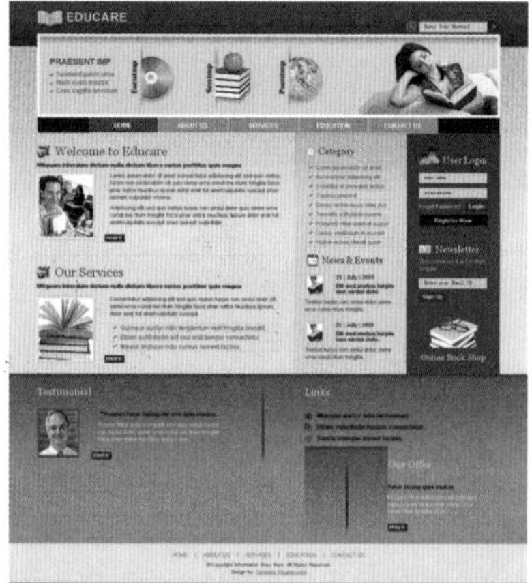

1.1.7 在效果图后期调整中的应用

Photoshop 是商业效果图表现中后期处理很重要的工具之一，通过各个色调的调和和后期效果图的渲染，从而制作出具有一定艺术效果的商业效果表现图。特别是对于校建筑设计、建筑装饰设计、环境艺术设计等后期效果的制作，Photoshop 特别适用。

1.1.8 在界面与游戏设计中的应用

随着应用的时代到来，毋庸置疑，无论是 PC、Web 还是移动终端，都将迎来自己“应用化”的春天。随着 UC8.0 各线浏览器产品的发布，UC 浏览器的粉丝们不难发现，“应用化”的道路上出现了大家挚爱的 UC。利用 Photoshop 制作 UC 图标是现在非常实用且流行的。除了 UC 图标的制作，Photoshop 还广泛用于制作各种大型网站的界面和各种游戏场景的设计中。

小小提示：在使用 UC 图标时，一般需要结合多个非常实用的工具，如钢笔工具、矩形选框工具、椭圆选框工具、渐变工具、结合绘制图标等，会十分快捷、方便。

1.2 如何将 Photoshop CS6 搬进电脑

本节将学习一下如何将 Photoshop CS6 搬进电脑。有两个知识点需要记住，即安装 Photoshop CS6 和卸载 Photoshop CS6。下面将详细介绍安装 Photoshop CS6 和卸载 Photoshop CS6。

1.2.1 安装 Photoshop CS6

在无病毒的任一网站中下载 Photoshop CS6；下载完成后打开文件位置，并解压 Photoshop CS6；解压成功后，在“Adobe CS6”文件夹里找到“Set-up.exe”安装程序，双击该图标进行安装。

❶“Set-up.exe”安装程序：双击该程序的图标对 Adobe Photoshop CS6 进行安装。

双击“Set-up.exe”安装程序后，会在选择了安装的情况下，弹出欢迎使用面板，在此选择“作为试用版安装”选项。

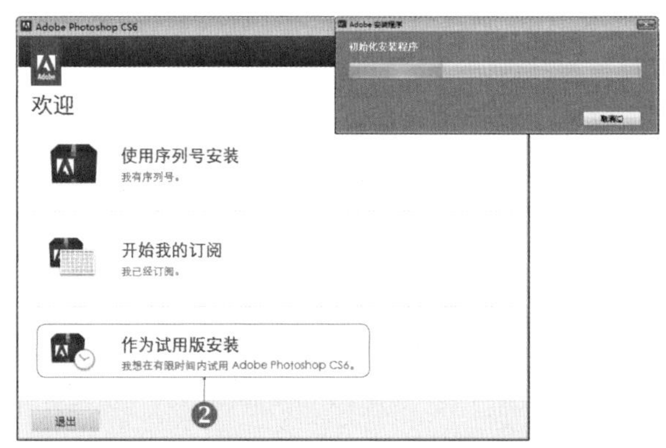

❷“作为试用版安装”选项：单击该选项即开始安装该试用程序。

在单击了“作为试用版安装”选项后，会弹出许可协议界面，在该界面中单击“接受”按钮。

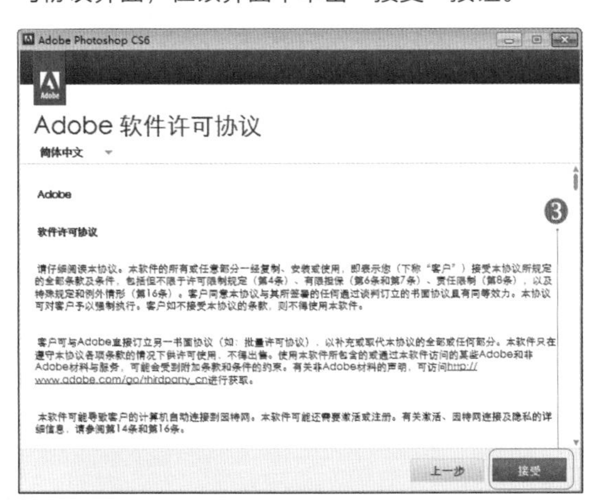

❸“接受”按钮：单击该按钮即接受软件许可协议，以便对后面的程序进行安装。

在进行安装之前，先断掉网络连接（禁用网卡或者拔掉网线），否则这一步会出来登录界面，如图所示。

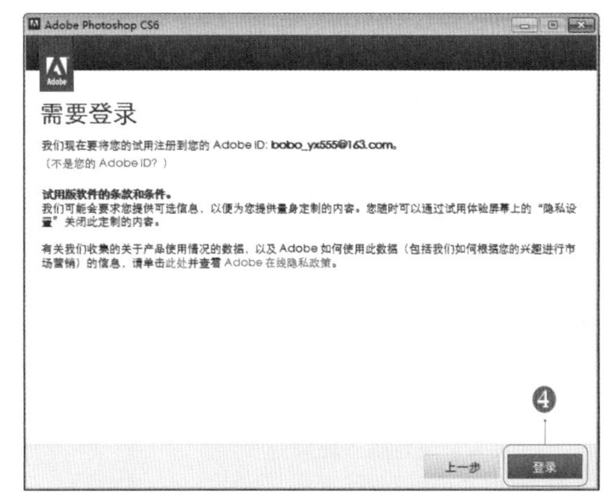

❹“登录”按钮：在进行安装之前，未先断掉网络连接而弹出的界面。

在“选项”面板中设置 Photoshop CS6 的安装路径，完成后单击“安装”按钮。

❺储存选项：在里面选择要将程序储存的位置，并单击“安装”按钮，即可将文件存储到需要储存的位置。

单击“完成”按钮，即可启动 Photoshop CS6。

❼“安装”按钮：单击该按钮即可将文件安装。

贴心巧计：在安装 Photoshop CS6 的过程中，会出现安装不了的现象。不要着急，先看一下是否是由于之前使用过 Photoshop 软件，并且没有卸载干净而导致的。先打开“我的电脑”，搜索关键字 Adobe，彻底删除搜索出来的所有文件，再运行清理软件，清理注册表残留项目，可下载附件清理注册表以及其他系统垃圾。最后，退出杀毒软件并关闭实时防护功能。清理完毕后，重新打开安装程序，进行安装即可！

在“安装”面板中可查看 Photoshop CS6 的安装进度。

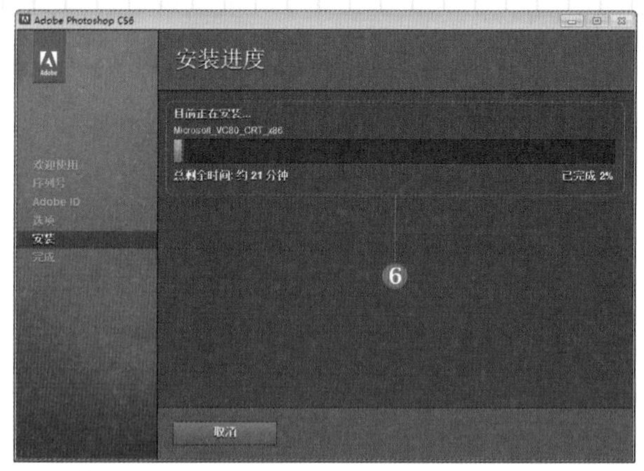

❻“正在安装”进度栏：在该栏中可以清晰地看到 Photoshop CS6 程序安装的进度和剩下的安装时间。

安装完成后，Photoshop CS6 的图标会在电脑中的程序里显示，双击 Photoshop CS6 图标即可打开程序。

❽“PS 图标”：单击该图标即可将 Photoshop CS6 打开。

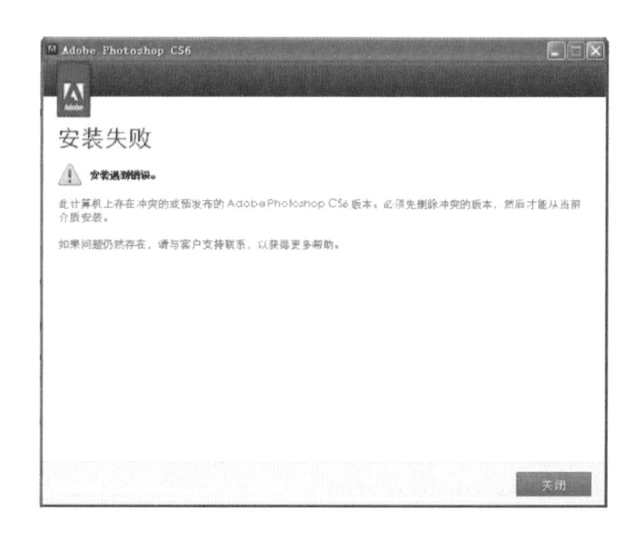

1.2.2 卸载 Photoshop CS6

要在系统中卸载 Photoshop CS6，可在系统界面中执行“开始 > 控制面板 > 程序和功能”命令，或是在“所有程序”菜单栏中选择Adobe Photoshop CS6软件，并单击鼠标右键，在弹出的快捷菜单中选择“强力卸载此软件”命令，然后在弹出的“卸载选项”对话框中单击“卸载”按钮即可卸载该软件。

❶“Photoshop CS6”图标：在“控制面板”中，在该图标上单击鼠标右键可卸载或更改 Photoshop CS6 程序的图标。

❷在弹出的“卸载或更改程序”面板中，在 Adobe Photoshop CS6 图标上单击鼠标右键，在弹出的快捷菜单中选择“卸载”选项即可。

在弹出的“卸载选项”对话框中单击“卸载”按钮，即可应用卸载命令。

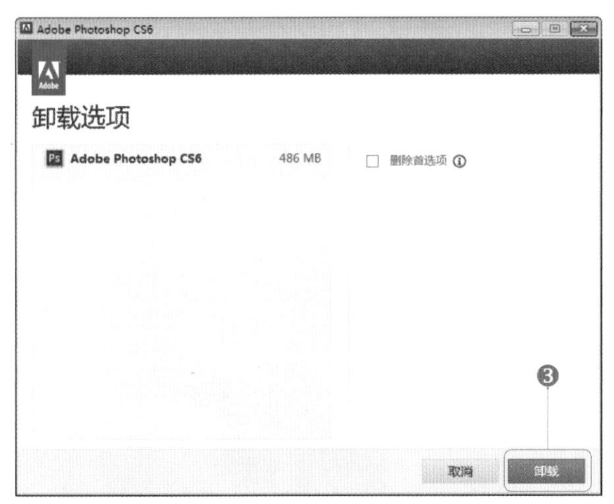

❸“卸载”按钮：单击该按钮，即确定将该程序从电脑上卸载。

单击“卸载”按钮后，可查看卸载进度，卸载完成后单击“完成”按钮。

❹“卸载”进度栏：在该栏中可以清晰地看到 Photoshop CS6 程序卸载的进度和剩下的卸载时间。

小小提示：卸载软件还有一种方法，就是在系统界面中的“开始”菜单中选择“强力卸载电脑中的软件”选项，在弹出的“360 管家”软件中选择 Adobe Photoshop CS6 软件选项，并在对应的选项中单击“卸载”按钮，在弹出的“卸载选项”对话框中单击“卸载”按钮，即可卸载该软件。

1.3 了解 Photoshop 大家庭的专业术语

在学习 Photoshop CS6 的过程中，经常会遇到一些专业术语，下面将对一些 Photoshop CS6 常用且比较难理解的术语进行简单讲解。

1.3.1 像素

像素是构成图像的最基本元素，它实际上是一个个独立的小方格，每个像素都能记录它所在的位置和颜色信息。

1.3.2 位图

位图图像也叫点阵图像，它是由许多单独的小方块组成的，这些小方块又称为像素点，每个像素点都有特定的位置和颜色值。像素点越多，图像的分辨率越高，相应地，图像的文件量也会随之增大。使用放大工具将图像放大后，可以清晰地看到像素的小方块形状与不同的颜色。

1.3.3 矢量图

矢量图也叫向量图，它是一种基于图形的几何特性来描述的图像。矢量图中的各种图形元素称为对象，每一个对象都是独立的个体，都具有大小、颜色、形状、轮廓等属性。矢量图与分辨率无关，可以将它设置为任意大小，其清晰度不变，也不会出现锯齿状的边缘。

1.3.4 分辨率

分辨率包含图像分辨率、屏幕分辨率和输出分辨率。图像分辨率是指图像中每单位长度上的像素数目，称为图像的分辨率，其单位为像素 / 英寸或像素 / 厘米。在相同尺寸的两幅图像中，高分辨率的图像包含的像素比低分辨率的多。屏幕分辨率指显示器上每单位长度显示的像素数目。屏幕分辨率取决于显示器大小及其像素设置。当图像分辨率高于显示器分辨率时，屏幕中显示的图像比实际尺寸大。输出分辨率指照排机或打印机等输出设备产生的每英寸的油墨点数（dpi）。打印机的分辨率在 720 dpi 以上的，可以使图像获得比较好的效果。

分辨率为 300 时的图像画质

分辨率为 100 时的图像画质

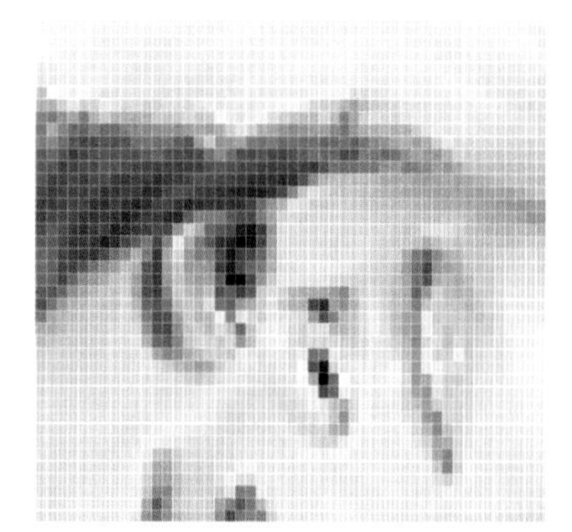

分辨率为 20 时的图像画质

1.4 图像有很多颜色模式

Photoshop CS6 中，图像的呈现可以有很多种颜色模式。了解模式的概念是很重要的，因为色彩模式决定了显示和打印电子图像的色彩模型。色模式是指图像在显示或打印输出时定义颜色的不同方式。下面具体了解一下，在不同颜色模式下图像呈现出来的不同效果的原因和不同颜色模式的性质。

贴心巧计：常见的色彩模式包括位图模式、灰度模式、双色调模式、HSB（表示色相、饱和度、亮度）模式、RGB（表示红、绿、蓝）模式、CMYK（表示青、洋红、黄、黑）模式、Lab 模式、索引色模式、多通道模式以及 8 位 /16 位模式，每种模式的图像描述和重现色彩的原理及所能显示的颜色数量是不同的。

1.4.1 RGB 颜色模式

RGB 颜色模式是一种加色模式，它通过红、绿、蓝 3 种色光相叠加而形成更多的颜色。RGB 是色光的彩色模式，一幅 RGB 图像有 3 个色彩信息的通道：红色（R）、绿色（G）和蓝色（B）。它是工业界的一种颜色标准，是通过对三个颜色通道的变化以及它们相互之间的叠加来得到各式各样的颜色的。这个标准几乎包括了人类视力所能感知的所有颜色，是目前运用最广的颜色系统之一。

1.4.2 CMYK 颜色模式

CMYK 颜色模式是减法混合原理，即减色色彩模式。CMYK 代表了印刷上用的 4 种油墨颜色：C 代表青色，M 代表洋红色，Y 代表黄色，K 代表黑色。CMYK 也称作印刷色彩模式，是一种依靠反光的色彩模式。和 RGB 类似，CMY 是 3 种印刷油墨名称的首字母：青色 Cyan、品红色 Magenta、黄色 Yellow。而 K 取的是 black 最后一个字母，之所以不取首字母，是为了避免与蓝色 (Blue) 混淆。从理论上来说，只需要 CMY 三种油墨就足够了，它们三个加在一起就应该得到黑色。但是由于目前制造工艺还不能造出高纯度的油墨，CMY 相加的结果实际是一种暗红色。

①在 RGB 颜色模式下的图像及其该模式下的通道图层展示。

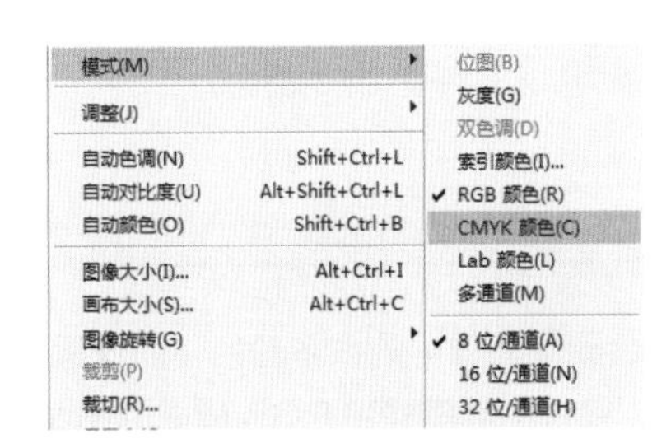

②执行“图像 > 模式 >CMYK 颜色命令”，将图像的颜色模式进行转换。

③将 RGB 颜色模式下的图像转换为 CMYK 颜色模式下的图像及其该模式下的通道图层展示。

贴心巧计：在进行颜色模式的转换过程中，会弹出“即将转换为使用”的对话框，在确定要转换颜色模式的情况下，单击“确定按钮”即可转换。

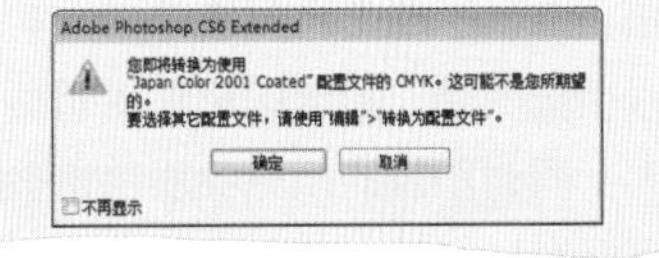

1.4.3 灰度模式

灰度模式可以使用多达256级的灰度来表现图像，使图像的过渡更平滑细腻。灰度图像的每个像素有一个0（黑色）~ 255（白色）的亮度值。灰度值也可以用黑色油墨覆盖的百分比来表示（0% 等于白色，100% 等于黑色）。使用黑白或灰度扫描仪产生的图像常以灰度显示。

❶ RGB 颜色模式下的图像。

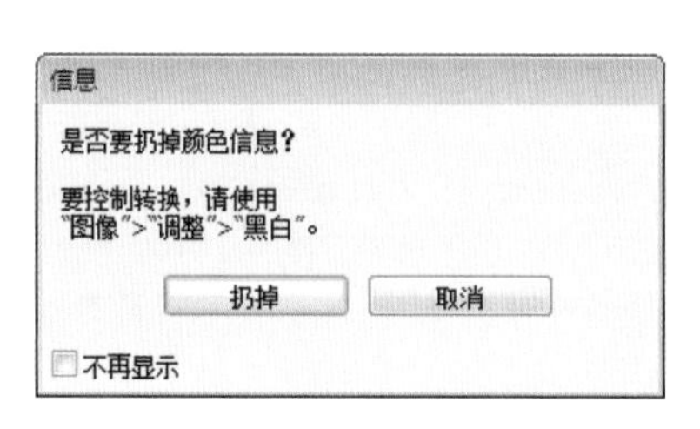

❷ 执行“图像 > 模式 >CMYK 颜色”命令，弹出是否去掉颜色对话框。

❸ 将 RGB 颜色模式下的图像转换为灰度颜色模式下的图像。

1.4.4 位图模式

位图模式是使用黑白两种颜色之一来表示图像中的像素。位图模式的图像也叫作黑白图像，因为图像中只有黑白两种颜色。除非特殊用途，一般不选这种模式。当需要将彩色模式转换为位图模式时，必须先将其转换为灰度模式，由灰度模式才能转换为位图模式。

❶ RGB 颜色模式下的图像。

❷ 将 RGB 颜色模式下的图像转换为灰度颜色模式下的图像。

❸ 将灰度颜色模式下的图像转换为位图模式下的图像。

1.4.5 索引颜色模式

在将色彩图像转换为索引颜色时，会删除图像中的很多颜色，而仅保留其中的256种颜色，即许多多媒体动画应用程序和网页所支持的标准颜色数。只有灰度模式和RGB模式的图像可以转换为索引颜色模式，因为灰度模式本身就是由256级灰度构成的。

转换为索引颜色后，无论颜色还是图像大小都没有明显的差别。但是将RGB模式的图像转换为索引颜色模式后，图像的尺寸将明显减少，同时图像的视觉品质也将多少受损。

1.4.6 双色调模式

在 Photoshop CS6 中，双色调模式是用一种灰色油墨或彩色油墨来渲染一个灰度图像。该模式最多可向灰度图像添加 4 种颜色，从而可以打印出比单纯灰度更有趣的图像。

❶ RGB 颜色模式下的图像。

❷ 将 RGB 颜色模式下的图像转换为灰度颜色模式下的图像。

❸ 将灰度颜色模式下的图像转换为双色调模式下的图像。

贴心巧计：**在使用 Photoshop 对图像进行位图模式和双色调模式转换时，必须先将图像转换为灰度模式，这技巧需牢记！**

1.4.7 多通道模式

在 Photoshop CS6 多通道模式中，色彩模式决定显示和打印电子图像的色彩模型。常见的色彩模式包括位图模式、灰度模式、双色调模式等模式。下面将一一讲解多种通道模式。

1.4.8 Lab 模式

Lab 模式是由国际照明委员会 (CIE) 于 1976 年公布的，理论上包括了人眼可见的所有颜色的色彩模式。它不依赖于光线，也不依赖于颜料，弥补了 RGB 与 CMYK 两种色彩模式的不足，是 Photoshop 在不同颜色模式之间转换时使用的内部颜色模式，你可以在图像编辑中使用 Lab 模式，并且在将 Lab 模式转换为 CMYK 模式时不会像 RGB 转换为 CMYK 模式时那样丢失色彩。因此，避免色彩丢失的最佳方法是用 Lab 模式编辑图像，再转换成 CMYK 模式打印输出。但有些 Photoshop 滤镜对 Lab 模式的图像不起作用。所以如果要处理彩色图像，建议在 RGB 模式与 Lab 模式两者中选一种，打印输出前再转成 CMYK 模式。记住，用 Lab 模式转换图像不用校色。

❶ RGB 颜色模式下的图像。

❷ 将 RGB 颜色模式下的图像转换为 Lab 颜色模式下的图像。

❸ 转换为 Lab 颜色模式下的图像，该模式下的通道图层展示如图。

1.5 Photoshop 支持的文件格式

在不同领域、不同的工作环境中，因为用途不同所使用的图形图像的文件格式也不一样。例如，Word 中的图形图像一般为 BMP 或 TIF 格式的文件；在网页中使用的图像则是 PNG、JPEG 和 G1F 格式的文件；印刷输出的图像一般为 EPS 或 TIF 格式。本节将介绍图形图像常用文件格式。

1.5.1 各种文件格式

文件格式多种多样，包括 PSD 格式、BMP 格式、PDF 格式、JPEG 格式、GIF 格式、TIFF 格式、cdr 格式、AI 格式、eps 格式、WMF 格式、PCD 格式、TGA 格式等。

1.5.2 Photoshop DCS 2.0 格式

下面介绍几种 Photoshop DCS 2.0 中常用到的文件格式。

小小提示：在存储文件的时候，图像文件必须在 RGB 颜色模式下进行存储。若图像的颜色模式不是 RGB 颜色模式，需执行“图像 > 模式 >RGB 颜色”命令，将图像的颜色模式转换为 RGB 颜色模式。

PSD 文件格式是 Adobe Photoshop 的专用档案，可以储存成 RGB 或 CMYK 模式，更能自定颜色数目储存，PSD 文件可以将不同的物件以层级（Layer）分离储存，便于修改和制作各种特效。

BMP 文件格式是最原始的图像格式，也是 Windows 系统下的标准格式，利用 Windows 的调色盘绘图，就是存成 BMP 档。

GIF 文件格式中，GIF 是 Graphics Interchange Format 的简写，适用于各式主机平台，各种软件皆可支持该格式，现今的 GIF 格式仍只能达到 256 色，但它的 GIF89a 格式，能储存成背景透明化的形式，并且可以将数张图存成一个档案，形成动画效果。

JPEG 文件格式是一种高效率的压缩文件，在存储时能够将人眼无法分辨的资料删除，以节省储存空间，但这些被删除的资料无法在解压时还原。所以 JPEG 档案并不适合放大观看，输出成印刷品时品质也会受到影响，这种类型的压缩档案，被称为“失真（Loosy）压缩”或“破坏性压缩”。

TIFF 和 EPS 文件格式都包含两个部分：第一部分是萤幕显示的低解析度影像，方便影像处理时的预览和定位；而另一部分包含各分色的单独资料。TIFF 常被用于彩色图像文件的扫描，它是以 RGB 的全彩模式储存的，而 EPS 文件是以 DCS/CMYK 的形式储存的，文件中包含 CMYK 四种颜色的单独资料，可以直接输出四色网点。

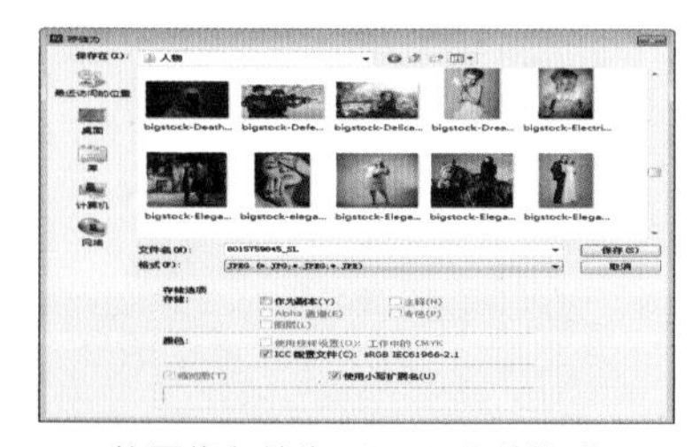

将图像存储为 JPEG 文件格式

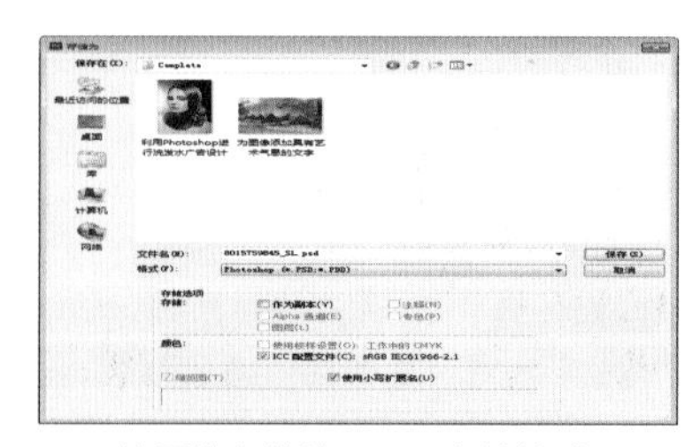

将图像存储为 PSD 文件格式

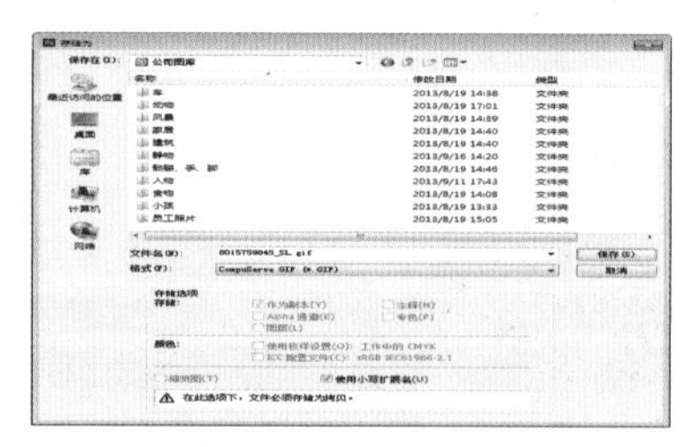

将图像存储为 GIF 文件格式

1.6 使用 Adobe Bridge 管理文件

Adobe Bridge 是 Adobe Creative Suite 的控制中心。使用它可以组织、浏览和寻找所需资源，用于创建供印刷、网站和移动设备使用的内容。通过 Adobe Bridge 可以方便地访问本地 PSD、AI、INDD 和 Adobe PDF 文件以及其他 Adobe 和非 Adobe 应用程序文件。可以将资源按照需要拖曳到版面中进行预览，甚至向其中添加元数据。Bridge 既可以独立使用，也可以在 Adobe Photoshop、Adobe Illustrator、Adobe InDesign 和 Adobe GoLive 中使用。

1.6.1 Adobe Bridge 操作界面

单击 Photoshop CS6 右上角的 Go to Bridge 转到 Bridge 图标，打开 Adobe Bridge。它是一个功能比较完备的文件浏览器，其界面如下图所示。

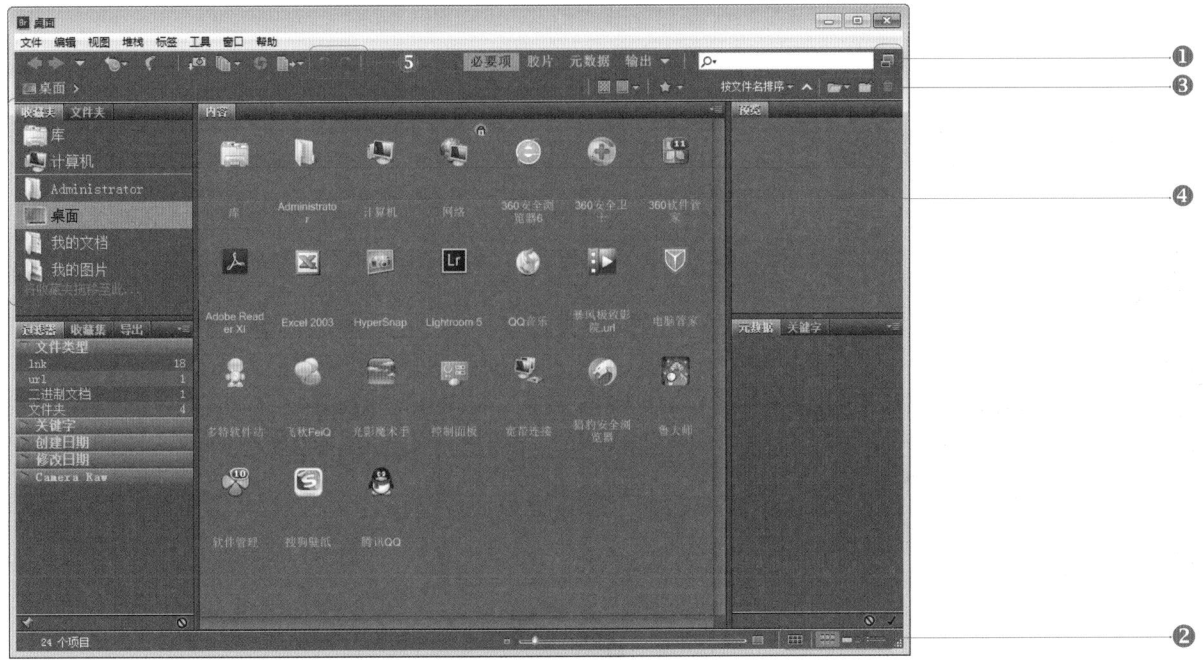

Adobe Bridge 操作界面

❶ "切换到紧凑模式"按钮：Adobe Bridge 有"完整"与"紧凑"两种工作界面，使用 Adobe Bridge 时，单击该按钮，可以切换到紧凑模式，从而隐藏面板，只留下内容区域。

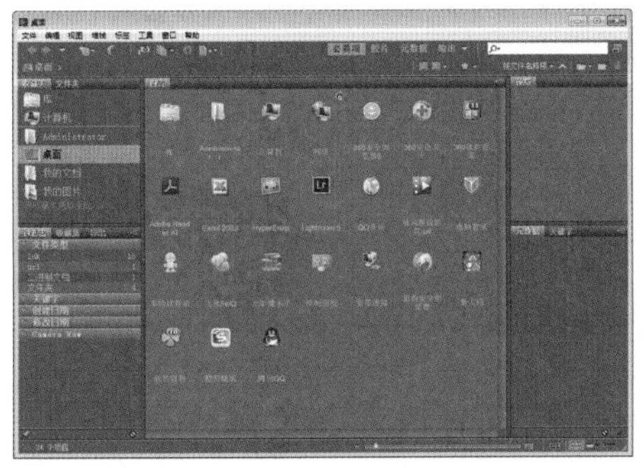

正常模式

切换为紧凑模式

❷ **4 种照片视图方式**：使用 Bridge 窗口右下方的不同视图控制图标，可以切换不同的视图方式。在每种视图中，使用窗口下方的滑块可以缩放图像缩略图的显示，按快捷键 Ctrl+L 可以切换到全屏显示模式浏览图像。在全屏模式下，按 H 键可以显示操作快捷键，按空格键可以控制播放或暂停。

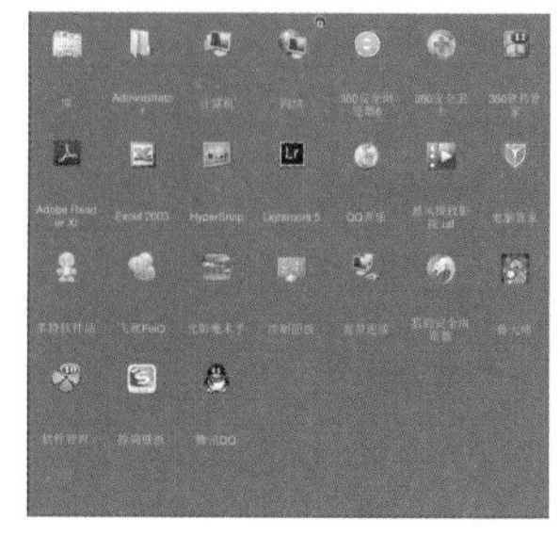
缩略图视图

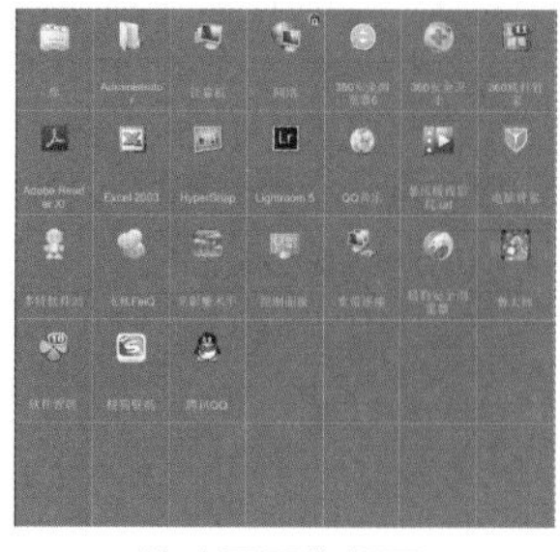
缩略图网格视图

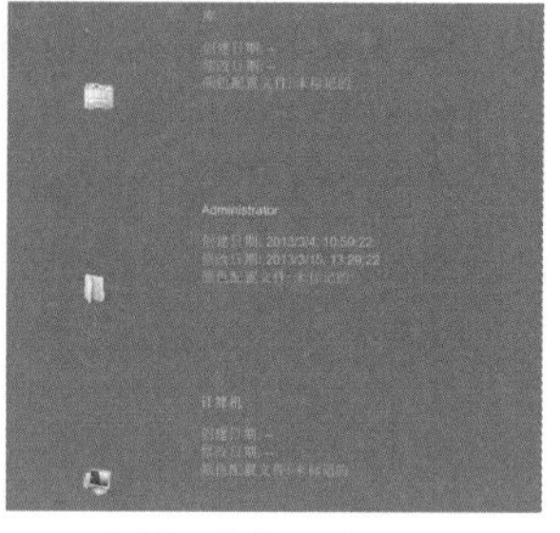
以详细信息形式视图

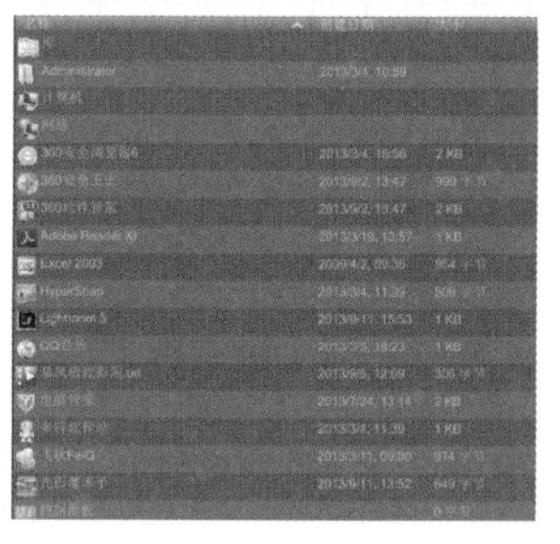
以列表形式视图

❸ **使用 Bridge 搜索文件与文件夹**：里面包含“打开最近使用的文件”和“创建文件夹”两个命令，使用 Adobe Bridge 可以很方便地在文件夹之间通过拖曳的方式移动文件，如同使用 Windows 中的资源管理器。也可以对文件进行复制、粘贴、剪切、删除、重命名等基本操作，这些操作与使用资源管理器类似。

❹ **打开文件的位置**：在该栏中可清楚地看到所打开图像或文件的位置。

❺ **图片“旋转”按钮**：选中一幅图像后，单击工具栏上的旋转按钮，即可将图像逆（或顺）时针旋转 90°。如果要旋转 180°，可以使用菜单命令“编辑 > 旋转 180°”。

原始图像

旋转 180° 后的图像

旋转 360° 后的图像

小小提示：使用 Adobe Bridge 为图像添加与删除标签。

执行菜单“View（视图）>Sort（排序）”子菜单中的命令或工具栏上的“Unfilter（未筛选）”按钮，可以选择只显示标有某种颜色标签的文件。使用“Label（标签）”菜单，或文件右键菜单中的“标签”子菜单，都可以为选中的文件加上标签，一共有 5 种颜色可以选择，依次是：红色、黄色、绿色、蓝色、紫色。使用快捷键可以快速为文件加标签，红色是 Ctrl+6，黄色是 Ctrl+7，绿色是 Ctrl+8，蓝色是 Ctrl+9。对于做了标签的文件，还可以将标签清除掉，方法是选中要清除标签的文件后，执行菜单 命令“标签 > 不使用标签”。

1.6.2 在 Adobe Bridge 中预览文件

Photoshop 的文件浏览器已经被完全重新改造并命名为 Adobe Bridge。Adobe Bridge 是一个能够单独运行的完全独立的应用程序，并且成为了 CS 套装中新的一分子。使用 Adobe Bridge，可以查看和管理所有的图像文件，包括 CS 自家的 PSD、 AI、INDD 和 Adobe PDF 文件。当在 Bridge 中预览 PDF 文件时，甚至可以浏览多页。

使用 Photoshop 在 Adobe Bridge 中预览文件查看某一文件夹，可以在如图所示的窗口中单击要浏览的文件夹所在的盘符，并在其中找到要查看的文件夹，这一操作与使用 Windows 的资源管理器相似。与使用“文件夹”面板一样，也可以使用“收藏夹”面板浏览某些文件夹中的照片，在默认情况下，“收藏夹”面板中仅有“我的电脑”、“桌面”、“My Documents”等几个文件夹， 但可以通过下面所讲述的操作步骤，将自己常用的文件夹保存在“收藏夹”面板中。

在 Adobe Bridge 中预览文件

❶“文件夹”面板：显示文件存放的位置和窗口中打开文件的位置。

❷“收藏夹”面板：通过拖曳“文件夹”面板的名称，可使其在窗口中被组织成为与“收藏夹”面板上下摆放的状态。可在“文件夹”面板选择要保存在“收藏夹”面板中的文件夹。

❸“内容”面板：在该面板上可显示需要预览的文件。

1.6.3 对文件进行排序

使用 Photoshop 在 Adobe Bridge 中预览某一文件夹中的照片时，可以按多种模式对这些照片进行排序显示，从而快速找到自己需要的照片。要排序照片，可以在 Adobe Bridge 窗口的右上方单击下三角形按钮，在弹出的菜单中选择一种适当的排序方式。如果单击 ^ 按钮，可以降序排列文件；如果单击 v 按钮，可以升序排列文件。

温习一下

1. 选择题

（1）在存储文件的时候，图像文件必须在哪个颜色模式下进行存储？（　　　）

A．RGB　　B．CMYK　　C．Lab

（2）在进行位图模式和双色调模式转换时，必须先将图像转换为什么模式？（　　　）

A．CMYK 模式　　B．RGB 模式　　C．灰度模式

（3）图像分辨率越高图像画质越（　　　）？

A．清晰　　B．模糊　　C．多杂点

2. 填空题

（1）Adobe Bridge 有 ______________ 与 ______________ 两种工作界面。

（2）色光的三原色是 ______________、______________、______________。色素的三原色是 ______________、______________、______________。

（3）要在系统中卸载 Photoshop CS6，可在系统界面中执行 ____________ 命令，并单击鼠标右键，在弹出的快捷菜单中选择 ____________________________ 命令，在弹出的“卸载选项”对话框中单击“卸载”按钮，即可卸载该软件。

3. 上机操作：修复夜间色彩平淡的照片

第①步：打开一张夜间色彩平淡的照片。

第②步：调整其曝光度使其画面曝光正常。

第③步：调整其亮度 / 对比度及曲线色彩明度。

第①步效果图

第②步效果图

第③步效果图

答案

PS：别直接就看答案，那样就没效果了！听过孔子说过的一句话没？“温故而知新，可以为师矣”。

选择题：（1）A；（2）C；（3）A。

填空题：（1）“完整”、“紧凑”；

（2）红光、绿光、蓝光 、品红、黄色、青色；

（3）“开始 > 控制面板 > 程序和功能”、“强力卸载此软件”。

第2章
进入Photoshop CS6的世界

在了解了图像处理的基础知识后，让我们一起进入Photoshop CS6世界，首先来看Photoshop的整体工作界面，学着怎么操作文件和选择用自己喜欢的方式查看图像，学会运用标尺、参考线和网格线三大辅助助手来调整图像大小和画布尺寸，以及了解颜色处理的基本概念和图像的统一调整。

2.1 Photoshop 的整体工作界面

熟练运用 Photoshop CS6 进行图像处理，首先应对其构成要素有一定的了解和认识。启动 Photoshop CS6，可以看到进行图像处理的各种工具、菜单以及默认的工作界面。Photoshop CS6 的工作界面由菜单栏、属性栏、工具箱、图像窗口和浮动面板 5 个部分组成。

打开 Photoshop CS6，执行执行“文件 > 打开”命令，打开需要的文件，将其拖曳到当前文件图像中，生成“背景”图层。此时可以看到 Photoshop CS6 的整体工作界面。

Photoshop CS6 的整体工作界面

❶ **菜单栏**：菜单栏位于 Photoshop CS6 的整体工作界面的顶端，软件中的主要命令均包含在其中，由文件、编辑、图像、图层、文字、选择、滤镜、3D、视图、窗口和帮助 11 个菜单组成。

❷ **属性栏**：属性栏主要用于显示当前所选工具的属性。在“移动工具”属性栏中，除了所包含的属性设置外还包含了 5 种 3D 工具和软件界面的切换模式。

“移动工具”属性栏

❸ **工具箱**：工具箱的默认位置是在工作界面的左侧，部分工具图标的右下角带有一个褐色小三角图标，表示其中还包含多个子工具。用鼠标右键单击工具图标，或者使用鼠标左键按住工具图标不放，则会显示工具组中隐藏的子工具。

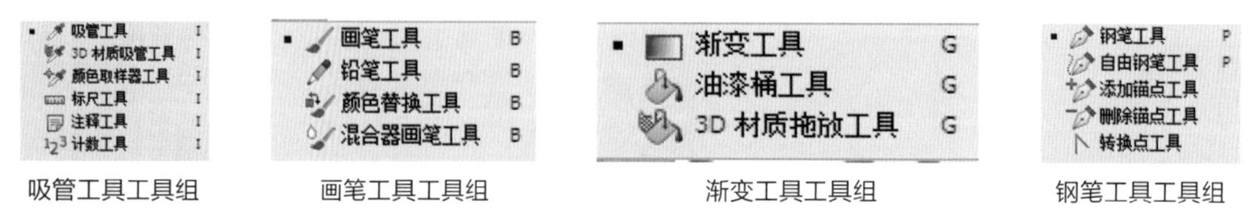

吸管工具工具组　　画笔工具工具组　　渐变工具工具组　　钢笔工具工具组

❹ **工作区**：在未打开图像文件时，该区域为黑色；打开任意图像文件后，该区域显示图像文件。

❺ **浮动面板**：主要用于对操作进行控制和参数设置。

2.1.1 菜单栏

本节将对菜单栏中的“文件”菜单栏和“选择”菜单栏进行讲解。

Ps 文件(F) 编辑(E) 图像(I) 图层(L) 文字(Y) 选择(S) 滤镜(T) 3D(D) 视图(V) 窗口(W) 帮助(H)

Photoshop CS6 的菜单栏

“文件”菜单中的大部分命令用于对文件的存储、加载和打印，如“新建”、“打开”、“存储”、“ 存储为”、“页面设置”和“退出”命令等，这在其他 Windows 应用程序中都是极其普遍的。先看一下“文件”下拉菜单中的界面。

❶ “存储为”和“存储为 Web 所用格式”命令：可以将文件保存为不同的格式，以便输出到网络和多媒体程序中。“存储为 Web 所用格式”命令可以将保存的文件输出到互联网上。要使用“存储为 Web 所用格式”，不仅可以选择一个 Web 文件格式，如 GIF 或 JPEG, 而且文件还被确保保存为“网络安全”颜色。

❷ 文件“导入”命令：可以直接把从扫描仪、数码相机和视频捕获板得到的图像数字化并输入到 Photoshop CS6 中。“导出”命令可以以 GIF 格式进行图像输出，还可以输出 Photoshop CS6 路径到 Illustrators。

“文件”菜单栏

贴心巧计：❸“自动”命令可以运行一组文件或批处理多个 Photoshop CS6 命令。例如，使用“自动”命令可以将全部装有 GIF 或 JPEG 格式文件的文件夹转换成 Web 图像。使用“切换到”命令可以立即切换到其他程序中。

小小提示：如果没有在 Photoshop CS6 中打开一个文件，那么它的任何工具和选项都是不能进行操作的。所以首先创建一个新的文件，可以在“文件”菜单栏中选择“新建”，也可以按住 Ctrl 键的同时双击鼠标左键，在弹出的新建文件对话框中，设置文件的宽度、高度、像素高，在“名称”栏中，可以为文件输入一个想要的主题，最后单击“确定”按钮即可。

新建
名称(N): 未标题-1
预设(P): 自定
大小(I):
宽度(W): 20 厘米
高度(H): 7.3 厘米
分辨率(R): 300 像素/英寸
颜色模式(M): RGB 颜色 8 位
背景内容(C): 背景色
高级
颜色配置文件(O): 工作中的 RGB: sRGB IEC6196...
像素长宽比(X): 方形像素
确定
取消
存储预设(S)...
删除预设(D)...
图像大小:
5.83M

Photoshop CS6“选择”菜单中的命令主要是针对选区进行各种编辑，如创建、修改或存储选区等操作。

❶“全部”命令：利用“全部”命令，可将当前视图全部选中。

❷“取消选择”命令：执行“取消选择”命令，将取消视图中的选区，若使用的是矩形选框工具、椭圆选框工具或套索工具，可以通过在图像中单击选定区域外的任何位置来取消选择。

❸“重新选择”命令：使用“重新选择”命令可恢复刚取消的选区，当再创建其他选区时，该命令将不可用。

❹“反向”命令：执行“选择 > 反向”命令，可将当前选区反转，即原来选框外的区域变为选中的部分。

❺“所有图层”命令：执行“所有图层”命令，可将除“背景”图层以外的所有图层全部选中。

全部(A) Ctrl+A ❶
取消选择(D) Ctrl+D ❷
重新选择(E) Shift+Ctrl+D ❸
反向(I) Shift+Ctrl+I ❹
所有图层(L) Alt+Ctrl+A ❺
取消选择图层(S) ❻
查找图层 Alt+Shift+Ctrl+F
色彩范围(C)... ❼
调整蒙版(F)... Alt+Ctrl+R
修改(M)
扩大选取(G) ❽
选取相似(R) ❾
变换选区(T) ❿
在快速蒙版模式下编辑(Q)
载入选区(O)... ⓫
存储选区(V)...
新建 3D 凸出(3)

“选择”菜单栏

❻“取消选择图层”命令：使用“取消选择图层”命令，可取消对“图层”面板中任何图层的选择状态。

❼“色彩范围”命令：使用“色彩范围”命令，可将图像中颜色相似或特定颜色的图像内容选中。执行“选择 > 色彩范围”命令，打开“色彩范围”对话框，移动鼠标到图像窗口中单击，选择要选取的颜色，按下 Shift 键可加选，按下 Alt 键可减选。

原图

使用“色彩范围”命令吸取红色范围

得到红色范围选区

❽“扩大选取”命令：当图像中存在选区时，使用“扩大选取”命令，可以将所有位于魔棒选项中指定容差范围内的相邻像素选中。

❾“选取相似”命令：当图像中存在选区时，使用“选取相似”命令，可选取整个图像中位于容差范围内的所有图像像素，而不只是相邻的像素。

❿“变换选区”命令：使用“变换选区”命令，可在选区的边框上添加变换框，用与使用“自由变换”命令相同的操作方法，对选区进行变换处理。

⓫“载入选区”命令：使用“载入选区”命令，可以将指定图层或通道的选区载入。执行“载入选区”命令，打开“载入选区”对话框，在“文档”下拉列表中选择所选的文档，并在“通道”下拉列表中选中要载入选区的图层或通道。

2.1.2 工具箱与快捷键

在 Photoshop CS6 的工具箱中包含 60 多种工具，每一个工具都有一项特殊的功能，可以用它来完成创建、编辑图像或修改其颜色等一系列的操作。

打开 Photoshop CS6 时，工具箱将出现在屏幕左侧。可通过拖曳工具箱的标题栏来移动它。执行“窗口 > 工具命令”，也可以显示或隐藏工具箱。“工具箱”中包含用于绘画、选择和编辑图像的基本工具。每一个工具用一个图标来表示，理解每一个工具的意图和功能是学习 Photoshop CS6 的关键。

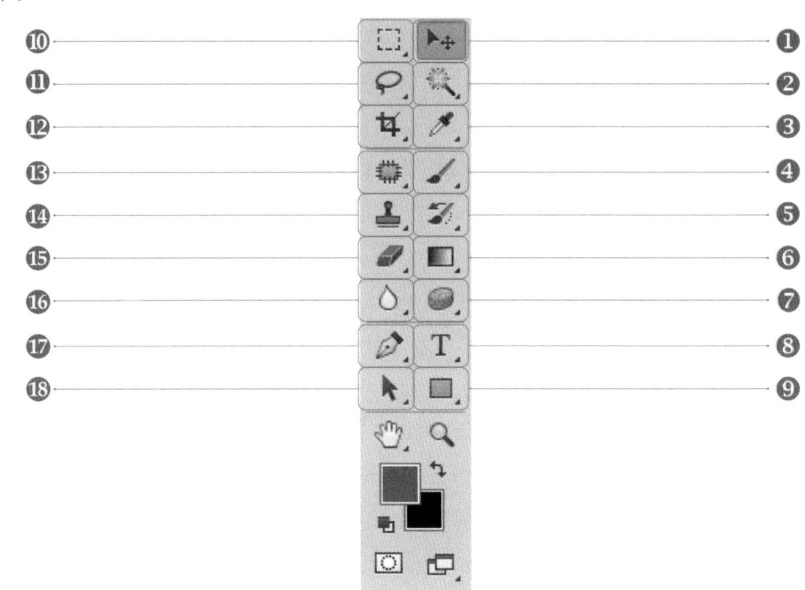

“工具箱”选项栏

❶ 移动工具（V）：用于移动选取区域内的图像。如果有选区并且鼠标在选区中，则移动选区内容，否则移动整个图层。

❷ 魔棒和快速选择工具（W）：快速选择工具用于选择具有相近属性的连续像素点并将其设为选取区域。魔棒工具用于将图像上具有相近属性的像素点设为选取区域，可以是连续或不连续的内容。

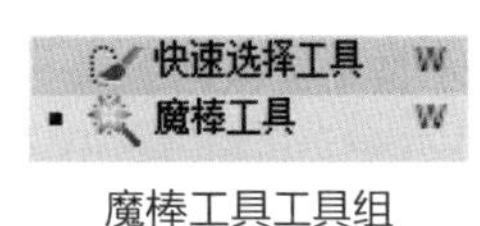

魔棒工具工具组

❸ 吸管与测量工具（I）：吸管工具用于选取图像上鼠标单击处的颜色，并将其作为前景色。颜色取样工具用于取色对比。度量工具，选用该工具后在图像上拖动，可拉出一条线段，选项面板中会显示出该线段起始点的坐标、始末点的垂直高度、水平宽度、倾斜角度等信息。计数工具用于计算个数。

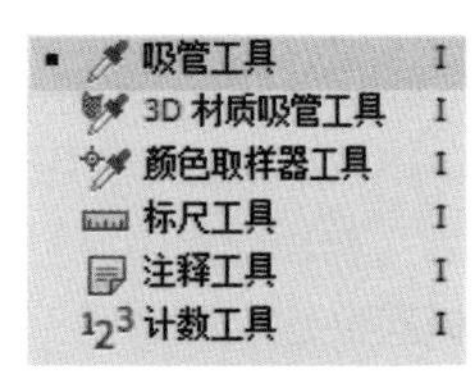

吸管工具工具组

❹ 画笔工具（B）：包括画笔工具和铅笔工具，它们也可用于在图像上作画。画笔工具用于绘制具有画笔特性的线条。铅笔工具是具有铅笔特性的绘线工具，绘线的粗细可调。

画笔工具工具组

❺ 历史记录画笔工具（Y）：历史记录画笔工具包含画笔工具和艺术画笔工具。历史记录画笔工具用于恢复图像中被修改的部分。艺术画笔工具用于使图像中划过的部分产生模糊的艺术效果。

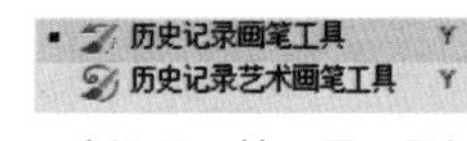

历史记录画笔工具工具组

❻ **渐变工具与油漆桶工具（G）：**在工具箱中选中“渐变工具”后，在选项面板中可进一步选择具体的渐变类型。油漆桶工具用于在图像的确定区域内填充前景色。

渐变工具 G
油漆桶工具 G
3D 材质拖放工具 G

渐变工具工具组

❼ **加深减淡工具（O）：**减淡工具常通过提高图像的亮度来校正曝光度；加深工具的功能与减淡工具相反，它可以降低图像的亮度，通过加暗来校正图像的曝光度。海绵工具可精确地更改图像的色彩饱和度，使图像的颜色变得更加鲜艳或更加灰暗。

减淡工具 O
加深工具 O
海绵工具 O

加深减淡工具工具组

❽ **文字工具（T）：**横排文字工具用于在水平方向上添加文字图层或放置文字。直排文字工具用于在垂直方向上添加文字图层或放置文字。横排文字蒙版工具用于在水平方向上添加文字图层蒙版。直排文字蒙版工具用于在垂直方向上添加文字图层蒙版。

横排文字工具 T
直排文字工具 T
横排文字蒙版工具 T
直排文字蒙版工具 T

文字工具工具组

❾ **多边形工具（U）：**矩形工具，选定该工具后，在图像工作区内拖动鼠标可产生一个矩形图形。圆角矩形工具，选定该工具后，在图像工作区内拖动鼠标可产生一个圆角矩形图形。椭圆工具，选定该工具后，在图像工作区内拖动鼠标可产生一个椭圆形图形。多边形工具，选定该工具后，在图像工作区内拖动鼠标可产生一个 5 条边等长的多边形图形直线工具。星状多边形图形工具，选定该工具后，在图像工作区内拖动鼠标可产生一个星状多边形图形。

矩形工具 U
圆角矩形工具 U
椭圆工具 U
多边形工具 U
直线工具 U
自定形状工具 U

多边形工具工具组

❿ **选取工具（M）：**选取工具包含了矩形、椭圆、单行、单列选框工具。矩形选框工具，选取该工具后在图像上拖动鼠标可以确定一个矩形的选取区域，可以在选项面板中将选区设定为固定的大小；如果在拖动鼠标的同时按住 Shift 键，可将选区设定为正方形。椭圆形选取工具，选取该工具后在图像上拖动鼠标可确定一个椭圆形的选取区域；如果在拖动鼠标的同时按住 Shift 键，可将选区设定为圆形。

矩形选框工具 M
椭圆选框工具 M
单行选框工具
单列选框工具

选取工具工具组

⓫ **套索工具（L）：**套索工具用于通过鼠标等设备在图像上绘制任意形状的选取区域。多边形套索工具，用于在图像上绘制任意形状的多边形选取区域。磁性套索工具，用于绘制图像上具有一定颜色属性的物体的轮廓线上的路径（自动捕捉边缘），当捕捉到多余的颜色时可用 Backspace（退格键）返回到上一步。

套索工具 L
多边形套索工具 L
磁性套索工具 L

套索工具工具组

⓬ **切片工具（K）：**该工具包含一个切片工具和一个切片选择工具。切片工具，选定该工具后在图像工作区拖动鼠标，可将图形分成若干个切片区域。切片选择工具，选定该工具后在薄片上单击可选中该切片，如果在单击的同时按下 Shift 键，可同时选取多个薄片。

裁剪工具 C
透视裁剪工具 C
切片工具 C
切片选择工具 C

切片工具工具组

⓭ **图像修复工具（J）：**污点修复画笔工具，可自动修复瑕疵部分，注意修复直径和硬度。修复画笔工具，要先取样（按住 ALT 键 + 单击鼠标左键选择），再修复。修补工具，选取一定范围对另一个范围进行修补。红眼工具，用于去掉眼睛中的红色区域。

污点修复画笔工具 J
修复画笔工具 J
修补工具 J
内容感知移动工具 J
红眼工具 J

修复工具工具组

⑭ **仿制图章和图案图章工具（S）**：图案图章工具用于将图像上用图章擦过的部分复制到图像的其他区域，要先取样（按住 Alt 键 + 单击鼠标左键选择）。图案图章工具用于复制设定的图像。

仿制图章工具 S
图案图章工具 S

图章工具工具组

⑮ **橡皮擦工具（E）**：橡皮擦工具用于擦除图像中不需要的部分，并在擦过的地方显示背景图层的内容。魔术橡皮擦工具，用于擦除图像中不需要的部分，并使擦过的区域变成透明。

橡皮擦工具 E
背景橡皮擦工具 E
魔术橡皮擦工具 E

橡皮擦工具工具组

⑯ **模糊锐化工具（R）**：模糊工具，选用该工具后，鼠标指针在图像上滑动时可使滑过的图像变得模糊。锐化工具，选用该工具后，鼠标指针在图像上滑动时可使滑过的图像变得更清晰。涂抹工具，选用该工具后，鼠标指针在图像上滑动时可使滑过的图像变形。

模糊工具
锐化工具
涂抹工具

模糊锐化工具工具组

⑰ **钢笔工具（P）**：钢笔工具用于绘制路径，选定该工具后，在要绘制的路径上依次单击，可将各个单击点连成路径（Ctrl 键：移动改变路径的位置；Alt 键：改变路径线的形状；Ctrl+Enter 键：可以将路径变成选框）。自由钢笔工具用于手绘任意形状的路径，选定该工具后，在要绘制的路径上拖动，即可画出一条连续的路径。添加锚点工具用于增加路径上的路径点。删除锚点工具用于减少路径上的路径点。转换点工具可在平滑曲线转折点和直线转折点之间进行转换。

钢笔工具 P
自由钢笔工具 P
添加锚点工具
删除锚点工具
转换点工具

钢笔工具工具组

⑱ **路径工具（A）**：路径选择工具用于选取已有路径，然后进行整体位置调节。直接选择工具用于调整路径上部分路径点的位置。

路径选择工具 A
直接选择工具 A

路径工具工具组

贴心巧计：工具箱在软件界面的右边，大体可以把它分为 6 类，分别为：选择工具、裁切和切片工具、修饰工具、绘画工具、绘图和文字工具、注释测量和导航工具。

快速蒙版：使用快速蒙版可以用画笔建立不规则的选区。首先创建一个图形，单击快速蒙版，这时在通道面板里就会显示快速蒙版。可以看到创建的图形周围会用淡淡红色蒙上，用黑色画笔在图像上进行编辑，这时画上的不是黑色而是红色，这代表蒙版的这一编辑区不被显示。用白色画笔在图像上进行编辑，可以使蒙版的这一编辑区显示。

小小提示：利用工具对图像进行擦除或填充，可清理或修补选定区域，达到预想的图像效果。擦除工具包括橡皮擦工具、背景橡皮擦工具、魔术橡皮擦工具，填充工具包括渐变工具、油漆桶工具。

2.1.3 工具选项栏

在 Photoshop 以前的版本中，必须在工具上双击后才会出现相应属性的活动面板。而 Photoshop CS6 将所有工具的属性面板都统一归为命令菜单栏下面的工具选项栏。工具选项栏的出现使得修改、设定工具的属性更加方便，而且大大节约了活动属性面板占用屏幕的空间，提高了利用 Photoshop 进行工作的效率。

以下展示一些具有代表性的工具选项栏。

矩形选框工具选项栏

❶ 去掉旧的选择区域，建立新的选择区域；在旧的选择区域之上增加新的选择区域，形成最终的选择区域；在旧的选择区域中减去新的选择区域和旧的选择区域交叉的部分，形成最终的选择区域；新的选择区域和旧的选择区域相交的部分为最终的选择区域。

❷ “羽化”选项：可以对选择区域的正常硬边进行柔化，也就是使区域的边界产生一个过渡效果。

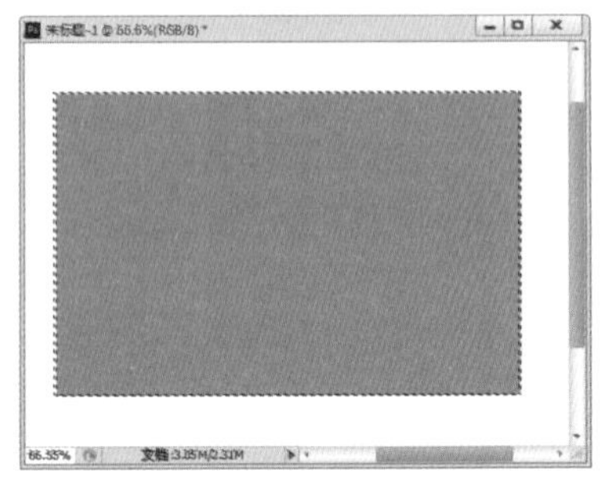

羽化值为 0 时的颜色填充效果图

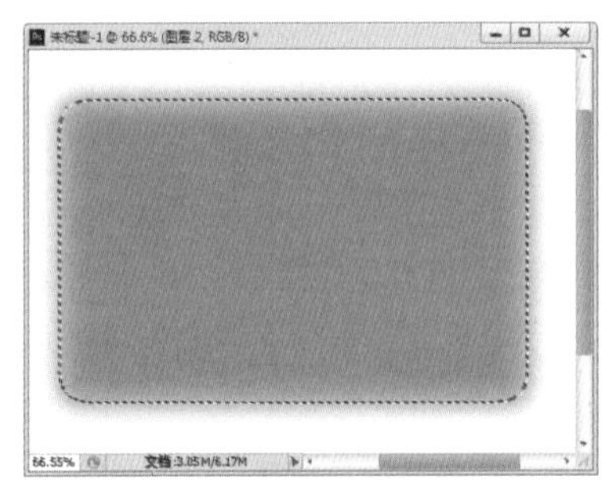

羽化值为 20 时的颜色填充效果图

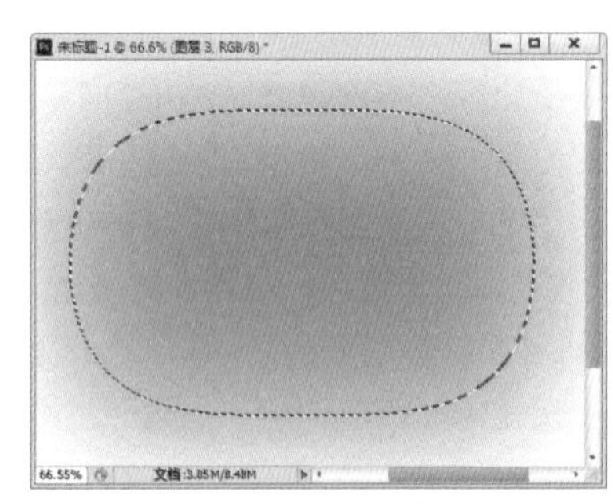

羽化值为 100 时的颜色填充效果图

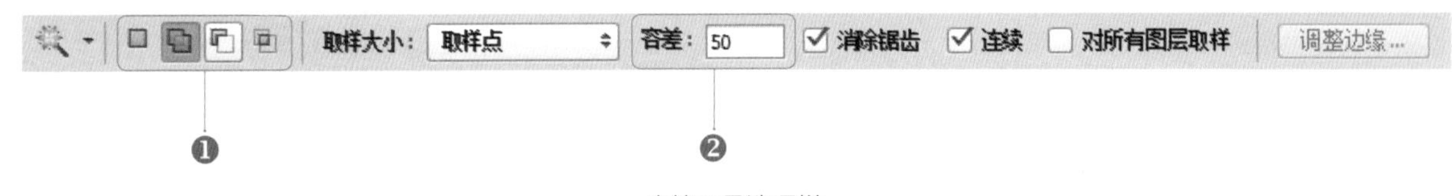

魔棒工具选项栏

❶ 去掉旧的选择区域，建立新的选择区域；在旧的选择区域之上增加新的选择区域，形成最终的选择区域；在旧的选择区域中减去新的选择区域和旧的选择区域交叉的部分，形成最终的选择区域；新的选择区域和旧的选择区域相交的部分为最终的选择区域。

❷ “容差”选项：容差是指颜色接近的程度，数值越小选取的颜色范围越接近，数值越大选取的颜色范围越大。

容差值为 10 时的选区情况

容差值为 50 时的选区情况

容差值为 100 时的选区情况

画笔工具选项栏

❶“画笔”选项：可以选择不同大小和样式的画笔，也可以载入画笔，还可以自定义新画笔。

❷“模式”选项：可以设置不同模式下画笔在画面中表现出来的不同效果。

正常模式效果图

叠加模式效果图

正片叠底模式效果图

❸“不透明度”选项：可以设置不同不透明度画笔在画面中表现出来的不同效果。

画笔不透明度为 100% 时绘制的图像

画笔不透明度为 75% 时绘制的图像

画笔不透明度为 25% 时绘制的图像

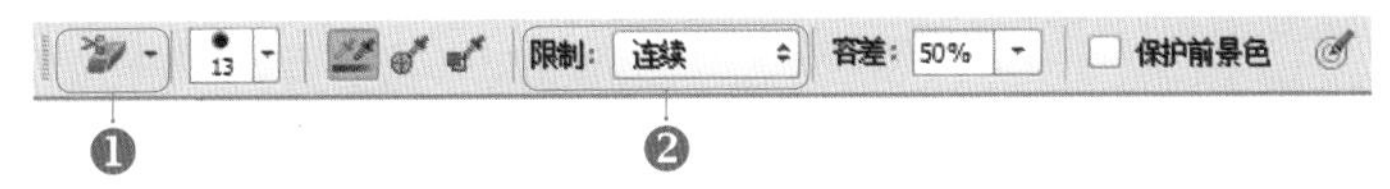

背景橡皮擦工具选项栏

❶“橡皮擦”选项：可选择不同大小和样式的橡皮擦。

❷“限制”选项：用于限制背景橡皮擦擦取的范围。

在“限制”选项选择“查找边缘”命令

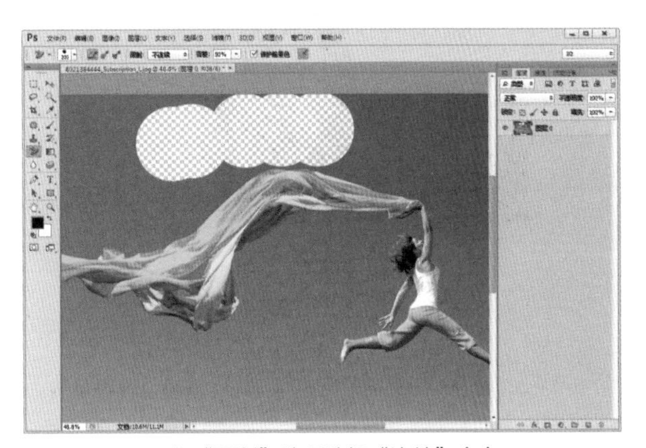

在“限制”选项选择“连续”命令

小小提示：“保护前景色”选项用于在擦除时自动不擦除和前景色相同的颜色，从而可以很方便地保护需要的颜色。

2.1.4 文档窗口

在 Photoshop CS6 中，用户可以通过“窗口”中的相关命令，排列和管理图像文件窗口。不仅如此，还可以使用 Photoshop CS6 提供的辅助工具更好地处理图像的画面。

以下展示一些 Photoshop 文档窗口的基本操作。

移动文档窗口位置：将鼠标指针放置在文档窗口标题栏位，按住鼠标将其从一个位置拖动到另一个位置。需要注意的是，文档窗口不能处于选项卡式或最大化状态，处于选项卡式或最大化的文档窗口是不能被移动的。修改文档窗口大小：将鼠标指针放置在文档窗口的左上、左下、右上或右下方，当指针变成双箭头时，向内或向外拖动鼠标，即可修改文档窗口的大小。

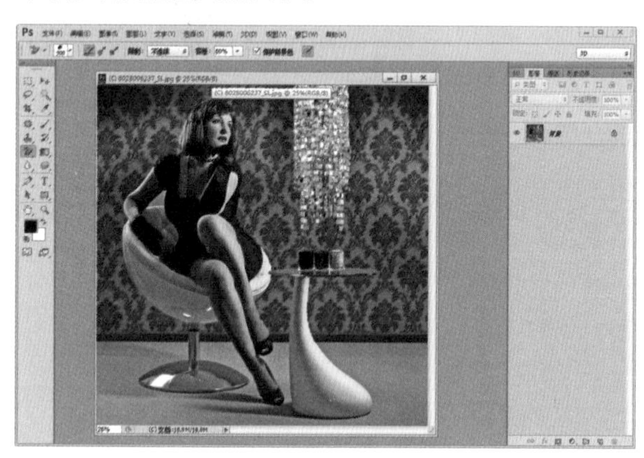

切换文档窗口：打开多个文档窗口，单击某个文档窗口的名称位置即该文档窗口的选项卡位置，即可将其切换为当前窗口。

合并文档窗口：拖动浮动文档窗口向边缘靠拢，当边缘出现蓝色的边框时，释放鼠标即可将窗口合并。

小小提示：当有多个文档窗口时，执行菜单栏中的“窗口 > 排列 > 层叠”命令，即可将文档窗口层叠。层叠是从屏幕的右上角到右下角以堆叠和层叠的方式显示停靠的窗口，从而来控制窗口的排列，便于窗口的管理。

2.1.5 状态栏

❶“状态栏”：该栏中会显示当前文档的状态，并在可以在左下角显示的百分比中看出画面在视图窗口中所占的百分比。

贴心巧计：PhotoShop CS6 的状态栏是在窗口低部的横条，其早期版本中，状态栏里会显示进度（打开文件进度条等），现在已不在状态栏里显示，而是分离出来独立显示了。状态栏只提供一些当前操作的帮助信息和窗口显示大小的百分比。

文档窗口视图

2.1.6 浮动面板

在 Photoshop CS6 浮动面板是 Photoshop 中非常重要的辅助工具，它为图形图像处理提供了各种各样的辅助功能。下面将简单介绍 Photoshop 浮动面板的组成和种类，以及各种浮动面板的使用技巧和方法。

“导航器”浮动面板

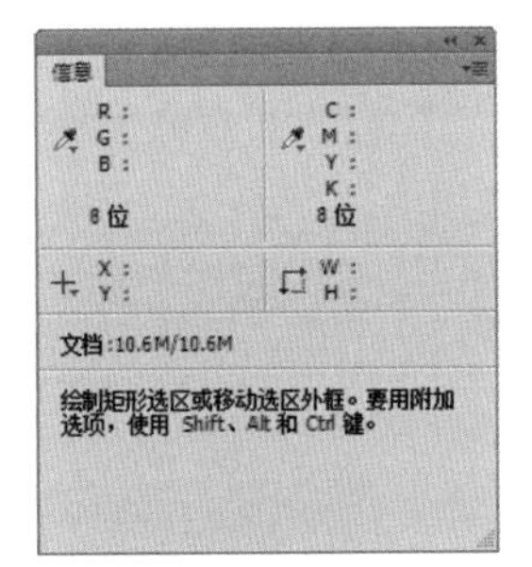

“信息”浮动面板

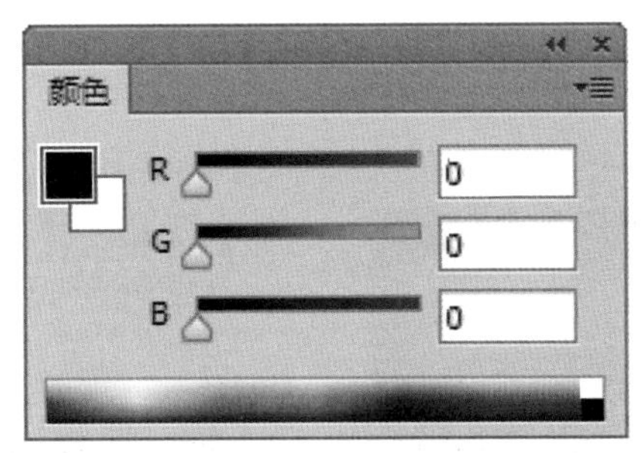

“颜色”浮动面板

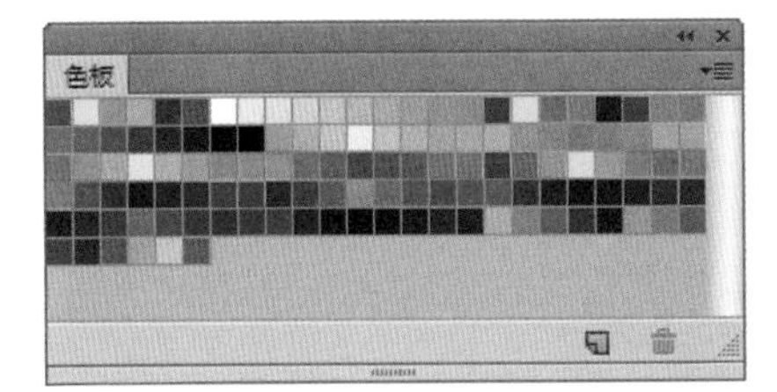

“色板”浮动面板

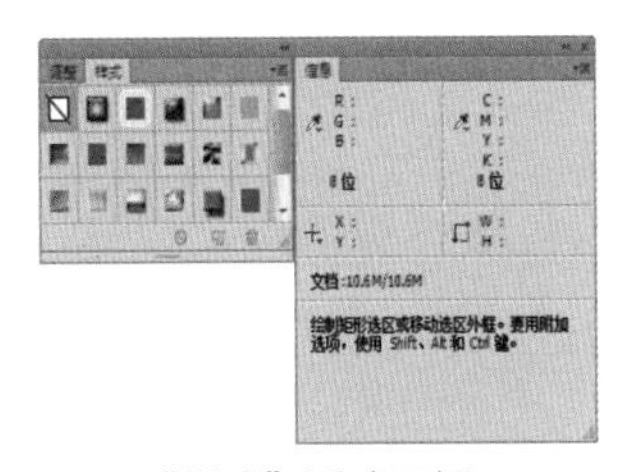

“样式”浮动面板

“历史记录”浮动面板

小小提示：与样式面板的菜单栏内容相似，工具预设面板中的内容主要也是针对工具箱的各种工具参数而言的，可以重置、加载、保存、替代这些工具参数。单击工具预设面板右上方的黑色箭头，将打开级联菜单。在这个级联菜单中可以设定工具选项的内容。很方便吧！

贴心巧计：几个面板窗口组织在一起就成了面板组。通过单击和拖动鼠标还可以将一个面板从一个面板组移到另一个面板组，或者移出面板组来单独使用，还可以创建自定义的面板组。

“动作”浮动面板

“图层”浮动面板

“通道”浮动面板

“路径”浮动面板

“字符”浮动面板

“段落”浮动面板

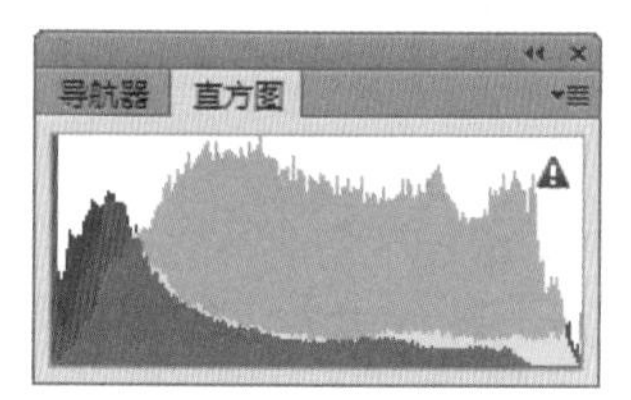

“直方图”浮动面板

● **“导航器”面板**：导航器用来观察图像，可以进行图像的缩放。面板的左下角有百分比数字，直接输入百分比数值并按 Enter 键后，图像就会按输入的百分比显示，在导航器中会有相应的预视图。也可用鼠标拖动浏览器下方的小三角来改变缩放的比例，滑动栏的两边有两个“山”的形状的小图标，左边的图标较小，单击此图标可使图像缩小显示，单击右边的图标，可使图像放大显示。

原图

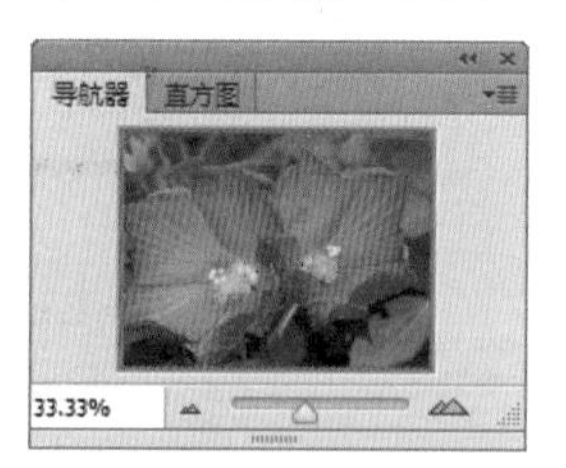

在“导航器”面板上的显示

放大过后的图片

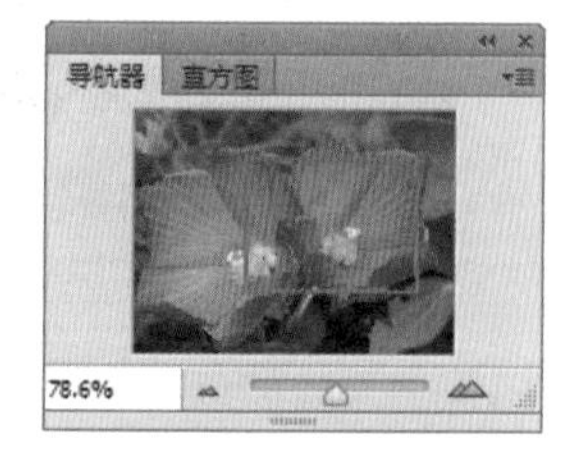

在“导航器”面板上的显示

● **“信息”面板**：提供鼠标所在位置的色彩信息及 x 轴和 y 轴的坐标值。如果选择不同的工具，还可通过信息浮动面板得到大小、距离和旋转角度等信息。

● **“颜色”面板**：主要用来改变图像的前景色和背景色，其左上角有两个色块，表示前景色和背景色，和工具箱中相同。

● **“色板”面板**：此面板和“颜色”面板有相同的地方，就是都可用来改变工具箱中的前景色或背景色。不论使用何种工具，只要将鼠标指针移到“色板”面板上，都会变成吸管的形状，单击即可改变工具箱中的前景色，按住 Ctrl 键单击即可改变工具箱中的背景色。单击“色板”浮动面板的三角块，将出现菜单。通过该菜单可以将控制面板中的色彩恢复到系统初始状态，可以调入已有的色板文件将其增加到当前的色板浮动面板中或者取代当前的色板文件，也可以将自制的色板文件进行存盘加以保护。

贴心巧计：若干个命令组成一个动作。例如，执行一系列的滤镜生成特殊的效果，这一系列的滤镜即可组成一个动作。若干个动作可以组成一个动作集，利用动作集可以更好地管理不同的动作。

● **“样式”面板：**可指定绘制图像的模式。样式面板实际上是图层风格效果的快速应用，可以使用它来迅速实现图层特效。

打开一个图像文件

使用自定形状工具绘制形状

选择样式，制作立体且具有样式的图形

● **“历史记录”面板：**用来记录操作步骤并帮助恢复到操作过程中的任何一步的状态的工具面板。

● **“动作”面板：**可以记录下所作的操作，然后对其他需要相同操作的图像进行同样的处理；也可以将一批需要同样处理的图像放在一个文件夹中，对此文件夹进行批处理。

● **“图层”面板：**图层面板对于图像处理大有帮助，因为它在一个透明的层中，就好像图形软件一样，可以改变图像中某一部分的位置以及与其他部分的前后关系。也就是说，可以对图像中的某部分进行编辑，但丝毫不影响图像的其他部分。

● **“通道”面板：**在 Photoshop 中，通道有两种用途，一是存储图像的颜色信息，二是存储选择范围。当建立新文件时，颜色信息通道已经自动建立了。颜色信息通道的多少是由选择的色彩模式决定的，例如，所有 RGB 模式的图像都有内定的 3 个颜色通道，即红色通道（Red）存储红色信息，绿色通道（Green）存储绿色信息，蓝色通道（Blue）存储蓝色信息；CMYK 模式的图像都有内定的 4 个颜色通道，即青色通道（Cyan）、品色通道（Magenta）、黄色通道（Yellow）和黑色通道（Black），分别存储印刷 4 色的信息；而灰阶模式的图像只有一个黑色通道。

打开一个图像文件

利用通道结合色阶命令以及画笔工具

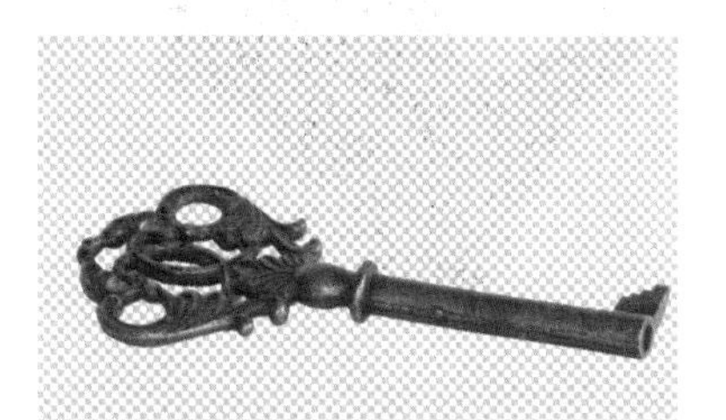
使用图层蒙版将其抠出

● **“路径”面板：**用来存储路径，在面板中有路径的预览图。路径工具对于物体的选择非常有用，可以形成任意的选区。“路径”面板下方有一排小图标，分别为用前景色填充路径、用画笔描边路径、将路径作为选区载入、从选区生成工作路径、创建新路径和删除当前路径。

● **“字符”面板和“段落”面板：**“字符”面板主要是为了适应 Photoshop 强大的文本编辑功能而设定的，它和“段落”面板是文本编辑的两个密不可分的工具；“字符”面板用于设定单个文字的各种格式，而“段落”面板则用于设定文字段落或者文字与文字之间的相对格式。

试试看：快速抠取人物发丝图像

成果所在地：第 2 章 \Complete\ 快速抠取人物发丝图像 .psd
视频 \ 第 2 章 \ 快速抠取人物发丝图像 .swf

1 执行“文件 > 打开”命令，打开“人物 .jpg”图像文件，生成“背景”图层，按快捷键 Ctrl+J 复制得到“图层 1”。

2 打开“通道”面板，单击“蓝”通道，再单击“创建新通道”按钮，得到“蓝 副本”通道。按快捷键 Ctrl+L 调整通道的色阶使其黑白对比分明。

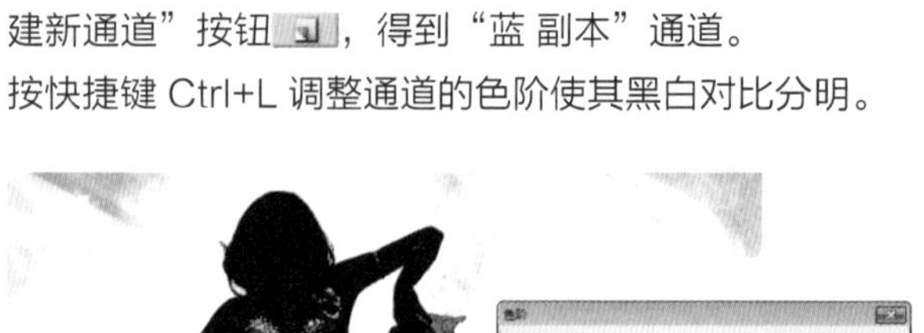

3 分别设置前景色为黑色和白色，单击画笔工具，选择尖角画笔，并适当调整大小，在画面涂抹，将主体涂出。

4 按住 Ctrl 键并单击鼠标左键选择“蓝副本”通道，得到其人物选区，并回到 RGB 图层。

5 按快捷键 Shift+Ctrl+I 反选选中的选区，得到人物的选区。

6 单击“添加图层蒙版”按钮并单击“背景”图层的“指示图层可见性”按钮，即可关闭背景图层的可见性，从而清晰地看见抠取出来的人物。

小小提示：在抠取图像时，有些图像在通道中的不同颜色模式下显示的颜色深浅会有所不同，而利用这些差异可进行快速地图像选择，进而进行完美抠图。

7 执行“文件 > 打开”命令，打开“快速抠取人物发丝图像.jpg”图像文件，生成“背景”图层。

8 将前面抠出的人物拖曳到当前文件图像中，得到“图层 1”。

9 使用快捷键 Ctrl+T 变换图像大小，使用移动工具将其放置于画面中合适的位置。

10 选择“图层 1”，设置其混合模式为“正片叠底”。

11 继续选择“图层 1”，按快捷键 Ctrl+J 复制得到“图层 1 副本”，更改其图层混合模式为“正常”。

12 单击画笔工具，设置前景色为黑色，选择柔角画笔并适当调整其大小及透明度，在蒙版上对头发边缘适当涂抹，制作出真实的人物发丝效果。至此，本实例制作完成。

学习怎么操作文件

在 Photoshop CS6 中要对文件进行编辑和操作，应先掌握文件的基本操作，例如怎样新建空白图像文件，怎样打开已存在的图像文件，以及怎样保存 / 关闭图像文件等。灵活使用这些操作能为后面的学习打下坚实的基础。

2.2.1 新建空白图像文件

新建空白图像文件是指在 Photoshop CS6 的工作界面中创建一个自定义尺寸、分辨率和模式的图像窗口，在该图像窗口中可以进行图像的绘制、编辑和保存等操作。执行“文件 > 新建”命令或者按快捷键 Ctrl+N，打开“新建”对话框，在其中设置新建文件的名称、宽度、高度、分辨率、颜色模式和背景内容等参数，完成设置之后单击“确定”按钮即可新建空白图像文件。

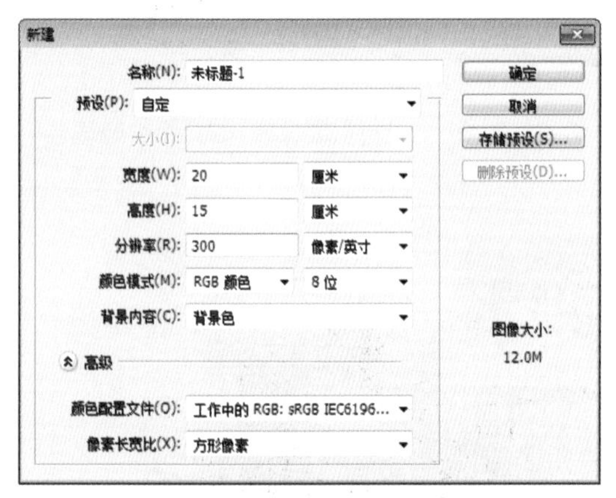

“新建”对话框

新建空白图像文件

2.2.2 打开已存在的图像文件

在 Photoshop CS6 中打开文件时，可执行“文件 > 打开”命令或者按快捷键 Ctrl+O，弹出“打开”对话框，在其中选择需要打开的文件路径并将文件选中后，单击“打开”按钮即可将文件打开。

“文件 > 打开”命令

“打开”对话框

文件打开后的工作界面

2.2.3 保存 / 关闭图像文件

保存文件是指在使用 Photoshop CS6 处理图像过程中或处理完成后，将对图像所做的修改保存到电脑中的过程。保存文件分为直接保存和另存为两种。关闭文件最常用的方法是单击窗口右上角的“关闭”按钮，或者按快捷键 Ctrl+W。

直接保存图像，使用 Photoshop CS6 对已有的图像进行编辑时，如果不需要对其文件名、文件类型或储存位置进行修改，执行“文件 > 储存”命令或按快捷键 Ctrl+S 即可将文件直接快速地保存，并且会覆盖以前的图像效果。

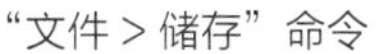

“文件 > 储存”命令

文件直接存储的位置

若要将新建的文件、打开的图像文件或编辑后的图像文件以不同的文件名、文件类型、储存位置进行储存，可以使用另存为的方法。执行“文件 > 储存”命令或按快捷键 Shift+Ctrl+S，在弹出的“存储为”对话框中设置新的文件名、文件类型或储存位置，即可在保留原文件的同时将图像文件储存为一个新的图像文件。

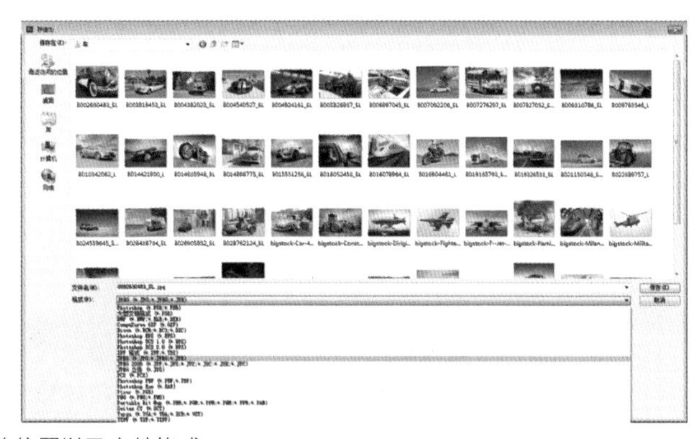

设置文件保存的位置以及文件格式

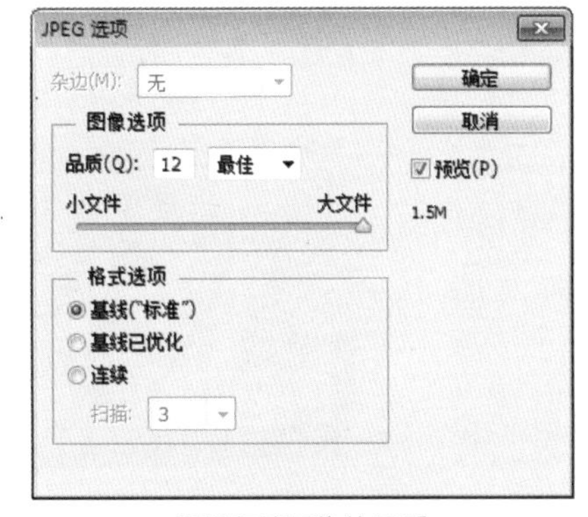

设置存储图像的品质

执行“文件 > 关闭”命令，将文件关闭

2.3 选择自己喜欢的方式查看图像

在 Photoshop CS6 中，可以选择以自己喜欢的方式查看图像，包括切换屏幕显示模式查看图像，切换文档窗口排列方式查看图像，使用“缩放工具”更改视图大小查看图像，以及使用“抓手工具”查看图像等。使用这些方式查看图像，可以更加方便且清晰地查看自己需要查看的图像。下面将对这些查看图像的方式一一进行讲解。

2.3.1 切换屏幕显示模式

在 Photoshop CS6 中有 3 种不同的屏幕显示模式，分别是标准屏幕模式、带有菜单栏的全屏模式和全屏模式。单击应用程序栏中的“屏幕模式”即可根据需要在这 3 种模式之间进行切换。值得一提的是，若切换到全屏模式后退出全屏模式，只需按快捷键 F 或 Esc 键即可回到标准屏幕模式。

标准屏幕模式

带有菜单栏的全屏模式

全屏模式

2.3.2 文档窗口排列方式

在 Photoshop CS6 中，文档窗口有很多种排列方式，包括全部垂直拼贴、全部水平拼贴、双联水平、双联垂直、三联水平、三联垂直、三联堆积、四联、六联、平铺、在窗口中浮动、匹配缩放、匹配位置、匹配旋转、全部匹配等。

全部垂直拼贴

全部水平拼贴

双联水平

双联垂直

三联水平

三联垂直

三联堆积

四联

六联

将所有内容合并到选项卡中

在窗口中浮动

匹配位置

2.3.3 使用“缩放工具”更改视图大小

在 Photoshop CS6 中，图像的缩放是指在工作区域中放大或缩小图像，使用“缩放工具”更改视图大小可以更加快捷地缩放图像。在工具箱中单击缩放工具，将鼠标指针移动到图像窗口中，当其变为形状时单击鼠标左键，此时将以单击处为中心将图像放大显示；放大图像后按住 Alt 键可快速将鼠标指针显示状态转换到，按住 Alt 键的同时单击鼠标即可缩小图像。

打开图像效果

将图像放大后的效果

将图像缩小后的效果

2.3.4 使用“抓手工具”查看图像

在 Photoshop CS6 中，抓手工具是用来随意移动图像显示范围的工具。例如在做设计或图像处理的时候，如果新建的画布较大，处理一些细节的时候又需要把画布放大，而这样图像就会超出画布大小。此时用滚动条移动不是很精确，用抓手工具就会灵活很多。

打开图像效果

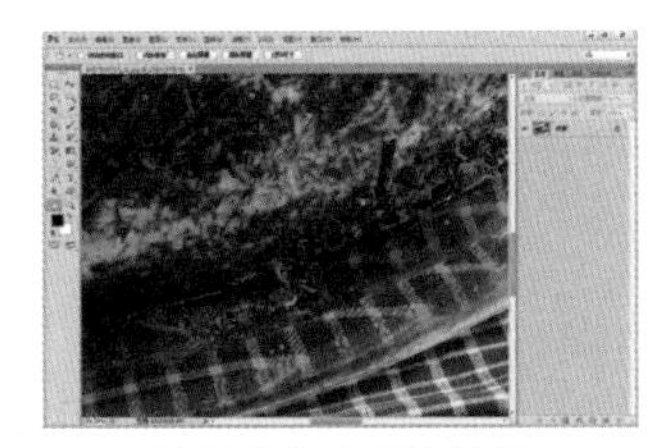
将图像放大后的效果

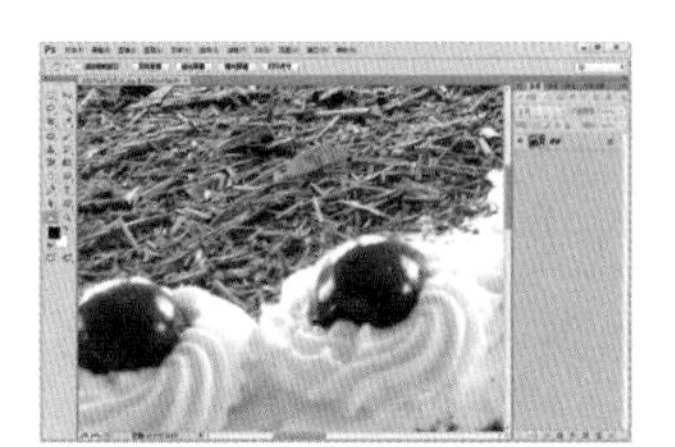
使用抓手工具抓取需要的图像

贴心巧计：使用“抓手工具”的时候按住空格键，就会出现抓手，然后按住鼠标左键拖动就可以移动图像，单击鼠标右键则可以快速复原图像。

百变技能秀：制作精细图像

成果所在地：第 2 章 \Complete\ 百变技能秀：制作精细图像 .psd
视频 \ 第 2 章 \ 百变技能秀：制作精细图像 .swf

操作试试

1 选择一张照片，生成“背景”图层。发现照片上有一处钥匙扣的地方很多余。

2 在工具箱中单击缩放工具，将鼠标指针移动到图像窗口中，当其变为形状时单击鼠标左键，此时将以单击处为中心将图像放大。

3 使用抓手工具移动图像，显示需要修改的范围。

4 复制背景图层，并使用修补工具将画面中不需要的部分去掉。至此，制作完成。

2.4 标尺、参考线和网格线，三大辅助助手

在 Photoshop CS6 中，若需要对图像进行一定的矫正，那么标尺、参考线和网格线这三大辅助助手是必不可少的。本节将主要讲解 Photoshop CS6 中标尺的设置、参考线的设置以及网格的设置，以帮助用户更加方便快捷地矫正图像，进行图像的处理，从而可以更有效地进行图像编辑工作。

2.4.1 标尺的设置

在拍摄照片的时候，如果图像出现倾斜的状态该如何修正？利用标尺工具就可以很好地解决这个问题。如果 Photoshop 的工具箱中没有标尺工具，那么展开吸管工具即可找到标尺工具，用鼠标单击需要测量物体的一端，拖曳到另一端后松开鼠标。单击后面的 拉直图层 按钮，就可以按照标尺所画的直线将其变为水平。

试试看：校正图像倾斜

成果所在地：第 2 章 \Complete\ 校正图像倾斜 .psd
视频 \ 第 2 章 \ 校正图像倾斜 .swf

1 执行“文件 > 打开”命令，打开“校正图像倾斜 .jpg”图像文件，生成“背景”图层。

2 展开吸管工具，找到标尺工具，用鼠标单击需要测量物体的一端，拖曳到另一端后松开鼠标。

3 单击后面的 拉直图层 按钮。

4 再次打开图像，将背景填满，校正倾斜图像。

2.4.2 参考线的设置

在用 Photoshop 进行图像处理时，经常会用到参考线，所以参考线 Photoshop 设计时显得十分重要。单击“视图”菜单，勾选“标尺”命令先调出标尺，然后再单击左边或上面的标尺，按住鼠标不放，往编辑区拖动，显示虚线框。在合适位置释放鼠标，出现的青色线条就是参考线。双击参考线可弹出“首选项”对话框，可在其中调整参考线的标识颜色。

在 Photoshop 中打开图像文件

执行“视图 > 标尺”命令

双击标尺弹出“单位图尺寸”对话框

拖动上面的虚线框

拖动左边的虚线框

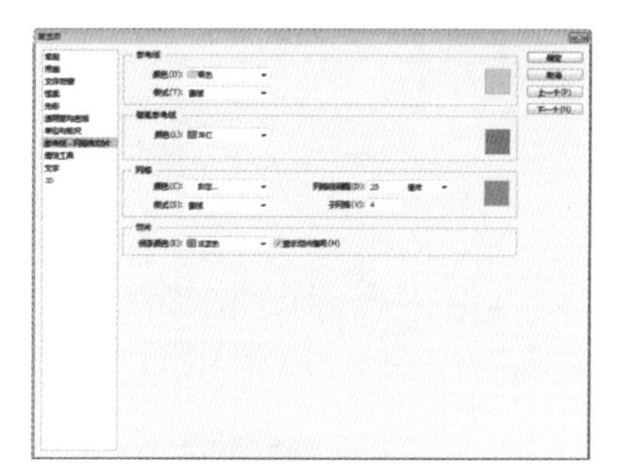

调整参考线的标识颜色

2.4.3 网格的设置

在 Photoshop CS6 中，网格线是用于辅助图像处理操作的，如对齐操作、对称操作等，使用它将大大提高工作效率。“参考线”是浮在整个图像窗口中但不被打印的直线，用户可以移动、删除或锁定它，以免被不小心移动。在 Photoshop 中，网格在默认情况下显示为非打印的直线，但也可以显示为网点。网格对于对称地布置图素非常有用。

接下来，就来看看是怎样设置参考线与网格的。在对话框中，可以自定义参考线网格和切片线条的颜色、样式、网格线的间隔等数值。

打开图像文件

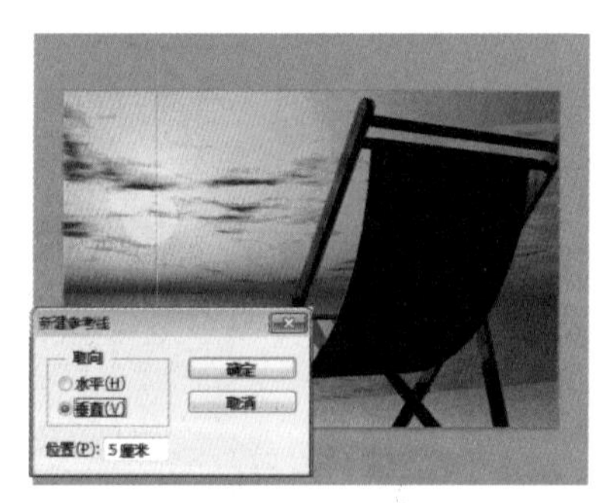

执行“视图 > 新参考线”命令

使用相同方法构建网格

2.5 学会调整图像大小和画布尺寸

在 Photoshop CS6 中，图像的基本操作还包括调整图像大小和画布尺寸，这是在学习制作图像文件的过程中应先学会的。下面将详细讲解图像尺寸的调整和画布尺寸的调整，有助于对图像的进一步处理。

2.5.1 图像尺寸的调整

图像尺寸的调整是指保留所有图像的情况下，通过改变图像的比例来实现图像尺寸的调整。执行“图像 > 图像大小”命令，在弹出的“图像大小”对话框中设置相关参数，然后单击“确定”按钮即可应用调整。

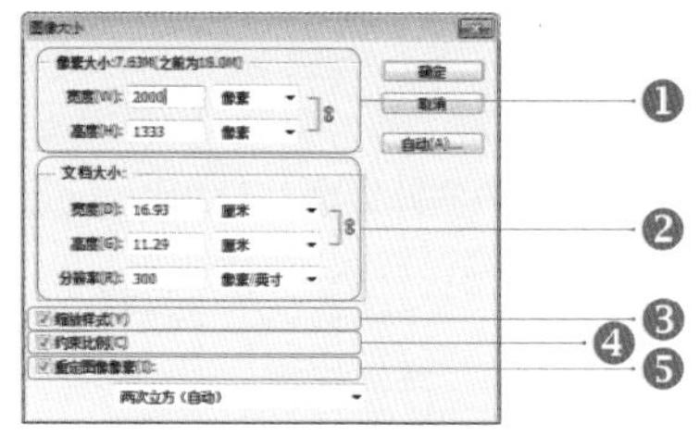

“图像大小”对话框

❶“像素大小”选项区：用于改变图像在屏幕上的显示尺寸。

❷“文档大小”选项区：用于设置宽度、高度和分辨率，以确定图像的大小。

❸“缩放样式”复选框：勾选该复选框后将按比例缩放图像。

❹“约束比例”复选框：勾选该复选框后，在“宽度”和“高度”文本框之后将出现“衔接”标志，更改其中一选项之后，另一选项将按原图像的比例做出相应地更改。

❺“重定图像像素”复选框：勾选该复选框后，将激活“像素大小”栏中的参数，取消勾选该复选框，像素大小将不发生改变。

2.5.2 画布尺寸的调整

对画布尺寸的调整可以在一定程度上影响图像尺寸的大小。执行“图像 > 画布大小”命令，打开“画布大小”对话框，在其中可以设置扩展图像的宽度和高度，并能对扩展区域进行定位。同时，在“扩展画布颜色”下拉列表中有白色、黑色、灰色等颜色供选择，也可以选择“其他…”选项，在弹出的“选择画布扩展颜色”对话框中设置颜色，最后单击“确定”按钮即可让图像调整生效。

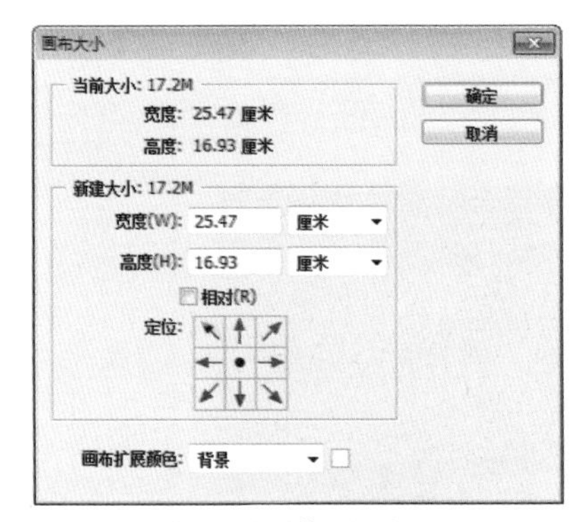

“画布大小”对话框

定位中心点扩展画布

定位右边中心点并裁剪画布

图像处理缺少不了颜色的处理

一个图像处理缺少不了颜色的处理，接下来将要学习 Photoshop CS6 中的一些简单的前景色和背景色颜色设置，以及使用“吸管工具”吸取颜色获得需要的颜色，并结合油漆桶工具为图像填充所需要的颜色。

2.6.1 设置前景色和背景色

设置前景色和背景色是在 Photoshop 中用得最多的，也是在处理每一张照片时必须用到的操作。前景色和背景色选项位于工具栏的下部，有两种颜色重叠的图案，上面的那个就是前景色，下面那个就是背景色，用鼠标左键单击其中某个颜色方格，就会弹出该颜色的选项面板，通过这个选项面板可以设置其中的颜色。把前景色和背景色的颜色值设置好以后，就可以通过油漆桶工具来对图像进行填充。

小小提示：按快捷键 D/X，可以切换前景和背景的颜色。除了使用油漆桶填充以外，当然它也是有自己的快捷键的，通过按 Alt +Delete 键和 Ctrl + Delete 键可以分别利用前景和背景颜色来对当前图像进行填充处理。

2.6.2 使用“吸管工具”吸取颜色

Photoshop 中的吸管工具可用于拾取图像中某位置的颜色，一般用来吸取前景色后再用该颜色填充某选区，或者吸取颜色再用绘图工具来绘制图形。

贴心巧计：吸管工具可以吸取 Photoshop 中任意文档的颜色，除了以上用途之外，还有一个非常重要的作用是可以吸取不同位置的颜色，然后在“信息”面板中查看颜色的数值并进行比较。

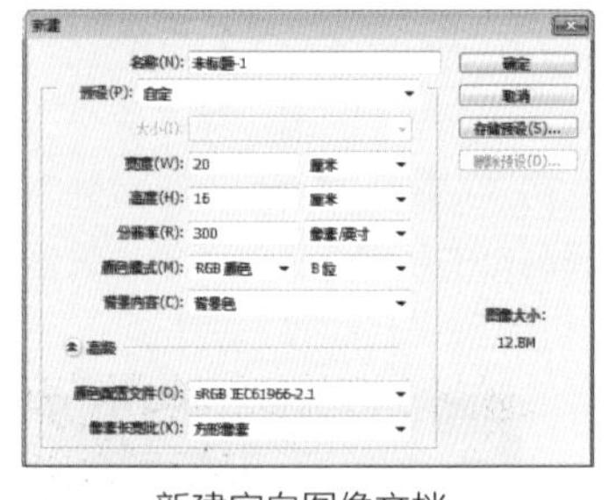

新建空白图像文档

得到背景为白色的空白图像

打开图像文件，将其拖入该文档

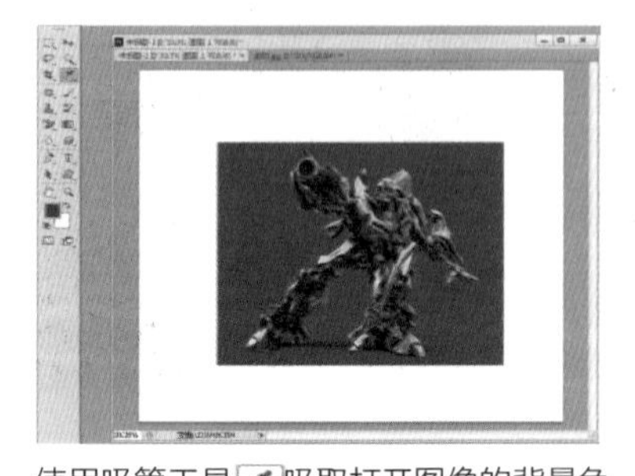

使用吸管工具吸取打开图像的背景色

回到背景图层，填充吸取的颜色

得到完整的图像

百变技能秀：结合油漆桶工具填充颜色

成果所在地：第 2 章 \Complete\ 百变技能秀：结合油漆桶工具填充颜色 .psd

视频 \ 第 2 章 \ 百变技能秀：结合油漆桶工具填充颜色 .swf

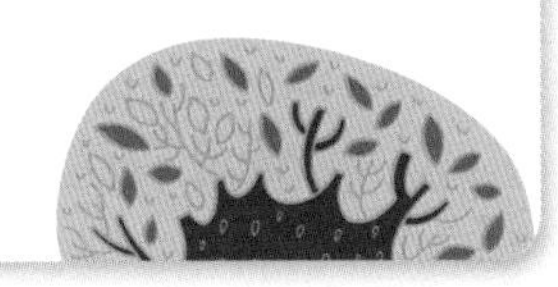

操作试试

1 打开需要填色的图像，得到“背景”图层，按快捷键 Ctrl+J 复制得到“图层 1”。

2 新建“图层 2”，执行“选择 > 色彩范围”命令，在其对话框中“选择”选项选择“白色”并单击“确定”按钮。得到白色的选区，设置前景色为黄色，使用油漆桶工具将其填充，并按快捷键 Ctrl+D 取消选区。

3 新建“图层 3”，执行“选择 > 色彩范围”命令，在其对话框中使用吸管工具，吸取车辆上的颜色，单击“确定”按钮，得到白色的选区。

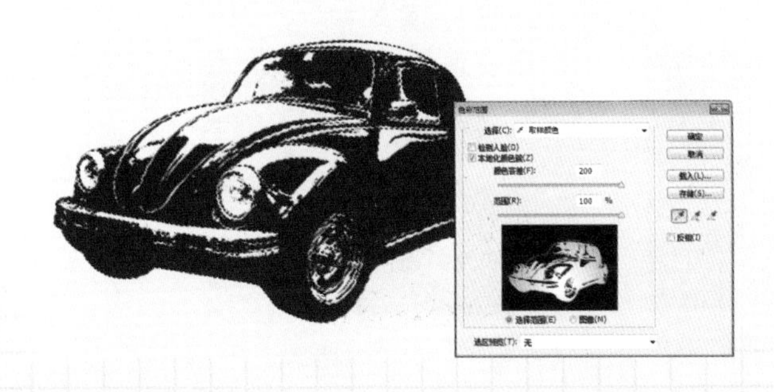

4 设置前景色为玫红色（R204、G0、B255），使用油漆桶工具将其填充，并按快捷键 Ctrl+D 取消选区。至此，填充完成。

2.7 图像大小形状不合适，咱们来调整

在使用 Photoshop CS6 制作图像的过程中，万一图像大小形状不合适，可以使用图像的裁剪或图像的变换来调整图像，使画面上的图像得到良好地构图和合适的大小。

2.7.1 图像的裁剪

在使用 Photoshop CS6 制作图像的过程中，利用裁剪工具可以将图像裁大或者裁小，以及修正歪斜的照片。在默认情况下，裁剪工具是没有输入任何数值的，可以在图中框选出一块区域，这块区域的周围会被变暗，以显示裁出来的区域。裁剪框的周围有 8 个控制点，利用它，可以把这个框拉宽、提高、缩小和放大。如果把鼠标指针靠近裁剪框的角部，可以发现鼠标指针会变成一个带有拐角的双向箭头，此时可以把裁剪框旋转一个角度。

原始图像

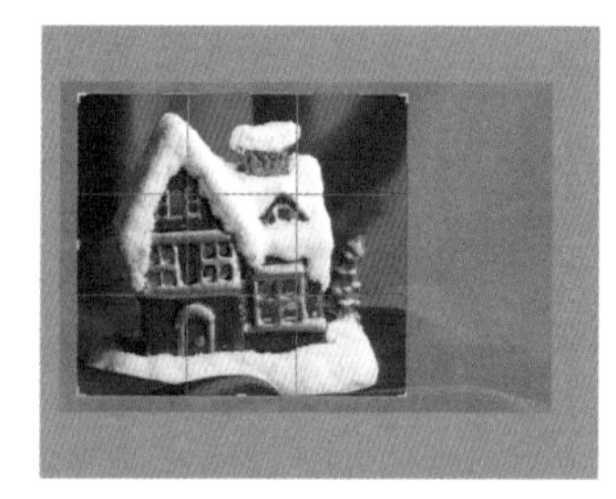

使用裁剪工具裁剪部分区域

裁剪后得到的图像

2.7.2 图像的变换

在使用 Photoshop CS6 制作图像的过程中，几乎每张照片都要用到自由变换工具（快捷键 Ctrl+T），熟练掌握它的用法会给工作带来极大的方便。 自由变换工具说起来很简单，其实里面的道道不少。下面就来看一下自由变换工具的强大。

打开一个图像文件

打开一个 PNG 文件

将其拖入图像文件中

按下自由变换快捷键 Ctrl+T

将图像缩小并适当旋转

按下 Enter 键，将画面制作完成

试试看：裁剪图像，制作可爱画面

成果所在地：第 2 章 \Complete\ 裁剪图像制作可爱画面 .psd
视频 \ 第 2 章 \ 裁剪图像制作可爱画面 .swf

1 执行“文件 > 打开”命令，打开“裁剪图像制作可爱画面 .jpg”图像文件，生成“背景”图层。

2 使用裁剪工具，在画面上选择需要的画面并拖出裁剪框来。

3 在选定需要裁剪的对象后，按下 Enter 键确定裁剪。按快捷键 Ctrl+J 复制得到“图层 1”，使用魔棒工具 选取画面背景的白色部分，得到背景的选区。按快捷键 Shift+Ctrl+I 反选选中的选区，得到狗狗的选区。单击“添加图层蒙版”按钮并单击“背景”图层的“指示图层可见性”按钮，即可关闭背景图层的可见性，清晰地看见抠取出来的可爱小狗。

4 执行“文件 > 打开”命令，打开“裁剪图像制作可爱画面 2.jpg”图像文件，生成“背景”图层。将前面抠出的可爱小狗，拖曳到当前文件图像中，得到“图层 1”。使用快捷键 Ctrl+T 变换图像大小，并将其放置于画面中合适的位置，裁剪图像制作可爱画面。至此，本实例制作完成。

温习一下

1. 选择题

（1）自由变换工具的快捷键是什么？（　　）

A. Ctrl+D　　B. Ctrl+T　　C. Ctrl+ J

（2）什么工具是用来随意移动图像显示范围的？（　　）

A. 钢笔工具　　B. 油漆桶工具　　C. 抓手工具

（3）打开文件的快捷键是（　　）？

A. Ctrl+ O　　B. Ctrl+Alt+ O　　C. Shift+Alt+ O

2. 填空题

（1）通过按 ______ 键和 ______ 键，可以分别利用前景和背景颜色来填充当前图像。

（2）若切换到全屏模式后退出全屏模式，只需按快捷键 F 或 Esc 键即可回到 ______ 模式。

（3）执行 ______ 命令或按快捷键 ______，打开“新建”对话框，在其中设置新建文件的名称、宽度、高度、分辨率、颜色模式和背景内容等参数。

3. 上机操作：裁剪画面将其抠出放于合适的画面

第①步：打开需要裁剪的图像，并使用裁剪工具将其需要的部分裁剪出来。

第②步：使用魔棒工具将不需要的部分选择并删除。

第③步：打开另一张图像并将抠取的效果放置于上面，增加画面的内容。

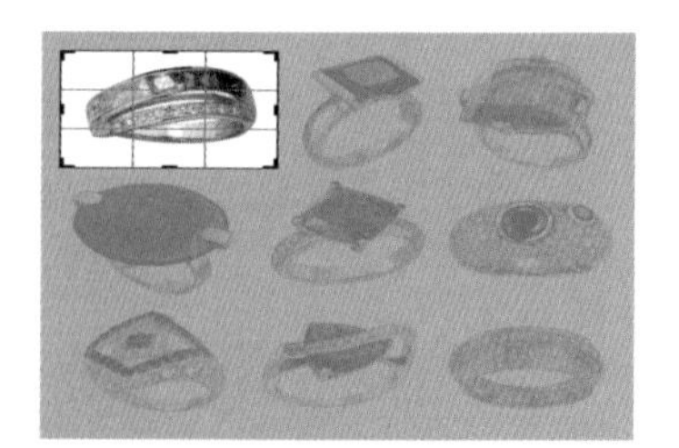

第①步效果图

第②步效果图

第③步效果图

答案

PS：别直接就看答案，那样就没效果了！听过孔子说过的一句话没？“温故而知新，可以为师矣”。

选择题：（1） B；（2） C；（3） A。

填空题：（1） Alt +Delete、Ctrl + Delete；

（2） 标准屏幕；

（3）“文件 > 新建” 、Ctrl+N。

第3章 选区就是通往Photoshop的铺地石

一条道路的组成中最重要的一个材料就是铺地石，选区在Photoshop中的地位就如铺地石一样重要，不会选区操作等于不会Photoshop图像处理软件。学习Photoshop图像处理软件，学会选区操作是必修功课，本章就来好好学习一下选区的操作，看看它到底有多重要。

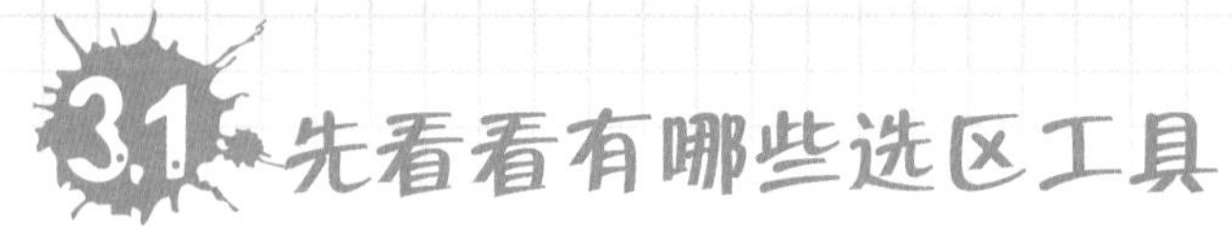

3.1 先看看有哪些选区工具

在 Photoshop 中，有很多工具是专为创建选区而诞生的，这些工具各有各的特点，可以帮助用户创建出想要的各种选区，如矩形、正方形、不规则的选区等，想要什么样的就可以创建出什么样的选区。针对不同的图形选择合适的选区创建工具，可以使工作事半功倍。

3.1.1 矩形选框工具

使用矩形选框工具，可以在图像上创建一个矩形选区。单击工具栏中的矩形选框工具按钮，或者按下键盘上的 M 键，即可选择矩形选框工具。

下面以矩形选框工具为主，对属性栏进行详细的介绍。

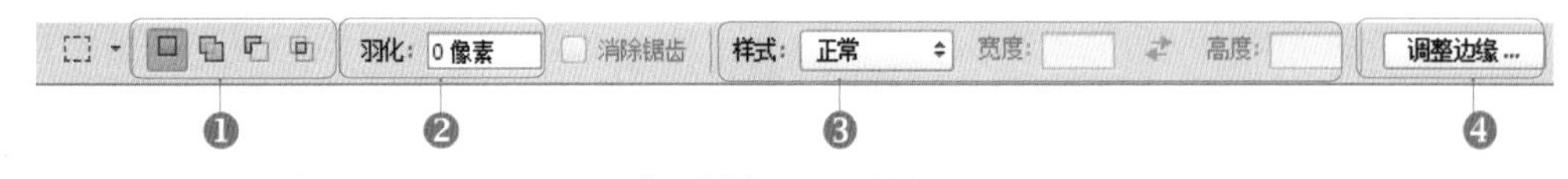

矩形选框工具属性栏

❶ 选区编辑工具栏："新选区"按钮，单击该按钮，创建一个矩形选区。"添加到选区"按钮，单击该按钮，在已有选区的基础上拖动可添加出新选区。"从选区减去"按钮，单击该按钮，在已有选区的基础上拖动可删除两选区相交的选区。"与选区交叉"按钮，单击该按钮，可以保留原选区和新选区相交部分的选区。

❷"羽化"文本框：在创建选区之前设置羽化值，之后创建出的选区边缘会变得平滑。羽化值越大，选区越平滑。

羽化值为 0 像素时创建的选区

羽化值为 100 像素时创建的选区

❸"样式"下拉列表：在该下拉列表中有 3 种创建选区方式，分别是"正常"选项——可创建出随意的选区；"固定比例"选项——可以在其后面的"宽度"和"高度"文本框中输入像素比例，这样创建出的矩形选区是以具体的宽度和高度的比值来定的；"固定大小"选项——可以在"宽度"和"高度"文本框中输入具体数值，这样创建出的矩形选区是固定宽高的。

❹"调整边缘"按钮：单击此按钮即可弹出"调整边缘"对话框，在对话框中可对创建的选区进行边缘调整。后面会具体学习这个对话框。

贴心巧计：选区创建对图像具有保护作用。创建选区以后，无论是删除图像还是填充颜色抑或变换图像，都只会对选区以内的图像产生作用，而不会影响选区以外的图像。

3.1.2 椭圆选框工具

用椭圆选框工具可以创建出椭圆形或正圆形的选区。单击椭圆选框工具后，在图像中按住鼠标左键不放并拖动鼠标，即可创建椭圆选区。

贴心巧计：若使用矩形选框工具，在图像中按住 SHIFT 键并拖动鼠标，可绘制出正方形选区；若使用椭圆选框工具，在图像中按住 shift 键并拖动鼠标，则可绘制出正圆形选区。

创建矩形选区和椭圆形选区

创建出正圆形选区

创建出正方形选区

3.1.3 单行选框工具 / 单列选框工具

使用单行选框工具或单列选框工具，在图像上拖动鼠标即可创建出像素为 1 的单行或单列选区。

3.1.4 套索工具

套索工具是 Photoshop 中创建选区时常用的一个工具，利用该工具可以随意创建出想要的选区。只要在图像中按住鼠标左键不放并拖动鼠标，完成后释放鼠标，不管终点与起点是否重合，系统均会自动合并成一个闭合选区。

拖动鼠标创建选区

释放鼠标自动合并选区，无论终点在何处

将终点与始点重合并释放鼠标

创建出一个框选小狗的选区

3.1.5 多边形套索工具

多边形套索工具，通过该工具的名称可以看出，该工具常用于创建边缘规则的图像选区，它是依靠点与点之间的连接创建出直线的选区边缘。在图像上单击创建选区起点，通过在图像上不断单击鼠标创建选区路径，最后将终点与起点重合后释放鼠标左键，即可创建闭合的多边形选区。在选区创建的过程中，可以通过选区的点与点之间的距离来控制选区创建的精准度。

小小提示：在使用多边形套索工具创建多边形选区时，若不需要终点与起点重合就创建出选区，只要在终点双击一下，系统就会自动将终点与起点以直线方式连接在一起，自动合并成一个多边形选区。

在图像上单击，然后在另一处单击

单击后，继续在其他地方单击

采用相同方法继续在不同位置单击

最后将终点与始点重合，再单击一下即可创建出多边形选区

贴心巧计：利用多边形套索工具创建选区时，可按住Shift键以直线的方式创建相对规整的选区、水平、垂直或斜角45°的选区。这样就不用手动拖出水平的、垂直的或斜角45°的选区边缘了。可以节省不少时间，快速又准确。

3.1.6 磁性套索工具

磁性套索工具的功能其实与套索工具差不多，也是创建出随意的选区。不过既然它多了“磁性”两个字，那么重点就在这两个字身上。若用磁性套索工具沿着对象的边缘慢慢拖动鼠标创建选区，系统会自动根据像素的对比强度自动沿边缘创建选区，方便又快捷。

下面讲解一下在属性栏中，其与之前所讲的选区工具属性栏不一样的功能。

磁性套索工具属性栏

❶“消除锯齿”复选框：勾选该复选框后创建选区，可对选区边缘的平滑度进行增强，使创建出的选区边缘更加光滑。

❷“宽度”和“对比度”文本框：“宽度”用于设置磁性套索工具指定检测到的边缘宽度，数值越小，选取颜色区分越精确；“对比度”用于调整创建选区时边缘像素的灵敏度，数值越大，选取越精确。

❸“频率”文本框：用于设置锚点多少，数值越大，产生的锚点越多。参数值为0~100，锚点数量越多，创建的选区越精确。

❹“使用绘图板压力以更改钢笔宽度”按钮：用于设置绘图板的钢笔压力控制。

“频率”为 1 时，沿着边缘创建选区，产生的锚点数量

“频率”为 50 时，沿着边缘创建选区，产生的锚点数量

“频率”为 100 时，沿着边缘创建选区，产生的锚点数量

3.1.7 魔棒工具

魔棒工具是根据图像颜色来创建选区的。若在颜色像素类似的区域进行单击，即可将相近像素的整个区域创建出选区。对于像素对比较大的图像，使用魔棒工具来创建选区是最佳选择，可以快速创建出所需要的选区。

接下来讲解魔棒工具的属性栏特有的功能。

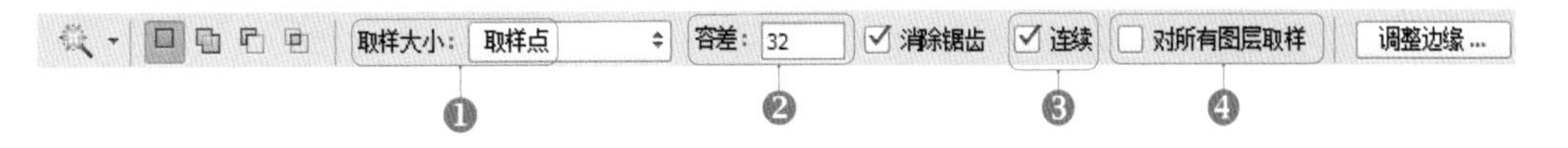

魔棒工具属性栏

❶“取样大小”选项：用于设置魔棒选择画面选区的范围，在其下拉列表中有很多种范围的选区，常用的是“取样点”。

❷“容差”文本框：用来设置在图像中单击时，颜色的取样范围，范围在 0~255。数值越大，所创建出来的选区也就越大。

“容差”为 10 时，在小鸟身上白色区域单击创建的选区

“容差”为 30 时，在小鸟身上白色区域单击创建的选区

“容差”为 60 时，在小鸟身上白色区域单击创建的选区

❸“连续”复选框：勾选该复选框，在图像上单击，系统只选择颜色相同的范围创建选区；若不勾选该复选框，则是选择颜色相同或相近的范围创建选区。

❹“对所有图层取样”复选框：勾选该复选框，可以在所有图层中选取颜色。

3.1.8 快速选择工具

快速选择工具是非常常用的一个工具，它非常的方便，在图像上单击并拖动鼠标即可创建出选区。选区范围会随着鼠标指针的移动而自动向外扩展，并自动跟随图像定义选区边缘。快速选择工具是结合了魔棒工具与画笔工具的特点，非常值得学习掌握。

❶ 创建选区的方式和类型：有“新选区”、“添加到选区”和“从选区减去”3 个方式，其功能与选框工具的使用方式相同。

❷“画笔”选项：单击该按钮即可打开“画笔”选取器，在选取器中可以设置画笔属性。

❸“自动增强”复选框：勾选该复选框，能够优化选区的精确度。

快速选择工具属性栏

小小提示：在使用快速选择工具创建选区时，可以根据图像中对象的大小来调整画笔大小。若所要创建的选区区域比较大，可以使用较大的画笔，反之则相反。还有就是，一般都是选择“添加到选区”方式，这样可以连续单击创建想要的选区。

试试看：快速抠取人物图像

成果所在地：第 3 章 \Complete\ 快速抠取人物图像 .psd

视频 \ 第 3 章 \ 快速抠取人物图像 .swf

1 执行“文件 > 打开”命令，打开“人物 1.jpg”图像文件，使用快速选择工具在人物区域进行涂抹创建出人物选区。创建好后按快捷键 Ctrl+J 复制出选区内的图像并生成“图层 1”。

2 采用相同方法打开“沙发 .jpg”图像文件。接着使用移动工具将抠取出的人物图像移动到当前图像文件中，并按快捷键 Ctrl+T 调整图像大小及位置。

小小提示：使用自由变换命令调整图像时，可通过按住快捷键 Shift+Alt 键从中心等比例缩放图像，也可以通过按住 Ctrl 键随意移动某一个调节点的位置，而不影响其他调节点，有针对性地对图像进行变形。

3 调整好人物图像的位置及大小后，按下 Enter 键以完成变换。在图层面板中可以看见移动到当前图像文件中的人物图层。

4 接着，在图层面板中单击“创建新图层”按钮，创建出“图层 2”。使用黑色的画笔工具在人物边缘进行适当涂抹，绘制出阴影效果。至此，本实例制作完成。

3.2 其他创建选区的方法

本节中将来学习一下用其他方法创建选区。其中的两个知识点其实也是抠取图像的重要方法，应好好学习，将其掌握。

3.2.1 “色彩范围”命令

使用“色彩范围”命令，可以根据图像的颜色来确定整个图像的选取。可以吸取颜色，将吸取颜色的范围选中，可以多次吸取，也可以吸取单个的颜色区域。该命令用起来很随意，没吸取好可以重新吸取。

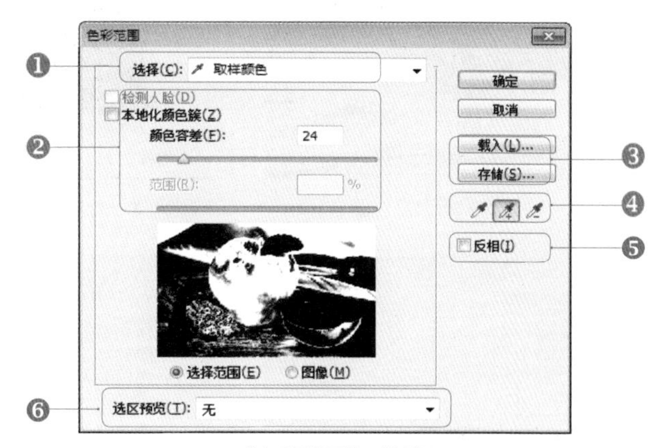

“色彩范围”对话框

❶“选择”下拉列表：在下拉列表中显示基准颜色，通常在预览窗口或图像中单击，即可取样该位置的颜色，在图像中创建相应颜色的选区。

❷“本地化颜色簇”复选框：在这可以设置调整选择的颜色容差和范围。对于颜色容差，其数值越大，选择的相近的颜色越多，选区想当然地也会越大，反之亦然。范围控制选定颜色的范围大小。

❸“载入”和“存储”按钮：单击“载入”按钮可以载入色彩范围文件，“存储”命令则是将现在所设置好的色彩范围单独存储起来，以便以后使用。

❹ 吸管工具：分别为“吸管工具”按钮、“添加到取样”按钮和“从取样中减去”按钮。在创建选区后，可以根据需要添加或减去颜色范围。

使用吸管工具吸取颜色只会吸取单击一次的颜色

单击其他地方则变成吸取其他地方的颜色

使用“添加到取样”按钮多次单击，即可一起吸取颜色

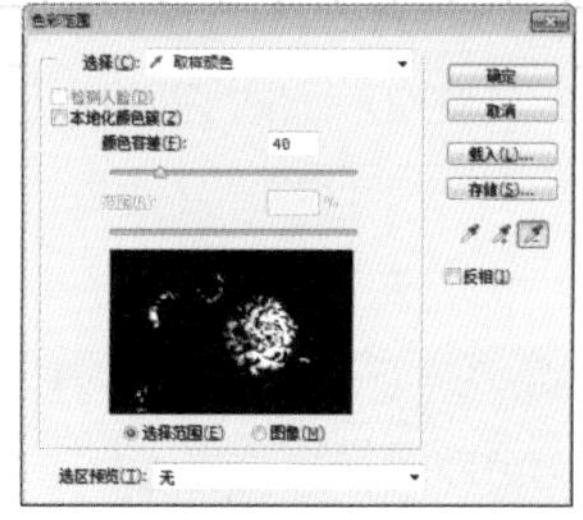

使用“从取样中减去”按钮在已取样范围单击，则减少颜色范围

❺“反相”复选框：勾选该复选框，可以将创建选区的范围反向，使所选中的选区范围转换为未被选中的选区范围。

❻“选区预览”下拉列表：用于设置预览选择范围的方式，其中包括了“无”、“灰度”、“黑色杂边”、“白色杂边”和“快速蒙版”5 种预览方式，单击选择相应的选项即可进行使用。

3.2.2 通过色彩创建选区

在 Photoshop 中，可以通过灰度图来表达选择有效范围的色彩范围命令。通过执行“选择 > 色彩范围”命令，在打开图像中单击或拖动确定所选的颜色，可以增减色彩取样和颜色容差。在顶部的选择中可以选取固定的色彩，在底部的选区预览中可以改变图像的预览效果。这里的图像指的是在 Photoshop 中打开的图像。至于“反相”选项，就是交替选择与被选择区域。

打开任意图像文件

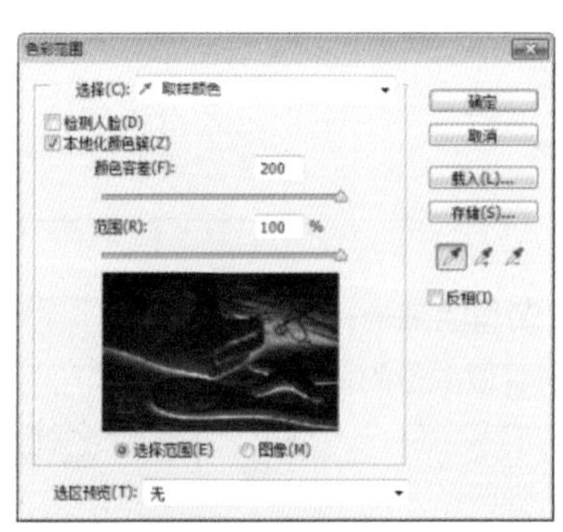

执行“选择 > 色彩范围”命令

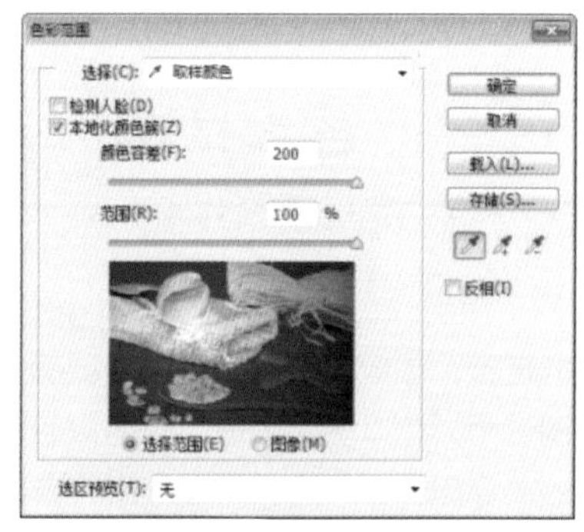

在其对话框中使用吸管工具吸取颜色

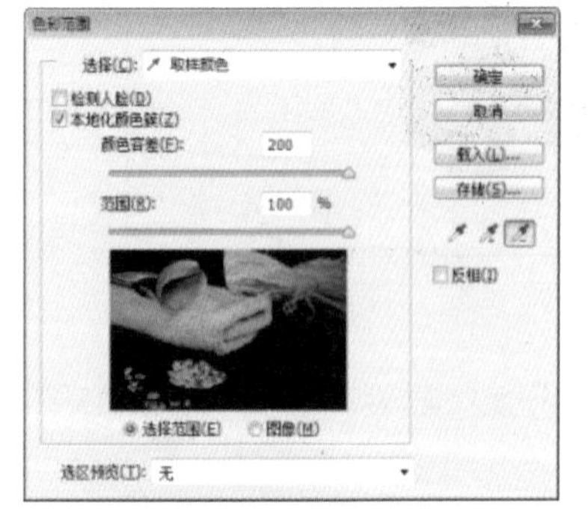

使用从取样中减去工具

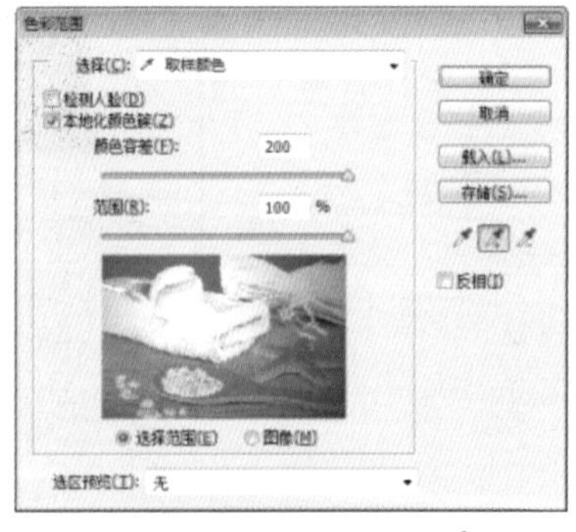

使用添加到取样工具

单击“确定”按钮，得到选区

百变技能秀：巧用“调整边缘”命令

操作试试

1 选择一张照片图像，使用魔棒工具在图像背景上单击创建选区。

2 然后按下Delete键删除选区内容，抠取图像。把底层图像填充为黑色，可以看见图像上有明显的白色边缘。

3 载入图像的选区以后，在属性栏上单击“调整边缘”按钮，在弹出的“调整边缘”对话框中设置参数，将边缘收缩并调整羽化与对比。

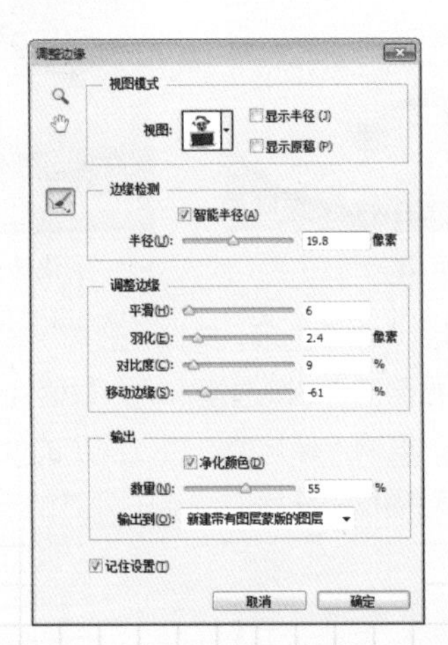

4 完成后单击“确定”按钮，轻松去掉白色边缘。

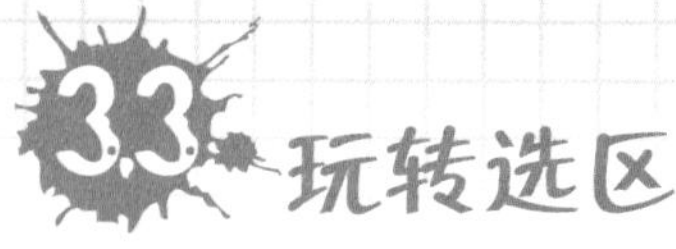

3.3 玩转选区

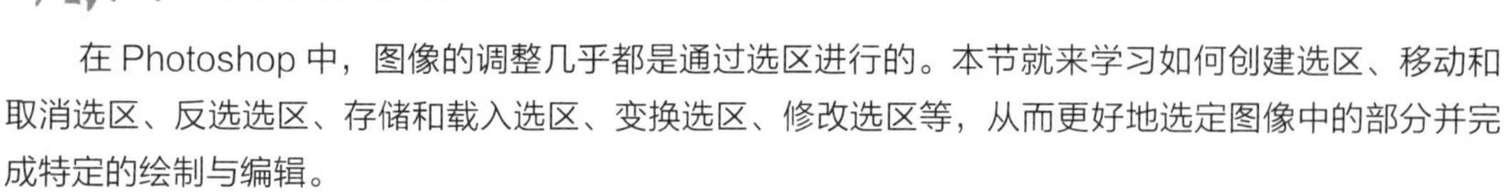

在 Photoshop 中，图像的调整几乎都是通过选区进行的。本节就来学习如何创建选区、移动和取消选区、反选选区、存储和载入选区、变换选区、修改选区等，从而更好地选定图像中的部分并完成特定的绘制与编辑。

3.3.1 创建选区

小小提示：在 Photoshop 中创建选区，按形状而言，选区分为规则选区的创建和不规则选区的创建。选区的意思是所选择的区域，是指在图像中需要进行编辑操作的区域。当对选区图像进行编辑时，选区外的图像不受影响。

规则选区主要通过“选框工具”中的“矩形选框工具”、“椭圆选框工具”、“单行选框工具”以及“单列选框工具”进行创建。当然，这是最基本的选区建立方法。

在画面中创建矩形和正方形的选区时，一般使用“矩形选框工具”，选中该工具后按住 Shift 键的同时在画面上拖动，即可创建正方形的选区。通过执行“选择 > 取消选择”命令，或者按快捷键 Ctrl+D 即可取消选区。

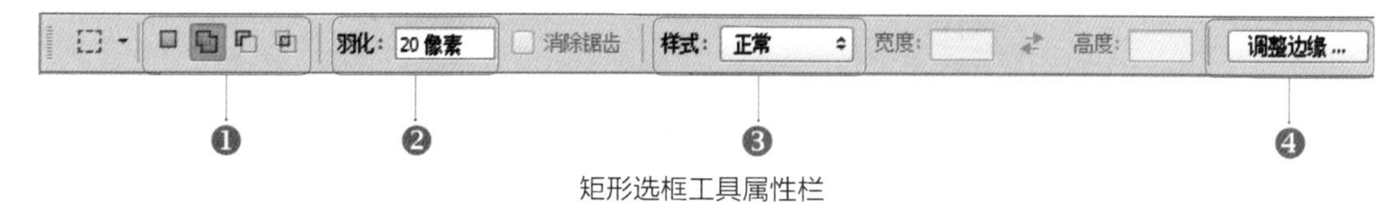

矩形选框工具属性栏

❶ 选区创建方式按钮：单击“新选区”按钮后创建选区，将创建独立的选区；单击“添加到选区”按钮后创建选区，将在已有的选区上添加新的选区；单击“从选区中减去”按钮后创建选区，将从已有的选区上减去相应的选区；单击“与选区交叉”按钮后创建选区，将只选中所选择区域与已有选区重叠的部分。

❷“羽化”选项：可设置所创建的选区的羽化参数值。设置羽化数值后创建选区，将创建羽化的选区；若已经创建了选区再设置该选项，则不能羽化选区。

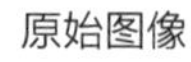

原始图像

“羽化值”为 0 时创建的选区

“羽化值”为 50 时创建的选区

❸“样式”选项：包括“正常”、“固定比例”、“固定大小”3 个选项。选择“正常”选项后可创建随意的选区；选择“固定比例”选项后，右端的“宽度”和“高度”输入框将被激活，在该选框中输入数值将以该数值比例创建选区；选择“固定大小”选项后，在右端的“宽度”和“高度”输入框输入像素值，将以固定的像素值创建选区。

❹“调整边缘”按钮：单击此按钮会弹出“调整边缘”对话框，在该对话框中可对创建的选区进行边缘调整。

用“椭圆选框工具”可以创建椭圆形或正圆形的选区。和“矩形选框工具”一样，利用“椭圆选框工具”创建选区，可以直接创建羽化的选区，也可通过设置创建选区的样式而创建固定样式效果的选区。创建选区后，还可以对创建的选区进一步编辑，以得到不同的选区效果。

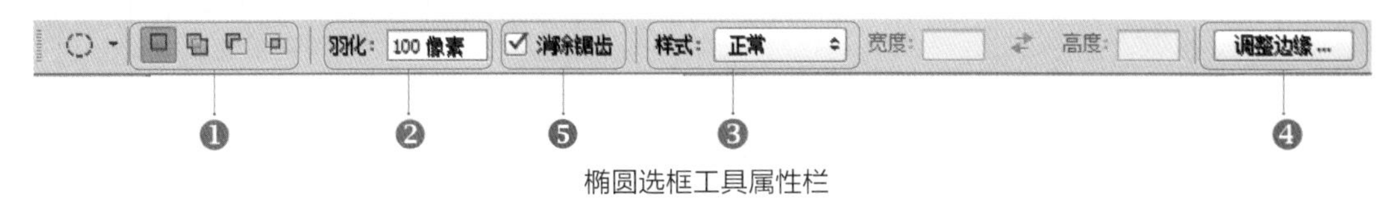

椭圆选框工具属性栏

❶ 选区创建方式按钮：单击“新选区”按钮后创建选区，将创建独立的选区；单击“添加到选区”按钮后创建选区，将在已有的选区上添加新的选区；单击“从选区中减去”按钮后创建选区，将从已有的选区上减去相应的选区；单击“与选区交叉“按钮后创建选区，将只选中所选择区域与已有选区重叠的部分。

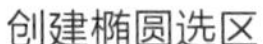

创建椭圆选区　　设置不同的羽化值添加新的椭圆选区　　设置填色并调整不透明度

❷“羽化”选项：可设置所创建的选区的羽化参数值。设置羽化数值后创建选区，将创建羽化的选区；若已经创建了选区再设置该选项，则不能羽化选区。

❸“样式”选项：包括“正常”、“固定比例”、“固定大小”3 个选项。选择“正常”选项后可创建随意的选区；选择“固定比例”选项后，右端的“宽度”和“高度”输入框将被激活，在该选框中输入数值将以该数值比例创建选区；选择“固定大小”选项后，在右端的“宽度”和“高度”输入框输入像素值，将以固定的像素值创建选区。

❹“调整边缘”按钮：单击此按钮会弹出“调整边缘”对话框，在该对话框中可对创建的选区进行边缘调整。

❺“消除锯齿”复选框：勾选该复选框后创建选区，可对选区边缘的平滑度进行增强。

利用“单行选框工具”和“单列选框工具”创建选区，在画面中单击左键即可创建水平方向或垂直方向的条状选区。创建选区后，放大图像到一定程度，可看见选区成条状矩形样式。由于使用“单行选框工具”或“单列选框工具”创建选区的范围较小，所以通常情况下难以创建羽化选区。

单行选框工具和单列选框工具属性栏

❶ 选区创建方式按钮：包括“新选区”按钮、“添加到选区”按钮、“从选区中减去”按钮和“与选区交叉”按钮，单击不同的按钮创建不同的选区。

❷“羽化”选项：可设置所创建的选区的羽化参数值。设置羽化数值后创建选区，将创建羽化的选区；若已经创建了选区再设置该选项，则不能羽化选区。

❸“调整边缘”按钮：单击此按钮会弹出“调整边缘”对话框，在该对话框中可对创建的选区进行边缘调整。

前面介绍的选框工具只能用于创建规则的集合图形选区，但在实际应用中有时需要创建不规则选区，这时可以使用 Photoshop 中的“套索工具”、“多边形套索工具”、“磁性套索工具”、“魔棒工具”以及“快速选取工具”等来创建。

下面介绍不规则选区的创建，对属性栏进行一个详细的介绍。

利用“套索工具”创建选区时，可以创建自由的不规则的选区。创建选区时，按住鼠标左键在画面中拖动即可看到所创建选区的路径状态，松开鼠标即可创建一个随意的选区。在未连接选区起始点的状态下松开鼠标，则该终止点将直接与起始点相连形成选区。

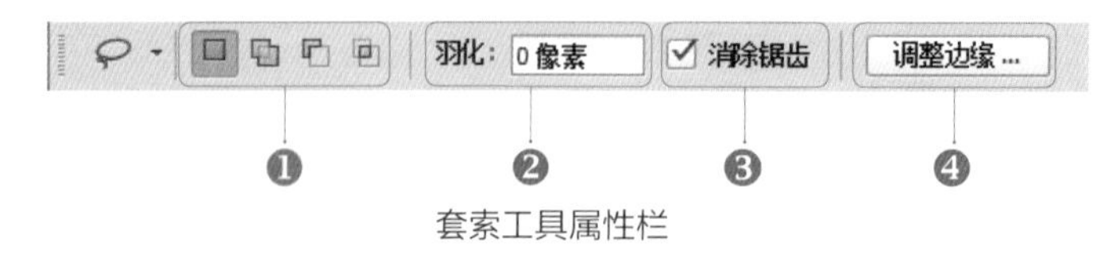

套索工具属性栏

❶ 选区创建方式按钮：包括“新选区”按钮、“添加到选区”按钮、“从选区中减去”按钮和“与选区交叉”按钮，单击不同的按钮即创建不同的自由选区。

❷“羽化”选项：可设置所创建的选区的羽化参数值。设置羽化数值后创建选区，将创建羽化的选区；若已经创建了选区再设置该选项，则不能羽化选区。

❸“消除锯齿”复选框：勾选该复选框后创建选区，可对选区边缘的平滑度进行增强。

❹“调整边缘”按钮：单击此按钮会弹出“调整边缘”对话框，在该对话框中可对创建的选区进行边缘调整。

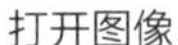

打开图像

使用套索工具创建选区

将其复制抠出

贴心巧计：使用“多边形套索工具”可以创建不规则的多边形选区。和“套索工具”一样，创建选区时，按住鼠标左键在画面中拖动，即可看到所创建选区的路径状态，松开鼠标即可创建一个随意的多边形选区。在未连接选区起始点的状态下松开鼠标，该终止点将直接与起始点相连形成选区。在创建选区时如果想要更改，按快捷键 Delete 即可更改选区路径，又快又方便地创建选区。

打开图像文件

使用多边形套索工具创建选区

删除创建的选区

“磁性套索工具”是根据图像的像素信息和工具属性栏设置选项来创建选区的。其使用方法是单击工具，沿着要选取的图形周围进行单击（它会自动生成节点），当形成闭合的区域后，选取的部分会自动生成选区。

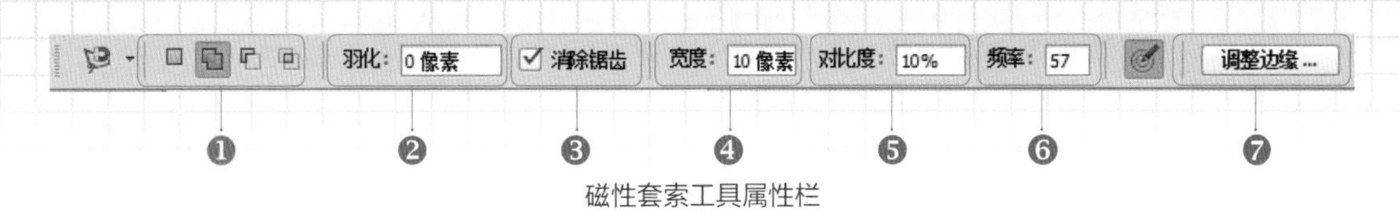

磁性套索工具属性栏

❶ 选区创建方式按钮：包括“新选区”按钮、“添加到选区”按钮、“从选区中减去”按钮、“与选区交叉”按钮，单击不同的按钮创建不同的选区。

❷“羽化”选项：可设置所创建的选区的羽化参数值。设置羽化数值后创建选区，将创建羽化的选区；若已经创建了选区再设置该选项，则不能羽化选区。

❸“消除锯齿”复选框：勾选该复选框后创建选区，可对选区边缘的平滑度进行增强。

❹“宽度”文本框：可输入 1~25 的数值。设置参数选项后，“磁性套索工具”只检测以起始点开始指定距离以内的边缘像素。

宽度为 1 像素选区的范围

宽度为 10 像素选区的范围

宽度为 80 像素选区的范围

❺“对比度”文本框：可输入 1~100 的数值，以调整磁性套索工具对图像边缘的敏感度。数值高则只检测与图像周围对比鲜明的像素边缘；反之，数值低则检测对比度较低的边缘。

❻“频率”文本框：可输入 1~100 的数值，以设置添加锚点时的锚点密度。数值越大，锚点出现的频率越高，就能以越快的速度固定选区边缘。

频率为 1 时的选区范围

频率为 50 时的选区范围

频率为 100 时的选区范围

❼“调整边缘”按钮：单击此按钮会弹出“调整边缘”对话框，在该对话框中可对创建的选区进行边缘调整。

小小提示：“磁性套索工具”多用于画面环境复杂且主体物轮廓明显的图像中。

"快速选取工具"是通过指定的画笔大小来绘制选区，选中此工具后按住鼠标左键并在图像中拖动，将根据画笔的大小和图像像素边缘自动创建选区。

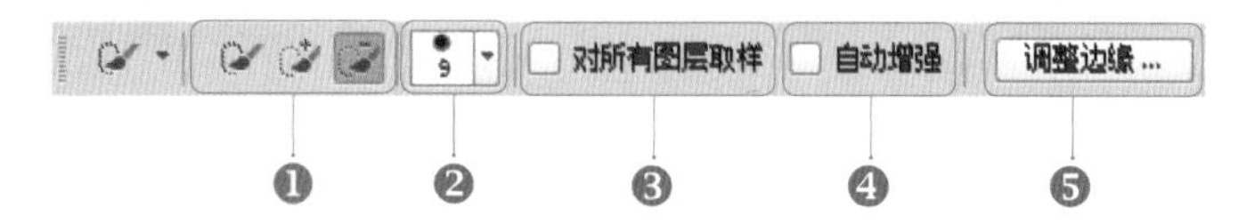

快速选取工具属性栏

❶ 选区创建方式按钮：包括"新选区"等按钮，单击不同的按钮创建不同的选区。

❷"画笔"选取器：单击画笔数值或下三角按钮，可在弹出的选取器中设置画笔的大小、硬度和角度等属性，以调整选区创建的范围和效率。

❸"对所有图层取样"复选框：勾选该复选框后，将对所有可见图层中的图像进行选择并创建选区，否则将只对当前图层创建选区。

❹"自动增强" 复选框：勾选该复选框后创建选区，将自动调整选区边缘使其更为平滑。

原图

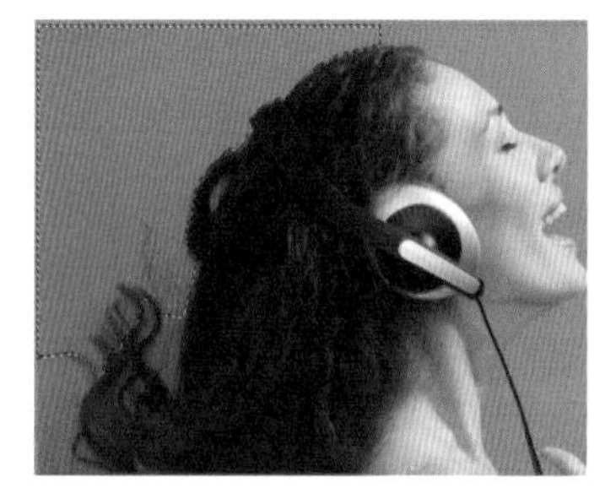

未勾选"自动增强"复选框，边缘生硬

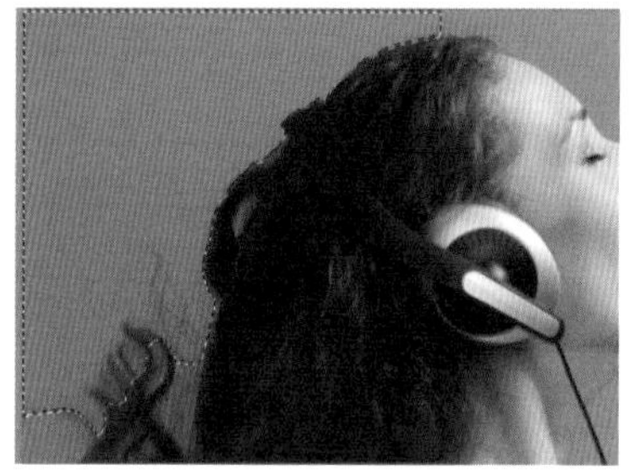

勾选"自动增强"复选框，边缘平滑

❺"调整边缘"按钮：单击此按钮会弹出"调整边缘"对话框，在该对话框中可对创建的选区进行边缘调整。

打开图像

使用快速选取工具选取背景

反选

使用蒙版抠出人物

将其放置于另一画面中

适当缩小

在蒙版上将多余的部分涂抹

“魔棒工具”是 Photoshop 中提供的一种比较快捷的抠图工具。对于一些分界线比较明显的图像，利用魔棒工具可以很快速地将图像抠出。可以选择颜色一致的区域，而不必跟踪其轮廓。较低的容差值使魔棒可以选取与所单击的像素非常相似的颜色，而较高的容差值可以选择更宽的色彩范围。如果勾选“连续”复选框，则容差范围内的所有相邻像素都被选中。若勾选“对所有图层取样”，魔棒工具将在所有可见图层中选择颜色，否则只在当前图层中选择颜色。

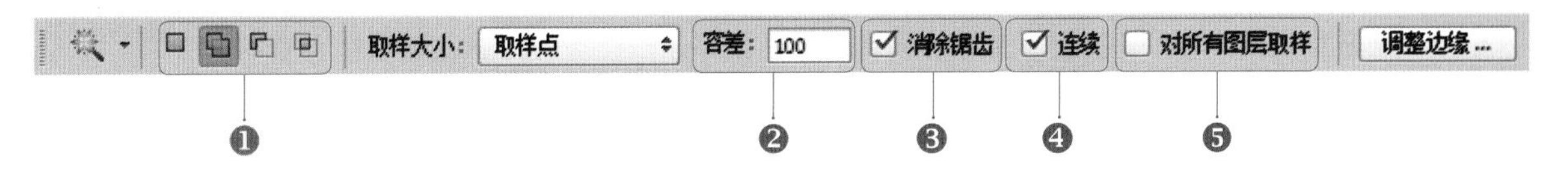

魔棒工具属性栏

❶ 选区创建方式按钮：包括“新选区”按钮、“添加到选区”按钮、“从选区中减去”按钮、“与选区交叉”按钮，单击不同的按钮创建不同的选区。

❷“容差”文本框：确定选定像素的相似点差异。以像素为单位输入一个值，范围为 0~255。如果该值较低，则会选择与所单击像素非常相似的少数几种颜色；如果该值较高，则会选择范围更广的颜色。

容差为 10 时的选区 范围

容差为 50 时的选区范围

容差为 100 时的选区范围

❸“消除锯齿”复选框：勾选该复选框后创建选区，可对选区边缘的平滑度进行增强。

❹“连续”复选框：勾选该复选框只选择使用相同颜色的邻近区域。否则，将会选择整个图像中使用相同颜色的所有像素。

❺ “对所有图层取样”复选框：勾选该复选框使用所有可见图层中的数据选择颜色。否则，将只从现用图层中选择颜色。

小小提示：在图像中单击要选择的颜色，如果“连续”已被勾选，则容差范围内的所有相邻像素都被选中；否则，将选中容差范围内的所有像素。单击“调整边缘”，可以进一步调整选区边界，或者对照不同的背景查看选区，或者将选区作为蒙版查看。

原图

选取选区

将选区作为蒙版查看

试试看：更换蛋糕上花朵的颜色

成果所在地：第 3 章 \Complete\ 更换蛋糕上花朵的颜色 .psd

视频 \ 第 3 章 \ 更换蛋糕上花朵的颜色 .swf

1 执行“文件 > 打开”命令，打开“更换蛋糕上花朵的颜色 .jpg”图像文件，得到“背景”图层，按快捷键 Ctrl+J 复制得到“图层 1”。

2 使用快速选择工具并结合魔棒工具，在人物区域进行涂抹，创建出花朵选区。

3 单击“创建新的填充或调整图层”按钮，在弹出的菜单中选择“色相 / 饱和度”选项并设置其色相的参数，生成“色相 / 饱和度 1”图层。

4 创建“色相 / 饱和度 1”调整图层，完成后得到更换蛋糕上花朵颜色的效果。至此，本实例制作完成。

3.3.2 移动和取消选区

若创建选区并未与目标图像重合，或者未完全选中所需要的区域，最简单的方式就是移动选区，使其与目标图像精准对位。在选中任意选取工具的状态下，将鼠标指针移动到选区中，单击并拖动鼠标即可移动选区。

如果两个区域是在同一个图层上，那么最好把这两个区域从原图层复制或剪切出来，单独调整位置。如果两个区域是在两个图层上，那么一定是移动的时候同时选中了两个图层，此时看下图层面板，单独选中想移动的图层之后，再做移动。

使用任意选取工具得到选区

使用移动工具移动

拖动选区到合适位置

贴心巧计： 还有几种方法可对选区进行移动：一是按方向键以每次 1 像素为单位移动选区，在按住 Shift 键的同时按方向键，则以每次 10 像素为单位移动选区；二是使用鼠标拖动选区，在按住 Shift 键的同时可水平、垂直或 45° 斜线方向对选区进行移动。

在 Photoshop 中取消选区有 3 种方式：一是按快捷键是 Ctrl+D；二是执行“选择 > 取消选区”命令；三是选择任意的选区工具，在属性栏中单击“新选区”按钮，再在选区中任意位置单击即可取消选区。

3.3.3 反选选区

在 Photoshop 中，选择一个选区后，对其进行反选（快捷键为 Shift+Ctrl+I）就可以选择和选区相反的区域。

原图

选取天空选区

反选选区

3.3.4 存储和载入选区

在 Photoshop 中，有时候需要把已经创建好的选区存储起来，方便以后再次使用。这时，就要使用选区存储功能。创建选区后，直接单击鼠标右键，出现的菜单中就“存储选区”项目。也可以执行“选择 > 存储选区”命令，在出现的名称设置对话框中，可以输入文字作为这个选区的名称。如果不命名，Photoshop 会自动以 Alpha1、Alpha2、Alpha3 这样的文字来命名。

当需要载入存储的选区时，可以执行“选择 > 载入选区”命令，也可以在图像中单击鼠标右键选择该项，前提是目前没有选区存在，且选用的是选取类工具或裁切工具。

小小提示：如果存储了多个选区，就在通道下拉菜单中选择一个。因此之前存储时用贴切的名称来命名选区，可以方便这时候的查找，尤其是在存储了多个选区的情况下。下方有一个“反相”的选择，其作用相当于载入选区后执行反选命令。如果图像中已经有一个选区存在，载入选区的时候，就可以选择载入的操作方式。所谓操作就是前面接触过的选区运算，即添加、减去、交叉。如果没有选区存在，则只有“新选区”方式有效。

“存储选区”对话框

贴心巧计：那新建的选区通道有什么作用呢？当然就是用来存放选区的。尽管选区通道对于原有的图像显示效果没有影响，但并不代表它没用，以后学习向其他软件输出文件的时候，通道就可以发挥极大的作用。

❶“目标”选项组：“文档”下拉列表中列出了当前打开的所有图像文件，可以选择将选区存储至指定文件中去，也可通过选择“新建”选项将选区以新建文件的方式进行保存；“通道”选项中默认状态为“新建”，选择该选项则将选区存储为新的通道，若选择已有的通道，“操作”选项组中的 3 个选项将被激活；“名称”选项用于设置选区存储的名称，应用相应的名称设置后，“通道”面板中将出现该名称的通道。

❷“操作”选项组：当“通道”选项为“新建”时，该选项组中只可选“新建通道”命令，若“通道”选项设置为已有的通道，则其他 3 项将被激活。选中“添加到新通道”可将当前选区添加到所选的通道中；选择“从通道中减去”，将以当前选区减去所选通道的内容；选择“与通道交叉”选项，可将选区存储为当前选区与所选通道内容相交的区域。

3.3.5 变换选区

在 Photoshop 中，使用“变换选区”命令可对选区运行自由变换。按快捷键 Ctrl+A 全选图像，执行“选择 > 变换选区”命令，选区的边框将出现 8 个控制点。执行“变换选区”命令后的工具选项栏内将出现与该命令相关的设置选项，可对各选项逐一进行设置。设置选项栏中的 X（水平位置）和 Y（垂直位置）参数，可调整选框的精确位置；设置 W（宽度）和 H（高度）参数，可对选框运行缩放调整；单击“链接”图标可保持长宽比；设置“旋转”参数，可对选框进行旋转。

贴心巧计：将鼠标指针放在选框内，拖动鼠标也可调整选框位置。将鼠标指针放在选框外，当其变为旋转时，单击并拖动鼠标，可旋转选框，按住 Shift 键可将旋转限制为按 15° 增量进行。当选区旋转或移动时，都将以参考点为中心进行变换。

选取人物选区

变换选区

确定变换

取消选区

小小提示：“变换选区”命令与“编辑”菜单下的“变换”命令的使用方法相同，只是“变换”命令是对图像进行变换，而“变换选区”命令是对选区进行变换，选区中的图像不会随着选区的变化而变化。

3.3.6 修改选区

在 Photoshop 中，可以对选区进行许多操作，修改选区属于其中的一种，可以按特定数量的像素扩展或收缩选区，也可以用新选区框住现有的选区，还可以平滑选区。修改选区包括选区的收缩、边界、扩展等。

创建多个椭圆选区

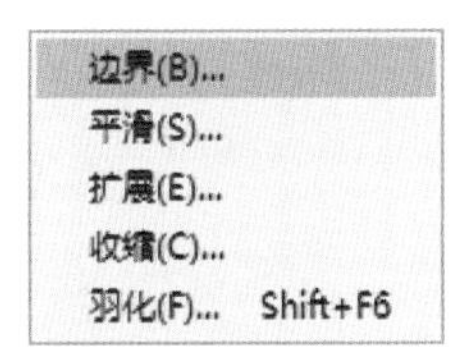

执行“选择 > 修改 > 边界”命令并设置参数

填充选区为白色

百变技能秀：选区与画笔的完美组合

成果所在地：第 3 章 \Complete\ 百变技能秀：选区与画笔的完美组合 .psd
视频 \ 第 3 章 \ 百变技能秀：选区与画笔的完美组合 .swf

Xx，帮个忙，我有一张海底生物的图片不知道要怎么为它绘制海底自由小气泡，帮帮我啦！这个怎么绘制呀？

这个嘛……
Photoshop 里面选区与画笔的完美组合可以绘制海底自由小气泡。

操作试试

1 新建文件，默认其他选项，然后画一个圆形选区。使用柔角画笔，设置合适笔头大小，在选区边沿绘制气泡的样式。执行“编辑 > 定义画笔预设”命令，将其自定义为画笔。

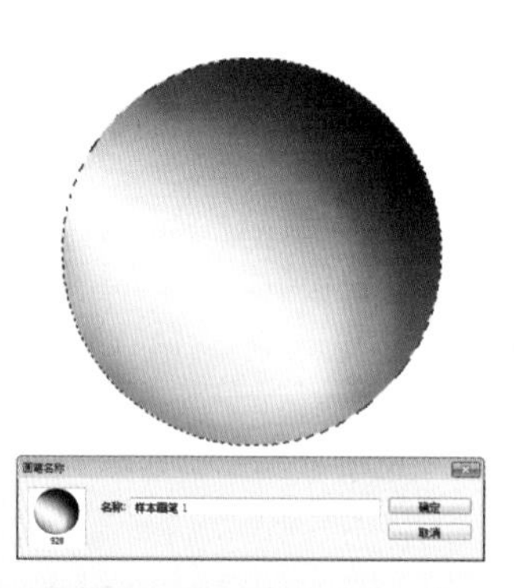

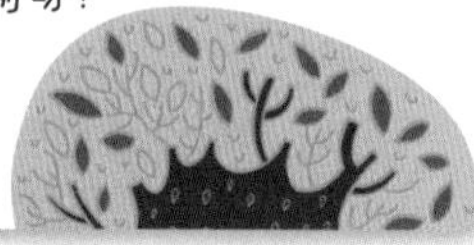

2 打开一张需要添加绘制海底自由小气泡的图像。

3 单击画笔工具，选择尖角画笔并适当调整大小及透明度，然后打开画笔调板，在画笔笔尖形状里找到刚刚定义的画笔，设置形状动态、散布等参数。

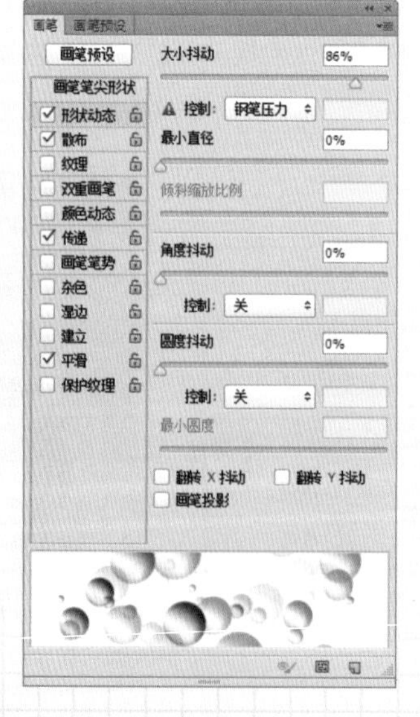

4 新建“图层 1”，设置前景色为蓝色，使用设置好的画笔工具，在画面上绘制气泡，设置混合模式为“滤色”制作画面。至此，绘制完成。

3.3.7 描边选区

在学习绘画的过程中，对于线条已经司空见惯了，包括直线、曲线、折线等。相应地，运用的工具不同，这些线条的表现形式也是不一样的，包括粗细、长短、颜色等。那么在 Photoshop 中，要想对已有的图像进行颜色方面的改变，也就是描边的话，应该怎样操作?

创建选区

描边
结构
大小(S): 8 像素
位置(P): 外部
混合模式(B): 正常
不透明度(O): 100 %
填充类型(F): 颜色
颜色:
设置为默认值 复位为默认值

设置“描边”选项

对选区进行描边

试试看：制作可爱朦胧头像

成果所在地：第 3 章\Complete\ 制作可爱朦胧头像 .psd
视频 \ 第 3 章 \ 制作可爱朦胧头像 .swf

1 执行“文件 > 打开”命令，打开“制作可爱朦胧头像 1.jpg”图像文件，得到“背景”图层，使用快速选取工具，将图像中的背景选取。

2 按快捷键 Shift+Ctrl+I 反选选中的选区，得到人物的选区。单击“添加图层蒙版”按钮，将人物抠出。

小小提示：在需要选取的选区颜色十分复杂的时候，可通过反选选区的操作来得到需要选取的图像。反选选区有三种方式：一是执行“选择 > 反向”命令；二是按快捷键 Shift+Ctrl+I 反选选中的选区；三是在创建的选区中单击鼠标右键，并在弹出的快捷菜单中执行“选择反向”命令。

贴心巧计：选取相似工具可以在整个图像上选取颜色相近的像素，扩大选取工具则只是扩大相邻的相似像素。快速选择工具也使用相同的取样，但同时也使用了非常强大的画笔功能。使用快速选择工具，你可以通过简单的画笔笔触很快选择，并且你可以改变画笔的大小来进行精确选取。一定要切记哦！

3 执行“文件 > 打开”命令，打开“制作可爱朦胧头像 2.jpg”图像文件，得到“背景”图层。将前面抠出的人物，拖曳到当前文件图像中，得到“图层 1”。

4 使用快捷键 Ctrl+T 变换图像大小，并将其放置于画面中合适的位置。

5 按住Ctrl键并单击鼠标左键选择“图层 1”，得到“图层 1”的选区。使用橡皮擦工具并适当调整其大小及透明度，在得到的选区内适当涂抹，使其与后面的背景融合。

6 按快捷键 Ctrl+D 取消选区，将可爱朦胧的头像画面制作完成。至此，本案例制作完成。

贴心巧计：羽化是对选区的边缘进行模糊的一个命令，将会使选区边缘变得柔和。在没有羽化值的时候，直接填充得到的区域会是一个硬边，有羽化值的时候，得到是一个边缘逐渐透明的区域。羽化像素的尺寸将会决定选区边缘逐渐软化的区域大小。也可以为选择工具比如矩形选框工具、套索工具等定义一个羽化值，或者在选择菜单中进行羽化。

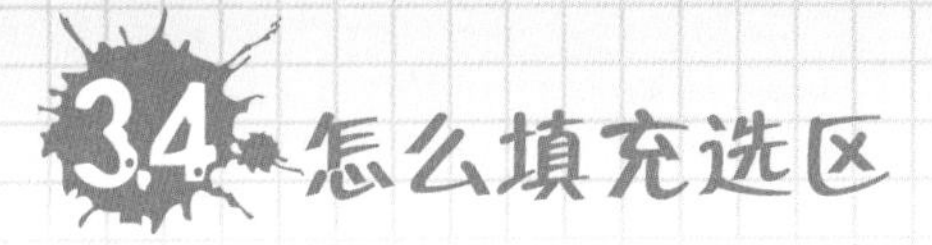

3.4 怎么填充选区

在了解选区后，应该怎么填充选区呢？在 Photoshop 中，填充选区包含为选区填充单色、为选区填充渐变和为选区填充内容识别 3 种选区填充方式。下面，将逐一学习这 3 种选区填充的方式。

3.4.1 为选区填充单色

为选区填充单色的前提是得到一个完整的选区，然后再看看要填充的颜色是前景色还是背景色了，快捷键 Alt+Delete 是前景色填充，快捷键 Ctrl+Delete 是背景色填充。

原图

选取主体物选区

反选并填充选区颜色

小小提示：要对钢笔画出的范围填充颜色，首先要选择好闭合的路径，然后选好图层，再按快捷键 Ctrl + Enter，路径就转换为选区。接着就可以选择前景色或背景色进行 填充了。

3.4.2 为选区填充渐变

在闭合的选区内填充渐变有两种方式：一是使用渐变工具，设置渐变颜色在选区中拖出渐变；二是单击“创建新的填充或调整图层”按钮，在弹出的菜单中选择“渐变填充”选项设置参数，并单击图框中“调整剪贴到此图层”按钮创建其选区剪贴蒙版，为选区填充渐变。

原图

勾选选区

为选区填充渐变

3.4.3 为选区填充内容识别

为选区填充内容识别是在闭合的选区内设定填充区域，执行“编辑 > 填充”命令，打开“填充”选项卡，在“使用”里选择内容识别”命令，单击“确定”按钮即可填充内容识别，具体效果视图片画面的复杂程度而定。

温习一下

1. 选择题

（1）以下哪个工具不是根据像素对比来创建选区的？（　　）

A. 魔棒工具　　B. 套索工具　　C. 快速选择工具

（2）羽化选区的快捷键是以下哪个？（　　）

A. shift+F5　　B. Ctrl+F6　　C. shift+F6

（3）创建好选区后，若想要反选选区，快捷键是什么？（　　）

A. Ctrl+Shift+I　　B. Ctrl+Alt+I　　C. Shift+Alt+I

2. 填空题

（1）选框工具分别有______、______、______和______。

（2）创建好选区后，按快捷键______即可取消选区。

（3）未选取填充单色有两种方法，分别是______和______。

3. 上机操作：复制图像并填充渐变颜色

第①步：为图像创建选区。

第②步：复制选区内图像并调整图像位置。

第③步：为背景创建选区，使用渐变工具填充选区颜色。

第①步效果图

第②步效果图

第③步效果图

答案

PS：别直接就看答案，那样就没效果了！听过孔子说过的一句话没？“温故而知新，可以为师矣”。

选择题：（1） B；（2） C；（3） A。

填空题：（1）矩形选框工具、椭圆选框工具、单行选框工具、单列选框工具；

（2） Ctrl+D；

（3）设置前景色颜色，按快捷键 Alt+Delete 填充选区颜色为前景色；使用油漆桶工具在选区内单击即可为选区填充颜色。

第4章 开始学习绘画

Photoshop CS6 中的绘制工具是从日常生活中的真实绘画工具中延伸而来的。通过使用软件自带的绘制工具可以在画面中绘制图像。对 Photoshop CS6 有一个简单的了解后，需要进一步学习怎样在 Photoshop CS6 中绘制图形。学会绘画操作就可以在很大程度上地自行绘制想要的图像效果，也为图像处理的自由性添加了空间。本章就来好好学习一下绘画工具的操作，看看它到底有多重要。

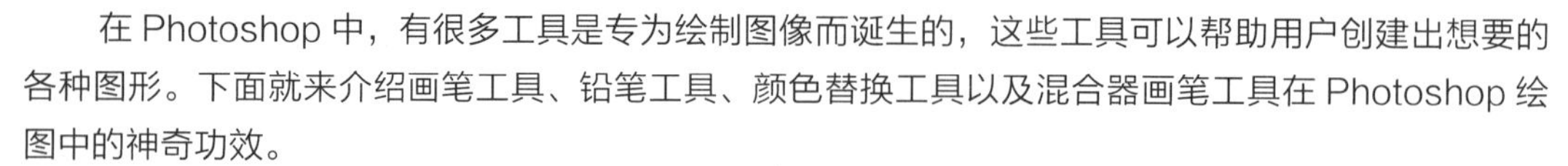

4.1 先来看看有哪些绘图工具

在 Photoshop 中，有很多工具是专为绘制图像而诞生的，这些工具可以帮助用户创建出想要的各种图形。下面就来介绍画笔工具、铅笔工具、颜色替换工具以及混合器画笔工具在 Photoshop 绘图中的神奇功效。

4.1.1 画笔工具

画笔是个好东西。使用画笔并不难，难的是怎样用好画笔。在英文输入法状态下按快捷键 B，可从工具栏选择画笔工具 。“画笔工具”可以模拟真实的画笔并用于图像的绘制，而且其具有灵活、强大的实用功能。通过在软件中设置画笔的大小及透明度等属性，可任意调整画笔的样式和属性。

下面将以“画笔工具”为主，对属性栏进行详细的介绍。

画笔工具属性栏

❶“画笔预设”选项：用于设置画笔的大小和形态。单击画笔预设右侧的黑三角箭头，可打开画笔预设面板，在其中可以设置画笔的大小、硬度和基本形态。

“画笔预设”面板　　较大画笔效果　　较小画笔效果　　硬度较低画笔效果

❷“切换画笔面板”按钮：在该面板中可以设置画笔的笔尖等属性。

❸“模式”选项：根据不同的混合模式，将画笔涂抹的颜色与下方的颜色像素以不同的方式相混合，得到不同的颜色效果。

❹“不透明度”选项：可设置画笔涂抹出来的颜色的不透明度。

❺“绘图板压力控制不透明度”按钮：可通过压感画笔的压力控制不透明度。

❻“流量”选项：流量决定了喷枪绘画时颜色的浓度，当值为 100% 时直接绘制前景色。该值越小，颜色越淡，但如果在同一位置反复上色则颜色浓度会产生叠加效果。

❼“启用喷枪模式”按钮：激活选项栏的按钮后，使用画笔工具绘画时，如果在绘画过程中将鼠标左键按下后停顿在某处，喷枪中的颜料就会源源不断地喷射出来；停顿的时间越长，该位置的颜色越深，所占的面积也越大，

❽“绘图板压力控制大小”按钮：单击此按钮，可通过压力控制画笔的大小。

试试看：制作梦幻光效

成果所在地：第 4 章 \Complete\ 制作梦幻光效 .psd
视频 \ 第 4 章 \ 制作梦幻光效 .swf

1 执行“文件 > 打开”命令，打开“制作梦幻光效 .jpg”图像文件，生成“背景“图层。按快捷键 Ctrl+J 复制得到“图层 1”。

2 选择“图层 1”，设置其混合模式为“滤色”，“不透明度”为 67%，增加画面的亮度。

小小提示：画笔工具可用于模拟真实的图像绘制效果。画笔工具具有强大的灵活使用功能，通过在其属性栏中设置画笔的大小、硬度、角度以及笔尖动态等属性，可获得更加丰富的绘制效果。

3 按快捷键 Shift+Ctrl+Alt+E 盖印图层，得到“图层 2”。选择“图层 2”，设置其混合模式为“柔光”，“不透明度”为 30%，继续提亮画面的亮度。

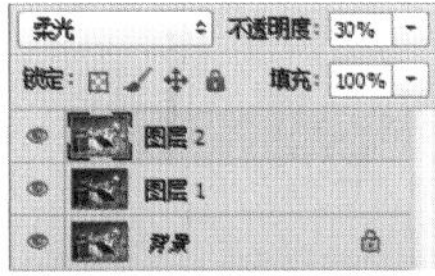

4 新建“图层 3”，单击画笔工具，选择尖角笔刷，设置“大小”为 80 像素，前景色为淡蓝色。在画笔工具的属性栏中单击“切换画笔面板”按钮，在弹出的“画笔预设”面板的选项中选择“画笔笔尖形状”和“形状动态”选项，并在其设置面板中设置“大小抖动”的参数。

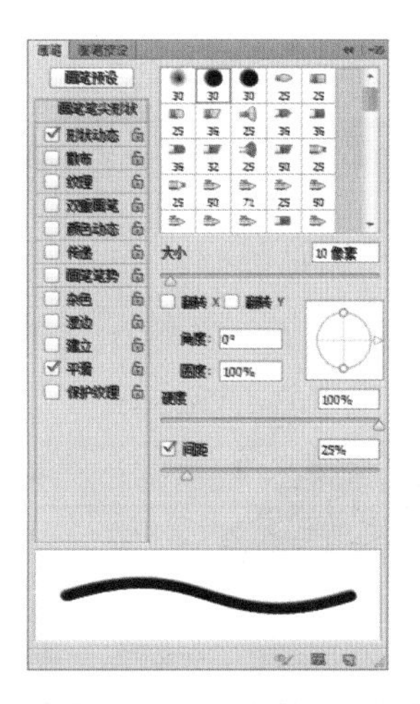

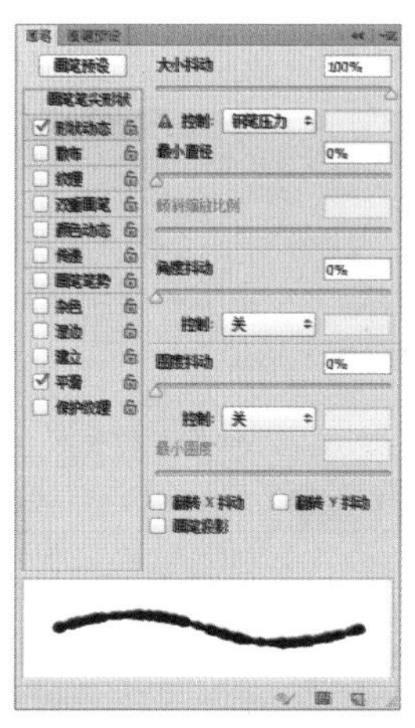

5 继续在“画笔预设”面板的选项中选择“散布”和“传递”选项，并对其“散布”和“不透明抖动”进行设置，完成后关闭该面板。

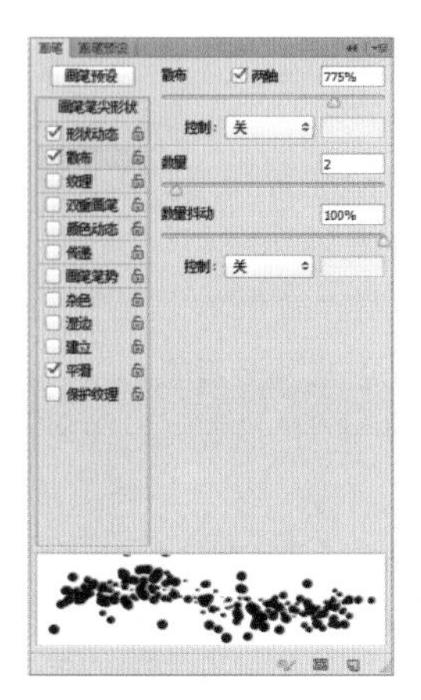

6 使用设置好的画笔在“图层 3”上绘制淡蓝色的梦幻光效。

7 设置前景色为白色。单击画笔工具，选择尖角笔刷，设置“大小”为 65 像素，在“图层 3”上绘制白色的梦幻光效。

8 选择“图层 3”，设置其混合模式为“叠加”，制作画面的自然光效。

9 新建“图层 4”，设置前景色为黄色。使用尖角画笔工具，绘制黄色的梦幻光效。设置其混合模式为“变亮”，“不透明度”为 80%。

10 新建“图层 5”，设置前景色为白色。使用尖角画笔工具，绘制梦幻光效。至此，本实例制作完成。

4.1.2 铅笔工具

铅笔工具在平时的作图当中，是非常有用的工具。利用铅笔工具可以绘制一些非常漂亮的线状纹理，也可以绘制像素画，还可以绘制一些图形应用到手机游戏当中。下面就开始学习铅笔工具。

贴心巧计：铅笔工具也是一款常用的工具。其功能跟画笔工具接近，可以用来绘图及画线条等。如果把铅笔的笔触缩小到一个像素，铅笔的笔触就会变成一个小方块，用这个小方块，可以很方便地绘制一些像素图形。

原图

使用铅笔工具

绘制可爱图形

4.1.3 颜色替换工具

颜色替换工具是一款非常灵活及精确的颜色快速替换工具。操作的时候，只要先设定好前景色，并在属性栏设置好相关的参数如模式、容差等，然后在需要替换的色块或图像上涂抹，颜色就会被替换为之前设置的前景色。也可以用取样一次或取样背景色等更加精确的替换颜色。

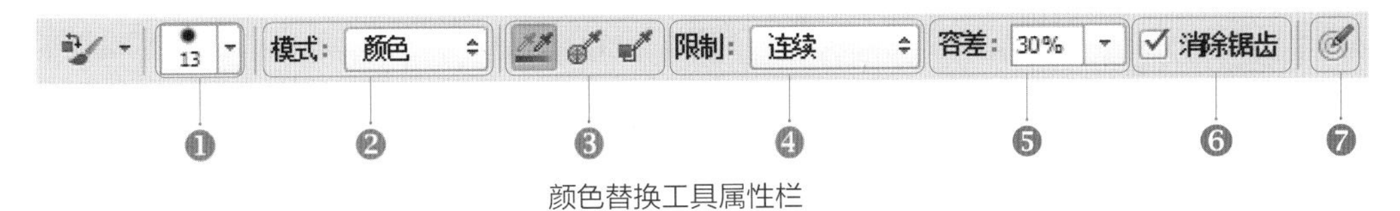

颜色替换工具属性栏

❶“画笔预设”选项：用于设置画笔的大小和形态。单击画笔预设右侧的黑三角箭头，可打开画笔预设面板，在其中可以设置画笔的大小、硬度和基本形态。

❷“模式”选项：用于设置颜色替换的方式，包括“色相”、“饱和度”、“颜色”和“明度”几种选项，通过这几个选项可将前景色与指定颜色进行替换。

原图

“色相”选项下替换为前景色

“饱和度”选项下替换为前景色

❸ 取样模式按钮：单击“取样：连续”按钮，可连续对颜色进行取样；单击“取样：一次”按钮，可替换一次取样颜色的目标颜色；单击“取样：背景色板”按钮，只替换当前背景色区域颜色。

连续取样替换颜色

一次取样替换颜色

指定滤色背景替换颜色

❹“限制”选项：用于设置以不同的替换方式替换颜色。选择“连续”选项，则替换与鼠标指针所在区域颜色相似的颜色；选择“不连续”选项则替换图像中任一位置的样本颜色；选择“查找边缘”选项，则替换包含样本颜色的连接区域，并保留图像锐化清晰的边缘。

❺“容差”选项：用于设置在替换图像颜色时图像中能够被替换的颜色范围，该数值越大，被替换的颜色范围越广。

容差为 10% 时

容差为 30% 时

容差为 100% 时

❻“消除锯齿”复选框：勾选该复选框后创建选区，可对选区边缘的平滑度进行增强。

❼“给绘图板压力控制大小”按钮：单击此按钮，可通过压感画笔的压力控制画笔大小，其效果会覆盖“画笔”面板中的设置。

4.1.4 混合器画笔工具

混合器画笔工具是较为专业的绘画工具，通过属性栏的设置可以调节笔触的颜色、潮湿度、混合颜色等。这些就如同在绘制水彩或油画的时候，随意调节颜料颜色、浓度、颜色混合等，从而绘制出更为细腻的效果图。

原图

使用混合器画笔工具绘制

潮湿深混合

百变技能秀：绘图中快速吸取颜色

成果所在地：第 4 章 \Complete\ 百变技能秀：绘图中快速吸取颜色 .psd
视频 \ 第 4 章 \ 百变技能秀：绘图中快速吸取颜色 .swf

▶ 操作试试

1 执行“文件 > 打开”命令，打开一个图像文件并将其拖曳到当前文件图像中，生成“背景”图层。复制得到“图层 1”。

2 使用吸管工具，在画面上选取颜色单击鼠标左键快速吸取颜色。并使用颜色替换工具，设置其“容差值”在画面上的蛋糕处涂抹，使其色彩增加。

3 继续使用吸管工具，在画面上选取颜色单击鼠标左键快速吸取颜色。再使用铅笔工具，在画面上杯子处绘制可爱的图形，使画面更加生动、有趣。

4 继续使用颜色替换工具，设置其“容差值”在画面上涂抹，使其颜色之间相互融合。至此，制作完成。

试试看：替换人物头发的颜色

成果所在地：第 4 章 \Complete\ 替换人物头发的颜色 .psd

视频 \ 第 4 章 \ 替换人物头发的颜色 .swf

1 执行“文件 > 打开”命令，打开“替换人物头发的颜色 .jpg”图像文件，生成“背景“图层。按快捷键 Ctrl+J 复制得到“图层 1”。

2 双击工具栏中的前景色，在弹出的“拾色器”对话框中设置前景色为深红色（R58、G0、B25），作为替换人物头发的颜色。

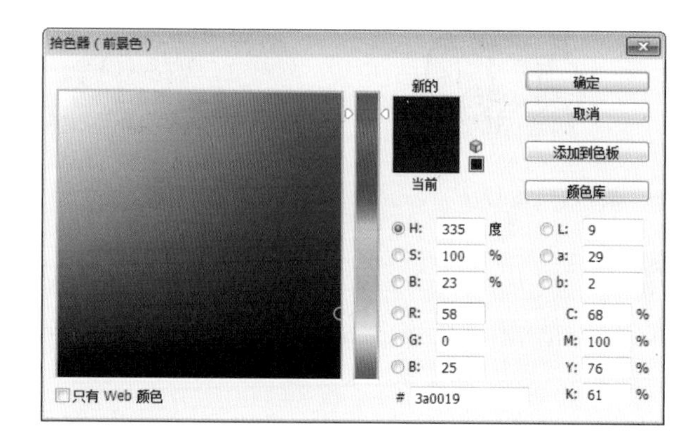

3 单击颜色替换工具，在属性栏设置属性，对画笔的大小进行设置并对画笔的硬度和间距进行调整。在“图层 1”上人物的头发处涂抹，查看替换的颜色。

4 继续使用颜色替换工具，在属性栏设置属性，对画笔的大小进行设置并对画笔的硬度和间距进行调整。在“图层 1”上人物的头发处涂抹，将人物头发的颜色替换。至此，本实例制作完成。

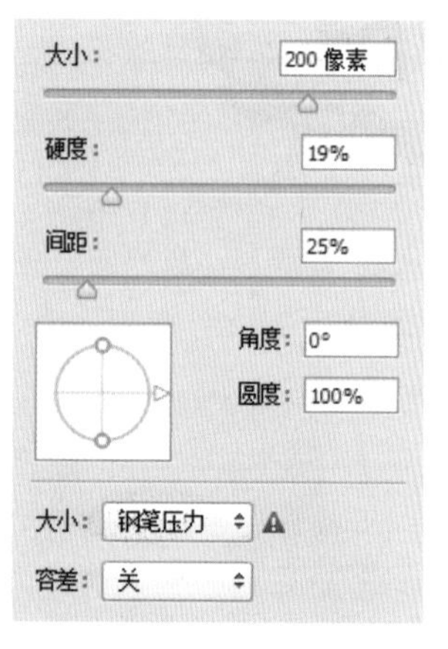

小小提示：利用颜色替换工具可替换图像中特定的颜色。可以使用校正颜色在目标颜色上绘画。例如指定色相、颜色饱和度或明度等模式，对指定区域的颜色进行替换，快速调整图像中指定图像的颜色以获取多样的色调效果。颜色替换工具不适用于“位图”、“索引”或“多通道”颜色模式的图像。利用“限制”选项可以不同的替换方式替换颜色。选择“连续”选项，替换与鼠标指针所在区域颜色相似的颜色；选择“不连续”选项，替换图像中任意位置的样本颜色；选择“查找边缘”选项，则会替换包含样本颜色的连接区域，并保留图像锐化清晰的边缘。

4.2 高一等级的历史记录画笔工具

本节中将学习如何用高一等级的历史记录画笔工具来绘制图形，包含历史记录画笔工具和历史记录艺术画笔工具两个知识点。

4.2.1 历史记录画笔工具

如果觉得画面的局部或人物有点偏色，可以打开历史记录面板，找到相关的没有偏色的一步并设置为源，最后一步用这个工具涂抹就可以回到之前的效果。可通过创建指定的源数据绘制图像，从而恢复图像效果。使用历史画笔工具在需要恢复的图像区域进行涂抹，即可将图像恢复到某个历史状态。

历史记录画笔工具属性栏

❶“画笔预设”选项：用于设置画笔的大小和形态。单击画笔预设右侧的黑三角箭头，可打开画笔预设面板，在其中可以设置画笔的大小、硬度和基本形态。

❷“切换画笔面板”按钮：在该面板中可以设置画笔的笔尖等属性。

❸“模式”选项：根据不同的混合模式，将画笔涂抹的颜色与下方的颜色像素以不同的方式相混合，得到不同的颜色效果。

❹“不透明度”选项：用于设置画笔涂抹出来的颜色的不透明度。

❺“绘图板压力控制不透明度”按钮：可通过压感画笔的压力控制不透明度。

❻“流量”选项：流量决定了喷枪绘画时颜色的浓度，当值为 100% 时直接绘制前景色。该值越小，颜色越淡，但如果在同一位置反复上色则颜色浓度会产生叠加效果。

原图

复制图层并调整颜色

“流量”为 10% 涂抹的画面

❼“启用喷枪模式”按钮：激活选项栏的按钮后，使用画笔工具绘画时，如果在绘画过程中将鼠标左键按下后停顿在某处，停顿的时间越长，该位置的颜色越深，所占的面积也越大。

❽“绘图板压力控制大小”按钮：单击此按钮，可通过压力控制画笔的大小。

试试看：恢复图像局部效果

成果所在地：第 4 章 \Complete\ 恢复图像局部效果 .psd
视频 \ 第 4 章 \ 恢复图像局部效果 .swf

1 执行“文件 > 打开”命令，打开“恢复图像局部效果 .jpg”图像文件，生成“背景“图层。按快捷键 Ctrl+J 复制得到“图层 1”。

2 执行“滤镜 > 模糊 > 径向模糊”命令，在弹出的对话框中设置参数值，完成后单击“确定”按钮，以应用该滤镜效果。单击历史记录画笔工具在属性栏中设置属性，并单击“画笔”选项按钮，在弹出的面板中选择“柔边圆压力大小”样式。

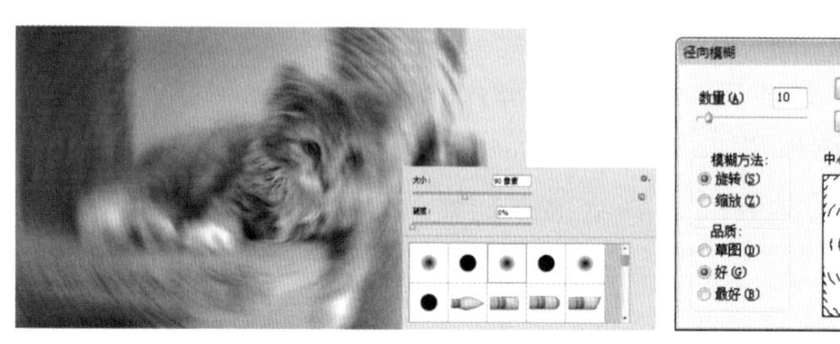

3 使用历史记录画笔工具在猫咪身体区域涂抹，以恢复猫咪身体区域原始效果。

4 创建“曲线 1”调整图层，设置参数值，以调整画面亮度层次。然后使用画笔工具在图像上区域涂抹，以恢复部分图像掩饰效果。至此，本实例制作完成。

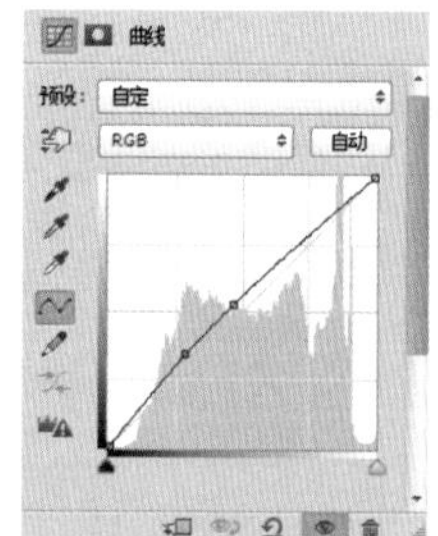

4.2.2 历史记录艺术画笔工具

历史记录艺术画笔工具跟历史记录画笔工具基本类似，不同的是用这款工具涂抹快照的时候加入了不同的色彩和艺术风格，有点类似绘画效果。

历史记录艺术画笔工具属性栏

❶“模式”选项：根据不同的混合模式，将画笔涂抹的颜色与下方的颜色像素以不同的方式相混合，得到不同的颜色效果。

❷“样式”下拉列表：可以选择形状绘制的类型。

❸“区域 ”文本框：用于设置历史记录艺术画笔描绘的范围。

❹“容差”文本框：用于设置历史记录艺术画笔描绘的颜色和所有绘制颜色之间的差异程度。输入值越小，图像恢复值越高。

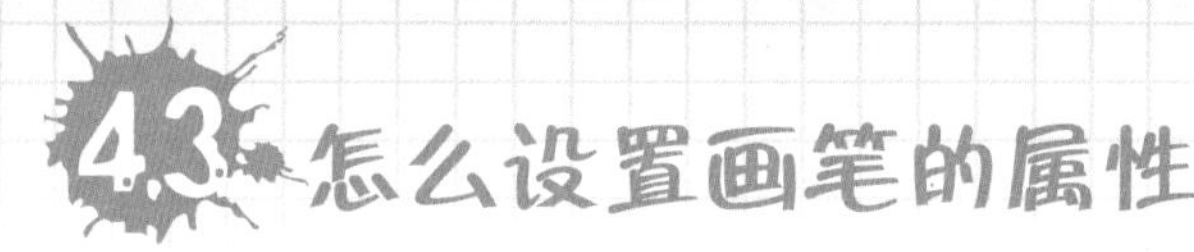

4.3 怎么设置画笔的属性

画笔的属性主要包括大小、硬度、不透明度、流量及画笔预设等。这些在选择画笔工具以后，在图层顶部的属性面板就可以看到。虽然就几个选项，不过应用非常灵活，选择其中的 1 个或多个设置，就可以画出不同的笔画。下面将通过画笔预设选取器和画笔预设面板，介绍如何随心所欲地调出自己喜爱的笔画。

4.3.1 画笔预设选取器

选择一种绘画工具或编辑工具，然后单击选项栏中的“画笔”，弹出菜单。也可以从“画笔”面板中选择画笔。要查看载入的预设，请单击面板左上角的“画笔预设”，可在其中更改预设画笔的选项。

❶“直径”选项：可暂时更改画笔大小，拖动滑块或输入一个值即可。如果画笔具有双笔尖，则主画笔笔尖都将会进行缩放。

❷“硬度”选项（仅适用于圆形画笔和方头画笔）：可临时更改画笔工具的消除锯齿量。如果该值为 100%，画笔工具将使用最硬的画笔笔尖绘画，但仍然消除了锯齿。铅笔工具始终是绘制没有消除锯齿的硬边缘。

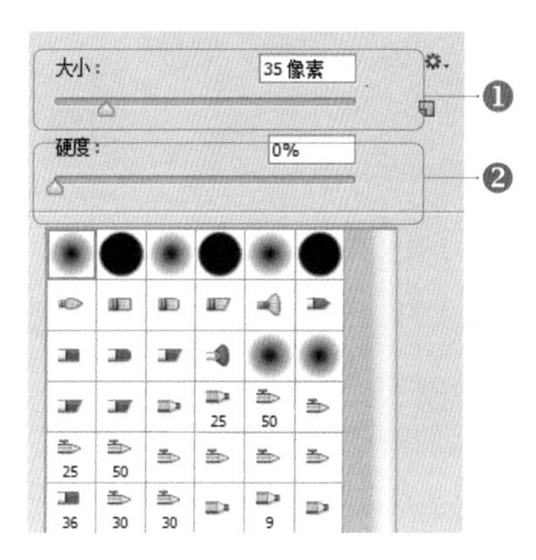

画笔预设选取器

4.3.2 画笔预设面板

除了直径和硬度的设定外，Photoshop 针对笔刷还提供了非常详细的设定，这使得笔刷变得丰富多彩，而不再只是前面所看到的简单效果。按快捷键 F5 即可调出画笔调板，注意这个画笔调板与画笔工具并没有依存关系，这是笔刷的详细设定调板——其实命名为笔刷调板更为合适。

❶“画笔笔尖形状”选项：在其下方可对画笔的大小、形状、分布进行全方位的设置。

❷“画笔”选项：在其中可以选择需要的画笔。

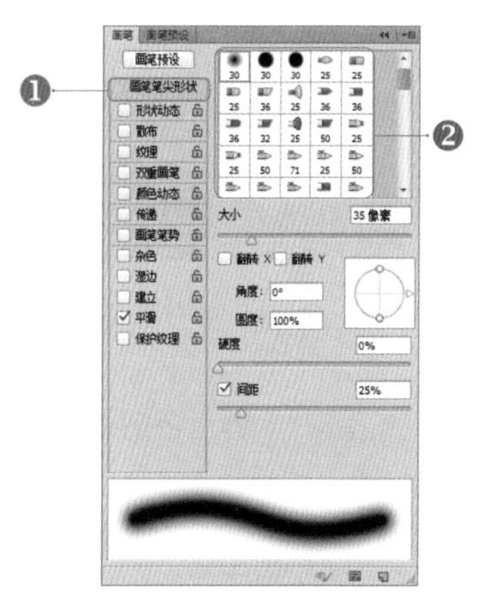

画笔预设面板

贴心巧计：当在画笔预设选取器中的笔刷样式过多时，再次载入笔刷样式后，可应用“替换笔刷”命令，在弹出的提示框中单击“确定”按钮，即可替换选取器中的所有笔刷样式；当单击“取消”按钮时，可对当前替换的笔刷命令进行取消；当单击“追加”按钮时，可在保留当前笔刷样式的同时对载入的笔刷样式进行追加效果，从而在选取器中显示更多的笔刷样式。

试试看：绘制文字图像

成果所在地：第 4 章 \Complete\ 绘制文字图像 .psd

视频 \ 第 4 章 \ 绘制文字图像 .swf

1 执行“文件 > 打开”命令，打开“绘制文字图像 .jpg”图像文件，生成“背景”图层。

2 按快捷键 Ctrl+J 复制得到“图层 1”。设置“图层 1”的混合模式为“正片叠底”，“不透明度”为 30%，以增强画面色调层次。

3 盖印可见图层，生成“图层 2”，应用“色调均化”命令，并设置其“不透明度”为 20%。

4 设置前景色为深蓝色（R8、G32、B41），作为画笔需要绘制的颜色。

5 单击画笔工具，在属性栏中单击“画笔预设”选取器按钮，在弹出的面板中设置笔刷样式和大小。新建“图层 3”，在画面中绘制文字效果。

6 新建“图层 4”，单击画笔工具，选择尖角笔刷，设置“大小”为 5 像素，设置前景色为深蓝色。然后单击钢笔工具在图像上绘制路径，绘制完后单击鼠标右键，在弹出的菜单中选择“描边路径”选项。至此，本实例制作完成。

4.3.4 复位笔刷

不管是追加的笔刷还是载入的笔刷，都可以将笔刷复位在默认状态。单击画笔工具，在属性栏中单击“画笔预设”选取器按钮，在弹出的预设面板中单击右上角的扩展按钮，在弹出的快捷菜单中选择“复位画笔”选项，即可将所载入的笔刷复位到默认笔刷样式中。

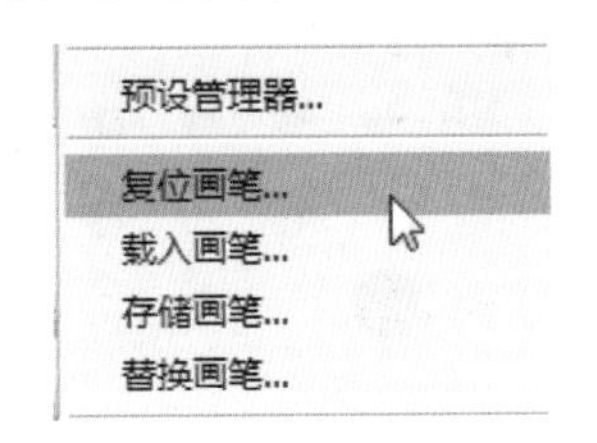

快捷菜单选项

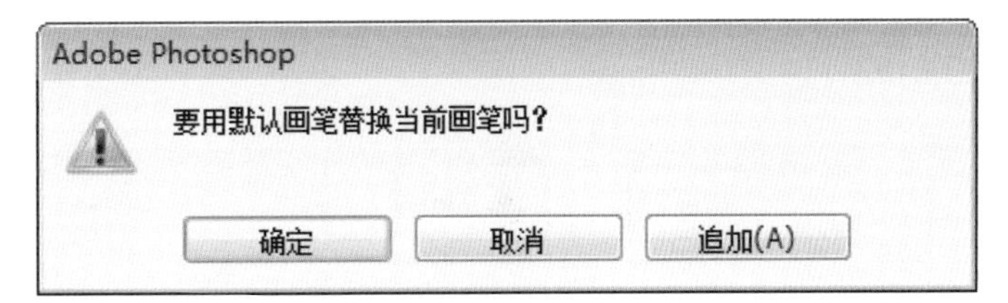

复位画笔提示框

贴心巧计：载入新的笔刷样式，可增加“画笔预设”选取器中的多样选择性。载入新的画笔，可载入系统自带的画笔，也可通过网络下载或自制画笔笔刷效果。单击“画笔预设”选取器右上方的扩展按钮，在弹出的菜单中选择“载入画笔”命令，在弹出的对话框中选择需要载入的画笔样式，完成后单击“载入”按钮，即可载入需要画笔样式。也可以在弹出的菜单中选择系统预设的画笔，如“人造材质画笔”、“书法画笔”和“特殊画笔效果”等，将其追加至画笔选取器中。

原图

载入“雪花 .abr”笔刷后设置画笔笔尖形状

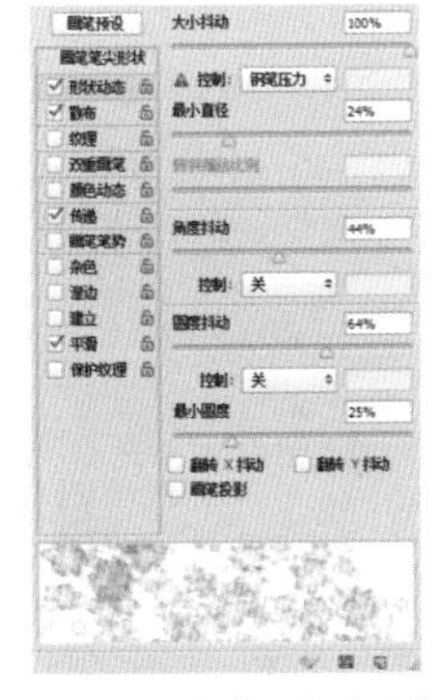

设置画笔“形状动态”

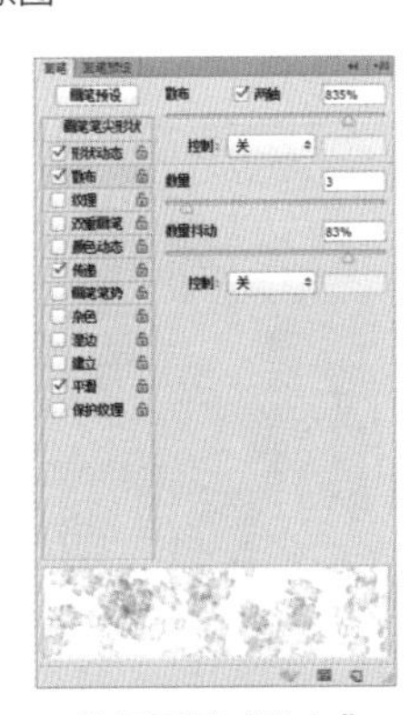

设置画笔“散布”

设置画笔“传递”

在画面上绘制载入的雪花图案

小小提示：存储笔刷是将当前“画笔预设”选取器中的所有画笔组存储至指定文件夹中，并可对该笔刷进行重命名。单击“画笔预设”选取器右上方的扩展按钮，在弹出的菜单中选择“存储画笔”命令，在弹出的对话框中设置画笔名称和存储位置，完成后单击“保存”按钮，即可保存当前笔刷样式。

4.3.5 新建画笔预设

在对当前选择的笔刷重新设置大小或属性后，可新建画笔预设。在“画笔预设”选取器中，单击右上方的扩展按钮⚙，在弹出的快捷菜单中选择“新建画笔预设”命令，在弹出的对话框中可设置当前画笔的名称，完成后单击“确定”按钮，即可新建画笔预设。然后，在“画笔预设”选取器中可看见新建的画笔预设。

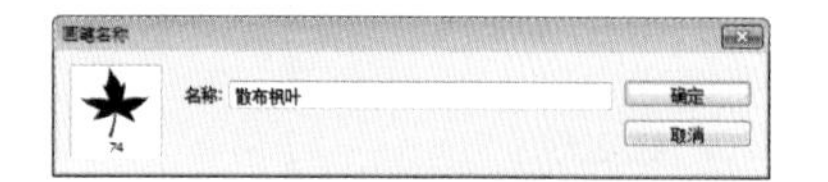

“画笔名称”对话框

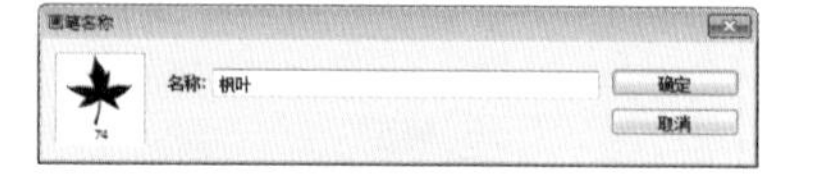

重命名后的“画笔名称”对话框

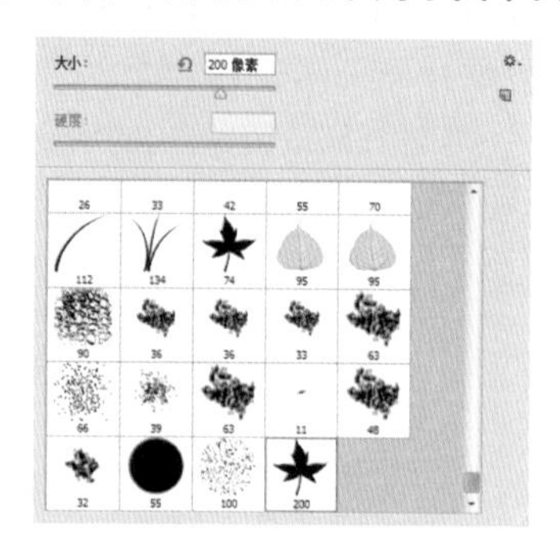

在“画笔预设”选取器中可以看见新建预设

贴心巧计：在 Photoshop CS6 中，除了可以载入该软件中自带的画笔样式外，还可以自定义画笔预设，从而制作更多的画笔样式，使图像绘制效果更丰富。当绘制图像后，执行“编辑 > 定义画笔预设”命令，在弹出的对话框中设置画笔名称，完成后单击“确定”按钮，即可在“画笔预设”选取器中显示当前定义的笔刷样式。

试试看：绘制墙壁上的指纹效果

成果所在地：第 4 章 \Complete\ 绘制墙壁上的指纹效果 .psd

视频 \ 第 4 章 \ 绘制墙壁上的指纹效果 .swf

1 执行“文件 > 打开”命令，打开“绘制墙壁上的指纹效果 .jpg”图像文件，生成“背景”图层。按快捷键 Ctrl+J 复制得到“图层 1”。

2 依次新建图层，载入“指纹图案笔刷 .abr”画笔。单击画笔工具，在其属性栏中选择所需画笔，设置不同的前景色，在画面上绘制手掌指纹的图案。使用快捷键 Ctrl+T 变换图像大小，并将其放置于画面中合适的位置。设置其混合模式为“正片叠底”。至此，本实例制作完成。

试试看：绘制唯美空中城堡

成果所在地：第 4 章 \Complete\ 绘制唯美空中城堡 .psd

视频 \ 第 4 章 \ 绘制唯美空中城堡 .swf

1 执行“文件 > 打开”命令，打开“绘制唯美空中城堡 1.jpg”图像文件，生成“背景”图层。按快捷键 Ctrl+J 复制得到“图层 1”，并执行“图像 > 自动颜色”命令。

2 新建“图层 2”，设置前景色为白色，按快捷键 Alt+Delete 进行填充，并设置其混合模式为“柔光”，“不透明度”为 50%。使图像变亮并具有一定梦幻的效果。

小小提示：实际上前面所使用的笔刷，可以看作是由许多圆点排列而成的。为什么在前面画直线的时候没有感觉出是由圆点组成的呢？那是因为间距的取值是百分比，而百分比的参照物就是笔刷的直径。当直径本身很小的时候，这个百分比计算出来的圆点间距也小，因此不明显。而当直径很大的时候，这个百分比计算出来的间距也大，圆点的效果就明显了。如果关闭间距选项，那么圆点分布的距离就以鼠标拖动的快慢为准，慢的地方圆点较密集，快的地方则较稀疏。

3 新建“图层 3”，按快捷键 Shift+Ctrl+Alt+E 盖印图层，执行“图像 > 调整 > 颜色查找”命令。在弹出的对话框中设置需要的相应的参数，并设置混合模式为“变亮”，调整其画面的梦幻色调。

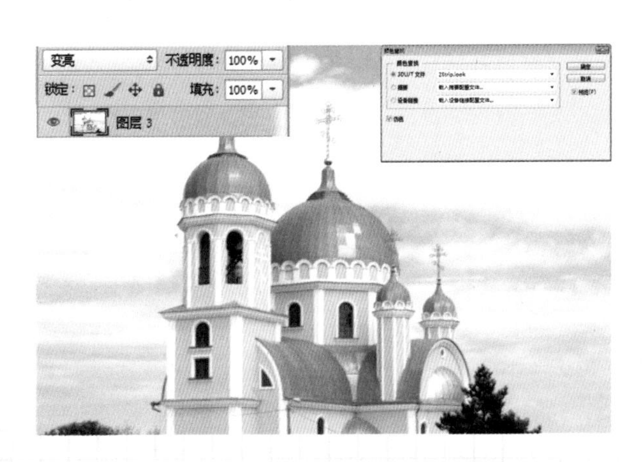

4 单击画笔工具，选择柔角画笔并适当调整大小及透明度。按快捷键 F5 调出画笔调板，在其中设置画笔的各种样式及抖动状况。新建“图层 4”，设置不同前景色，在画面中绘制梦幻的气泡。绘制唯美空中城堡。至此，本案例制作完成。

温习一下

1. 选择题

（1）在英文输入法状态下，按下什么快捷键从工具栏选择画笔工具？（　　）

A. A　　B. B　　C. C

（2）什么用于设置在替换图像颜色时图像中能够被替换的颜色范围？（　　）

A. 流量　　B. 模式　　C. 容差

（3）历史记录画笔工具是一款什么样的工具？（　　）

A. 复原工具　　B. 选择工具　　C. 度量工具

2. 填空题

（1）使用画笔预设设置画笔的大小和形态。单击画笔预设右侧的黑三角箭头，可打开画笔预设面板，在其中可以设置画笔的 ______________ 。

（2）通过 ______________ 和 ______________ 可调出所需要的画笔。

3. 上机操作：在图像上绘制可爱图形

第①步：打开一张图像。

第②步：新建图层，使用尖角画笔工具绘制可爱图案。

第③步：继续新建图层，使用尖角画笔工具将画面中的可爱图形绘制完整。

第①步效果图

第②步效果图

第③步效果图

答案

PS：别直接就看答案，那样就没效果了！听过孔子说过的一句话没？“温故而知新，可以为师矣”。

选择题：（1） B；（2） C；（3） A。

填空题：（1） 大小、硬度和基本形态；

（2） 画笔预设选取器、画笔预设面板。

第5章 用Photoshop修饰出漂亮图像

Photoshop最重要的功能之一就是修饰图像，本章将学习如何用Photoshop来修饰出漂亮图像。修复工具是美化图像的秘密武器，除此之外，修饰工具也是美化图像必不可少的辅助力量，结合橡皮擦，擦除不要的图像，就可以制作出精致的图像效果。

5.1 修复工具是美化图像的秘密武器

在 Photoshop 中，修复工具是美化图像的秘密武器。利用工具修补图像主要是为了修复图像中不理想的图像瑕疵，或者复制图像中指定某部位至其他区域以达到修饰图像的效果。主要修补图像的工具包括污点修复画笔工具、修复画笔工具、修补工具、红眼工具、图章工具等。下面将对这些工具进行详细讲解。

5.1.1 污点修复画笔工具

污点修复画笔工具是 Photoshop 中处理照片常用的工具之一。利用污点修复画笔工具，可以快速移去照片中的污点和其他不理想部分，它是款相当不错的修复及去污工具。使用的时候，只需要适当调节笔触的大小并在属性栏设置好相关属性，然后在污点上面单击一下就可以修复污点。如果污点较大，可以从边缘开始逐步修复。

下面以污点修复画笔工具为主，对属性栏进行详细的介绍。

污点修复画笔工具属性栏

❶“画笔预设”选项：用于设置画笔的大小和形态。单击画笔预设右侧的黑三角箭头，可打开画笔预设面板，在其中可以设置画笔的大小、硬度和基本形态。

❷“模式”选项：根据不同的混合模式，将画笔涂抹的颜色与下方的颜色像素以不同的方式相混合，得到不同的颜色效果。

❸“类型”选项：选择“近似匹配”，将使用选区边缘相似的像素并修复所选区域；在创建选区后选择“创建纹理”，将使用选区中的像素创建纹理；选择“内容识别”，将比较周围样本像素，查找并应用最为合适的样本，在保留图像边缘像素部分细节的同时，使所选区域的修复效果更为自然。

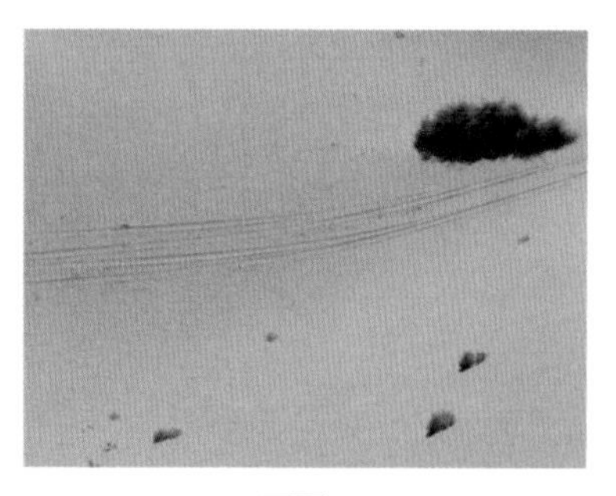

原图

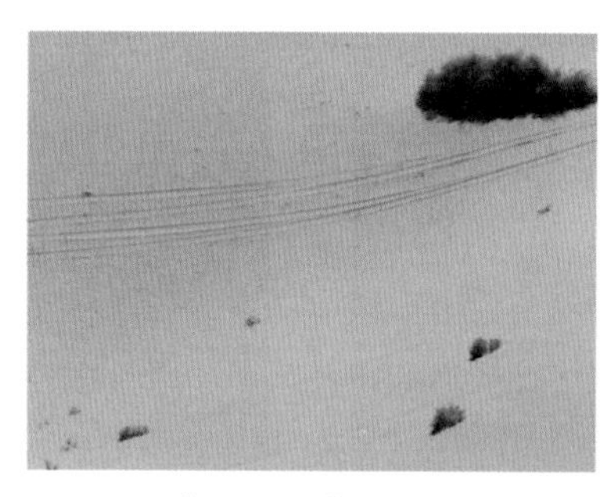

“创建纹理”模式

“内容识别”模式

❹“对所有图层取样”复选框：勾选此复选框，可对所有可见图层中的图像像素进行取样。

❺“绘图板压力控制大小”按钮：单击此按钮，可通过压力控制画笔的大小，其效果会覆盖“画笔”面板中的设置。

贴心巧计：修复画笔工具和仿制图章工具的不同之处在于，仿制图章工具是将定义点全部照搬，而修复画笔工具会加入目标点的纹理、阴影、光等因素。所以说，在背景颜色、光线相接近时，可用仿制图章工具；如果有差别，可以用修复画笔。

5.1.2 修复画笔工具

在 Photoshop 中，修复画笔工具的用途相对广泛，在一些图像处理和修复上能发挥很大的作用。“修复画笔工具”可用于校正瑕疵，使其融合在周围的图像中。使用“修复画笔工具”可将样本像素纹理、光照、透明度和阴影与所修复的像素进行匹配，使修复后的像素不留痕迹地融入图像的其他部分。

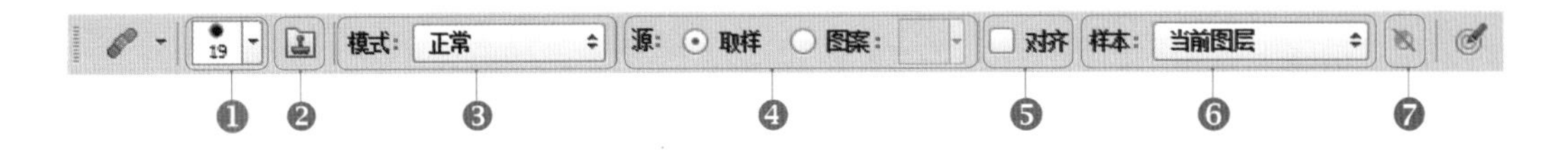

修复画笔工具属性栏

❶“画笔预设”选项：用于设置画笔的大小和形态。单击画笔预设右侧的黑三角箭头，可打开画笔预设面板，在其中可以设置画笔的大小、硬度和基本形态。

❷“切换画笔面板”按钮：单击此按钮可弹出“画笔”面板，在该面板中可设置画笔的笔尖形态、大小、形状等属性。

❸“模式”选项：根据不同的混合模式，将画笔涂抹的颜色与下方的颜色像素以不同的方式相混合，得到不同的颜色效果。

❹“源”选项：指定用于修复图像的源像素。选择“取样”，则以当前取样的像素修复图像；若选择“图案”，其左测的“图案”拾色器将被激活，在此选项中选择的图案像素将用于修复图像。

原图

“取样”修复

“图案”修复

❺“对齐”复选框：勾选此复选框后，将连续对图像进行取样并修复图像；取消勾选该复选框后，则在每次停止并重新修复图像时，以初始取样点为样本像素。

❻“打开以在修复时忽略调整图层”按钮：选择“当前和下方图层”或“所有图层”样本后，该按钮将被激活，单击该按钮可忽略样本图层继续修复。

❼“绘图板压力控制大小”按钮：单击此按钮，可通过压力控制画笔的大小，其效果会覆盖“画笔”面板中的设置。

小小提示：从选项栏的“模式”菜单中选取混合模式。选取“替换”，可以保留画笔描边的边缘处的杂色、胶片颗粒和纹理。在选项栏中选取用于修复像素的源。选择“取样”可以使用当前图像的像素，而选择“图案”可以使用某个图案的像素。如果选取了“图案”，请从“图案”的弹出式调板中选择一个图案。在选项栏中勾选“对齐”，会对像素连续取样，而不会丢失当前的取样点，即使松开鼠标左键时也是如此。如果取消勾选“对齐”，则会在每次停止并重新开始绘画时使用初始取样点中的样本像素。对于处于取样模式中的修复画笔工具，可设置取样模式为：将鼠标指针置于任何打开的图像中，然后按住 Alt 键并单击。

试试看：修复图片上的污渍

成果所在地：第 5 章 \Complete\ 修复图片上的污渍 .psd
视频 \ 第 5 章 \ 修复图片上的污渍 .swf

1 执行“文件 > 打开”命令，打开“修复图片上的污渍 .jpg”图像文件，生成“背景”图层。按快捷键 Ctrl+J 复制得到“图层 1”。

2 单击污点修复工具并在属性栏设置各项参数，然后在墙壁区域污渍上单击涂抹。

3 使用抓手工具在图像上拖动鼠标，即可显示图像整体效果。

4 按 [和] 键可调节画笔大小，在画面中污渍的位置涂抹，释放鼠标后即可修复污渍效果。至此，本实例制作完成。

5.1.3 修补工具

在 Photoshop 中，通过使用修补工具，可以用其他区域或图案中的像素来修复选中的区域。像修复画笔工具一样，修补工具会将样本像素的纹理、光照和阴影与源像素进行匹配。还可以使用修补工具来仿制图像的隔离区域。

贴心巧计：在"修补"选项中，可对图层图像修补模式进行设置，包括"标准"和"内容识别"两个选项。选择"标准"后，通过右侧的"源"和"目标"进行选择，可指定样本像素；选择"内容识别"后，通过右侧的"自适应"选项进行设置，可设置画面的修补程度。

原图

"标准"修补

"内容识别"修补

5.1.4 红眼工具

在 Photoshop 中，利用红眼工具可移去用闪光灯拍摄的人物照片中的红眼，也可以移去用闪光灯拍摄的动物照片中的白、绿色反光。

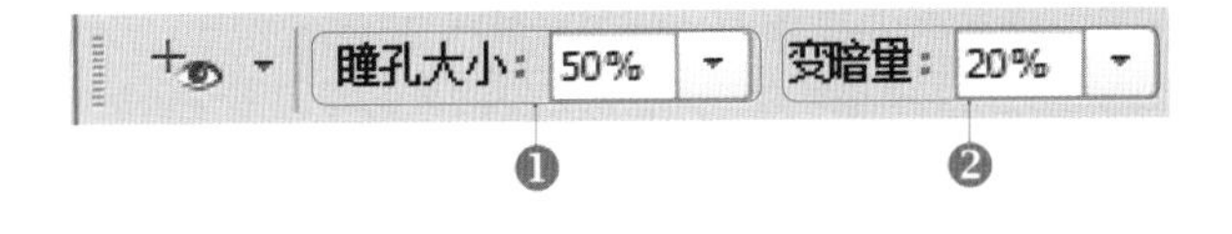

红眼工具属性栏

❶ "瞳孔大小"选项：用于增大或减小受红眼工具影响的区域。

❷ "变暗量"选项：设置校正的暗度。

带有红眼的照片

使用红眼工具修复

完成图

小小提示：在红眼中单击进行修复，如果对结果不满意，请还原修正。在选项栏中设置一个或多个选项，然后再次单击红眼即可修复。

5.1.5 图章工具

Photoshop 中的图章工具包含仿制图章工具和图案图章工具。仿制图章工具的用法基本上与修复画笔一样，效果也相似。但是这两个工具也有不同点：修复画笔工具在修复最后时，在颜色上会与周围颜色进行一次运算，以使其更好地与周围融合。

贴心巧计：新图的色彩与原图色彩不尽相同，用仿制印章工具复制出来的图像在色彩上与原图是完全一样的，因此仿制印章工具在进行图像处理时的用处是很大的，并不是有了修复画笔工具仿制图章工具就无用处了。

小小提示：在仿制图章工具中的“模式”选项，可设置仿制的图像与原图的颜色混合效果，以调整仿制后的图像色调效果。

原图

“正常”仿制

“变亮”仿制

图案图章工具有点类似图案填充效果，使用工具之前需要定义好想要的图案，然后适当设置好属性栏的相关参数，如笔触大小、不透明度、流量等。然后在画布上涂抹，就可以出现想要的图案效果，绘出的图案会重复排列。

贴心巧计：勾选“印象派效果“复选框后绘制图像，可将图案转换为印象画的风格。

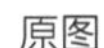

原图

未勾选“印象派效果”复选框

勾选“印象派效果”复选框

小小提示：图案图章工具平时不常用，不过在某种场合，它也有独特的用途。例如，把素材图定义成图案，再对素材进行调色处理。在不用蒙版的情况下，可以用图案图章工具轻松还原照片的局部或整体。

贴心巧计：要注意采样点的位置并非是一成不变的，可以看到虽然之前定义的采样点位于飞机的中部，但复制出来的飞机不仅有中部，也有上下左右各个部分。应该把采样点理解为复制的“起始点”而不是复制的“有效范围”。仿制图章工具是应用到了笔刷的，因此使用不同直径的笔刷将影响绘制范围，而不同软硬度的笔刷将影响绘制区域的边缘。一般建议使用较软的笔刷，那样复制出来的区域周围与原图像可以比较好地融合。

试试看：美化人物图像

成果所在地：第 5 章 \Complete\ 美化人物图像 .psd

视频 \ 第 5 章 \ 美化人物图像 .swf

1 执行“文件 > 打开”命令，打开“ 美化人物图像 .jpg”图像文件，生成“背景”图层。按快捷键 Ctrl+J 复制得到“图层 1”。

2 使用修补工具在人物的右脸颊处建立选区，并按住鼠标左键拖动选区至额头上的位置。松开鼠标左键，将自动将额头上的光滑皮肤覆盖到脸颊处雀斑较多的皮肤上。再使用修复画笔工具，在人物脸上的雀斑上涂抹。

小小提示：在没有选区前，修补工具其实就是一个套索工具，在图像中可以任意地绘制选区，利用污点修复画笔工具可以快速移去照片中的污点和其他不理想部分。污点修复画笔的工作方式与修复画笔类似，它使用图像或图案中的样本像素进行绘画，并将样本像素的纹理、光照、透明度和阴影与所修复的像素相匹配。与修复画笔不同，污点修复画笔不要求指定样本点，它将自动从所修饰区域的周围取样。

3 重复之前的操作，继续在周围雀斑皮肤位置上建立选区，并移动至干净的皮肤处，对右脸处执行相同的操作。继续使用修复画笔工具，在人物脸上的雀斑上涂抹。

4 使用修复画笔工具，按住 Alt 键在干净皮肤处单击取样，然后松开 Alt 键在需要涂抹雀斑的地方涂抹，美化人物图像。至此，本实例制作完成。

5.2 修饰工具是美化图像的辅助力量

在使用 Photoshop 处理图像时，图像修饰工具可用于修复图像中不理想的部分，它在图像处理中运用较为广泛。修饰工具包括模糊工具、锐化工具、减淡工具、海绵工具、涂抹工具加深工具等，它们是美化图像的辅助力量。下面就对这些修饰工具进行详细的介绍。

5.2.1 模糊工具

在使用 Photoshop 时，模糊工具是一款虚化工具，可以使图像产生类似模糊的效果。使用时，先选择这款工具，在属性栏设置相关属性，主要是设置笔触大小及强度大小，然后在需要模糊的部分涂抹即可，涂抹的越久涂抹后的效果越模糊。

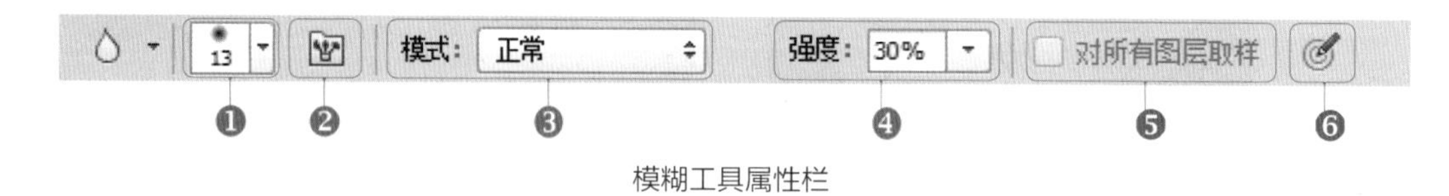

模糊工具属性栏

❶“画笔预设”选项：用于设置画笔的大小和形态。单击画笔预设右侧的黑三角箭头，可打开画笔预设面板，在其中可以设置画笔的大小、硬度和基本形态。

❷“切换画笔面板”按钮：单击此按钮可弹出“画笔”面板，在该面板中可设置画笔的笔尖形态、大小、形状等属性。

❸“模式”选项：根据不同的混合模式，将画笔涂抹的颜色与下方的颜色像素以不同的方式相混合，得到不同的颜色效果。

❹“强度”选项：调整在模糊图像的过程中模糊一次的强度。

❺“对所有图层取样”复选框：勾选此复选框，可对所有可见图层中的图像像素进行取样。

❻“绘图板压力控制大小”按钮：单击此按钮，可通过压力控制画笔的大小，其效果会覆盖“画笔”面板中的设置。

原图

使用模糊工具模糊背景后

使用模糊工具模糊前景

贴心巧计：Photoshop CS6 的模糊工具一般用于柔化图像边缘或减少图像中的细节。使用模糊工具涂抹的区域，图像会变模糊，从而使图像的主体部分变得更清晰。模糊工具主要通过柔化图像中突出的色彩和僵硬的边界，使图像的色彩过度平滑，产生模糊图像效果。

5.2.2 锐化工具

在使用 Photoshop 时，锐化工具△跟模糊工具△的使用方法基本相同，不同的是锐化工具是用来增强涂抹区域图像边缘的对比度的，从而产生清晰的效果。

小小提示：Photoshop CS6 的锐化工具作用与模糊工具相反，是通过锐化图像边缘来增加清晰度，使模糊的图像边缘变得清晰。锐化工具用于增加图像边缘的对比度，以达到增强外观上的锐化程度的效果。简单地说，就是使用锐化工具能够使 Photoshop CS6 图像看起来更加清晰，清晰的程度同样与在工具选项栏中设置的强度有关。

在使用 Photoshop 的锐化工具△ "模式"选项时，根据不同的混合模式，将画笔涂抹的颜色与下方的颜色像素以不同的方式相混合，得到不同的颜色效果。

原图

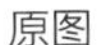

"变亮"锐化

"变暗"锐化

5.2.3 减淡工具

在 Photoshop CS6 中，利用减淡工具可以快速增加图像中特定区域的亮度，表现出发亮的效果。这款工具可以把图像中需要变亮或增强质感的部分颜色加亮。通常情况下，选择中间调范围，以曝光度较低数值进行操作。这样，涂亮的部分过渡会较为自然。

贴心巧计：减淡工具的"范围"选项在其下拉列表中，包括"阴影"、"中间调"、"高光"选项，可对图像进行不同的减淡处理。"阴影"选项表示仅对 Photoshop CS6 图像中的较暗区域起作用；"中间调"表示仅对图像的中间色调区域起作用；"高光"表示仅对图像的较亮区域起作用。

原图

减淡阴影

减淡高光

小小提示：在"曝光度"文本框中输入数值，或者单击文本框右侧的三角按钮，拖动打开的三角滑块，可以设定工具操作时对 Photoshop CS6 图像的曝光强度。勾选"保护色调"复选框后减淡图像，可防止图像出现色相偏移的现象，将阴影和高光区域中的颜色的修剪最小化。

5.2.4 加深工具

在 Photoshop CS6 中，加深工具跟减淡工具刚好相反，它是通过降低图像的曝光度来降低图像的亮度。这款工具主要用来增加图像的暗部，加深图像的颜色，可以用来修复一些曝光过度的照片，制作照片的暗角，加深局部颜色等。这款工具跟减淡工具搭配使用，效果会更好。

贴心巧计：加深工具的“范围”选项在其下拉列表中，包括“阴影”、“中间调”、“高光”选项，可对图像进行不同的减淡处理。“阴影”选项表示仅对 Photoshop CS6 图像中的较暗区域起作用；“中间调”表示仅对图像的中间色调区域起作用；“高光”表示仅对图像的较亮区域起作用。

原图

加深画面的高光

加深画面的阴影

5.2.5 海绵工具

利用 Photoshop 中的海绵工具，可以精确改变图像局部的色彩饱和度。Photoshop 中的海绵工具不会造成像素的重新分布，因此其降低饱和度和饱和方式可以作为互补来使用，过度降低饱和度后，可以切换到饱和方式增加色彩饱和度。但无法为已经完全为灰度的像素增加上色彩。

小小提示：Photoshop 的海绵工具的作用是改变局部的色彩饱和度，可选择减少饱和度（去色）或增加饱和度（加色）。流量越大效果越明显。开启喷枪方式可在一处持续产生效果。注意，如果在灰度模式的图像中操作，将会产生增加或减少灰度对比度的效果。

在其“模式”选项，根据不同的混合模式，将画笔涂抹的颜色与下方的颜色像素以不同的方式相混合，得到不同的颜色效果。

原图

“降低饱和度”模式

“饱和度”模式

5.2.6 涂抹工具

Photoshop 中的涂抹工具在使用时产生的效果，好像是用干笔刷在未干的油墨上擦过。也就是说，笔触周围的像素将随笔触一起移动。

试试看：制作光影图像

成果所在地：第 5 章 \Complete\ 制作光影图像 .psd
视频 \ 第 5 章 \ 制作光影图像 .swf

1 执行“文件 > 打开”命令，打开“制作光影图像 .jpg”图像文件，生成“背景”图层。

2 选择“背景”图层，按快捷键 Ctrl+J 复制得到“图层 1”。使用模糊工具，在其属性栏中设置画笔的大小和强度，在画面上人物周围涂抹，使其人物突出。

3 新建“图层 2”，按快捷键 Shift+Ctrl+Alt+E 盖印图层，并使用加深工具和减淡工具分别在其属性栏中设置画笔的大小和曝光度等属性，在画面上的适当位置涂抹，增加画面适当位置的亮度和对比度。

4 新建“图层 3”，按快捷键 Shift+Ctrl+Alt+E 盖印图层，并使用海绵工具在其属性栏中设置画笔的大小、模式及流量，在画面上适当涂抹，增加画面中的色彩饱和度，使暗色鲜明艳丽。打开“01.png”文件，将其拖曳到当前文件图像中，生成“图层 4”。使用快捷键 Ctrl+T 变换图像大小，并将其放置于画面中合适的位置。至此，本实例制作完成。

小小提示：海绵工具是用来吸取颜色的，使用此工具可以将有颜色的部分变为黑白。它与减淡工具不同，减淡工具在减淡时同时将所有颜色包括黑色都减淡，到最后就成一片白色，而海绵工具只吸取除黑白以外的颜色。单击海绵工具后，属性栏的模式就会自动变为“去色”。这个“去色”与调整里的去色有所不同，它的去色范围更加随意，去色的多少和深浅可以自行掌握。

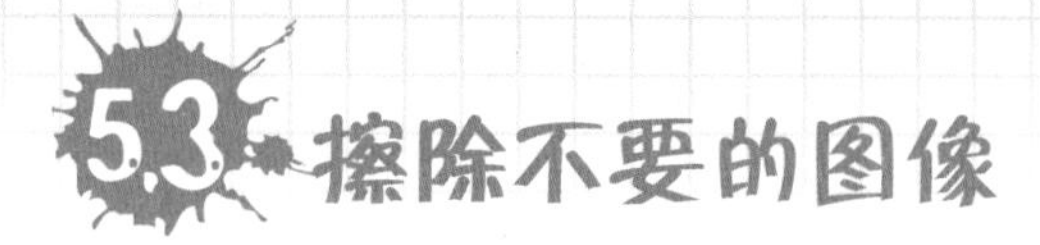

5.3 擦除不要的图像

本节将要学习如何擦除不要的图像。利用橡皮擦工具、背景橡皮擦工具、魔术橡皮擦工具等擦除图像的工具，可以对图像进行擦除，这些工具可清理或修补选定区域，达到预想的图像效果。

5.3.1 橡皮擦工具

在 Photoshop 中，橡皮擦工具是一款擦除工具，利用这款工具，可以随意擦去图像中不需要的部分，如擦除人物图像的背景等。没有新建图层的时候，擦除的部分默认是背景颜色或透明的。可以在属性栏设置相关的参数，如模式、不透明度、流量等，从而可以更好地控制擦除效果。跟画笔有点类似，这款工具还可以配合蒙版来用。

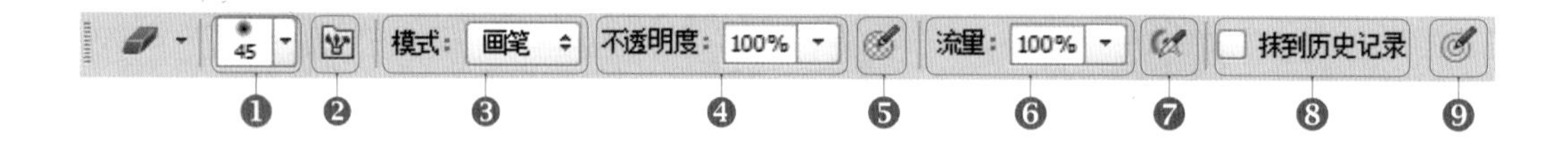

橡皮擦工具属性栏

❶“画笔预设”选项：用于设置画笔的大小和形态。单击画笔预设右侧的黑三角箭头，可打开画笔预设面板，在其中可以设置画笔的大小、硬度和基本形态。

❷“切换画笔面板”按钮：单击此按钮可弹出“画笔”面板，在该面板中可设置画笔的笔尖形态、大小、形状等属性。

❸“模式”选项：根据不同的混合模式，将画笔涂抹的的颜色与下方的颜色像素以不同的方式相混合，得到不同的颜色效果。

❹“不透明度”选项：可设置画笔涂抹出来的颜色的不透明度。

❺“绘图板压力控制不透明度”按钮：单击“绘图板压力控制不透明度”按钮，可通过压感画笔的压力控制不透明度，其效果会覆盖“画笔”面板中的不透明度设置。

❻“流量”选项：流量决定了喷枪绘画时颜色的浓度，当值为 100% 时直接绘制前景色。该值越小，颜色越淡，但如果在同一位置反复上色则颜色浓度会产生叠加效果。

❼“启用喷枪模式”按钮：激活选项栏的按钮后，使用画笔工具绘画时，如果在绘画过程中将鼠标左键按下后停顿在某处，喷枪中的颜料会源源不断地喷射出来，停顿的时间越长，该位置的颜色越深，所占的面积也越大。

❽“抹到历史记录”复选框：勾选此复选框后擦除图像，将不再以透明的像素或当前背景色替换被擦除的图像，使用橡皮擦使受影响的区域返回到“历史记录”面板中选中的状态。

❾“绘图板压力控制大小”按钮：单击此按钮，可通过压感画笔的压力控制画笔大小，其效果会覆盖“画笔”面板中的设置。

贴心巧计：对于“画笔”和“铅笔”模式，选取一种画笔预设，并在选项栏中设置“不透明度”和“流量”。较高的不透明度将完全抹除像素，较低的不透明度将部分抹除像素。要抹除图像的已存储状态或快照，在“历史记录”面板中单击状态或快照的左列，然后在选项栏中选择；如果要暂时以“抹到历史记录”模式使用橡皮擦工具，则在图像中拖动时按住 Alt 键。

5.3.2 背景橡皮擦工具

在 Photoshop 中，背景橡皮擦工具也是一款擦除工具，主要用于图像的智能擦除。选择这款工具后，可以在属性栏设置相关的参数，如取样一次、取样背景色等，这款工具会智能地擦除吸取的颜色范围图像。如果选择属性面板的查找边缘，这款工具会识别一些物体的轮廓，可以用来快速抠图，非常方便。

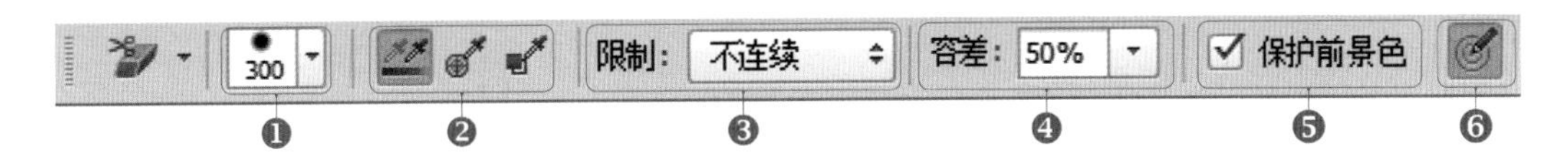

背景橡皮擦工具属性栏

❶“画笔预设”选项：用于设置画笔的大小和形态。单击画笔预设右侧的黑三角箭头，可打开画笔预设面板，在其中可以设置画笔的大小、硬度和基本形态。

❷ 取样模式按钮：取样“连续”按钮，随着鼠标拖动连续采取色样，橡皮擦工具将完全擦除图像；取样“一次”按钮，只擦除包含第一次单击的颜色的区域；取样“背景色板”按钮，只擦除包含当前背景色的区域。

原图

单击取样“背景色板”按钮

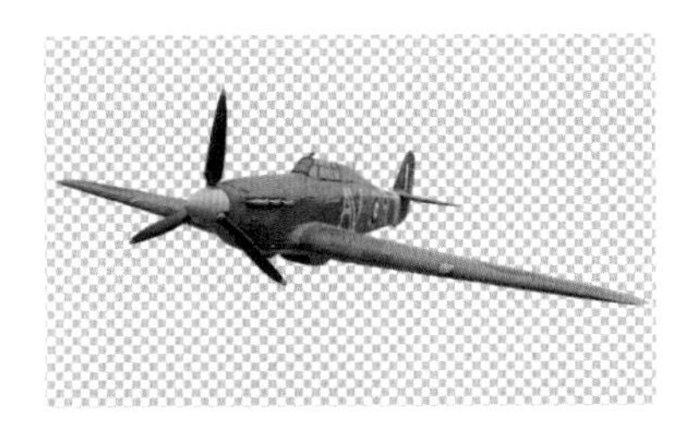

在图像中涂抹出主体物

❸“限制”选项：选择“连续”，将擦除包含样本颜色并相互连接的区域；选择“不连续”，将擦除出现在画笔下任何位置的样本颜色；选择“查找边缘”，将擦除包含样本颜色的连接区域，同时更好地保留形状边缘的锐化程度。

❹“容差”选项：可输入值或拖移滑块。低容差仅限于擦除与样本颜色非常相似的区域，高容差则擦除范围更广的颜色。

原图

“容差”值为 8% 时

“容差”值为 100% 时

❺“保护前景色”复选框：勾选“保护前景色”复选框，可防止擦除与工具框中的前景色匹配的区域。如想保留图像中的颜色，设置 Photoshop CS6 工具箱前景色，然后勾选属性栏上的“保护前景色”，然后在图像中擦除，可以看见只有前景色设置的颜色红色被保留下来，其他的颜色将被擦除。

❻“绘图板压力控制大小”按钮：单击此按钮，可通过压感画笔的压力控制画笔大小，其效果会覆盖“画笔”面板中的设置。

5.3.3 魔术橡皮擦工具

在 Photoshop 中，使用魔术橡皮擦工具在图层中单击时，该工具会将所有相似的像素更改为透明。如果在已锁定透明度的图层中工作，这些像素将更改为背景色。如果在背景中单击，则将背景转换为图层并将所有相似的像素更改为透明。可以选择在当前图层上，是只擦除的邻近像素，还是要擦除所有相似的像素。

魔术橡皮擦工具属性栏

❶“容差”选项：可以输入值或拖移滑块。低容差仅限于擦除与样本颜色非常相似的区域，高容差擦除范围更广的颜色。

❷“消除锯齿”复选框：勾选“消除锯齿”复选框，可使擦除区域的边缘平滑。

❸“连续” 复选框：勾选“连续”复选框，可以只擦除相邻的图像区域；未勾选该复选框时，可将不相邻的区域也擦除。

原图

不勾选“连续”复选框

勾选“连续”复选框

❹“对所有图层取样” 复选框：勾选“对所有图层取样”复选框，以便利用所有可见 Photoshop CS6 图层中的组合数据来采集擦除色样。

❺“不透明度”选项：指定不透明度以定义擦除强度，100% 的不透明度将完全擦除像素，较低的不透明度将部分擦除像素。

小小提示：另外，利用“魔术橡皮擦工具”可擦除与鼠标单击处颜色相近的像素。在擦除被锁定透明像素的普通层时，被擦除区域将显示当前工具箱中的背景色。当擦除背景层或普通层时，被擦除区域将透明显示。所以根据魔术橡皮擦工具的特性，擦除后肯定看到的是“透明”效果。

原图

使用魔术橡皮擦工具擦除背景

使用魔术橡皮擦工具将背景擦除干净

试试看：制作可爱相框图像

成果所在地：第 5 章 \Complete\ 制作可爱相框图像 .psd

视频 \ 第 5 章 \ 制作可爱相框图像 .swf

1 执行“文件 > 打开”命令，打开“制作可爱相框图像 .jpg”图像文件，生成“背景”图层。

2 执行“文件 > 打开”命令，打开“制作可爱相框图像 2.jpg”图像文件，生成“图层 1”。

3 使用魔术橡皮擦工具，单击“图层 1”的白色部分，画面中的相框部分将被擦出。

4 执行“文件 > 打开”命令，打开“制作可爱相框图像 3.jpg”图像文件，生成“图层 2”。

5 将“图层 2”移至“图层 1”下方。使用矩形选框工具将不需要的部分删除后，使用快捷键 Ctrl+T 变换图像大小和方向，并将其放置于画面中合适的位置。

6 选择“图层 1”，继续使用魔术橡皮擦工具将画面中不需要的部分删除，按快捷键 Ctrl+J 复制得到“图层 1 副本”，并设置“图层 1”的混合模式为“正片叠底”。回到“图层 2”上，使用橡皮擦工具继续擦除画面使其干净。至此，本实例制作完成。

温习一下

1. 选择题

（1）哪个工具是一款虚化工具，可以使图像产生类似模糊的效果？（　　）

A. 模糊工具　　B. 套索工具　　C. 快速选择工具

（2）使用哪个工具在图层中单击时，该工具会将所有相似的像素更改为透明？（　　）

A. 钢笔　　B. 魔术橡皮擦工具　　C. 套索工具

（3）什么工具可以精确地改变图像局部的色彩饱和度？（　　）

A. 海绵工具　　B. 橡皮擦工具　　C. 魔棒工具

2. 填空题

（1）利用 ________________、________________、________________ 等擦除图像的工具可以对图像进行擦除。

（2）在仿制图章工具中的 ________________ 选项，可设置仿制的图像与原图的颜色混合效果，以调整仿制后的图像色调效果。

（3）在 Photoshop 中，________________ 可移去用闪光灯拍摄的人物照片中的红眼，也可以移去用闪光灯拍摄的动物照片中的白、绿色反光。

3. 上机操作：使用橡皮擦工具抠取图像，增加画面的生动性

第①步：打开一张图像。

第②步：打开另一张图像，使用魔术橡皮擦工具将其背景擦除。

第③步：将其移至刚才打开的图像中，并结合快捷键 Ctrl+T 变换图像大小，将其放置于画面中合适的位置。

第①步效果图

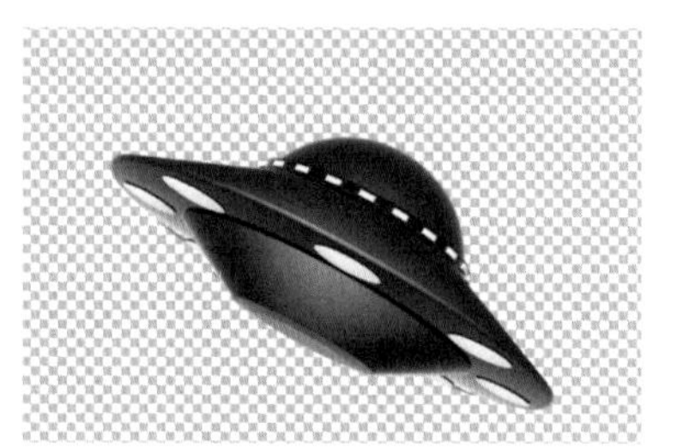

第②步效果图

第③步效果图

答案

PS：别直接就看答案，那样就没效果了！听过孔子说过的一句话没？"温故而知新，可以为师矣"，吼吼 ~~~~~

选择题：（1） A；（2） B；（3） A。

填空题：（1） 橡皮擦工具、背景橡皮擦工具、魔术橡皮擦工具；

（2） "模式"；

（3） 红眼工具。

第6章 图层就是通往 Photoshop 的通行证

图层可以说是 Photoshop 的“灵魂载体”，它承载了图像的全部信息。这些信息可以是整体或部分的图像，不同的信息能分别置于不同的图层之上，可以说图层就是通往 Photoshop 的通行证。本章就来学习图层的操作，看看它到底有多重要。

问：图层有什么重要作用吗？
答：打个比方，如果不设置图层，一路修改图像，到后面发现前面有个不对的地方，就得一直撤销到要改的地方，然后再做一遍已经完成的。如果又错了，你就会吐血了。有了图层，哪有错，就在哪个图层上修改，很方便。

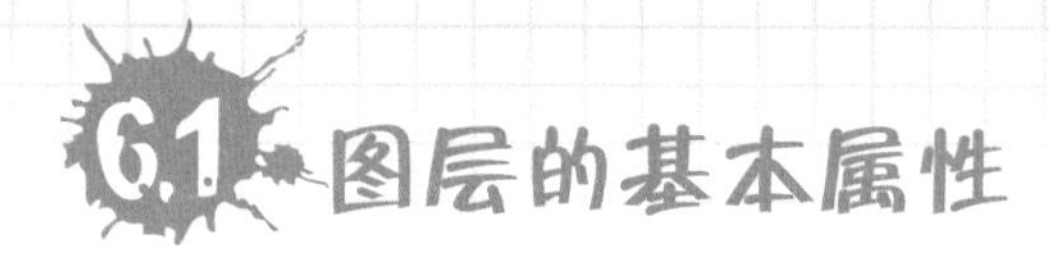

6.1 图层的基本属性

在 Photoshop 中使用图层，可以在不影响整个图像中大部分元素的情况下处理其中一个元素。可以把图层想象成是一张一张叠起来的透明胶片，每张透明胶片上都有不同的画面，改变图层的顺序和属性可以改变图像的最后效果。通过对图层的操作，使用它的特殊功能可以创建很多复杂的图像效果。

6.1.1 “图层”面板的组成

“图层”面板用于排列图像中所有图层、图层组、蒙版和图层效果等。可在其中查看当前文件中所有图层和图层属性，也可通过该面板控制图像效果。在该面板中，可对图像所在图层的属性如混合模式、不透明度、图层样式、图层蒙版、调整图层以及锁定状态进行编辑，便于编辑处理图像的操作。

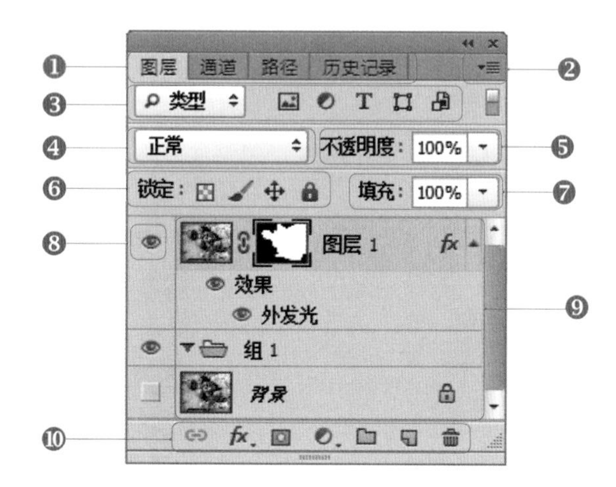

“图层”面板

❶ 面板选项卡：通过选择不同的选项卡可切换至不同面板。

“图层”面板

“通道”面板

“路径”面板

“历史记录”面板

❷ 扩展按钮：单击此按钮可弹出扩展菜单，可从中应用相应命令以管理图层和图层组。

❸“类型”选项：该选项是 Photoshop CS6 中新增的一种选项效果列表，包括“名称”、“效果”、“模式”、“属性”和“颜色”5 种选项，应用选项可显示相应模式。

❹“设置图层的混合模式”选项：单击其右侧的下拉按钮，在弹出的下拉列表中选择当前图层或图层组与下方图层或图层组的混合模式，用于调整图像混合色调。

❺“不透明度”选项：用于设置图层的透明效果，默认为 100%，即完全不透明。修改数值后，所在图层的图像将呈半透明状。

❻“锁定”按钮：选定“锁定透明像素”，当前图像中的透明像素区域将被锁定，使其不会被编辑。

❼“填充”文本框：输入数值或拖动滑块，可对图层填充像素的不透明度进行设置。

❽“指示可见图层”按钮：显示眼睛表示该图层可见；未显示则隐藏该图层。右键单击该按钮，可在弹出的菜单中选择显示或隐藏的形式，以及图层的显示颜色。

❾ 图层、图层组及图层蒙版的显示区域：用于排列图层、图层组、蒙版和图层效果等。在该区域可显示图层中图像的缩览图、蒙版状态、图层样式、图层名称以及图层的衔接方式。

❿ 图层控制按钮：应用不同的按钮，可对当前选中图层或图层组进行不同的编辑处理。

6.1.2 图层的不透明度

在 Photoshop 中，图层的不透明度决定了它显示自身图层的程度，例如不透明度为 1% 的图层显得几乎是透明的，而透明度为 100% 的图层则显得完全不透明。图层的不透明度的设置方法是，在图层面板中的“不透明度”选项中设定透明度的数值，100% 为完全显示。

图层的“不透明度”为 100%

图层的“不透明度”为 80%

图层的“不透明度”为 30%

小小提示：在实际操作中，图层不透明度因为位置明显，所以大家经常只记得这个不透明度控制，而忽略了 Photoshop 中其他的不透明度控制。其他的不透明度控制主要是指使用绘图工具绘制时，工具本身的不透明度设置。

6.1.3 图层的显示与隐藏

在“图层”面板中单击图层的“指示图层可见性”按钮，即可控制图层的显示与隐藏：显示眼睛表示该图层可见；未显示则隐藏该图层。右键单击该按钮，可在弹出的菜单中选择显示或隐藏的形式，以及图层的显示颜色。

打开图层可见性

得到图像

关闭图层可见性

得到图像

6.1.4 图层的锁定

在Photoshop中锁定图层时，可根据需要对图层指定的属性进行锁定，包括像素的锁定、位置的锁定等，可在“图层”面板中应用相关功能按钮锁定或解锁图层。

贴心巧计：选择图层并单击“图层”面板中的“锁定透明像素”按钮后，图层中的透明像素区域将被锁定，使其不会被编辑。

原图

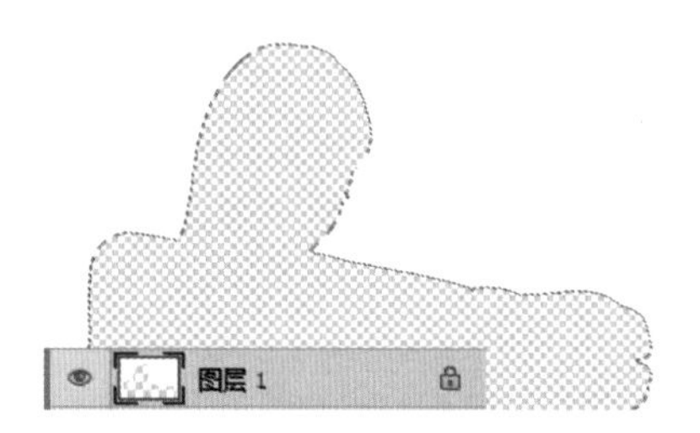

复制后将人物抠除并锁定透明像素

在锁定的图层上拖出渐变

贴心巧计：选择图层并单击“图层”面板中的“锁定图像像素”按钮后，使用相关绘画调整工具及填充工具均不可在图层图像中编辑调整。

未锁定图像像素时在画面中涂抹

锁定图像像素

不可在图层图像中编辑调整

贴心巧计：选择图层并单击“图层”面板中的“锁定位置”按钮后，不可使用移动工具调整该图层图像位置；选择图层并单击“图层”面板中的“锁定全部”按钮后，将锁定图层的所有属性。

未锁定图像位置时，在画面中随意移动

锁定图像位置后，不可在图层图像中编辑调整

6.2 将图层掌控在手中

图层中可容纳多种不同形式的图层，通过不同的方式可创建不同类型的图层，包括新建图层和图层组、复制和删除图层、链接图层等。下面将分别对它们进行讲解。

6.2.1 新建图层和图层组

在 Photoshop 中创建图层有很多类型，有创建普通图层、创建文字图层、创建形状图层和创建调整图层，要对图层进行深入学习，首先应掌握各类图层的创建方法。

小小提示：在“图层”面板中单击“创建新图层”按钮，可在当前图层上方新建一个普通空白图层；单击横排文字蒙板工具，在图像中单击鼠标，出现闪烁光标后输入文字，按快捷键 Ctrl+Enter 即可生成文字图层；在其属性栏中选择“图形”选项，在图像上绘制图形，则会自动生成形状图层；选中任意形状工具创建调整图层，单击“创建新的填充或调整图层”按钮，在弹出的菜单栏中选择相应选项，即可在“图层”面板中生成调整图层。

创建普通图层

创建文字图层

创建形状图层

创建调整图层

图层组主要用于图层的整理和归纳，在对图像进行处理时，不可避免也会遇到特别多的状况。此时，运用图层组将这些图层进行分类管理，可有效节省工作时间，提高工作效率。

在“图层”面板中单击“创建新组”按钮，或在选择所要编组的图层后执行“图层 > 编组图层”命令，即可建立一个图层组。新建的图层组前有一个扩展按钮，单击该按钮使其呈现状态时，即可查看组中包含的图层。再次单击该按钮即可将图层组收起，即使只选择了一个图层也可进行编组。

小小提示：要在创建新的图层组时设置图层属性，可在选择图层时单击“图层”面板的扩展按钮，并应用其中的“从图层新建组”命令，或者按住 Alt 键单击面板中的“创建新组”按钮，在弹出的对话框中设置图层组的相关属性。

6.2.2 复制和删除图层

选中需要复制的图层，将其拖动到“创建新图层”按钮上，即可复制一个副本图层，或者按快捷键 Ctrl+J 复制图层。对于不需要的图层，选中该图层并将其拖到“删除图层”按钮 上，即可删除，或者单击所要删除的图层，按快捷键 Delete 将其删除。

原始图层

复制图层

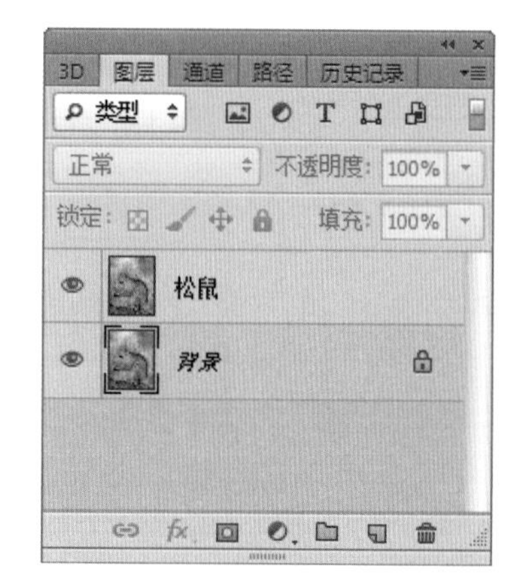

删除图层

6.2.3 链接图层

在 Photoshop 中链接图层后，便于相关的图层图像的移动。当图层图像链接在一起后，移动其中任意图层图像将同时移动其他图层图像。链接图层时，应在“图层” 面板中选择两个或两个以上的图层后单击“链接图层”按钮 ，取消链接则再次单击该按钮。

原图层

同时选择两个图层

链接图层

贴心巧计：在链接图层时，必须先选择要链接的层中的一个，然后单击其他层的链接标志。因此两个图层链接只会看到一个锁链图标，三个层链接则只会看到两个锁链图标。

百变技能秀：快速变换多个图像

成果所在地：第 6 章 \Complete\ 百变技能秀：快速变换多个图像 .psd
视频 \ 第 6 章 \ 百变技能秀：快速变换多个图像 .swf

操作试试

1 选择一张照片，将其打开，生成“背景”图层。按快捷键 Ctrl+J 复制得到“图层 1”。

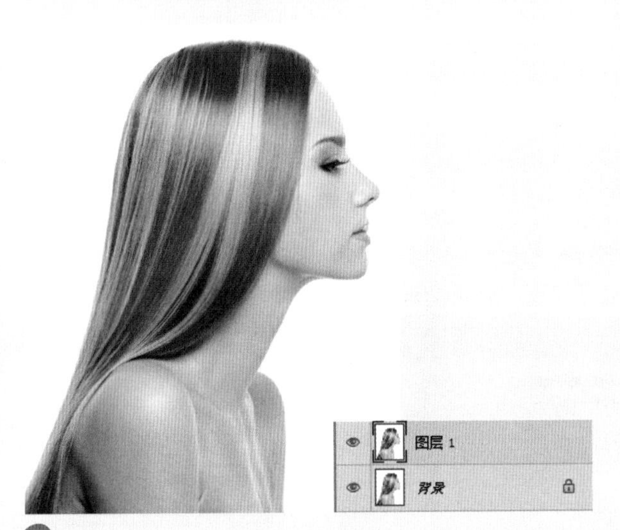

2 使用魔棒工具在“图层 1”上单击创建选区。按快捷键 Shift+Ctrl+I 反选选中的选区，得到人物选区。按 Delete 键将其删除，再按快捷键 Ctrl+D 取消选区。单击“图层”面板中的“锁定透明像素”按钮，使用渐变工具，设置黄色到橘黄色的径向渐变，并在“图层 1”上拖出渐变。

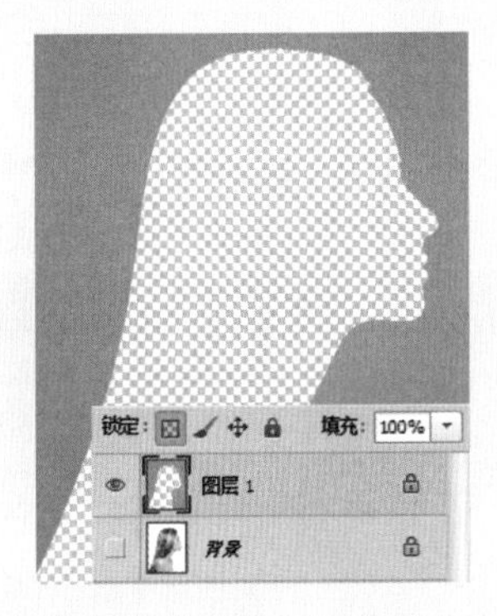

3 分别打开“02.png”、“03.png”、“04.png”文件，将其拖曳到当前文件图像中，生成“图层 2”、“图层 3”、“图层 4”，并将其放置于画面中合适的位置。

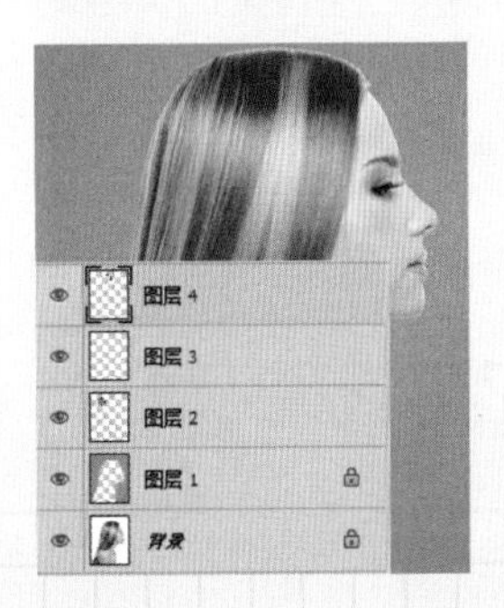

4 按住 Shift 键并选择“图层 2”～“图层 4”，单击“链接图层”按钮，使用快捷键 Ctrl+T 即可快速变换多个图像。

6.2.4 调整图层顺序

在 Photoshop 中创建了图层后，为调整图像效果，要对其内的图层进行移动，单击所要移动的图层并按住鼠标不放将其拖曳到所需图层上方或下方即可。

图层 1 原所在图层位置

向上移动图层 1 位置后

向下移动图层 1 位置后

6.2.5 栅格化图层

在 Photoshop 中对图层进行编辑调整后可将其转换为普通图层。通过执行“栅格化图层”命令或选择图层单击鼠标右键选择“栅格化图层”选项可转换为普通图层，再对其进行效果编辑。

对图层使用 3D 命令

得到图层

“栅格化”图层后更方便于图形变换

6.2.6 合并图层和图层组

在 Photoshop 中合并图层，就是将两个或两个以上图层中的图像合并到一个图层上。可将指定图层合并为一个栅格化图层，并同时合并图层中的图像，以便于图像整合的进一步编辑和调整。在处理复杂图像时会产生大量的图层，此时可根据需要对图层进行合并。

小小提示：合并图层有向下合并图层、向下合并可见图层、拼合图像 3 种方式。在拼合图像时，图层中若存在隐藏图层，执行“图层 > 拼合图层”命令时会弹出警告对话框，单击“确定”按钮即可显示和隐藏的图层。

将当前图层与其下方紧邻的第一个图层进行合并时，执行“图层 > 合并图层”命令或按快捷键 Ctrl+E 即可向下合并图层。若前后两图层不在一起，按住 Ctrl 键并单击鼠标左键选择要合并的图层，再按快捷键 Ctrl+E 合并图层。

将当前图层所有可见图层进行合并，而隐藏的图层保持不动。向下合并可见图层有两种方法，执行“图层 > 合并可见图层”命令或按快捷键 Shift+Ctrl+E 即可向下合并图层。也可以单击起始图层，按住 Shift 键并单击终止图层，再按快捷键 Ctrl+E 合并图层。

将所有可见图层拼合为背景图层，同时丢弃隐藏的图层，执行“图层 > 拼合图层”命令或单击“图层”面板右上角的按钮，在弹出的菜单栏中执行“拼合图像”命令。

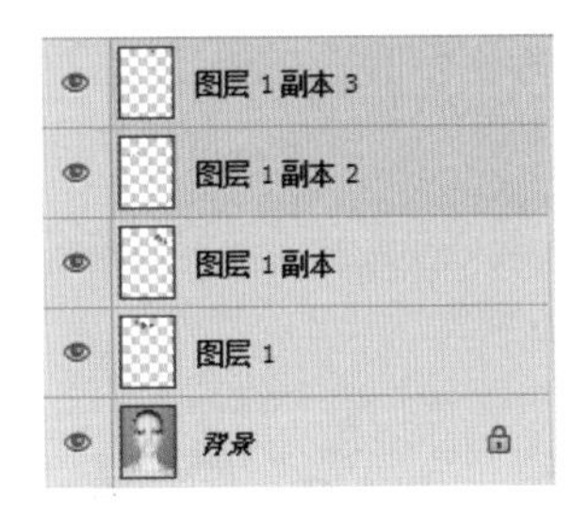

选择需要合并的图层

向下合并图层

向下合并可见图层

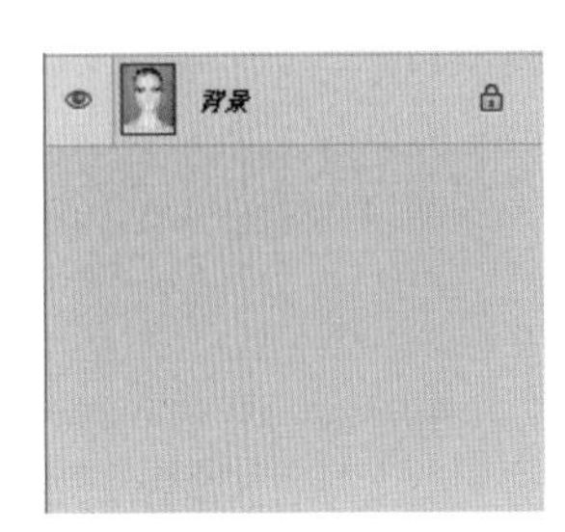

拼合图像

6.2.7 盖印图层

在 Photoshop 中，盖印图层是将当前所有可见图层以新建图层的方式合并，相当于合并所有可见图层，却不影响原有的图层。按快捷键 Shift+Ctrl+Alt+E，可盖印图层。

贴心巧计：在 Photoshop 中盖印可见图层，先向下合并可见图层——将当图层所有可见图层进行合并，而隐藏的图层保持不动，执行“图层 > 合并可见图层”命令，再按快捷键 Shift+Ctrl+Alt+E，盖印可见图层。

“图层”面板

盖印图层后的“图层”面板

盖印可见图层后的“图层”面板

6.3 图层对象整整齐齐才好看

在 Photoshop 中，图层的编辑操作包括调整图层的对齐和图层对象的分布等。本节将对其进行详细讲解，图层对象整整齐齐才好看。

6.3.1 图层对象的对齐

在 Photoshop 中，对齐图层是指将两个或两个以上的图层按一定的规律进行对齐排列。在“图层”面板中选中需要对齐的图层，执行“图层 > 对齐”命令，在弹出的子菜单中可选择“顶边” 、“垂直居中”、“底边”、“左边”、“水平居中”、“右边”命令来调整图层的对齐状态。

原图

选择图像上的物体垂直居中对齐

选择图像上的物体底边对齐

选择图像上的物体顶边对齐

将其移至不同位置

选择图像上的物体水平居中对齐

6.3.2 图层对象的分布

在 Photoshop 中，分布图层是指将 3 个以上的图层按一定的规律在图像窗口上进行分布。在“图层”面板中选中需要对齐的图层，执行“图层 > 分布”命令，在弹出的子菜单中选择与图层对象的对齐相同名称的命令，即可调整图层的分布状态。

原图像上图形的分布

选择图像上的物体顶边分布

选择图像上的物体垂直居中和左边分布

6.4 图层混合模式是利器

在 Photoshop 中，图层混合模式非常常用。所谓图层混合模式就是指一个层与其下图层的色彩叠加方式，在这之前使用的是正常模式。除了正常以外，还有很多种混合模式，它们可以产生迥异的合成效果。

6.4.1 图层混合模式的分类

在 Photoshop 中，图层混合模式包含溶解、变暗、正片叠底、颜色加深、线性加深、叠加、柔光、亮光、强光、线性光、点光、实色混合、差值、排除、色相、饱和度、颜色、亮度等。

❶ “正常”选项：也是默认的模式，不和其他图层发生任何混合。

❷ “溶解”选项：溶解模式产生的像素颜色来源于上下混合颜色的一个随机置换值，与像素不透明度有关。

❸ “变暗”选项：考察每一个通道的颜色信息以及相混合的像素颜色，选择较暗的作为混合的结果。颜色较亮的像素会被颜色较暗的像素替换，而较暗的像素就不会发生变化。

❹ “正片叠底”选项：考察每个通道里的颜色信息，并对底层颜色进行正片叠加处理。其原理和色彩模式中的“减色原理”是一样的。这样混合产生的颜色总是比原来的要暗。如果和黑色发生正片叠底的话，产生的就只有黑色，而与白色混合就不会对原来的颜色产生任何影响。

将图像添加到图像文件上

使用“正片叠底”混合模式制作效果

❺ “颜色加深”选项：让底层的颜色变暗，有点类似于正片叠底，但不同的是，它会根据叠加的像素颜色相应增加底层的对比度。和白色混合没有效果。

正常 ❶
溶解 ❷

变暗 ❸
正片叠底 ❹
颜色加深 ❺
线性加深 ❻
深色

变亮 ❼
滤色
颜色减淡 ❽
线性减淡（添加）
浅色

叠加 ❾
柔光 ❿
强光 ⓫
亮光
线性光 ⓬
点光
实色混合

差值
排除 ⓭
减去
划分

色相 ⓮
饱和度 ⓯
颜色
明度 ⓰

❻“线性加深模式”选项：同样类似于正片叠底，通过降低亮度，让底色变暗以反映混合色彩。和白色混合没有效果。

❼“变亮”选项：比较相互混合的像素亮度，选择混合颜色中较亮的像素保留起来，而其他较暗的像素则被替代。

❽“颜色减淡”选项：通过降低对比度，加亮底层颜色来反映混合色彩。与黑色混合没有任何效果。

❾“叠加”选项：像素是进行正片叠底混合还是屏幕混合，取决于底层颜色。颜色会被混合，但底层颜色的高光与阴影部分的亮度细节会被保留。

❿“柔光”选项：变暗还是提亮画面颜色，取决于上层颜色信息。产生的效果类似于为图像打上一盏散射的聚光灯。如果上层颜色亮度高于 50% 灰，底层会被照亮；如果上层颜色亮度低于 50% 灰，底层会变暗，就好像被烧焦了似的。

原图

新建图层，设置填色为粉色并填充

使用“柔光”混合模式制作效果

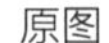

小小提示：如果直接使用黑色或白色去进行混合的话，能产生明显的变暗或提亮效应，但是不会让覆盖区域产生纯黑或纯白。

⓫“强光”选项：产生的效果就好像为图像应用强烈的聚光灯一样。如果上层颜色亮度高于 50% 灰，图像就会被照亮，这时混合方式类似于柔光模式。反之，如果亮度低于 50% 灰，图像就会变暗，这时混合方式就类似于正片叠底模式。该模式能为图像添加阴影。如果用纯黑或纯白来进行混合，得到的也将是纯黑或纯白。

⓬“线性光”选项：如果上层颜色亮度高于中性灰，则用增加亮度的方法来使得画面变亮，反之用降低亮度的方法来使画面变暗。

⓭“排除”选项：产生的对比度会较低。同样地，与纯白混合得到反相效果，而与纯黑混合没有任何变化。

⓮“色相”选项：决定生成颜色的参数，包括底层颜色的明度与饱和度，以及上层颜色的色调。

⓯“饱和度”选项：决定生成颜色的参数，包括底层颜色的明度与色调以及上层颜色的饱和度。按这种模式，与饱和度为 0 的颜色混合不产生任何变化。

⓰“明度”选项：决定生成颜色的参数，包括底层颜色的色调与饱和度以及上层颜色的明度。该模式产生的效果是根据上层颜色的明度分布来与下层颜色混合。

6.4.2 图层混合模式的应用

在图层面板中出现的图层混合模式是一种灵活性比较小的通道混合，因为它局限于把两个图层具备的所有颜色通道都用于运算。在图层样式对话框的高级混合选项中，提供了控制用于混合的颜色通道数量这一功能，因而具有更大的灵活性。

试试看：制作金属徽章

成果所在地：第 6 章 \Complete\ 制作金属徽章 .psd
视频 \ 第 6 章 \ 制作金属徽章 .swf

1 执行“文件 > 新建”命令，在弹出的“新建”对话框中设置各项参数及选项，设置完成后单击“确定”按钮，新建空白图像文件。

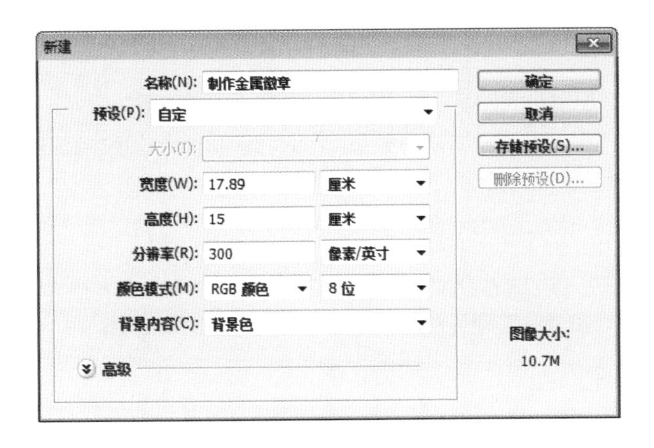

3 单击“添加图层样式”按钮，选择“斜面和浮雕”选项并设置参数，制作图案样式。继续单击“添加图层样式”按钮，选择“渐变叠加” 选项，设置其“混合模式” 为“颜色加深” 并设置参数，制作徽章的图案样式。

2 使用自定形状工具，在其属性栏中设置其属性为“形状”，选择需要绘制的金属徽章图案，并设置其“填色”为暗黄色，在画面上绘制出徽章的图案。

4 单击“添加图层样式”按钮，选择“图案叠加”选项后选择需要叠加的图案，设置其“混合模式”为“亮光” 并设置参数，制作图案样式。继续单击“添加图层样式”按钮，选择“投影”选项并设置参数，制作金属徽章。

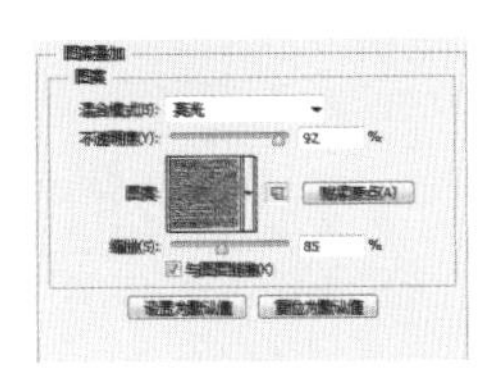

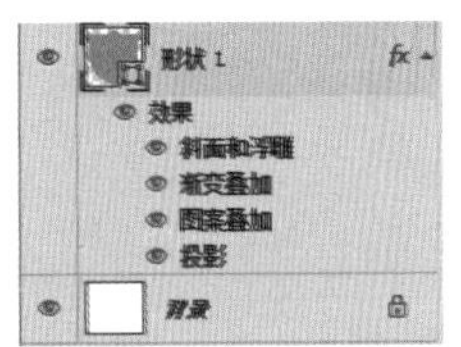

6.5 图层样式的基本应用和高级应用

贴心巧计：在 Photoshop 中，图层样式是为图层中的图像添加特殊的质感，能为图像带来不同的效果。可应用图层添加图像的阴影效果、发光效果、浮雕效果、光泽和描边等样式，以增强图像的立体效果和细节质感。对于图层中一些有透明像素的图像非常有用且效果尤为明显。

下面就来学习一下图层样式的基本应用和高级应用，将对“图层样式”面板、图层样式分类、编辑图层样式进行具体讲解。

6.5.1 “图层样式”面板

“图层样式” 面板默认状态下显示“混合选项”，通过设置混合选项可对图层图像进行高级调整和应用。

为题材添加不同的图层样式，能为图像带来不同的效果。单击“图层样式” fx.按钮，在弹出的可见菜单中选择相应的命令，可打开“图层样式”对话框。要应用“混合选项”，则执行“图层 > 图层样式 > 混合选项”命令，或者双击图层空白处弹出其对话框。

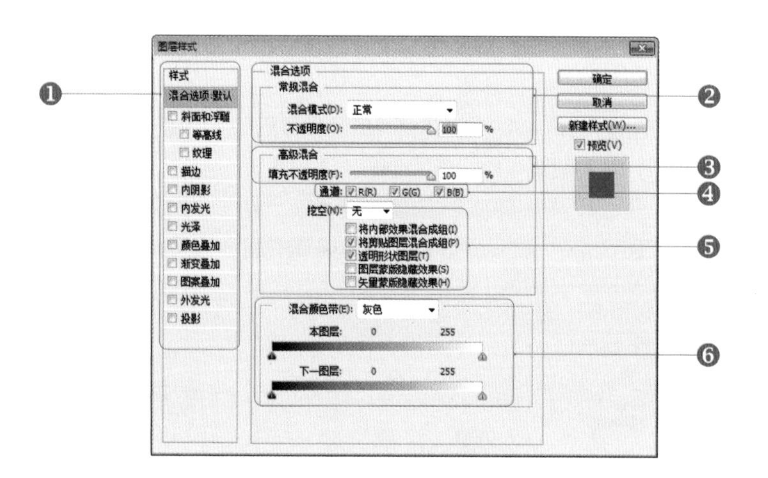

“图层样式”对话框的“混合选项”参数值面板

❶ 样式列表框：这里提供了可以为图像添加的效果。

❷“常规混合”选项组：该选项中的“混合模式”和“不透明度”选项与“图层”面板中的相应设置一致，在“图层”面板中对这两项的设置将同时显示在此处。

❸“填充不透明度”调整区：该选项用于设置图层图像填充色的不透明度。同上，在“图层”面板中设置该选项后，在此对话框中会同时显示相应的参数。

❹ “通道”复选框组：勾选相应的通道复选框，可对指定的通道应用混合效果。

❺ “挖空”调整区：可设置穿透某图层以显示下一图层的图像。选择“浅”选项，挖空到当前图层组或剪贴组的最底层；选择“深”选项，将挖空到背景层。

❻ “混合颜色带”选项组：包含 4 个颜色通道选项。选择“灰色”选项，将作用于所有通道；选项其他颜色选项，则作用于指定颜色通道。

6.5.2 图层样式分类

在 Photoshop 中，图层样式包含斜面和浮雕、描边、内阴影、内发光、光泽、颜色叠加、渐变叠加、图案叠加、外发光和投影等多种图层样式。运用不同的图层样式，可以使图层具有不同的画面效果，以增强图像的立体效果和细节质感。

下面将以“斜面和浮雕”图层样式为主，对属性栏进行详细介绍。

“斜面和浮雕”图层样式可为图像添加具有不同立体质感的斜面及浮雕效果。通过应用其“内斜面”、“外斜面”、“浮雕效果”、“枕状效果”和“描边浮雕”样式，可调整应用的浮雕相对位置，以获取不同的浮雕效果。

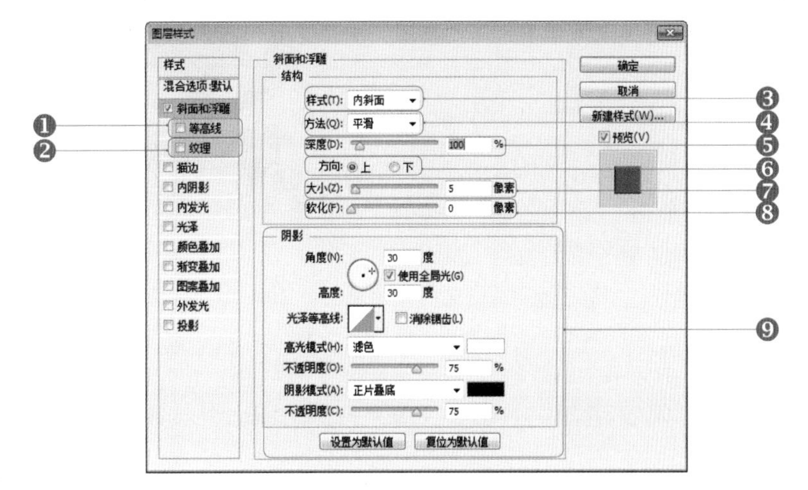

“图层样式”对话框的“斜面和浮雕”选项卡

❶ 等高线复选框：勾选该复选框，将切换至该选项的选项卡，设置以勾画在浮雕处理效果中被遮住的起伏、凹陷和凸起。

❷“纹理”复选框：勾选该复选框，将切换该选项的选项卡，可为图层样式效果添加指定的图案纹理。

❸“样式”选项：指定不同样式的斜面浮雕效果，包括“内斜面”、“外斜面”、“浮雕效果”、“枕状效果”和“描边浮雕”样式。

❹“方法”选项：选择“平滑”，可对斜角的边缘进行柔化处理；选择“雕刻清晰”，可清除锯齿状的硬边和杂边。

❺“深度”选项：该选项用于设置浮雕的阴影强度，数值越大，阴影颜色越深。

❻“方向”选项：该选项用于设置浮雕的光照方向。

❼“大小”选项：该选项用于设置生成浮雕的阴影面积和大小。

❽“软化”选项：该选项用于调整阴影的模糊效果，使其边缘变得柔和。

❾“阴影”选项组：包括“角度”、“高度”、“光泽等高线”、“高光模式”、“不透明度”和“阴影模式”等设置选项，可用于设置浮雕的光照效果和阴影效果等状态。

6.5.3 编辑图层样式

小小提示：在“斜面和浮雕”图层样式中，可以对平滑度进行调整，以柔化或增强边缘浮雕细节。通过设置“阴影”选项组，可调整浮雕的光照效果及其角度等属性，以使浮雕效果更贴近所在背景区域。

“描边”图层样式可用于为图层中有像素区域的图像边缘轮廓添加描边效果。可指定纯色填充色、渐变颜色图案并对边缘进行描边，并可调整描边起始位置为外部、内部还是居中，也可以通过调整描边的大小来获取不同的描边效果。

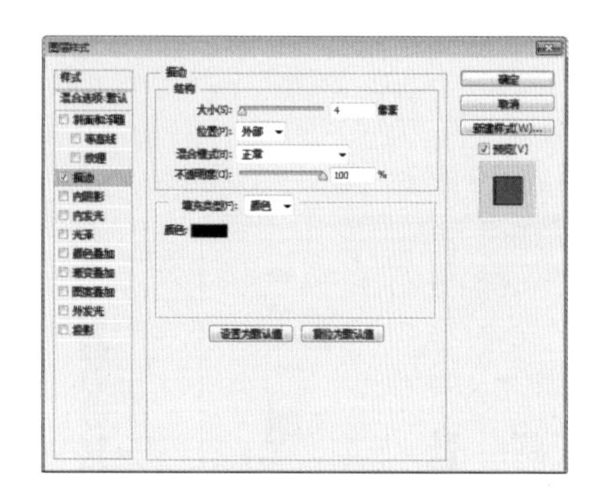

“图层样式”对话框的“描边”选项卡

原图

应用“描边”图层样式

“内阴影”图层样式的效果与“投影”图层样式添加外部阴影的效果相反，但两者的设置选项和应用方式一致。

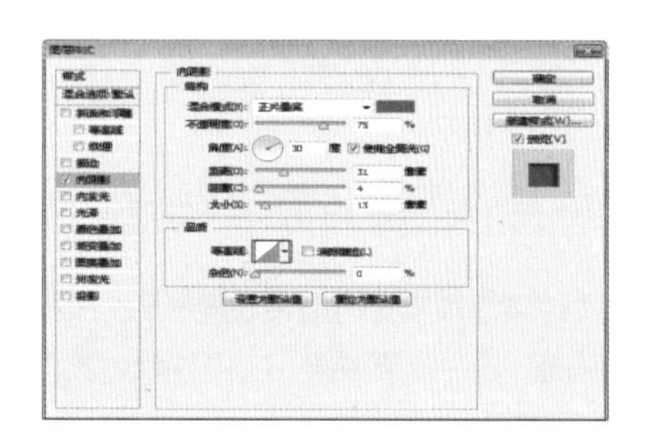

“图层样式”对话框的“内阴影”选项卡

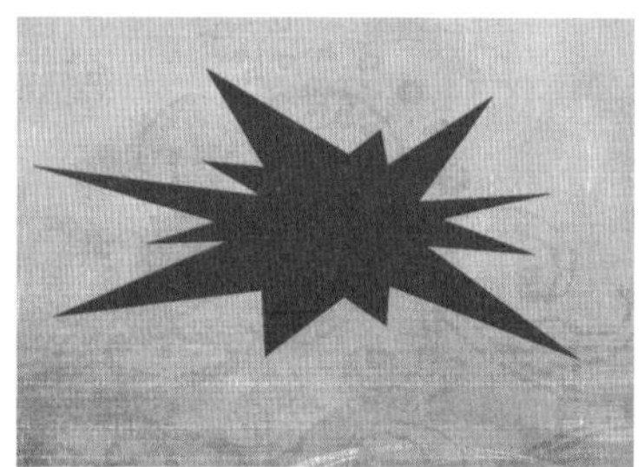

原图

应用“内阴影”图层样式

“内发光”图层样式用于添加图层图像的内部发光效果。在该图层样式中，可设置内部发光像素的位置，通过设置其发光位置为“居中”或“边缘”，可确定发光方向是以中心点向外蔓延还是从边缘区域向内蔓延。

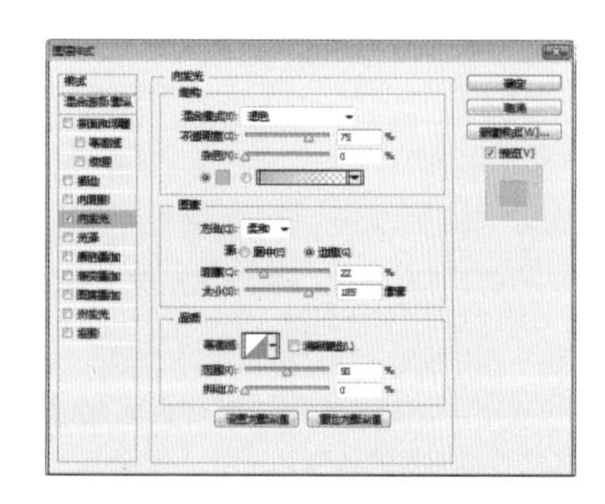

“图层样式”对话框的“内发光”选项卡

原图

应用“内发光”图层样式

试试看：制作立体文字

成果所在地：第 6 章\Complete\ 制作立体文字 .psd

· 视频 \ 第 6 章 \ 制作立体文字 .swf

1 执行“文件 > 打开”命令，打开“制作立体文字 .jpg”文件，生成“背景”图层。按快捷键 Ctrl+J 复制得到“图层 1”。

2 单击横排文字工具T，设置前景色为白色，输入所需文字，双击文字图层，在其属性栏中设置文字的字体样式及大小，将其放置于画面下方合适的位置。

3 单击“添加图层样式”按钮fx，选择“斜面和浮雕”选项并设置参数，制作文字的图案样式。

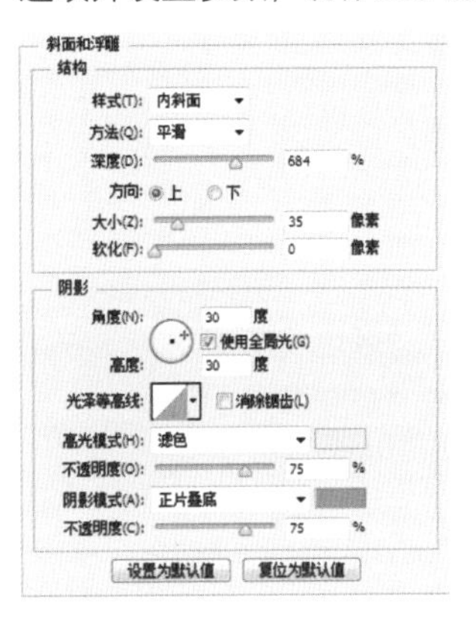

4 单击“添加图层样式”按钮fx，选择“图案叠加”选项并设置其叠加的图案等参数，制作文字的图案样式。

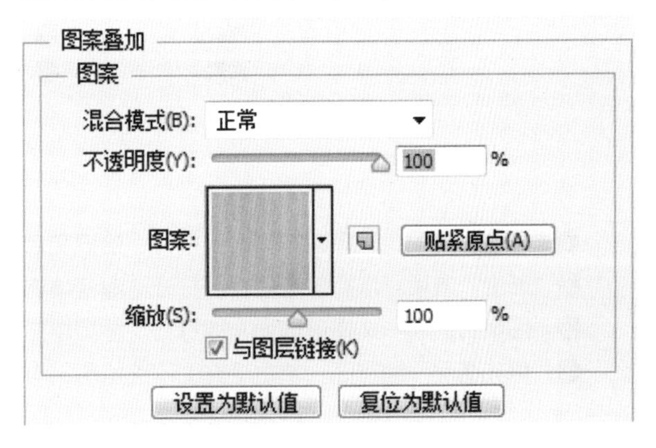

5 继续调整“斜面和浮雕”选项和“图案叠加”选项的参数，制作文字的立体效果。

6 单击“添加图层样式”按钮fx，选择“投影”选项并设置参数，使文字更加具有立体效果，将立体文字制作完整。

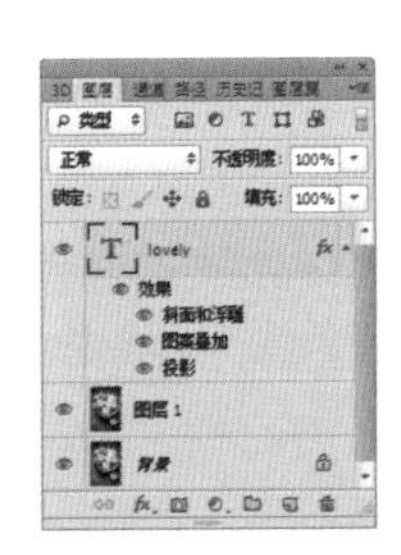

6.6 填充和调整图层

在 Photoshop 中，图层也是可以填充和调整的。下面将主要讲解填充图层和调整图层的应用。

6.6.1 填充图层

填充图层主要是利用“纯色”、“渐变”、“图案”命令进行图像填充时在“图层”面板中自动生成的图层。可以对填充的图层进行模式、不透明度、调整命令等设置。

单击“图层”面板下方的“创建新的填充或调整图层”按钮，在弹出的菜单中选择“纯色”选项，可以打开“拾取实色”对话框，对填充的颜色进行设置。然后单击“确定”按钮，添加图像填充图层。

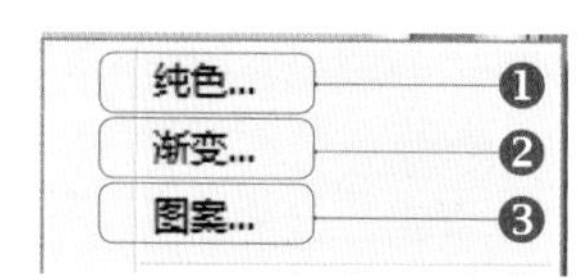

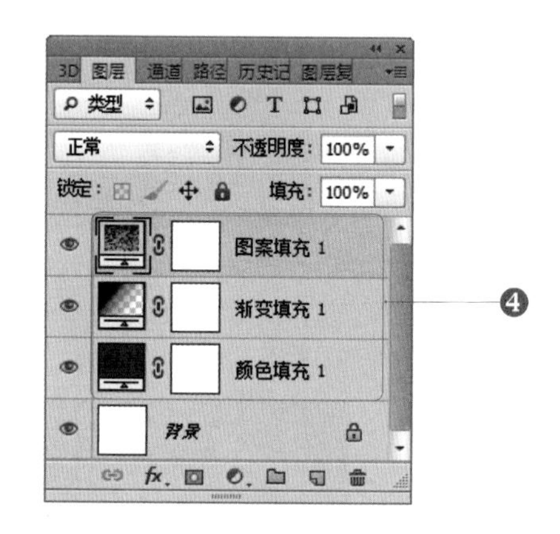

“图层”面板

❶“纯色”选项：选择该选项，即打开“拾取实色”对话框，在“图层”面板中生成“颜色填充 1”。

❷“渐变”选项：选择该选项，即打开“渐变填充”对话框，在“图层”面板中生成“渐变填充 1”。

❸“图案”选项：选择该选项，即打开“图案填充”对话框，在“图层”面板中生成“图案填充 1”。

❹“填充图层”缩览图：单击填充图层缩览图，可对相应图层的填充效果进行修改。

贴心巧计：可以在“图层”面板中对“颜色填充 1”图层进行“模式”与“不透明度”的设置。

6.6.2 调整图层

Pohotshop 为创作图像提供了非常多的调色工具，它们都包含在“图像 > 调整”这样一个下拉菜单当中。利用这些工具可以对图像的色彩进行调整，但是使用这里的命令进行调整的时候，是有局限性的。也就是说，当使用这里面的命令对图像进行调整时，图像会实际上进行改变；另外，如果图像不是处于同一个层上面，那么就只能对当前层起作用。

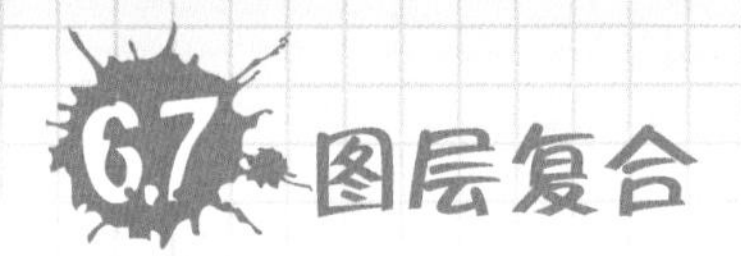

6.7 图层复合

图层复合用于记录图层的可见性、位置、图层样式以及透明度等属性。存储图层图像相关属性后，可任意切换至指定图像状态，这样就增强了不同效果下的状态切换和应用。本节主要介绍“图层复合”面板、怎样查看图层复合、导出图层复合和删除图层复合。

6.7.1 “图层复合”面板

执行“窗口 > 图层复合”命令，可打开“图层复合”面板。图层复合用于记录图层的可见性、位置、图层样式以及透明度等属性。简单来说，就是记录同一设计的多个状态，方便进行观看。

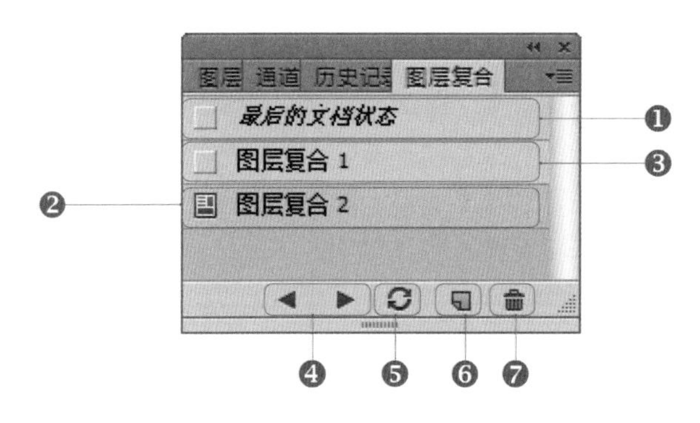

“图层复合”面板

❶“最后的文档状态”选项栏：显示图像最后显示的状态效果。

❷“图层复合”按钮：在指定的图层复合左端单击该按钮区域，可显示该图层复合所记录的图层及图像状态，并同时切换图层的显示及设置。

显示原始状态效果

切换至调整后的状态效果

❸ 图层复合列表：排列创建的图层复合选项，选择某一选项后可对其进行编辑。

❹“应用选中的上一 / 下一图层复合”按钮：单击按钮可切换所选择的图层复合状态的上一效果和下一效果。

❺“更新图层复合”按钮：在选择某一图层复合后显示其他图层复合效果，或者重新调整图像后单击该按钮，可更新当前所选图层复合的效果。

❻“创建新的图层复合”按钮：单击该按钮，可在弹出的对话框中设置新建图层复合的相关属性。

❼“删除”按钮：将图层拖动到该按钮上，可删除其图层复合效果。

6.7.2 更新图层复合

在 Photoshop 中，更新图层复合可以替换现有复合中的内容。方法是排列好新布局后，选择要替换的复合存储项，然后单击调板下方的更新按钮，这个复合的内容就被替换了。需要注意的是，所谓选择复合存储项，是单击复合名称的位置，而不是切换到这个复合状态。

6.8 智能对象

在 Photoshop 中，智能对象是包含栅格或矢量图像、图像数据的图层。智能对象将保留图像的源内容及其所有原始特性，从而让用户能够对图层执行非破坏性编辑。智能对象可以记录在 Photoshop 中制作过程的点滴。下面将对智能对象、创建智能对象、替换智能对象和编辑智能对象进行详细地讲解。

6.8.1 了解智能对象

到底什么是 Photoshop 智能对象？这是很多 Photoshop 初学者都会问的问题。智能对象将保留图像的源内容及其所有原始特性，从而让用户能够对图层执行非破坏性编辑。

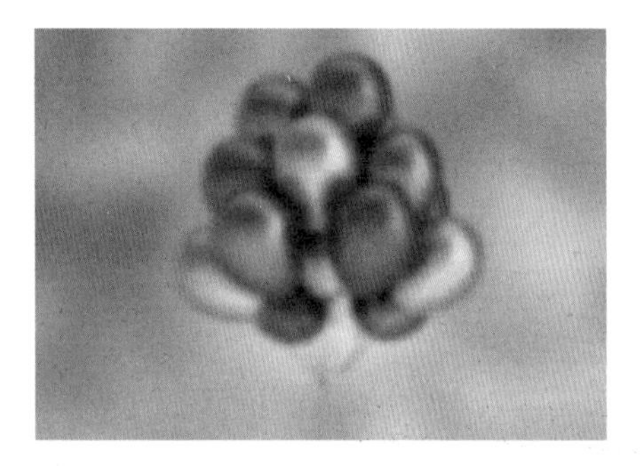

将图层转换为"智能对象"并"高斯模糊"

"图层"面板

关闭效果，图像可恢复至原来的状态

6.8.2 创建智能对象

在 Photoshop 中创建智能对象，普通图层可以直接被转换为"智能对象"，也可以直接将图像以智能对象的形式置入图像。选择需要创建智能对象的图层，单击鼠标右键并选择"转化为智能对象"选项，将其转换为智能对象图层，从而创建智能对象。

原始"图层"面板

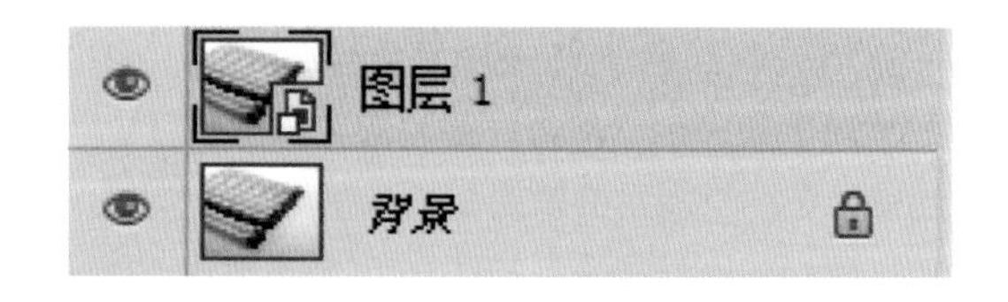

将"图层 1"转换为智能对象以后

6.8.3 替换智能对象

在 Photoshop 中创建智能对象后，若想要对创建的智能对象进行替换，可选择需要替换且转换为智能对象的图层。如果置入的图像并不是画面所需要的，可以执行“替换命令”，将当前的 Photoshop CS6 智能对象图层内容进行更改。

贴心巧计：在 Photoshop CS6 中的智能对象图层上单击鼠标右键，从弹出的菜单中选择“替换内容”命令，打开“置入”对话框，重新选择一幅素材图像，单击“置入”按钮，即可用所选的内容替换原来的智能对象。

6.8.4 编辑智能对象

在 Photoshop 中，对“智能对象”图层中的内容可以随时进行编辑和调整，如对 Photoshop CS6 图像添加滤镜效果、将智能对象图层复制、添加图层样式效果等。双击智能对象后会弹出确认对话框，单击“确定”按钮即可编辑智能对象。

小小提示：智能对象图层在当前图像中不可以直接进行编辑，只有在打开智能对象相应的 Photoshop CS6 图像中，才可以对智能对象进行编辑。

“图层”面板

双击智能对象，并单击“确定”得到的文件

在图像中进行编辑等操作，输入文字

完毕后关闭当前图像文件，得到编辑智能对象的效果

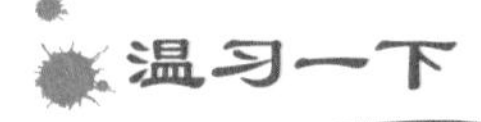

温习一下

1. 选择题

（1）选中所需复制的图层，将其拖动到“创建新图层”按钮上，即可复制一个副本图层，或者按什么快捷键复制图层？（　　）

A. Ctrl+D　　　B. Ctrl+J　　　C. Ctrl+H

（2）按下什么快捷键，可盖印图层？（　　）

A. Shift+Ctrl+Alt+E　　　B. Ctrl+F6　　　C. Shift+F6

2. 填空题

（1）执行 ________________ 命令，可打开“图层复合”面板。

（2）________________ 图层样式可为图像添加具有不同立体质感的斜面及浮雕效果。

3. 上机操作：复制图像并填充渐变颜色

第①步：打开一张图像作为背景。

第②步：单击横排文字工具，输入所需文字。

第③步：单击“添加图层样式”按钮，选择“外发光”选项并设置参数，制作文字的外发光效果。

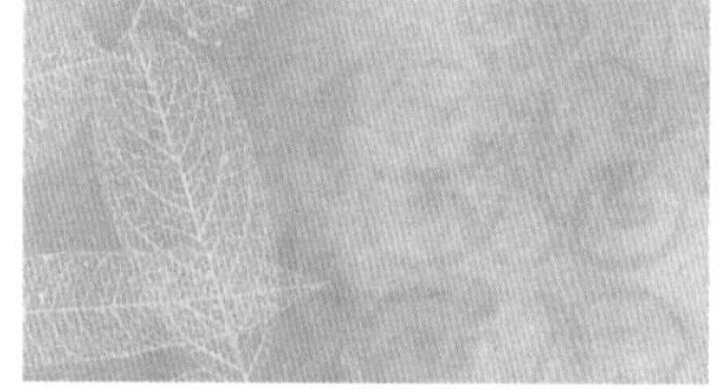

第①步效果图

心心相印

第②步效果图

第③步效果图

答案

PS：别直接就看答案，那样就没效果了！听过孔子说过的一句话没？“温故而知新，可以为师矣”。

选择题：（1） B；（2） A。

填空题：（1）“窗口 > 图层复合”；

（2）“斜面和浮雕”。

第7章 让通往 Photoshop 的旅程色彩斑斓

图像色彩的调整在 Photoshop 中至关重要，在本章中主要学习对图像色彩进行调整的相关知识和操作。这里将 Photoshop CS6 提供的一系列样式调整命令按功能分为简单、进阶和特殊三类，并分别对这些命令进行详细地阐述和讲解，以帮助用户完全地掌握其使用，让通往 PS 的旅程色彩斑斓。

问：学习色彩的调整有什么作用？
答：这章可要好好学习，学习色彩的调整不仅可以帮助你快速掌握色彩的知识，而且通过这些命令可以对图像色彩进行高级调整，制作出你想要的图像颜色哦！

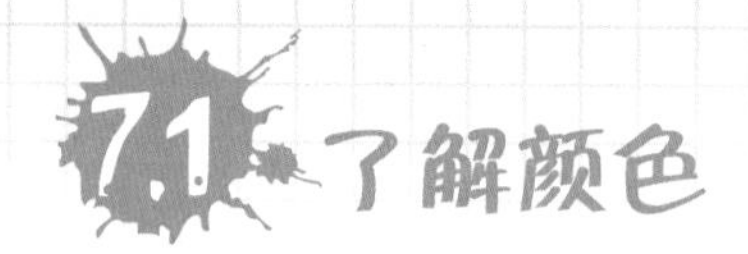

7.1 了解颜色

在 Photoshop 中，要对图像的颜色进行调整，了解颜色是必需的。应先对图像颜色的模式进行了解。Photoshop CS6 提供了一系列描述自然界中光及色调的模式，通过它们可以将颜色以特定的方式表示出来。而这些颜色又可以用相应的颜色模式储存，因而也常说颜色模式是电脑对图像颜色的一种记录方式。

7.1.1 关于颜色

Photoshop CS6 中常见颜色模式有位图模式、灰度模式、双色调模式、索引颜色模式、RGB 颜色模式、CMYK 颜色模式、Lab 颜色模式和多通道模式。对需要的图像执行“图像 > 模式“菜单命令，即可在其子菜单中选择需要的颜色模式。

小小提示：位图模式的图像只有黑色和白色，因此只有将图像先转换为灰度模式以后，才能启用位图模式。

下面以位图模式为主，对其面板进行详细地介绍。

Photoshop CS6 中所应用的位图模式只使用了黑色和白色两种颜色来表示图像的像素，因而这种模式的图像被称为黑白图像。该模式所含的信息量少，图像文件也较小。

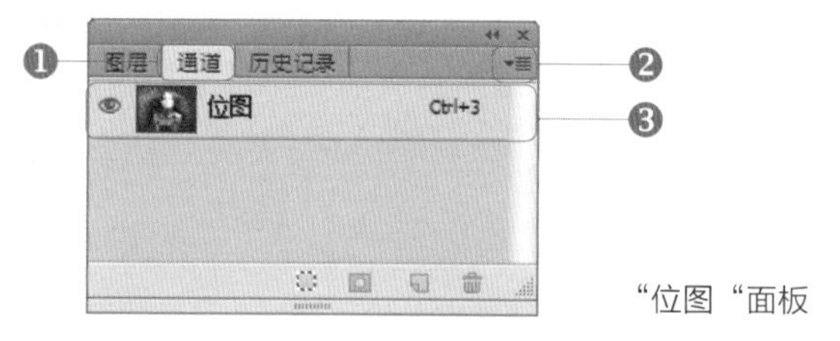

“位图“面板

❶ “通道”面板：通道作为图像的组成部分，是与图像的组成格式密不可分的。图像格式颜色的不同决定了通道的数量和模式，这在“通道”面板中可以直观地看到。

❷ “位图”图层：在打开的 RGB 格式文件上，执行“图像 > 模式 > 位图”命令，在弹出的对话框中单击“确定”按钮，图像将之转换为位图模式，同时颜色变为位图效果。

❸ 扩展按钮：单击此按钮可弹出扩展菜单，可从中应用相应命令以管理通道中的图层。

原图

将图像转换为“灰度模式“

将图像转换为“位图模式”

灰度模式是使用一个单一的色调表示图像，每个像素表示 256 个色阶的灰色调。将彩色转换为该模式后将保存图像的亮度效果，从而使照片灰度效果更好。

原图

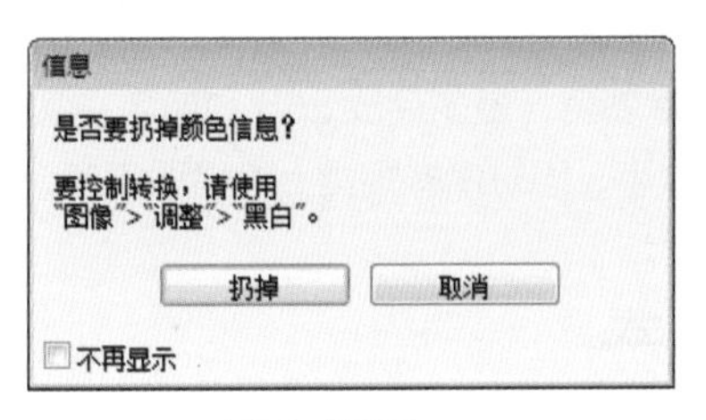

提示对话框

“灰度模式”效果

双色调模式是采用 2~4 种彩色油墨混合其色阶来创建双色调、三色调或四色调的图像。在将灰度图像转换为双色调的图像过程中，可以对色调进行编辑以产生特殊的效果。双色调模式的重要用途之一，是使用尽量少的颜色表现尽量多的颜色层次，以减少印刷成本。

原图

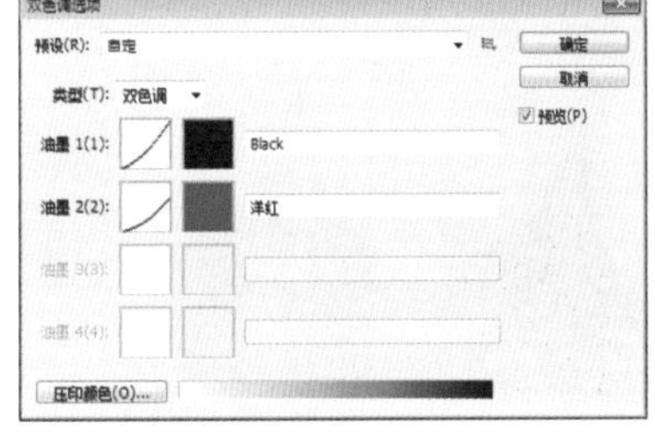

自定义双色调颜色

“双色调模式”效果

多通道模式对有特殊打印要求的图像非常有用。它是由青色、洋红和黄色 3 种油墨颜色混合产生出其他的颜色。如果图像中只使用了一种或两、三种颜色时，使用多通道模式可以减少印刷成本并保证图像颜色被正确地输出。

原图

“多通道模式”效果

关闭“青色”通道的可见性

关闭“洋红”通道的可见性

关闭“黄色”通道的可见性

关闭“青色”和“黄色”通道的可见性

贴心巧计： CMYK 颜色模式是一种用于印刷的颜色模式，4 个字母分别代表青色、洋红、黄色和黑色，由于是以 4 色油墨的混合模式产生出其他颜色，又被称为加法混合模式。

RGB 颜色模式是一种光学意义上的色彩模式，以红、绿、蓝三色为基本通道混合丰富的色彩效果。由于三色数量值越大颜色越亮，又被称为减去混合模式。

Lab 颜色模式包含了一个明度通道和两个颜色通道，是一种理论上包括了人眼能够看见的所有颜色的色彩模式，不依赖于光线和颜料。

索引颜色模式以一个颜色表存放图像颜色，最多存放 256 种颜色。索引的颜色模式只支持单通道图像（8 位 / 像素），可通过限制索引颜色减小文件大小，同时保持视觉上的品质不变，常用于多媒体动画的应用或网页应用。

7.1.2 转换图像颜色模式

在 Photoshop CS6 中，不同的模式有不同的特性，它们之间可以相互转换。其方法是，执行“图像 > 模式”命令，在弹出的菜单中执行相应的命令，即可将图像转换为相应的颜色模式。

原图

将图像转换为“灰度模式”

将图像转换为“位图模式”

“RGB”颜色模式

转换为“索引”模式

转换为“CMYK”模式

转换为“Lab”模式

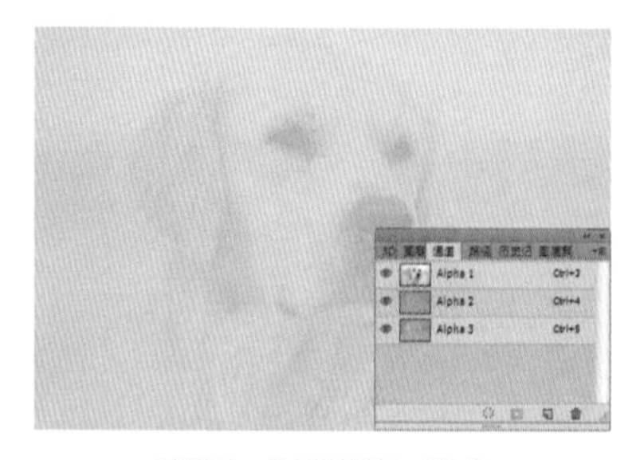

转换为“多通道”模式

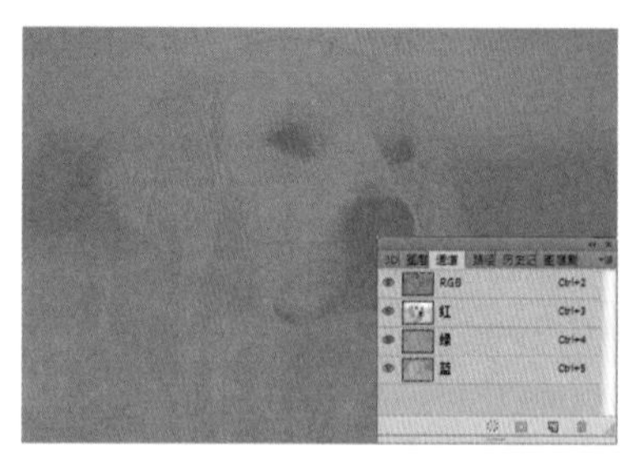

再转换为“ RGB”模式

小小提示：执行“图像 > 模式”命令，可在弹出的菜单中选择一个转换图像的颜色模式。当一个图像文件为彩色图像时，执行“图像 > 模式”命令，在弹出的菜单中“位图”为灰色不可用状态。将该彩度图像转换为灰度模式的图像后，再执行“图像 > 模式”命令，可看到位图选项被激活，但在转换图像色彩模式为位图模式之前，还需将其转换为灰度模式。

7.1.3 “拾色器”对话框

在 Photoshop CS6 的工具箱中单击“设置前景色”或“设置背景色”图标，即可弹出“拾色器”对话框。

贴心巧计：要精确设定颜色，可在需要的颜色模式中，在“颜色代码”框中输入 6 位所需颜色的十六进制编码。

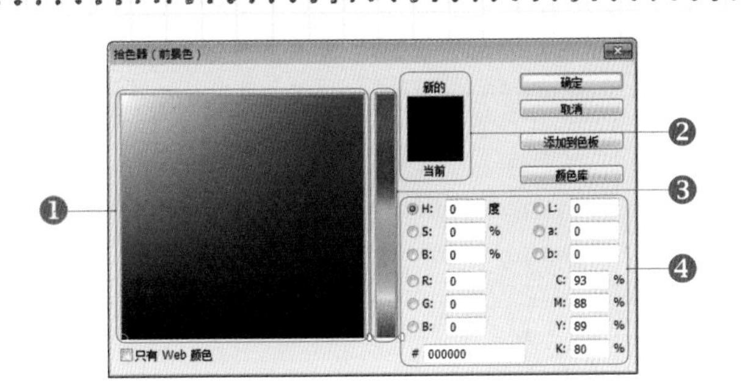

“拾色器”对话框

❶“色域”面板：在该面板中使用选择当前颜色按钮，可选择需要的颜色。

❷ 颜色取样条：在其中可以选择需要的颜色色相。

❸ 当前选择颜色：在其中可以看到当前所选择的颜色。

❹ 各个颜色模式的颜色值：在其中可设置所需要颜色模式的颜色值，来获取所需要的颜色。

7.1.4 “渐变编辑器”对话框

单击渐变工具，在其属性栏中将鼠标指针悬停在该渐变示例上时，会出现一条“单击可编辑渐变”工具提示，会弹出“渐变编辑器”对话框。

贴心巧计：“渐变编辑器”对话框可用于修改现有渐变的副本来定义新渐变，还可以向渐变添加中间色，在两种以上的颜色间创建混合。

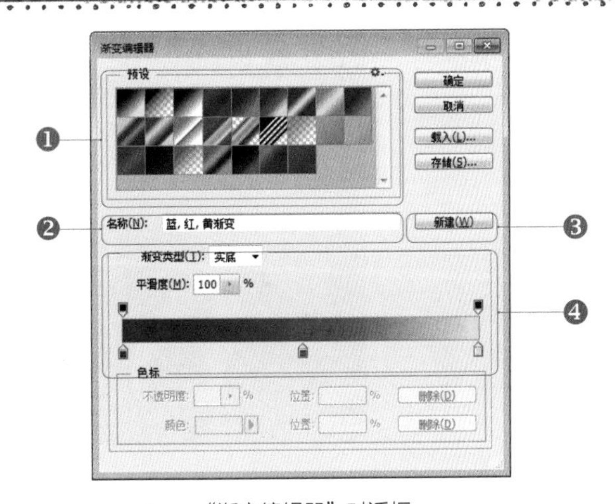

“渐变编辑器”对话框

❶“渐变预设”面板：在该面板中包含系统内定的一些渐变颜色，在其中可以选择一些需要的渐变颜色，设置渐变。

❷ 渐变名称设置：在其后方的文字输入栏中可以输入渐变颜色的名称。

❸ 新建渐变：在创建了渐变颜色，输入了渐变颜色的名称后，单击该按钮可在“渐变预设”面板中新建渐变，在以后打开的“渐变预设”面板中便有此渐变可供选择。

❹ 渐变色条设置：拖动下方的渐变条，可在其中设置渐变颜色，得到清晰的渐变效果。

小小提示：利用 Photoshop 中的“渐变编辑器”可以自行编辑一个渐变模式，可用“随机化”来选择各种颜色搭配和比例的渐变条，用“粗糙度”调整颜色之间的羽化度。自定义完成后，单击“确定”按钮即可使用。

百变技能秀：渐变工具的使用

成果所在地：第7章\Complete\百变技能秀：渐变工具的使用.psd
视频\第7章\百变技能秀：渐变工具的使用.swf

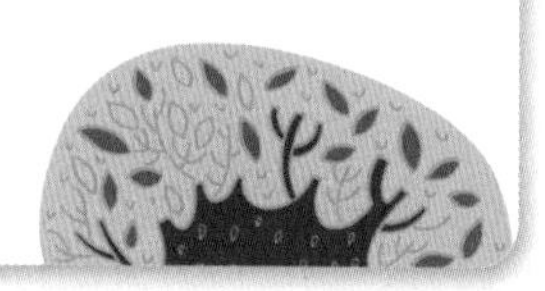

操作试试

1 执行"文件>打开"命令，打开一张图像文件，生成"背景"图层。

2 新建"图层1"，单击渐变工具，在弹出的"渐变编辑器"对话框中设置黄色到橘黄色到紫色再到蓝色的线性渐变。

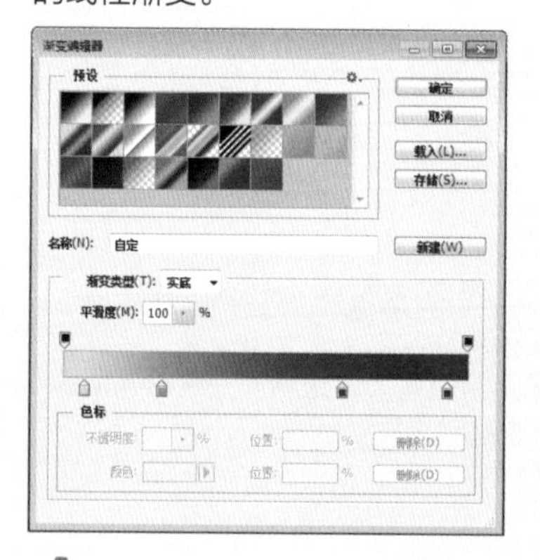

3 完成后单击"确定"按钮，并在其渐变属性栏中选择径向渐变按钮，在"图层1"上从上到下拖出渐变颜色。

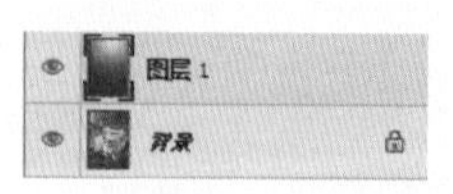

4 选择"图层1"，并设置其混合模式为"柔光"，轻松制作出照片中的渐变光感。

Photoshop 可以自动帮你调整颜色

Photoshop CS6 中的自动调色命令包括“自动色调”、“自动对比度”和“自动颜色”3 种，这些命令有一个相同点就是都没有设置对话框，即直接进行调整。执行“图像”命令，即可在菜单中看到这 3 种自动调整命令。

7.2.1 “自动色调”命令

执行“自动色调”命令，可通过快速计算图像的色阶属性，剪切图像中各个通道的阴影和高光区域。利用该命令可校正图像中的黑场和白场，从而增强图像中的色彩亮度和对比度，使图像色调更加准确。

7.2.2 “自动对比度”命令

执行“自动对比度”命令，可自动调整图像的对比度。它不会单独调整通道，因而不会引入或消除色痕，而是在剪切图像中的阴影和高光值后，将图像剩余部分的最亮和最暗像素映射到纯白和纯黑，使高光更亮，阴影更黑。

7.2.3 “自动颜色”命令

执行“自动颜色”命令，将移去图像中的色相偏移现象，回复图像平衡的色调效果。应用该命令自动调整图像色调，是通过自动搜索图像以标识阴影、中间调和高光来调整图像的颜色和对比度的。在默认情况下，“自动颜色”命令是以 RGB128 灰色为目标颜色来中和中间调，同时剪切 0.5% 的阴影和高光像素。

原图

执行“图像 > 自动色调”命令

执行“图像 > 自动对比度”命令

执行“图像 > 自动颜色”命令

贴心巧计：通过执行“图像 > 自动色调”命令，可对图像进行色调的调整，也可通过按快捷键 Shift+Ctrl+L 对图像执行自动色调命令；执行“图像 > 自动对比度”命令可对图像进行自动调整，也可通过按快捷键 Alt+Shift+Ctrl+L 对图像执行自动对比度命令；执行“图像 > 自动颜色”命令可对图像进行色调的调整，也可通过按快捷键 Shift+Ctrl+ B 对图像执行自动颜色命令。

7.3 哪些命令可以调整图像色调

色调是构成图像的重要元素之一，通过对图像色调的调整，能赋予图像不同的视觉感受和风格，让图像呈现全新的面貌。

在 Photoshop CS6 中，可通过自动调整“色阶”、“曲线”、“色相 / 饱和度”、“色彩平衡”、“自然饱和度”、“亮度 / 对比度”及“曝光度”等命令对图像进行简单地调整。

7.3.1 “色阶”命令

执行“图像 > 调整 > 色阶”命令，可调整图像的阴影、中间调和高光强度，以校正图像的色彩范围和色彩平衡。执行该命令后，弹出“色阶”对话框，在色阶直方图中可以看到图像的基本色调信息。在对话框中，可调整图像的黑场、灰场和白场，从而调整图像的色调层次和色相偏移效果。

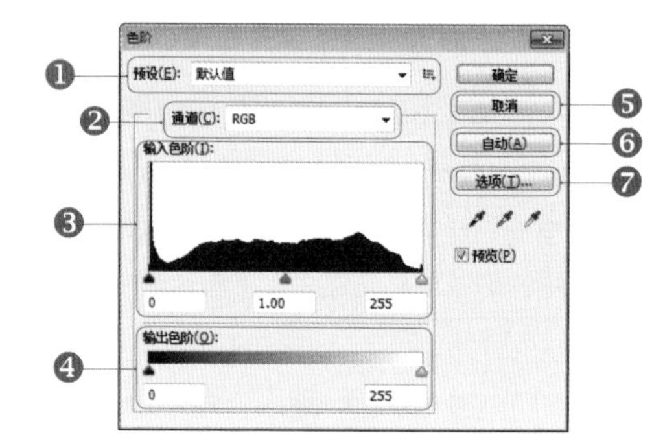

“色阶”对话框

❶“预设”选项：通过选择预设的色阶样式，可快速应用色阶调整效果。

❷“通道”选项：包括当前图像文件颜色模式中的各项通道。

❸“输入色阶”调整区：“输入色阶”调整区中的参数设置将映射到“输出色阶”的参数设置。位于直方图左侧的输入滑块代表阴影区域，右侧的输入滑块代表高光区域，中间的输入滑块代表中间调区域。

原图

向左拖动高光节点效果

向右拖动阴影节点效果

❹“输出色阶”选项：应用“输出色阶”选项可使图像中较暗的像素变亮，较亮的像素变暗。

❺“自动”按钮：单击“自动”按钮可自动调整图像的色调对比效果。

❻“选项”按钮：单击“选项”按钮，弹出“自动颜色校正选项”对话框，在该对话框中可以对图像整体色调范围的应用选项进行设置。

❼“取样”按钮：单击“在图像中取样以设置黑场”按钮，可对图像中的阴影区域进行调整；单击“在图像中取样以设置灰场”按钮，可对图像中的中间调区域进行调整；单击“在图像中取样以设置白场”按钮，可对图像中的高光区域进行调整。

7.3.2 “曲线”命令

“曲线”命令也可用于调整图像的阴影、中间调和高光级别，从而校正图像的色调的范围和色彩平衡。执行“图像 > 调整 > 曲线”命令，会弹出“曲线”对话框，在其中可对各项参数进行设置。不满意调整设置时，可以按下 Alt 键，此时“取消”按钮会变为“复位”按钮，单击“复位”按钮可还原到初始状态。

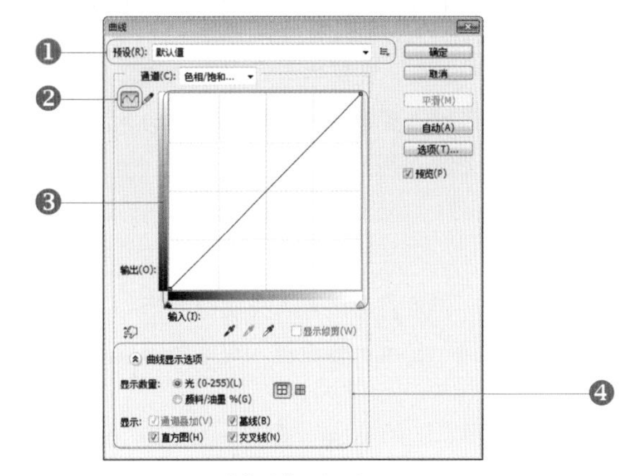

“曲线”对话框

❶“通道”选项：包括当前图像文件颜色模式中的各通道，可分别对指定通道进行调整以更改其颜色效果。

❷ 曲线创建类按钮：单击“编辑点以修改曲线”按钮，将通过移动曲线的方式调整图像色调；单击“通过绘制来修改曲线”按钮，可在直方图中以铅笔绘画的方式调整图像色调。

原图

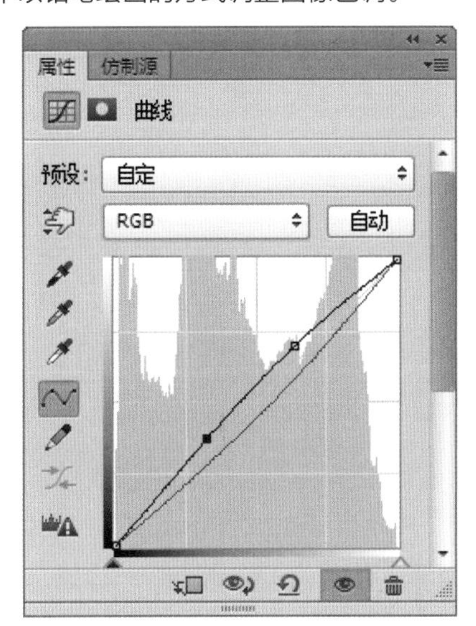

利用“曲线”调整图像色调和亮度

调整后的图像

❸“输出”调整区：移动曲线节点可调整图像色调，右上角节点代表高光区域；左下角节点代表阴影区域；中间节点代表中间调区域。将上方节点向右或向下移动，会以较大的“输入”值映射到较小的“输出”值，且图像也会随之变暗；反之，则图像会变亮。

❹“曲线显示选项”选项组：单击扩展按钮，可打开扩展选项组，在其中可以设置曲线显示效果，其中“显示数量”定义曲线为显示光亮（加色）还是显示料量（减色）。按住 Alt 键的同时单击曲线的网格，可以在简单和详细网格之间切换。

小小提示：“曲线”命令和“色阶”命令的相同点是，都可以调整图像的整个色调范围。不同的是“曲线”命令不仅可以在图像的整个色调范围内调整 14 个不同点的色调和阴影，还可以对图像中的个别颜色通道进行精确地调整。

7.3.3 "亮度/对比度"命令

执行"图像 > 调整 > 亮度/对比度"命令，会弹出"亮度/对比度"对话框，在其中可对图像的色调范围做简单的调整。通过输入亮度/对比度值或拖动下方的颜色滑块，可调整图像的亮度/对比度。

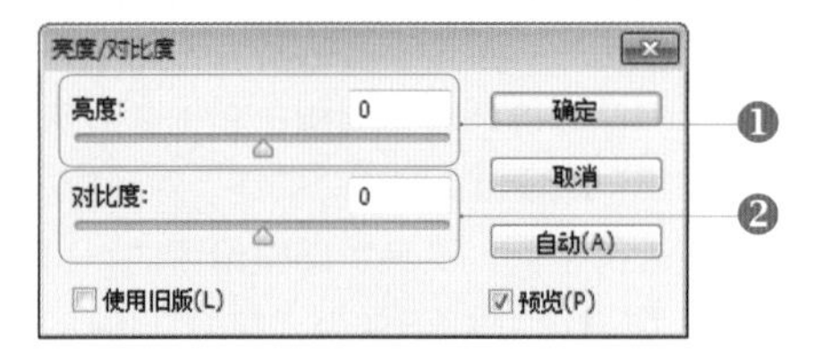

"亮度/对比度"对话框

❶"亮度"选项：通过输入亮度值或拖动下方的颜色滑块，可调整图像的亮度。

❷"对比度"选项：通过输入对比度值或拖动下方的颜色滑块，可调整图像的对比度。

贴心巧计：使用"亮度/对比度"命令，可以对图像的色调范围进行简单地调整。与按比例调整的"曲线"和"色阶"不同，"亮度/对比度"命令会对每个像素进行相同程度地调整。高端输出的产品一般不要用"亮度/对比度"命令，因为可能会丢失细节。

原图

设置参数值

调整后的效果

7.3.4 "色彩平衡"命令

"色彩平衡"命令可用于校正图像的偏色现象，通过更改图像的整体颜色来调整图像的色调。应用该调整命令时，可分别调整图像中的各个颜色区域，以达到丰富的色调效果。执行"图像 > 调整 > 色彩平衡"命令，会弹出"色彩平衡"对话框，可在其中进行参数设置。

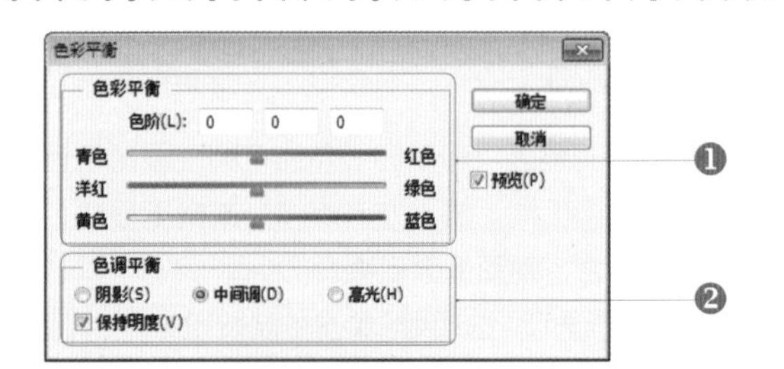

"色彩平衡"对话框

❶"色彩平衡"选项组：通过输入色阶值或拖动下方的颜色滑块，可调整图像的色调。每一个色阶值文本框对应一个相应的颜色滑块，可设置 −100~+100 的值，将滑块拖向某一颜色则增加该颜色值。

❷"色调平衡"选项组：包括"阴影"、"中间调"和"高光"选项，选择相应的选项即可对该选项中的颜色着重调整；勾选"保持明度"复选框后调整图像，可防止图像的亮度值随着颜色更改而变化，以保持图像的色彩平衡。

7.3.5 调整 HDR 色调

在 Photoshop 中，应用“HDR 色调”命令调整图像的色调，可将图像色调转换为具有强烈视觉效果的特殊色调。应用该命令可调整出或纪实或奇幻的色调风格，从而使画面产生浓郁而独特的色调气氛。执行“图像 > 调整 > HDR 色调”命令，可弹出“HDR 色调”对话框，在其中设置颜色，以调整画面色调。

原图

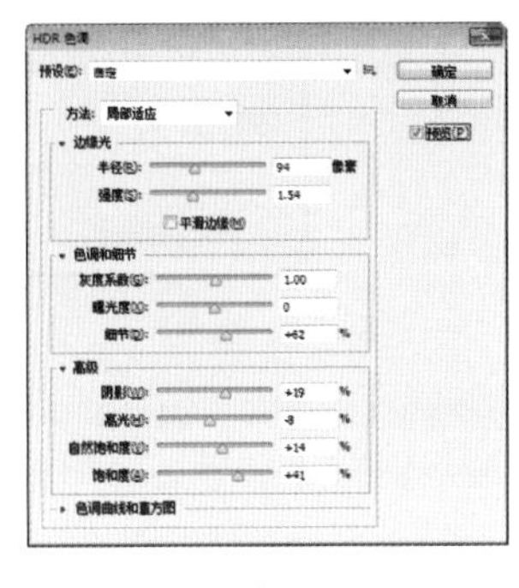

“HDR 色调”对话框

运用“HDR 色调”命令（局部适应）

7.3.6 “黑白”命令

小小提示：利用“黑白”命令可以将图像转换为灰度图像，但是图像中的颜色模式保持不变。使用“黑白”命令将彩色的图像转换为灰度图像，与利用“图像 > 调整 > 灰度”命令将图像转为灰度模式的效果是相同的。使用“黑白”命令转换为彩色图像时，可以在“黑白”对话框中根据不同的需要设置各项参数值。

在 Photoshop 中使用“黑白”命令，其方法是执行“图像 > 调整 > 黑白”命令，在弹出“黑白”对话框中设置选项组各个颜色的黑白参数。黑白调整图层通过对不同颜色数值的设置，可以调整黑白效果的黑白灰对比效果，使黑白照片也可以具有层次感。

❶“预设”下拉列表：“预设”下拉列表中提供了多种色调模式，根据需要可以选择不同的色调模式，也可以拖动对话框中的色块调整图像。

❷“预设”选项按钮：通过选择预设的色阶样式，可快速应用色阶调整效果。

❸“预览”复选框：勾选该复选框后，能够随时观察调整图像的效果。

❹“色调”复选框：勾选该复选框后，“色相”滑块和“饱和度”滑块将被激活。可以通过拖动滑块来设置颜色，也可单击右下角的颜色框来设置改变图像中的颜色。

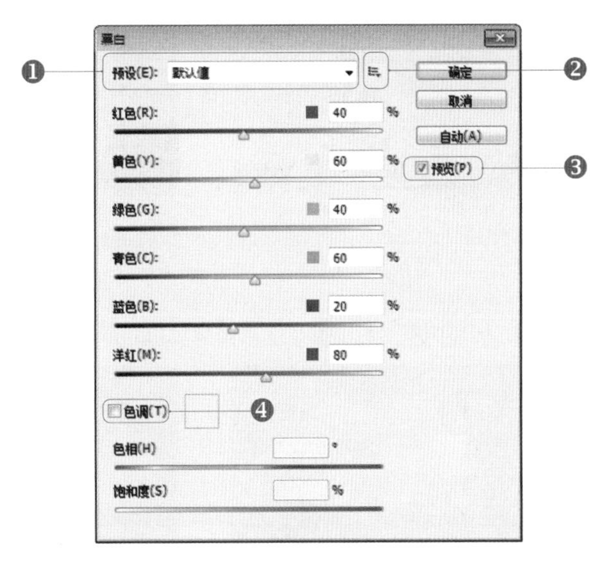

“黑白”对话框

7.3.7 “照片滤镜”命令

应用“照片滤镜”命令调整图像的色调，可根据图像的处理要求选择不同的颜色滤镜，通过这样的调整方法可为风景图像润色以增强画面的浓郁气氛。执行“图像 > 调整 > 照片滤镜”命令，可弹出“照片滤镜”对话框，在其中设置颜色，以调整画面色调。

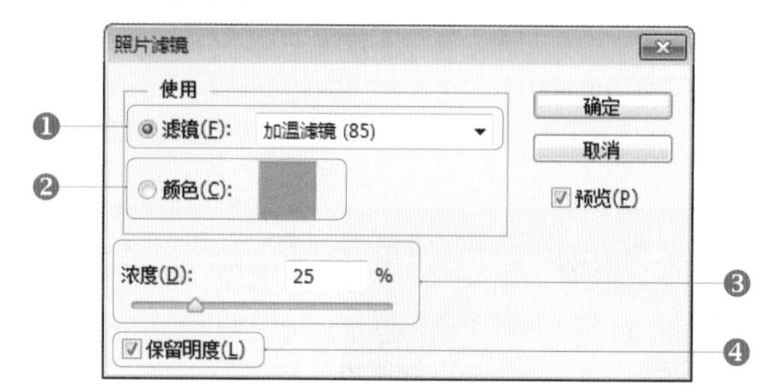

“照片滤镜”对话框

❶“滤镜”选项：选择“滤镜”下拉列表中的任意选项，图像的色调将会随之变化。

❷“颜色”选项：可根据图像的处理要求选择不同的颜色滤镜，通过这样的调整方法可为图像润色以增强画面的气氛。

原图

设置“颜色”选项为橘黄

设置“颜色”选项为嫩绿

❸“浓度”选项：通过拖动下方的滑块，可调整图像的照片滤镜浓度。

原图

设置低“浓度”选项

设置高“浓度”选项

❹“保留明度”复选框：勾选该复选框，图像的明度将被保留而不被改变。

原图

勾选“保留明度” 复选框

未勾选“保留明度”复选框

试试看：调整出小清新图像

成果所在地：第 7 章 \Complete\ 调整出小清新图像 .psd
视频 \ 第 7 章 \ 调整出小清新图像 .swf

1 执行“文件 > 打开”命令，打开“调整出小清新图像 1.jpg”图像文件，得到“背景”图层。按快捷键 Ctrl+J 复制得到“图层 1”。

2 单击“创建新的填充或调整图层”按钮，在弹出的菜单中选择“曲线”选项设置参数，调亮画面的色调。

小小提示：曲线不是滤镜，它是在忠于原图的基础上对图像做一些调整，而不像滤镜可以创造出无中生有的效果。就调整图像来说，在“图像>调整”菜单里，用“曲线”命令可以调节全体或单独通道的对比，以及任意局部的亮度和颜色。曲线可以精确地调整图像，赋予那些原本应当报废的图像新的生命力。控制曲线可以带来更多的戏剧性作品，更多精彩都将来自你手下。

3 新建“图层 2”，设置前景色为白色，按快捷键 Alt+Delete，填充图层为白色，并设置混合模式为“柔光”。单击“添加图层蒙版”按钮，单击画笔工具选择柔角画笔并适当调整大小及透明度，设置前景色为黑色，在蒙版上将人物涂抹出来。

4 单击“创建新的填充或调整图层”按钮，在弹出的菜单中选择“照片滤镜”选项并设置参数，制作画面小清新色调。设置其混合模式为“柔光”，“不透明度”为 60%，调整出小清新图像，至此，本实例制作完成。

7.4 哪些命令可以调整图像色彩

色彩是构成图像的重要元素之一，通过对图像色调进行调整，能赋予图像不同的视觉感受和风格，让图像呈现全新的面貌。在 Photoshop CS6 中，可通过“曝光度”命令、“色相 / 饱和度”命令、“替换颜色”命令、“可选颜色”命令、“匹配颜色”命令、“去色”命令、“通道混合器”命令、“渐变映射”命令、“阴影 / 高光”命、“自然饱和度”命令和“变化”命令等对图像进行简单地调整。

贴心巧计：应用进阶调整命令可在不同程度上对图像的颜色进行更为精细而复杂地调整，这些命令包括“变化”、“匹配颜色”、“替换颜色”、“可选颜色”、“阴影 / 高光”、“通道混合器”和“颜色查找”等。应用这些命令，可使图像的色调更加自然，且调整后效果也更加美观。

7.4.1 “曝光度”命令

执行“图像 > 调整 > 曝光度”命令，会弹出“曝光度”对话框，可在其中对图像的曝光度做简单的调整。通过输入“曝光度” 值、“灰度”值和“灰度系数校正”值或拖动下方的颜色滑块，可调整图像的曝光度和灰度。

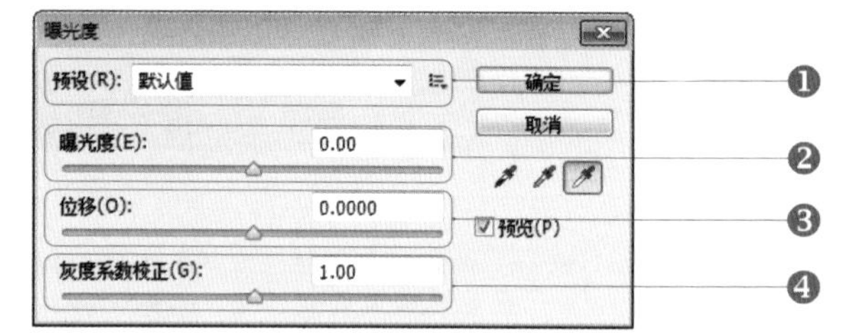

“曝光度”对话框

❶“预设” 选项：通过选择预设的曝光度样式，可快速应用曝光度调整效果。

❷“曝光度”选项：通过输入曝光度值或拖动下方的颜色滑块，可调整图像的曝光度。

❸“位移”选项：通过输入位移值或拖动下方的颜色滑块，可调整图像的曝光度。

❹“灰度系数校正”选项：通过输入灰度系数校正值或拖动下方的颜色滑块，可调整图像的曝光度。

贴心巧计：利用“曝光度”命令可以调整图像的色调，即通过线性的颜色计算而得出，根据实际需要可以调整出具有特殊曝光效果的图像。

曝光过度的照片

调整曝光度

得到的图像

小小提示：通过“曝光度”选项可设置图像的曝光度，向右拖动下方的滑块可增强图像的曝光度，向左拖动滑块可降低图像的曝光度。

7.4.2 “色相 / 饱和度”命令

“色相 / 饱和度”命令可用来调整图像的整体颜色范围或特定颜色范围的色相、饱和度和亮度。执行“图像 > 调整 > 色相 / 饱和度”命令，会弹出“色相 / 饱和度”对话框，在其中可更改相应颜色的色相、饱和度和亮度参数，从而对图像的色彩倾向、颜色饱和度和敏感度进行调整，以达到有针对性地色调调整效果。

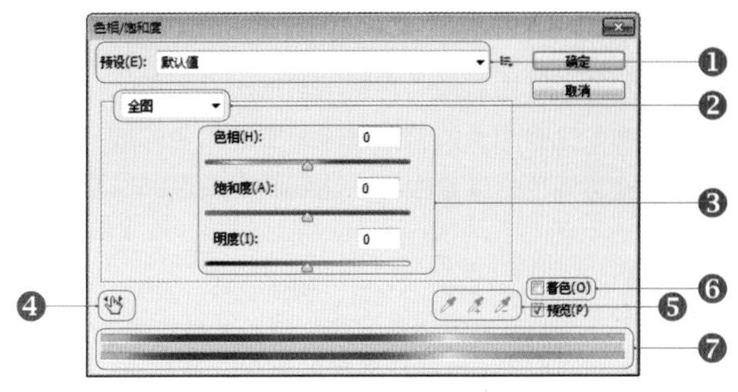

“色相 / 饱和度”对话框

❶“预设” 选项：通过选择预设的色阶样式，可快速应用色阶调整效果。

❷ 颜色选取选项：可指定图像的颜色范围，对指定颜色进行调整。

❸ 参数调整区：“色相”用于调整指定颜色的色彩倾向；“饱和度”用于调整指定颜色的色彩饱和度；“明度”用于调整指定颜色的色彩的亮度。

❹ 颜色调整按钮：单击该按钮后，可在图像上选取颜色，直接单击鼠标左键并拖动调整取样颜色的饱和度，按住 Ctrl 键拖动则可改变取样颜色的色相。

❺ 取样按钮：包括“吸管工具”按钮、“添加到吸管工具”按钮和“从取样中减去工具”按钮，可利用相应工具单击图像以取样颜色。

❻“着色”复选框：勾选该复选框，若前景色为黑色或白色，则图像被转换为红色色相；若前景色为其他颜色，则图像被转换为该颜色色相，且转换颜色后，各像素值明度不变。

❼ 色相调整滑块：按下颜色调整按钮并在图像上选取颜色，选项被激活，拖动滑块即可调整色相 / 饱和度。

7.4.3 “替换颜色”命令

“替换颜色”命令用于将图像中指定区域的颜色替换为更改的颜色。执行“图像 > 调整 > 替换颜色”命令，会弹出“替换颜色”对话框，在其中可利用取样工具进行取样以指定需替换的颜色区域。然后可通过设置替换颜色的色相、饱和度和明度以调整替换区域的色调效果，也可以直接在“选区”或替换选项组中分别单击“颜色”或“结果”色块，编辑相应的颜色以调整图像色调。

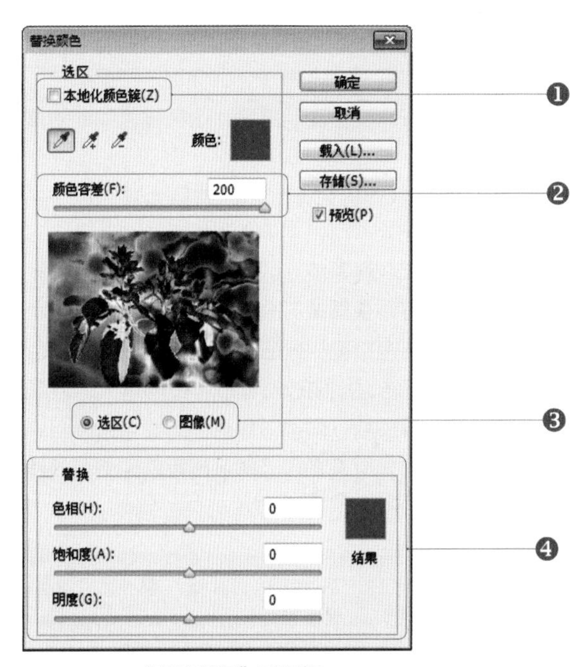

“替换颜色”对话框

❶“本地化颜色簇”复选框：勾选该复选框后，在选择了多个色彩范围时，可构建更精确的蒙版。

❷“颜色容差”调整区：通过输入值或拖动滑块来调整蒙版的容差，可控制颜色的范围。

❸“选区”和“图像”选项：选择“选区”选项以显示蒙版，选择“图像”选项以预览图像。

❹“替换”选项组：在该选项组中可调整替换颜色的色相、饱和度。

7.4.4 “可选颜色”命令

“可选颜色”命令用于有针对性地更改图像中相应原色成分的印刷色数量而不影响其他主要原色。“可选颜色”命令主要用于调整图像没有主色的色彩成分，但通过调整这些色彩成分也可以达到调亮图像的作用。

小小提示：使用“替换颜色”命令，可以将图像中选择的颜色用其他颜色替换，并且可以对选中颜色的色相、饱和度、及亮度进行调整。

“可选颜色”对话框

❶“预设”选项：通过选择预设可选颜色样式，可快速应用调整效果。

❷“颜色”选项：选择需要调整的颜色。

❸ 各颜色滑块：指定相应的颜色后，拖动各颜色滑块可以调整效果。

❹“方法”选项：选择“相对”选项后调整颜色，将按照总量的百分比更改当前原色中的百分比成份；选择“绝对”选项后调整颜色，将按照增加或减少的绝对值更改当前原色中的颜色。

7.4.5 “匹配颜色”命令

“匹配颜色”命令仅适用于RGB颜色模式的图像，该命令是将一个图像的颜色与另一个选区的颜色相匹配，将一个选区的颜色与另一个选区的颜色相匹配，或者将一个图层的颜色与另一个图层的颜色相匹配。执行“图像 > 调整 > 匹配颜色”命令，会弹出“匹配颜色”对话框，在其中可通过更改明亮度、颜色强度和渐隐度来调整图像颜色。

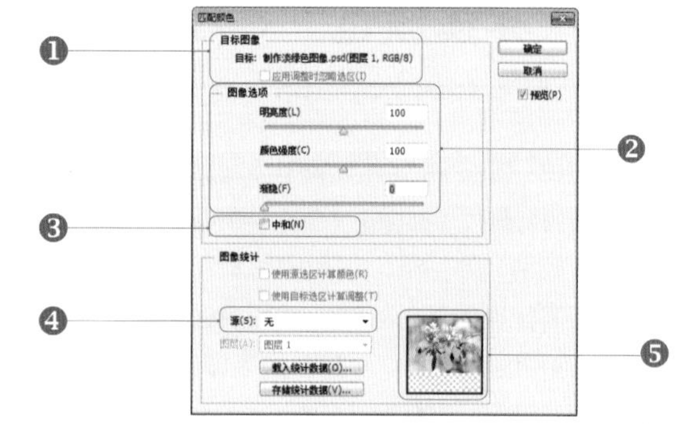

“匹配颜色”对话框

❶ 目标名称：此区域所显示的名称为当前操作的图像文件名称。

❷“图像选项”调整组：“明亮度”调整区，拖动滑块或输入数值可调整图像的亮度，数值越大，匹配的图像色调越亮；“颜色强度”调整区，拖动滑块或输入数值可调整图像的颜色饱和度，数值越大，匹配的图像颜色越饱和；“渐隐”调整区，拖动滑块或输入数值可调整匹配后的颜色与原始颜色之间的近似程度，数值越大，匹配的图像颜色越接近匹配颜色前的原始颜色。

❸“中和”复选框：勾选该复选框后，可去除目标图像中的色痕。

❹“源”选项：可选择目标图像所要匹配颜色的原始图像。

❺ 图像预览框：用于显示匹配颜色的图像。

贴心巧计：利用“匹配颜色”命令，可以同时将两个图像更改为相同的色调，即可将一个图像的颜色与另一个图像的颜色相匹配。当尝试使不同照片中的颜色看上去一致，或者当一个图像中特定元素的颜色必须与另一个图像中某个元素的颜色像匹配时，该命令非常有用。

7.4.6 “去色”命令

使用“去色”命令可以除去图像中的饱和度信息，将图像中所有的颜色和饱和度都变为 0，从而将图像变为彩色模式下的灰色图像。执行“图像 > 调整 > 去色”命令或者按快捷键 Ctrl+Shift+U，即可去除图像的颜色信息。

原图

复制一层后执行“图像 > 调整 > 去色”命令

“图层”面板

7.4.7 “通道混合器”命令

在 Photoshop 中应用“通道混合器”命令调整图像色调，可直接在原图像颜色状态下调整个通道颜色，也可将图像转换为灰度图像再恢复其通道后调整个通道颜色，通过先转换为灰度图像再调整色调的方式，可调整图像的艺术化双色调。转换图像为灰度图像后，通过取消勾选“单色”复选框可恢复图像的颜色通道。

原图

创建“通道混合器”命令

调整后的照片颜色通透

7.4.8 “渐变映射”命令

“渐变映射”命令用于将不同亮度映射到不同的颜色上去。执行“渐变映射”命令可以用渐变重新调整图像。执行“图像 > 调整 > 渐变映射”命令，可弹出“渐变映射”对话框，在其中设置渐变颜色，调整画面色调。

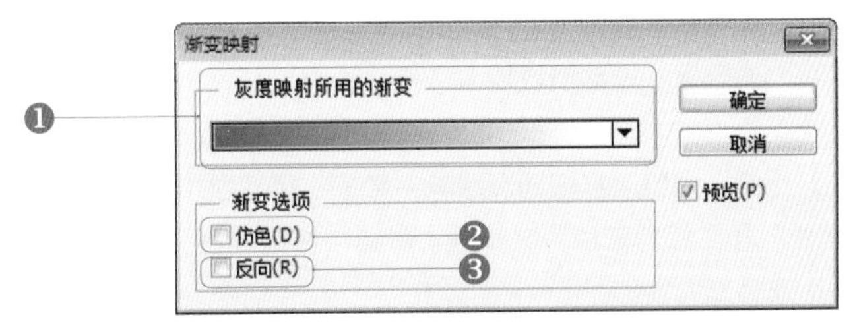

“渐变映射”对话框

❶“灰度映射所用的渐变”选项：单击渐变色相条，弹出“渐变编辑器”对话框，在该对话框中可自定义渐变颜色；单击色相右侧的三角形，可在弹出的“渐变”拾色器中选择一种预设的渐变颜色。

原图

单色渐变映射效果

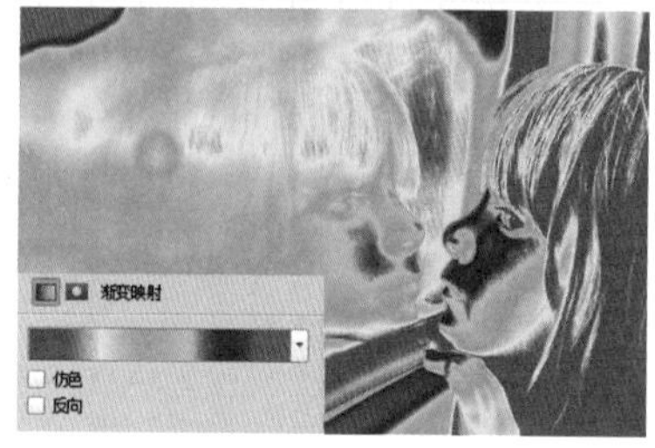

渐变色渐变映射效果

❷“仿色”复选框：勾选该复选框，可用两种颜色相互叠加来模拟第三种颜色，是一种利用有限的颜色种类来达到较好效果的一种方式，但是会产生颗粒感。

❸“反向” 复选框：勾选该复选框，将切换渐变填充的方向。

原图

渐变色渐变映射效果

勾选“反向”复选框

7.4.9　“阴影／高光”命令

“阴影 / 高光”命令用于校正在强逆光环境下拍摄产生的图像剪影效果或是太接近闪光灯而导致的焦点发白现象。执行“图像 > 调整 > 阴影 / 高光”命令，会弹出“阴影 / 高光”对话框，默认状态对话框中只显示“阴影”和“高光”选项组的参数设置，通过勾选“显示更多选项”复选框可弹出更多的其他设置选项组，以调整画面效果。

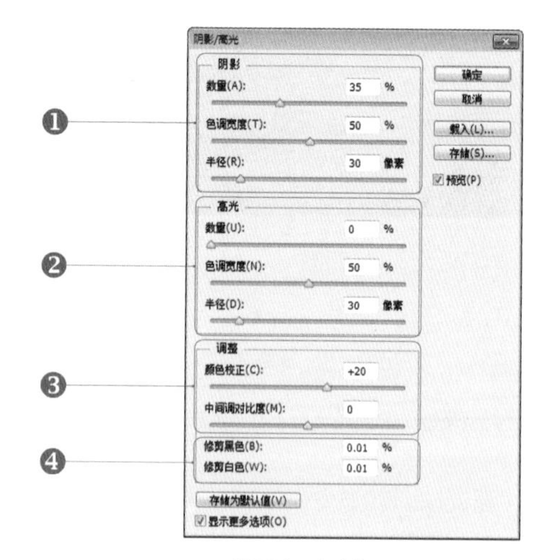

“阴影 / 高光”对话框

❶“阴影”和“高光”选项组：“数量”用于控制应用于阴影或高光区域的校正量；“色调宽度”用于控制应用于阴影或高光区域的色调修改范围；“半径”可控制每个像素局部相邻的像素大小。

❷“颜色校正”调整区：拖动滑块输入数值，调整图像已更改的区域颜色。

❸“中间调对比度”调整区：拖动滑块输入数值，可调整中间调对比度。

❹ “修剪黑色”和“修剪白色”文本框：设置“修剪黑色”和“修剪白色”参数，可指定在图像中将阴影或高光剪切到新的阴影或高光颜色。

7.4.10 “自然饱和度”命令

利用“自然饱和度”命令可通过调整该命令中的“自然饱和度”选项和“饱和度”选项，对图像进行精细地调整，让图像色调更加美观。执行“图像 > 调整 > 自然饱和度”命令，弹出“自然饱和度”对话框，可在其中进行参数设置。

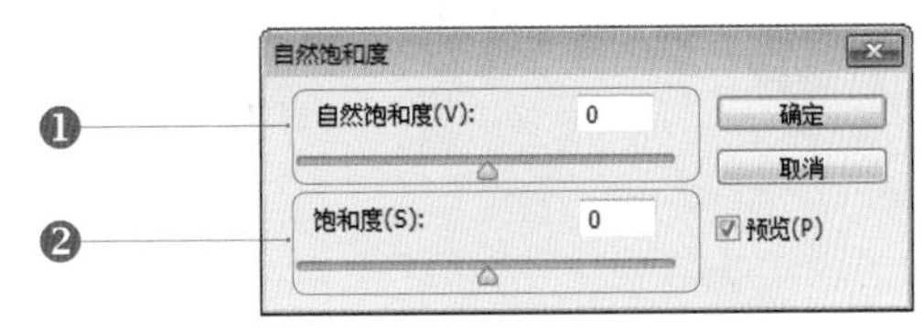

“自然饱和度”对话框

❶“自然饱和度”选项：输入自然饱和度值或拖动下方的颜色滑块，可调整图像的自然饱和度。

❷“饱和度”选项：通过输入饱和度值或拖动下方的颜色滑块，可调整图像的饱和度。

原图

增加饱和度后

增加自然饱和度后

小小提示：“自然饱和度”命令用于将图像的饱和度调整到一个自然的状态。在弹出的“自然饱和度”对话框中分别拖动自然饱和度和饱和度的滑块，即可明显地看到图像的效果。

7.4.11 “变化”命令

“变化”命令是通过显示替代物的缩览图调整图像的色彩平衡、对比度和饱和度，适用于调整不需要进行精确颜色调整的平均色调图像。执行“图像 > 调整 > 变化”命令，弹出“变化”对话框，在该对话框中可调整亮度、饱和度和色相。它可以同时预览几种不同选项对应的效果，并从中选择一种作为最终效果。

❶ 色调范围选项：指定色调范围为“阴影”、“中间调”或“高光”范围。

❷“饱和度”选项：选择该选项后可切换至用于调整图像颜色饱和度的选项。

❸“精细 / 粗糙”滑块：通过拖动“精细 / 粗糙”滑块，可确定每一次调整的量。将滑块向左拖动，图像画质更精细；将滑块向右拖动，图像画质更粗糙。

❹“显示修剪”复选框：勾选“显示修剪”复选框后，可显示图像中的溢色区域。

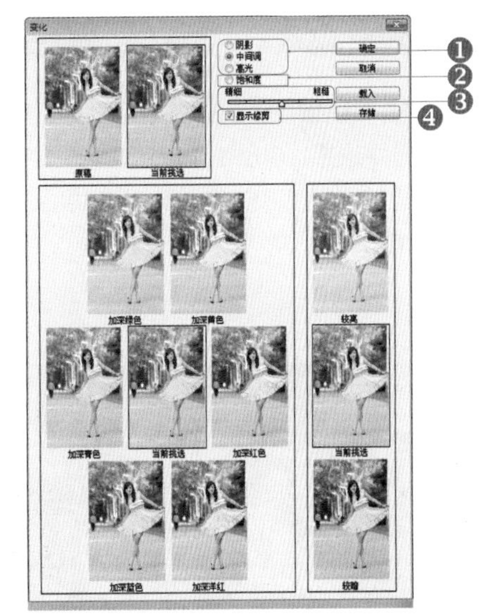

“变化”对话框

小小提示：利用“变化”命令，可以在调整图像可选区色彩平衡、对比度以及饱和度的同时，看到图像可选区调整前和调整后的缩览图，使得调整图像色调更加简单明了。

原图

执行“图像 > 调整 > 变化”命令

选择需要的变化，得到梦幻的人物效果

试试看：调整出炫彩梦幻图像

成果所在地：第 7 章 \Complete\ 调整出炫彩梦幻图像 .psd
视频 \ 第 7 章 \ 调整出炫彩梦幻图像 .swf

1 执行“文件 > 打开”命令，打开“调整出炫彩梦幻图像 1.jpg”图像文件，生成“背景”图层。

2 单击“创建新的填充或调整图层”按钮 ，在弹出的菜单中选择“通道混合器”选项设置参数，调整画面的色调，使其画面上的颜色通透。

3 单击“创建新的填充或调整图层”按钮 ，在弹出的菜单中选择“自然饱和度”选项，并在选项中拖动滑块设置其“自然饱和度”及“饱和度”的参数，调整画面的饱和度。

4 继续添加“渐变填充”调整图层并设置参数，设置其混合模式为“柔光”， 调整出炫彩梦幻图像效果。新建“图层 1”，填充颜色为黑色，设置混合模式与不透明度。新建“图层 2”，设置前景色为蓝色，在画面上方涂抹颜色，设置图层混合模式。最后创建色阶调整图层，调整画面亮度。至此，本实例制作完成。

7.5 比较特殊的颜色处理

使用调整命令可以对图像的明暗，色彩进行调整，还可以对图像进行一些比较特殊的颜色处理。比如，使用“反相”命令，将图像调整为与原色彩相反的颜色，使用“阈值”命令，将图像调整为高对比的黑白效果等。本节将介绍这些能对图像进行比较特殊的颜色处理的命令，包括“反相”、“阈值”、“色调分离”和“色调均化”。

7.5.1 “反相”命令

“反相”命令是将图像中的颜色进行反转处理。在灰度图像中应用该命令，可将图像转换为底片效果；而在图像中应用该命令，则将转换各个颜色为相应的互补色。执行“图像 > 调整 > 反相”命令或者按快捷键 Ctrl+L，即可实现反相效果。

原图

创建“图像 > 调整 > 反相”命令

反相效果

贴心巧计：通过“反相”命令，可翻转构成图像的像素亮度，常用来制作一些反转效果的图像。“反相”命令最大的特点就是将所有的颜色都以它的相反的颜色显示。

7.5.2 “阈值”命令

利用“阈值”命令，可将灰度彩色图像转换为高对比度的黑白图像。以中间值 128 为标准，可以指定某个色阶作为阈值，比阈值亮的像素变为白色，相反，比阈值暗的像素则变为黑色。执行“图像 > 调整 > 阈值”命令，可弹出“阈值”对话框，拖动滑块调整阈值色阶，完成后单击“确定”按钮，即可实现阈值效果。

原图

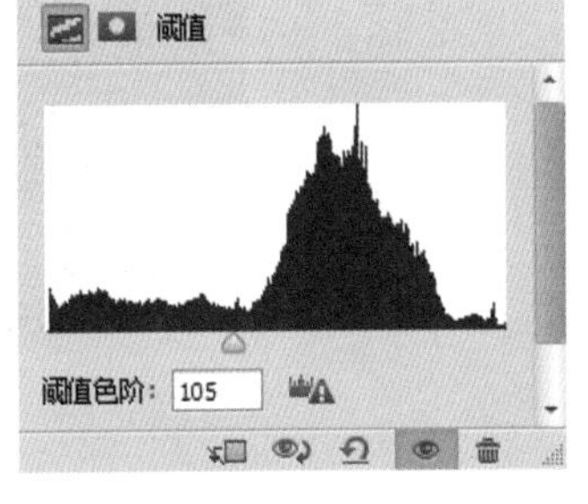

创建“图像 > 调整 > 阈值”命令

设置后的效果

小小提示：可以对“阈值色阶”值进行设置，设置后的图像中所有亮度值比它小的像素都将变为黑色，所有亮度值比它大的像素都将变为白色。

7.5.3 “色调分离”命令

利用“色调分离”命令，可以为每个通道定制色调与亮度值的数目，并将这些像素映射为最接近的匹配色调。对图像执行“图像 > 调整 > 色调分离”菜单命令，在弹出的“色调分离”对话框中可随意调节阴影，设置的“色阶”选项参数值越大，表现出来的形态与原图像越相似，数值越小，画面就会变得越粗糙、简单。

原图

创建“色调分离”命令

色阶参数设置较小，图像变得粗糙

色阶参数设置较大

图像色彩变得丰富

“图层”面板

7.5.4 “色调均化”命令

利用“色调均化”命令，可以在图像过暗或过亮时，通过平均值调整图像的整体亮度，在颜色对比较强的时候，可以通过调整平均值亮度，使高光的部分变暗，阴影部分变亮。

原图

执行“图像 > 调整 > 色调均化”菜单命令

贴心巧计：在低位数环境进行图像处理如色调转换时，一幅照片上的某个区域可能只由少数有限的色调级数描述，这就形成了清晰的柱状图带状分布，或称为“色调分离”。使用“色调均化”命令，可以把图像的颜色分布和亮度均化，使其看起来更加自然。

试试看：制作黑白简单画图像

成果所在地：第 7 章 \Complete\ 制作黑白简单画图像 .psd
视频 \ 第 7 章 \ 制作黑白简单画图像 .swf

1 执行“文件 > 打开”命令，打开“制作黑白简单画图像 1.jpg”图像文件，得到“背景”图层。按快捷键 Ctrl+J 复制得到“背景副本”

2 选择“背景”图层，再次按快捷键 Ctrl+J 复制得到“图层 1”，将其移至图层上方，执行“图像 > 调整 > 阈值”命令，并在弹出的对话框中设置参数，设置其混合模式为“柔光”。

小小提示：利用“阈值”命令，可以将彩色图像或灰度图像转换为高对比度的黑白图像。在本实例制作中，使用“阈值”命令制作出黑白简单画图像效果，然后通过图层混合模式制作，更加真实。

3 选择“图层 1”，单击鼠标右键选择“转化为智能对象”选项，转换为智能对象图层。执行“滤镜 > 滤镜库 > 艺术纹理 > 木刻”命令，并在弹出的对话框中设置参数。

4 单击“创建新的填充或调整图层”按钮，在弹出的菜单中选择“色调分离”选项设置参数，制作出简单画图像的效果。新建“图层 2”，按快捷键 Shift+Ctrl+Alt+E 盖印图层，执行“图像 > 调整 > 去色”命令，制作出黑白简单画图像。至此，本实例制作完成。

温习一下

1. 选择题

（1）对图像执行什么菜单命令，即可在其子菜单中选择需要的颜色模式？（　　）

A. “图像 > 调整”　　B. “图像 > 模式”　　C. “图像 > 裁剪”

（2）在 Photoshop CS6 的工具箱中单击“设置前景色”或“设置背景色”图标，即可弹出什么对话框？（　　）

A. “拾色器”　　B. “前景色”　　C. “背景色”

（3）通过什么命令，可翻转构成图像的像素亮度？（　　）

A. “反相”　　B. “色相 / 饱和度”　　C. “曲线”

2. 填空题

（1）比较特殊的颜色处理包括________、________、________和________命令。

（2）可通过自动调整________、________、________、________、________、________及________等命令对图像进行简单地调整。

3．上机操作：调整照片色调

第①步：打开一张照片。

第②步：调整照片的自然饱和度。

第③步：为照片添加照片滤镜，使其呈现温暖的色调。

第①步效果图

第②步效果图

第③步效果图

答案

PS：别直接就看答案，那样就没效果了！听过孔子说过的一句话没？“温故而知新，可以为师矣”。

选择题：（1） B；（2） A；（3） A。

填空题：（1）“反相”、“阈值”、“色调分离”、“色调均化”；

（2）“色阶”、“曲线”、“色相 / 饱和度”、“色彩平衡”、“自然饱和度”、“亮度 / 对比度”、“曝光度”。

第8章

图中有文字才完美

文字是传递信息的重要工具之一，它能够直观地将信息传递出去，是艺术创造中不可缺少的内容。文字工具在Photoshop中占有重要的地位，文字在设计中有着不可替代的作用，优秀的文字排版能够对设计作品起到锦上添花的作用。本章就来好好学习一下文字工具、文字工具的编辑、应用等操作，看看它到底有多重要。

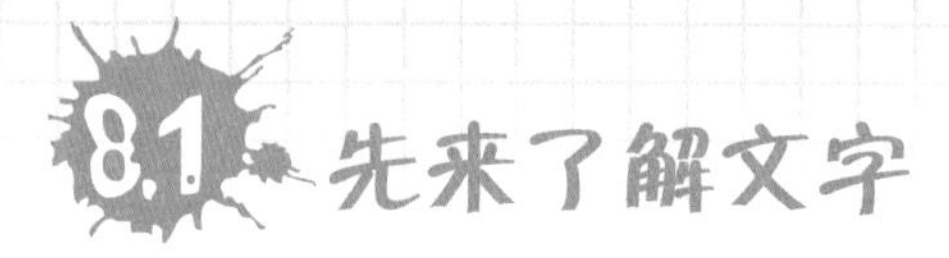

8.1 先来了解文字

文字的运用是平面设计中非常重要的一部分。在实际作图的过程中，很多作品需要通过文字来说明主题，需要输入特殊编排形式的文字来衬托画面。下面将主要讲解 Photoshop 中的文字图层和文字类型，从而初步地了解一下文字。

8.1.1 文字图层

在 Photoshop 中，使用文字工具可为图像添加相应的文字效果，从而增强画面的视觉效果。通过更改文字图层的相应格式，可赋予文字多样化，从而呈现不同的编排效果。

先来认识一下文字工具组。

在工具箱中的默认状态下选择横排文字工具[T]，在工具箱中单击鼠标左键并按住横排文字工具[T]可弹出工具组选项，其中包括该工具组中的所有工具，有横排文字工具[T]、直排文字工具[↓T]、横排文字蒙版工具[T]和直排文字蒙版工具[↓T] 4 种文字工具，选择其中一个工具后可切换至该工具。

▪ T	横排文字工具	T
↓T	直排文字工具	T
T	横排文字蒙版工具	T
↓T	直排文字蒙版工具	T

文字工具组

下面以横排文字工具为主，对文字工具属性栏进行详细地介绍。

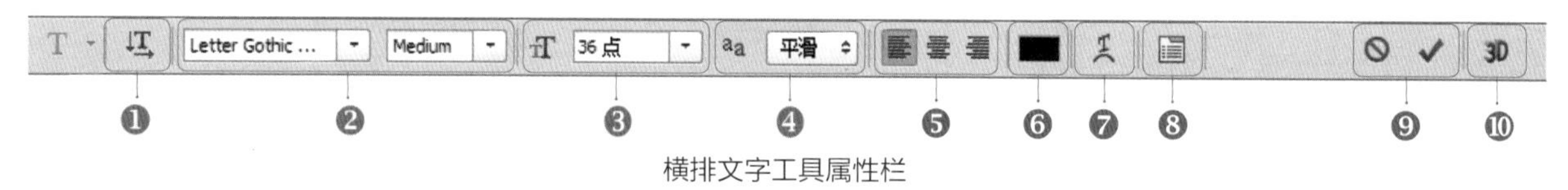

横排文字工具属性栏

❶“更改文本方向”按钮[↓T]：单击此按钮即可实现文字横排和直排之间的转换。

❷“设置字体样式”下拉列表：可设置文字字体形态样式。

原图

应用字体样式效果

应用字体样式效果

❸“设置字体大小”下拉列表：可设置文字的字体大小，也可直接在文本框中输入字体大小。

❹“设置消除锯齿的方法”选项：可设置消除文字锯齿的方式，其中包括“无”、“锐利”、“犀利”、“浑厚”和“平滑”5 种方式。

❺ 对齐按钮组：可快速设置文字的对齐方式。

❻“设置文本颜色”选项：单击该颜色色块，可在“选择文本颜色”对话框中对文本的颜色进行设置。

❼“创建文字变形”按钮[T]：单击此按钮，打开“变形文字”对话框，在其中可设置其变形样式。

❽“切换字符和段落面板”按钮[▤]：单击该按钮可快速打开“字符”面板和“段落”面板，对文字进行调整与设置。

❾“取消变换”按钮⊘和“进行变换”按钮✓：“取消变换”按钮⊘用于取消输入的文字效果，单击该按钮或按下 Esc 键即可取消；“进行变换”✓用于确认当前输入的文字效果，单击该按钮或按快捷键 Ctrl+Enter 即可确认其效果。

❿ 3D 按钮 3D：单击该按钮，可将当前文字转换为 3D 立体文字效果。

贴心巧计：利用 Photoshop 中的横排文字工具 T，可在图像中从左到右输入水平方向的文字，并可在属性栏中设置文字的字体、字号、字体颜色、对齐方式和变形文字等效果。在图像中单击鼠标即可创建文本插入点，在该点后输入文字内容即可。

8.1.2 文字类型

认识文字类型即是认识文字菜单。Photoshop CS6 中新增了文字菜单，通过认识文字菜单的效果命令，可以了解创建和编辑文字类型的相关知识，并将其转换为需要的其他属性对象，使用文字工具及相关功能制作出需要的图像效果。

❶ 面板：Photoshop CS6 中提供了专门用于创建和编辑文字的完善控制选项，分别为字符面板、段落面板、字符样式面板和段落样式面板 4 个面板。

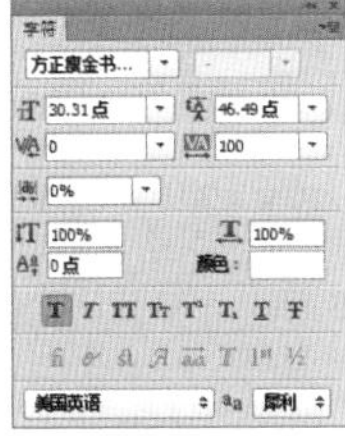

“字符”面板

“段落”面板

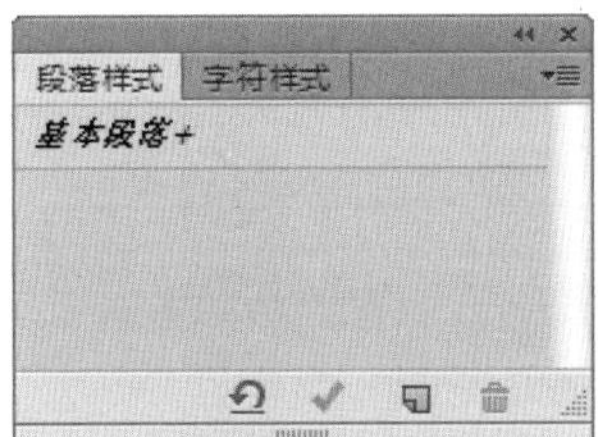

“段落样式”面板

“文字”菜单

❷ 消除锯齿：应用消除锯齿命令，可表现文字的粗糙、锐利、犀利、柔和和平滑效果。

❸ 取向：在此级联菜单中包括两个选项，分别为水平和垂直，用于定位文字的横向或纵向排列。

❹ 凸出为 3D：该命令为新增命令，通过执行该命令可直接将文字转换为 3D 效果。

❺ 创建工作路径：将输入的文字制作为工作路径。

❻ 转换为形状：将当前文字转换为形状。将文字创建为形状后，文字就会拥有形状图形的一切特征，但是其文字属性就不存在了。

❼ 栅格化文字图层：将文字图层或形状图层转换为普通图层。

❽ 转换为段落文本：将字符排列方式转换为段落形式。

❾ 文字变形：通过执行该命令，可将文字扭曲为多种形态。

❿ 字体预览大小：可设置预览文字的大小，包括无、小、中、大、特大和超大。

⓫ 语言选项：可设置不同的语言类型。

8.2 怎么创建和编辑文字

本节将主要对文字的创建方式和怎样编辑进行介绍，其中包括创建点文字、创建段落文字、使用“字符”面板编辑点文字、使用“段落”面板编辑段落文字以及点文字和段落文字的互换等。下面将对其一一进行介绍。

创建文字最基础的主要是使用横排文字工具T或直排文字工具IT，这两个工具的使用主要是通过单击创建文字图层并输入文字来完成的。可以通过鼠标拖曳创建文本框，也可以用鼠标直接单击创建单行的文本。

小小提示：横排文字工具T和直排文字工具IT，可以在输入文字后单击其属性栏中的“切换文本取向”按钮，相互转换。

使用“横排文字工具”创建文字

使用“直排文字工具”创建文字

8.2.1 创建点文字

使用横排文字工具T或直排文字工具IT，在图像中单击鼠标，即可在图像中定位文字插入点。输入相应的文字后，在属性栏中单击“提交”按钮✓，即可创建点文字。

原图

未创建点文字时

创建点文字

8.2.2 创建段落文字

创建段落文字可方便对文字进行管理，以及对格式进行设置。单击横排文字工具T或直排文字工具IT，在图像中拖动鼠标以绘制文本框，文本插入点将会自动插入到文本框的前端。在文本插入点输入文字，当输入的文字到达文本框边缘时则自动换行，也可按下 Enter 键进行手动换行。

创建段落文本框

输入段落文字

8.2.3 使用“字符”面板编辑点文字

在“字符”面板设置文字属性，可增强文字排列样式效果。下面将针对“字符”面板中的知识点进行介绍。

“字符”面板的功能与“文字工具”属性栏类似，但其功能比属性栏中的属性更全面。执行“窗口 > 字符”命令，将弹出“字符”面板。在默认情况下，“字符”面板和“段落”面板是一起出现的，方便用户快速进行切换应用。在“字符”面板中可以对文字进行编辑和调整，也可以对文字的字体、字体大小、间距、颜色、显示比例和显示效果进行设置。

贴心巧计：在“图层”面板中双击文字图层的图层缩览图层，即可选中图层中的文字。若要选择其中的部分文字，则应先单击相应的文字工具，再将鼠标指针移动到需要选择的文字开始位置单击并拖动鼠标，此时被选择的文字呈反色显示。

输入文字

双击文字图层选中文字

选中后面两个文字

小小提示：行距即文字行与行之间的距离，在“字符”面板中可以看到，默认情况下行距为“自动”。调整行距的方法为，选择文字所在图层，在“字符”面板的设置行距下拉列表中选择相应点数，即可对文字行距进行调整。

设置行距为 12 点

设置行距为 24 点

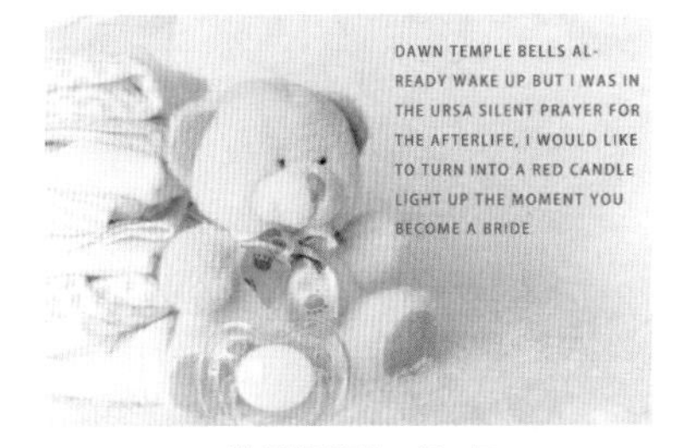

设置行距为 48 点

调整间距即是调整文字字符间的比例间距，数值越大则字距越小。调整文字的字与字之间的间距，即称“字距调整”。默认情况下，比例间距为 0%，在“字符”面板中单击“设置所选字符比例间距”下拉列表旁的三角形按钮，在弹出的列表中选择相应的百分比即可对文字的比例间距进行调整。字距调整的取值范围为 -100~200。

字符间距为 5

字符间距为 200

下面先来认识一下“字符”面板。

为了使添加的文字内容更适合画面效果，可通过“字符”面板进行调整。执行“文字 > 面板 > 字符面板”命令，将弹出“字符”面板。在默认情况下“字符”面板和“段落”面板是一起出现的，这是为了方便用户快速进行切换应用。

“字符”面板的功能与“文字工具”属性栏类似，但其功能比属性栏中的属性更全面。在“字符”面板中可以对文字进行编辑和调整，可以对文字的字体、字体大小、间距、颜色、显示比例和显示效果进行设置。下面对该面板进行详细介绍。

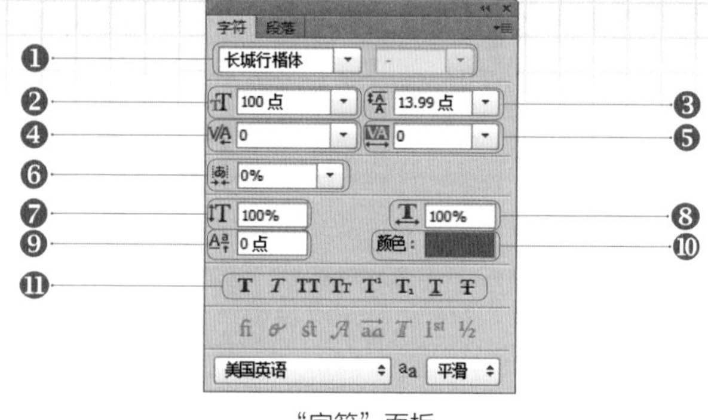

“字符”面板

❶“设置字体系列”下拉列表：可以选择需要的字体，将其应用到输入的文字中。

❷“设置字体大小”下拉列表：可设置字体大小的点数，也可以在文本框中直接输入参数值。

❸“设置行距”下拉列表：用于设置输入文字行与行之间的距离。

❹“设置两个字符间的字距微调”下拉列表：可设置两个字符之间的字距。

❺“设置所选字符的字距微调”下拉列表：可直接输入数值或者在图标中按住鼠标左键，当鼠标指针变为形状时左右移动位置，即可设置所选择的字符之间的距离。其取值范围为 -1000~10000，数值越大，字符间的间距越大。

原图

设置字距为负值

设置字距为正值

❻“设置所选字符的比例间距”下拉列表：可设置所选字符之间的间距。其取值范围为 0%~100%，数值越大，字符间的间距越小。

❼“垂直缩放”数值框：用于设置文字垂直方向上的缩放比例大小。

❽“水平缩放” 数值框：用于设置文字水平方向上的缩放比例大小。

❾“基线偏移”数值框：用于设置文字在默认高度基础上向上（正）或向下（负）偏移的数量。

❿“设置文本颜色”色块：单击该颜色色块，在弹出的对话框中可对文字颜色进行调整。

⓫ 文字特殊效果按钮组：从左到右依次为仿粗体、仿斜体、全部大写字母、小型大写字母、上标、下标、下划线和删除线，单击任意按钮，即可为文字添加相应的特殊效果。

贴心巧计：设置字体系列和字体样式这两个选项的设置方法，与在选项栏中设置字体系列和字体样式的方法相同，在字体系列的下拉列表中选择需要的字体系列，即可更改文字的字体和字体样式。

8.2.4 使用“段落”面板编辑段落文字

在“段落”面板和“段落样式”面板中设置文字段落属性，可增强段落文字的段落样式。本小节将主要通过对“段落”面板、设置段落的对齐方式、设置段落的缩进方式、设置段落的间距、设置连字和“段落样式”面板的介绍，使读者对其深入地了解。

下面先来认识一下怎样使用“段落”面板。

执行“文字 > 面板 > 段落面板”命令，即可弹出“段落”面板，在该面板中可设置使用于整个段落的选项，其中包括对齐方式、缩放方式和文字行距等。在该面板中单击相应的按钮或输入数值，即可对文字段落格式进行调整，可赋予不同的段落文字效果。

“字符”面板

❶ **对齐方式按钮**：在“段落”面板中的首行按钮中提供了 7 个对齐按钮供用户选择，单击对齐按钮可设置文字相应的对齐方式。

❷ **左缩进和右缩进**：可输入参数设置段落文字的单行或整段的左右缩进。

❸ **首行缩进**：可输入参数对段落文字的首行缩进进行单独控制。

❹ **在段前和段后添加空白**：可输入参数对段前和段后文字添加空白。

❺ **“避头尾法则设置”下拉列表**：单击右侧的下拉按钮，在下拉列表中选择“JIS 宽松”和“JIS 严格”选项，设置段落文字的编排方式。

❻ **间距组合设置**：单击右侧的下拉按钮，在下拉列表中可以选择软件提供的段落文字间距组选项。

❼ **扩展按钮**：单击此按钮，可打开扩展菜单，对段落进行不同的设置。

小小提示：若需要输入的文字内容较多，可以通过创建段落文字的方式进行文字的输入，以便对文字进行管理并对格式进行设置。在输入文字时，如果刚开始绘制的文本框过小，会导致输入的文字内容不能完全显示在文本框中，此时可以将鼠标指针移动至文本框边缘，选中文本框的节点向外拖动来改变文本框的大小，以使文字全部显示出来。

绘制的文本框过小

选中文本框节点并向外拖动

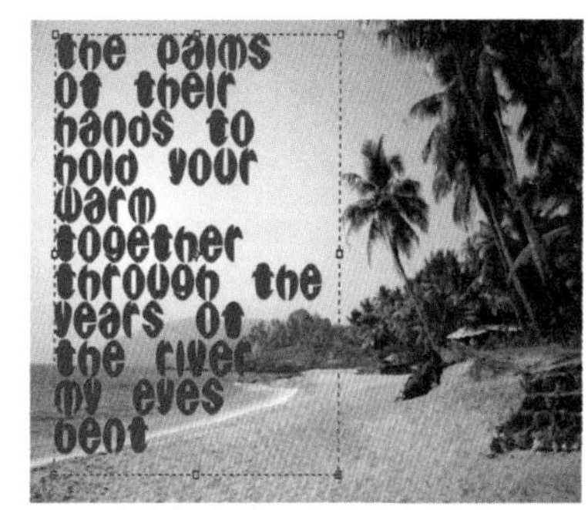
文本框变大，文字全部显现

试试看：添加纪念文字

成果所在地：第 8 章 \Complete\ 添加纪念文字 .psd

视频 \ 第 8 章 \ 添加纪念文字 .swf

1 执行“文件 > 打开”命令，打开“添加纪念文字 .jpg”图像文件，得到“背景”图层。复制图层，生成“图层 1”。

2 切换至“通道”面板中，选择“绿”通道，并在按住 Ctrl 键的同时单击“绿”通道，以载入该通道选区。复制选区内图像，保持选区的同时选择“蓝“通道，粘贴选区图像至该通道，取消选区后显示 RGB 通道，即可显示其色调效果。保持选区的同时回到图层面板中新建“图层 2”，继续按快捷键 Ctrl+V 粘贴颜色。

3 单击直排文字工具，设置前景色为黄色，输入所需文字。使用快捷键 Ctrl+T 变换图像大小，将其放入画面中合适的位置。

4 单击画笔工具，设置前景色为白色，打开画笔预设面板设置各项参数。

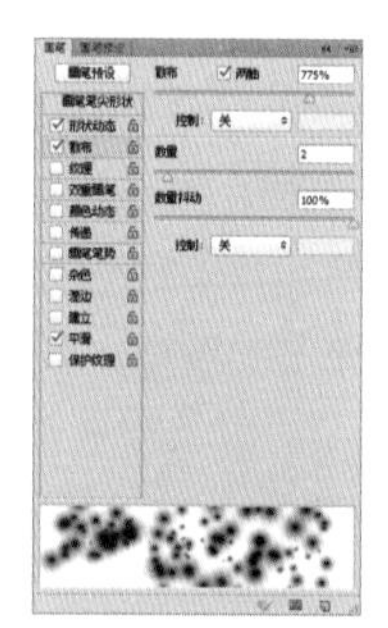

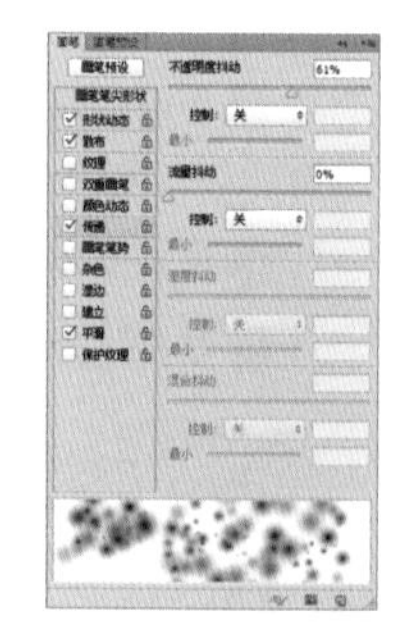

5 新建“图层 3”，使用画笔工具在图层上合适的位置绘制 3 的形状。单击“添加图层样式”按钮，选择“外发光”选项并设置参数，制作图案样式。

6 单击横排文字工具，设置前景色为黑色，输入所需文字，并将其放置于画面中合适的位置。单击“添加图层样式”按钮，选择“描边”选项并设置参数，制作文字样式。至此，本实例制作完成。

8.2.5 点文字和段落文字的互换

在 Photoshop CS6 中，“转换为点文本”和“转换为段落文本”是两种文字输入方式。“转换为点文本”用于输入少量的文字，如一个字、一行字或一列文字；“转换为段落文本”用于输入较多的段落文字。若要将点文本转换为带文本框的段落文字，可执行“文字 > 转换为段落文本”命令；若要将段落文字转换为点文字，则执行“文字 > 转换为点文本”命令。

输入段落文字

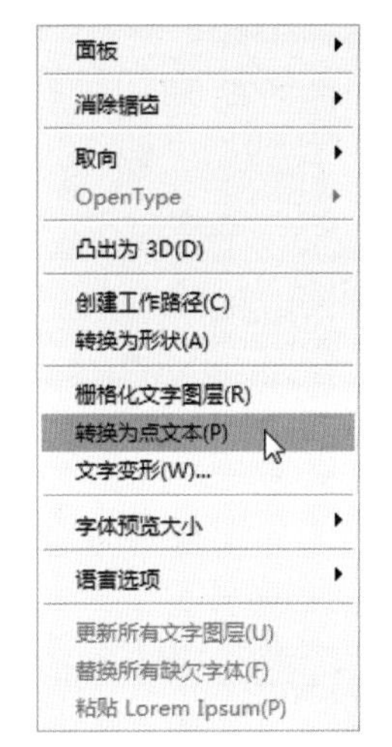

应用“转换为点文本”命令

将段落文字转换为点文本

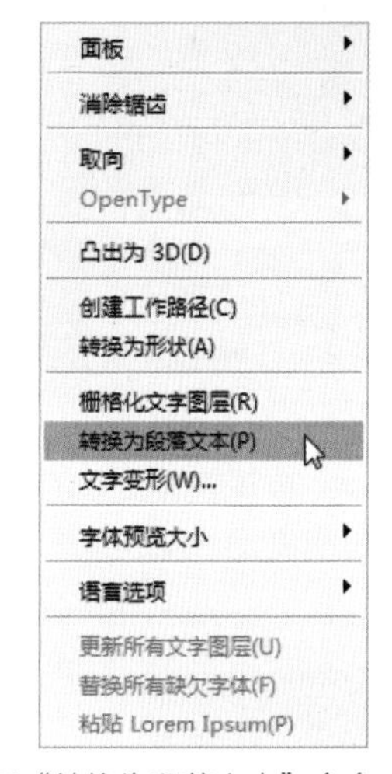

应用“转换为段落文本”命令

试试看：为画面添加文字

成果所在地：第 8 章\Complete\ 为画面添加文字 .psd

视频 \ 第 8 章 \ 为画面添加文字 .swf

1 执行“文件 > 打开”命令，打开“为画面添加文字 .jpg”图像文件，得到“背景”图层。复制图层，生成“图层 1”。

2 选择“图层 1”，单击鼠标右键并选择“转化为智能对象”选项，将其转换为智能对象图层。执行“滤镜 > 滤镜库”命令，在弹出的对话框中设置“颗粒”滤镜的参数值，以制作垂直纹理。

贴心巧计：要制作画面的非主流样式，可以对图层执行“滤镜 > 滤镜库”命令，在弹出的对话框中设置“颗粒”滤镜的参数值，以制作垂直纹理。

3 创建“颜色填充 1”填充图层，设置填充颜色为蓝色（R11 、G71、B133）并设置该图层的混合模式为“排除”，“不透明度”为 30%，以调整出颓废色调。

4 单击横排文字工具，在属性栏中设置字体样式、大小和颜色，以添加文字。

5 选择需要变换的文字图层，使用快捷键 Ctrl+T 变换图像大小及方向，并将其放置于画面中合适的位置。

6 双击文字图层，选择需要更改样式的文字，在文字工具的属性栏中设置文字的样式。

叶根友非主...

7 使用相同方法，依次使用快捷键 Ctrl+T 变换图像大小及方向。并将其放置于画面中合适的位置。

双击文字图层，选择需要更改样式的文字，在文字工具的属性栏中设置文字的样式。

8 适当选择文字图层，按快捷键 Ctrl+J 复制其副本，并将其放置于画面中合适的位置。设置其不同的“不透明度”，为画面添加文字。

8.3 文字也可以变幻莫测

在 Photoshop 中文字也可以变幻莫测，下面将对变形文字、创建路径文字、创建蒙版文字、栅格化文字、文字转换为路径、文字转换为形状、字符拼写检查以及查找和替换文本进行介绍。

8.3.1 变形文字

在 Photoshop 中，应用“变形文字”命令对输入的文字进行变形，可制作出丰富多彩的文字变形效果。

利用“变形文字”命令可对文字的水平形状和垂直形状做出相应调整，使文字效果更加多样化。执行“文字 > 文字变形”命令，打开“变形文字”对话框，在其中设置变形的样式和相应的参数，完成后单击“确定”按钮即可完成变形文字效果。变形文字后，将在“图层”面板中，显示变形文字的缩览图。

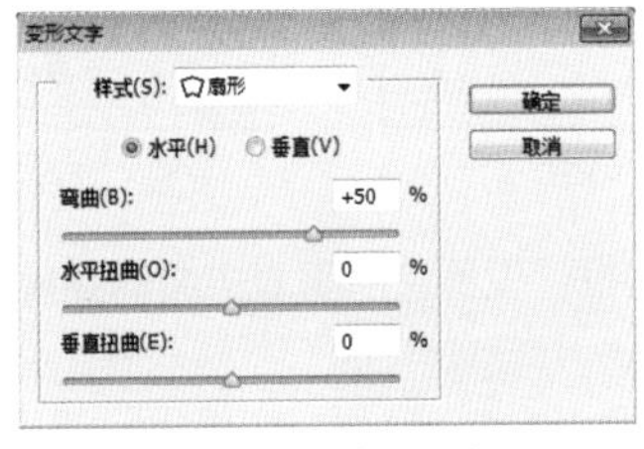

“变形文字”对话框

创建变形文字

小小提示：在“变形文字”对话框中，对文字进行变形后，若要重置变形效果，可按住 Alt 键的同时单击“复位”按钮，即可快速恢复该对话框的默认状态，对其进行重置变形效果。在“变形文字”对话框中单击“取消”按钮或按下 Esc 键，即可取消文字变形效果。

下面先来认识一下“变形文字”对话框。

在 Photoshop CS6 中，为文字的变形提供了十多种不同的样式，分别为扇形、下弧、上弧、拱形、凸起、贝壳、花冠、旗帜、波浪、鱼形、增加、鱼眼、膨胀、挤压、扭转等，可以根据文字的不同需求选择不同的文字效果进行应用。此外，结合“水平”和“垂直”方向上的控制以及弯曲度的调整，可以为图像中文字应用更多的效果。

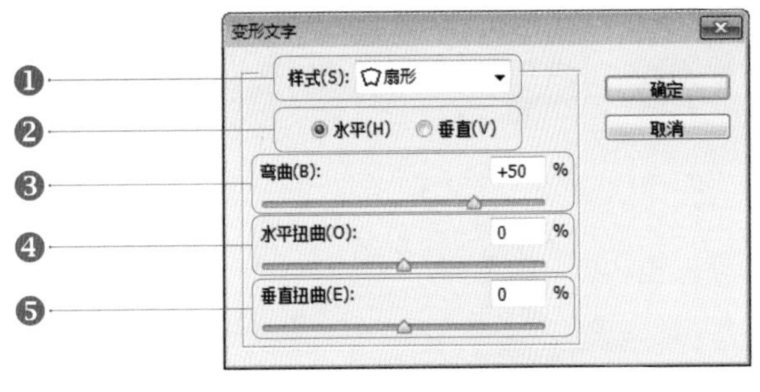

“变形文字”对话框

贴心巧计：利用“变形文字”命令可对文字的弯曲、水平方向和垂直方向进行扭曲变形，从而得到更多样式的文字效果。

❶ **“样式”下拉列表：**通过提供的样式设置文字变形效果，可以根据文字的不同需求选择不同的文字效果进行应用。

❷ **“水平 / 垂直”单选按钮：**设置文字以水平或垂直的轴进行变形。结合“水平”和“垂直”方向上的控制以及弯曲度的调整，可以为图像中文字应用更多的效果。

❸“弯曲”文本框：设置变形弯曲的强度，设置为正值时文字向上弯曲，设置为负值时文字向下弯曲。

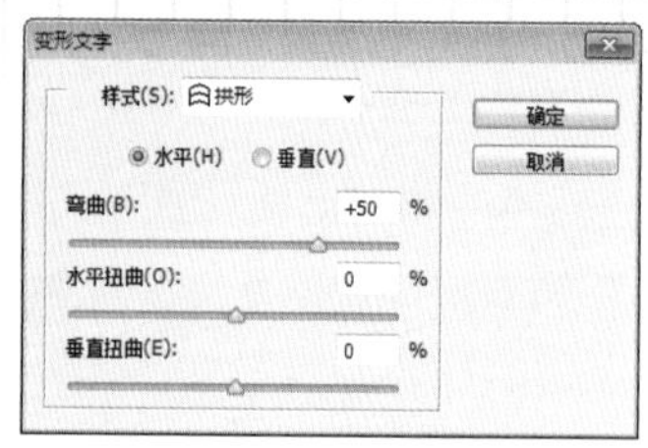

应用“拱形”样式

设置“弯曲”值为 50%

设置“弯曲”值为 -55%

❹“水平扭曲”文本框：设置文字水平扭曲的强度，设置为负值时向左扭曲，设置为正值时向右扭曲。

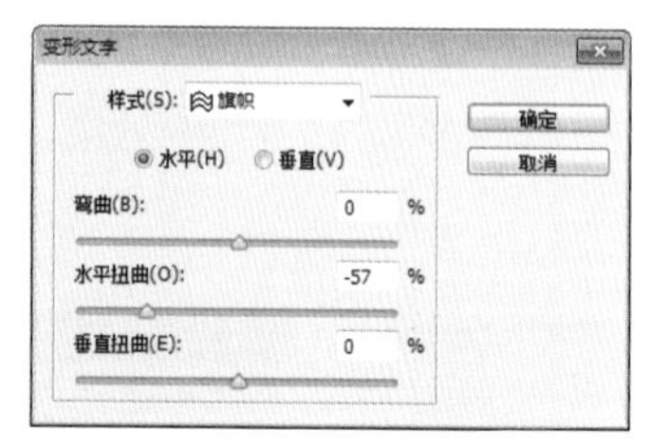

应用“旗帜”样式

设置“水平扭曲”值为 -57%

设置“水平扭曲”值为 74%

❺“垂直扭曲”文本框：设置文字垂直扭曲的强度，设置为负值时向上扭曲，设置为正值时向下扭曲。

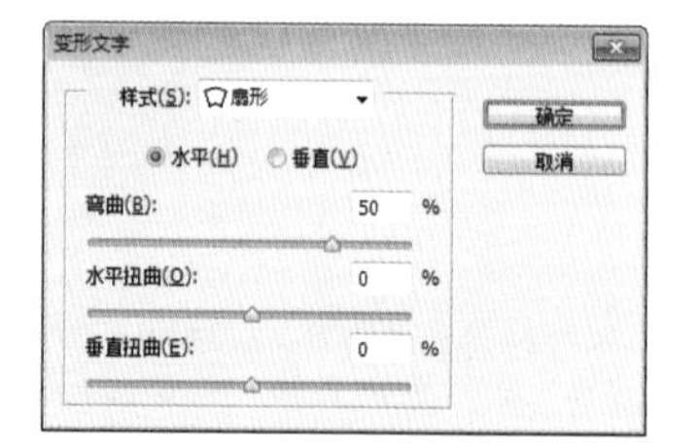

应用“扇形”样式

设置“垂直扭曲”值为 -63%

设置“垂直扭曲”值为 72%

小小提示：在“变形文字”对话框的“样式”下拉列表中，提供了 15 种不同样式的变形方式，可直接单击名称进行选择。当设置“样式”为“无”时，文字不具备任何形式的变形。

输入文字

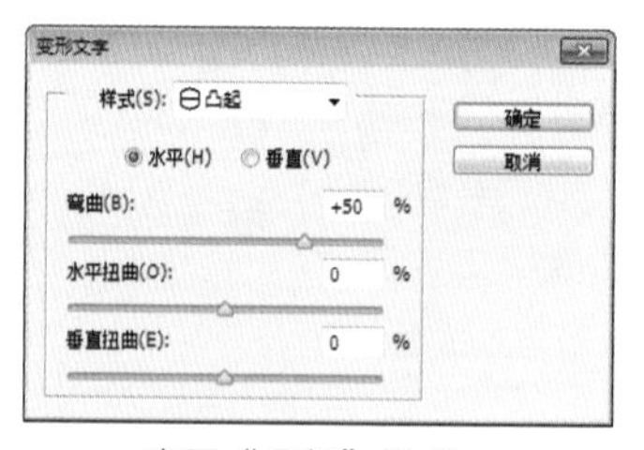

应用“凸起”样式

得到的文字

应用“鱼形”样式

应用“挤压”样式

应用“扭转”样式

8.3.2 创建路径文字

在 Photoshop CS6 中，文字可以沿着路径绕排文字，通过使用文字与路径结合的编排，创建路径文字，从而制作多种个性的特效文字。

沿路径绕排文字是使文字沿着路径的轮廓形状进行自由排列，从而在一定程度上丰富文字的图像效果。使用钢笔工具或任意形状工具在图像中绘制路径，并使用横排文字工具将鼠标指针移动至绘制的路径上，当鼠标指针变为形状时，在路径上单击鼠标指针会自动吸附到路径上。定位文本插入点，在文本插入点后输入文字，文字则会自动围绕路径进行绕排输入。需要注意的是，文本插入点的大小会受到文字大小设置的影响。

绘制路径

使用文字工具将鼠标指针吸附在路径上

创建路径文字

8.3.3 创建蒙版文字

在 Photoshop 中，沿着文字边缘为轮廓形成的文字选区被称为文字型选区。其中包括横排文字蒙版工具和直排文字蒙版工具，它可以用来创建未填充颜色的以文字为轮廓边缘的选区。可以通过为文字型选区填充渐变颜色或图案，以制作出更多更特别的文字效果。

原图

使用“横排文字蒙版工具”输入文字

将文字选转换为选区

贴心巧计：在创建蒙版文字将文字选转换为选区后，使用套索工具、多边形套索工具等选区工具对转换为选区的文字添加或减少选区，可以增加文字样式的丰富性和随意性，以及文字的有趣性。

使用“直排文字蒙版工具”输入文字

将文字选转换为选区

为选区的文字添加选区并填色

8.3.4 栅格化文字

小小提示：文本图层是一种特殊的图层，它具有文字的特性，可对其进行文字大小、字体等调整，但无法对文本图层应用描边、色调调整等命令。需要将文本图层进行栅格化，将其转换成普通的图层才能对其进行相应操作。

转换后的文本图层可以应用各种滤镜效果，却无法再对文字进行字体更改。选择文本图层后执行“文字 > 栅格化文字图层”命令，或者选择文本图层后在图层名称上单击鼠标右键，在弹出的快捷菜单中选择“栅格化文字图层”命令。

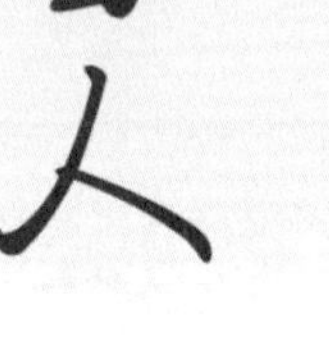

输入文字

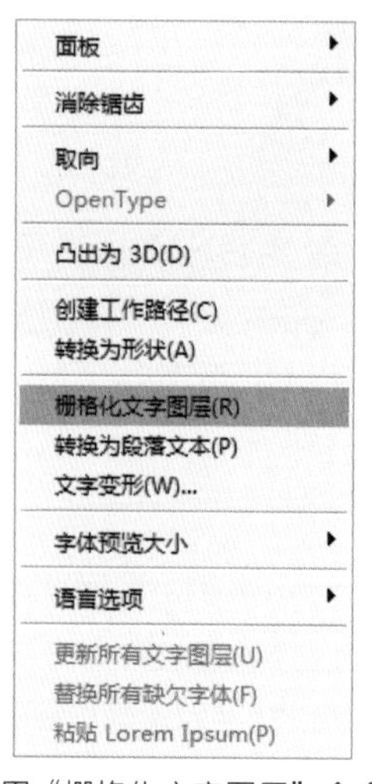

应用“栅格化文字图层”命令

栅格化文字图层

贴心巧计：在对文字进行“栅格化”命令后，无法再对文字进行字体样式的更改。但可以对其图层单击鼠标右键并选择“转化为智能对象”选项，将其转换为智能对象图层。

“栅格化”后的图层

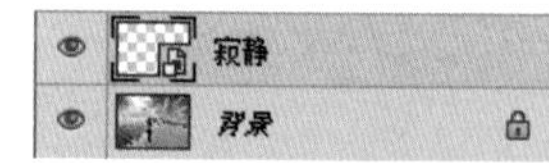

将图层转换为智能对象

8.3.5 将文字转换为路径

要将文字转换为路径，可执行“文字 > 创建工作路径”命令，将沿着文字轮廓创建一条闭合的工作路径。使用滤镜选择工具 对单个的文字路径进行移动，可以改变文字路径的位置。

原图

将文字转换为路径

贴心巧计：当文字转换为路径后，可按快捷键 Ctrl+Enter 将路径转换为选区，让文字在文字型选区、文字型路径和文字型形状之间进行互相转换，以变换出更多的文字效果。

8.3.6 将文字转换为形状

将文字转换为形状，文字将会拥有形状图形的一切特征，其文字属性就不存在了，在“字符”面板和“段落”面板将无法对当前文字属性进行设置。执行“文字 > 转换为形状”命令，即可将当前文字转换为形状图形。对该路径，还可以使用钢笔工具和直接选择工具对其进行变形编辑。

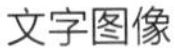
文字图像

文字形状图层

将文字转换为形状

8.3.7 字符拼写检查

执行“编辑 > 拼写检查”命令，将弹出“拼写检查”对话框，在该对话框中可对 Photoshop 不认识的字或错误的文字进行拼写检查。当对词典中没有的文字进行询问时，若被询问的文字拼写正确，可通过将该文字添加到词典中来确认拼写；若被询问的文字拼写错误时，则可在“拼写检查”对话框中进行更正的文字选择。完成后，将弹出拼写完成提示框。

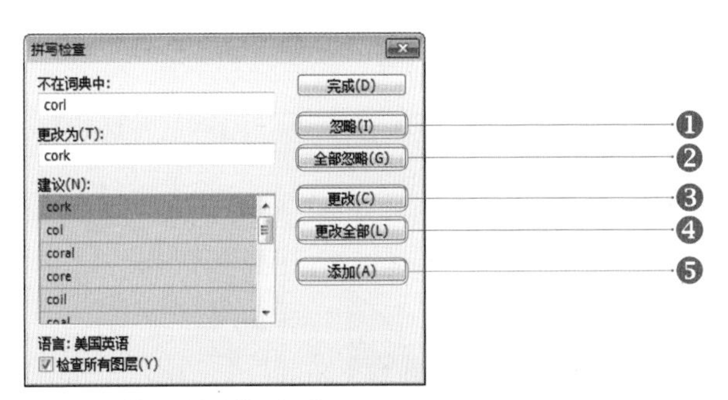

“拼写检查”对话框

❶ **“忽略”按钮**：单击该按钮将会继续进行拼写检查而不更改文本。

❷ **“全部忽略”按钮**：单击该按钮将会在剩余的拼写检查过程中忽略有疑问的文字。

❸ **“更改”按钮**：选择需要更改的文字，单击该按钮即可更改拼写错误的文字。

输入文字图层

执行“编辑 > 拼写检查”命令

单击“更改”按钮后，更改错误文字

❹ **“更改全部”按钮**：单击该按钮，可更改文档中出现的所有拼写错误文字，并将拼写正确的文字出现在“更改为”文本框中。

❺ **“添加”按钮**：单击该按钮，可将无法识别的文字存储在词典中，以方便后面出现该文字时不会被标记拼写错误。

8.3.8 查找和替换文本

在 Photoshop 中输入了大量的文本后，若发现出现了相同的错误，可使用 Photoshop 的查找和替换文本功能对文本中的错误文字进行替换。具体方法是，执行“编辑 > 查找和替换”命令，在弹出的“查找和替换文本”对话框中输入需要查找的单词，并在“更改为”文本框中输入需要更改的单词。

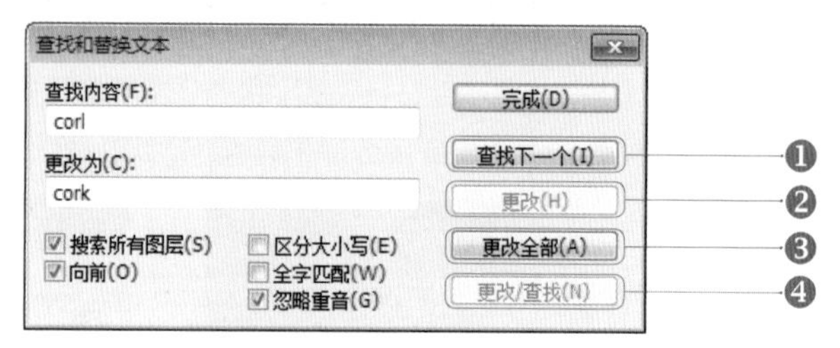

“查找和替换文本”对话框

❶ **“查找下一个”按钮**：单击该按钮，将会开始对错误单词进行查找，查找到的单词将会以选中的状态显示，并激活下方的“更改”和“更改 / 查找”按钮。

❷ **“更改”按钮**：单击该按钮，即可替换查找到的内容。

❸ **“更改全部”按钮**：单击该按钮，可对查找的错误文字全部更改。

❹ **“替换 / 查找”按钮**：单击该按钮，将会查找更多的匹配选项，并全部进行替换。替换查找完成后，将会弹出相应的提示对话框。

原图

在“查找和替换文本”对话框中设置查找和替换的内容

替换好的效果

小小提示：在 Photoshop 中，若图像文本中使用了系统中没有的字体样式，将会以基本字体表现，并在“图层”中以黄色感叹号的样式显示，字体样式不会进行替换改变。

双击该以黄色感叹号的样式显示的文字图层，会弹出“将进行字体替换，要继续吗？”的对话框。单击“确定”按钮，便可将黄色感叹号的样式显示的文字图层变为正常文字图层。

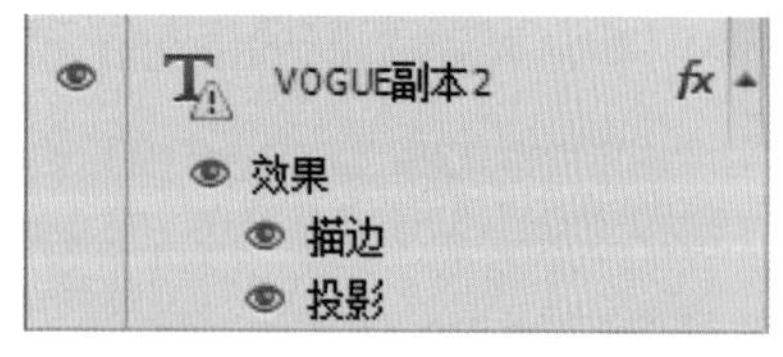

以黄色感叹号的样式显示的文字图层

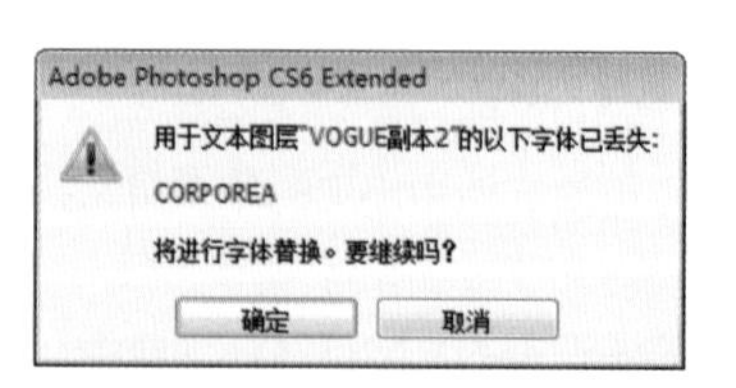

“将进行字体替换，要继续吗？”对话框

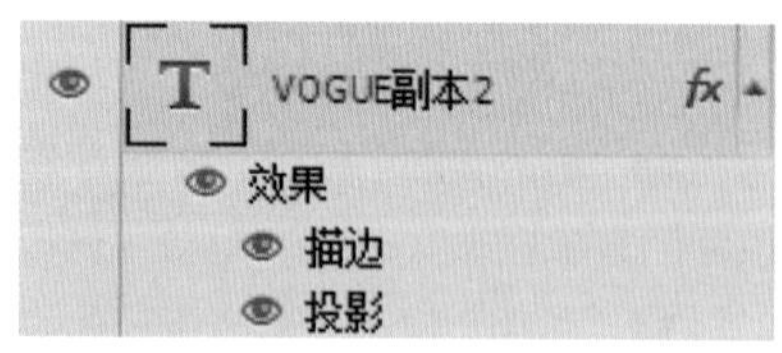

转换为正常图层

试试看：制作路径文字图像

成果所在地：第 8 章 \Complete\ 制作路径文字图像 .psd
视频 \ 第 8 章 \ 制作路径文字图像 .swf

1 执行“文件 > 打开”命令，打开“制作路径文字图像 .jpg”图像文件，得到“背景”图层。按快捷键Ctrl+J 复制得到“背景 副本”。

2 单击自定形状工具，在“形状预设”选取器面板中选择“邮票 2”图形。使用选择的形状图形在画面中绘制邮票路径，生成“形状 1”图层。

小小提示：执行“文字 > 转换为形状”命令，即可将当前文字图层转换为形状图形，并在文字轮廓边缘显示路径效果。单击添加锚点工具，使用该工具在形状文字路径上单击鼠标，以对文字路径进行编辑。按住 Alt 键的同时单击锚点，以删除多余锚点，对形状文字进行变形，以制作文字效果。

3 单击横排文字工具，设置前景色为白色。在路径上的一点单击输入所需文字，在其属性栏中设置文字的字体样式及大小，制作出路径文字图像。

4 继续单击横排文字工具，设置前景色为紫色。在路径上的一点单击输入所需文字，在其属性栏中设置文字的字体样式及大小，制作出路径文字图像。自此，本实例制作完成。

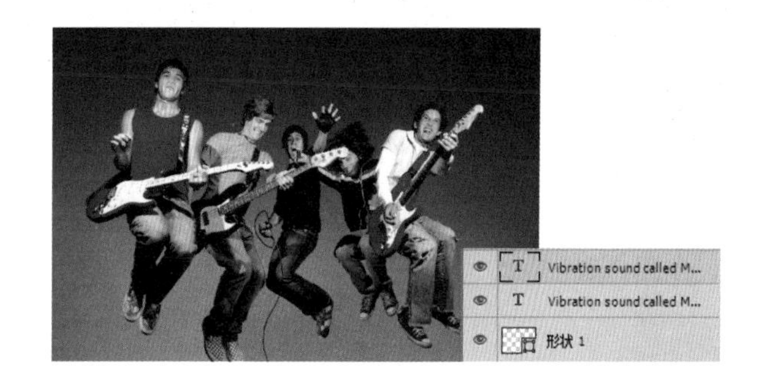

小小提示：在“段落”面板中单击“间距组合设置”选项右侧的下拉按钮，在下拉列表中可以选择软件提供的段落文字间距组选项，包括“无”、“间距组合 1”、“间距组合 2”等，选中需要的选项即可应用其效果。在“段落”面板中勾选“连字”复选框，选取的连字符连接设置将影响各行的水平间距和文字在页面上的美感。要启用或停用该选项，可在“段落”面板中勾选或取消勾选“连字”复选框。要对特定段落应用连字符连接，应首先只选择要影响的段落。

温习一下

1. 选择题

（1）在“变形文字”对话框的“样式”下拉列表中，提供了多少种不同样式的变形方式，可直接单击名称进行选择？（　　）

A. 11　　　B. 15　　　C. 12

（2）使用“横排文字工具”或“直排文字工具”，在图像中单击鼠标，即可在图像中定位文字插入点，然后输入相应的文字，在属性栏中单击什么按钮，即可创建点文字？（　　）

A. “提交”按钮✓　　　B. “取消变换”按钮⊘　　　C. 3D 按钮

（3）文字工具的快捷键是什么？（　　）

A. T　　　B. K　　　C. F

2. 填空题

（1）与文字相关的工具包括＿＿＿＿＿＿＿＿、＿＿＿＿＿＿＿＿、＿＿＿＿＿＿＿＿、＿＿＿＿＿＿＿＿。

（2）应用＿＿＿＿＿＿＿＿对输入的文字进行变形，可制作出丰富多彩的文字变形效果。

3. 上机操作：添加个性化变形文字

第①步：打开一张图像文件。

第②步：输入文字并对文字进行变形。

第③步：使用相同方法，依次设置不同颜色，输入文字，添加个性化变形文字效果。

第①步效果图

第②步效果图

第③步效果图

答案

PS：别直接就看答案，那样就没效果了！听过孔子说过的一句话没？“温故而知新，可以为师矣”。

选择题：（1） B；（2） A；（3） A。

填空题：（1）“横排文字工具”、“直排文字工具”、“横排文字蒙版工具”、“直排文字蒙版工具”；

（2）“变形文字”命令。

第9章

有路径，通往Photoshop完全没阻碍

在Photoshop中，路径就是其道路。要知道，没有道路就是无路可走。因此路径在Photoshop中具有至关重要的作用。本章将主要学习路径及其使用绘制，包括认识路径、使用钢笔工具、绘制路径以及编辑路径的实战操作演示，以帮助读者了解路径的重要性。

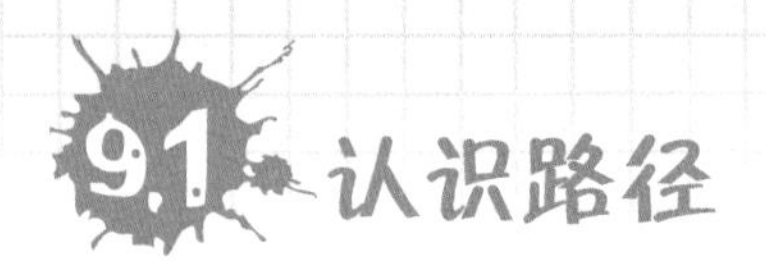

9.1 认识路径

路径是 Photoshop 中较为实用的功能，使用路径可以创建矢量形状、路径和像素图形，而编辑路径，可对当前路径进行调整。下面将对路径、“路径”面板、路径与选区的区别进行详细的介绍，以帮助读者更加深入地认识和了解该工具。

9.1.1 关于路径

在 Photoshop 中，路径是一个不可打印、不活动的线条，它是由锚点和连接锚点组成的曲线或闭合路径，其主要作用是对图像进行精确定位和调整，同时还可以创建不规则的选区。路径主要用于绘图，与绘画工具相比，其基于像素的矢量绘图有着不受分辨率影响的优点，不管文件的分辨率是多少，图形的线条都会保持光滑的效果。

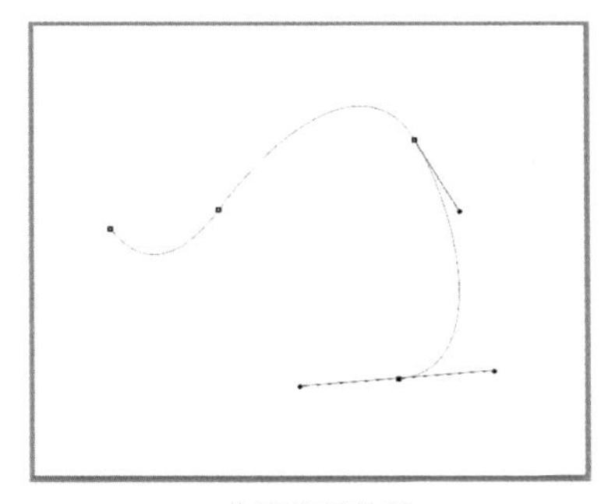

曲线路径效果

闭合路径效果

形状路径效果

9.1.2 认识“路径”面板

在“路径”面板中，将会显示存储的每个路径、当前工作路径和当前矢量蒙版的名称和缩览图。执行“窗口 > 路径”命令，打开“路径”面板，通过该面板中的按钮可对路径进行编辑。可对选择区域及辅助抠图、绘制光滑线条、定义画笔等工具的绘制轨迹，在输出、输入路径和选择区域之间进行转换。

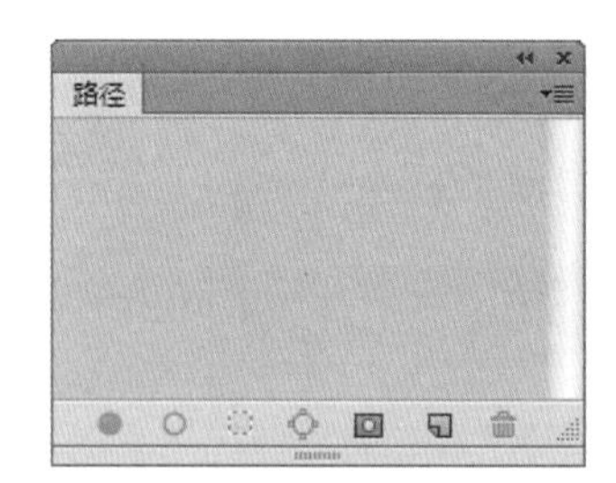

“路径”面板

❶ **“扩展”按钮**：单击该按钮，在弹出的菜单中可选择相关命令进行操作。

❷ **工作路径**：在该区域将显示当前路径绘制的形状，以缩览图的方式进行显示。在该区域中可储存路径名称，以及将工作路径储存为新的路径。

❸ **“用前景色填充路径”按钮**：单击“用前景色填充路径”按钮，对于闭合路径，将使用前景色填充闭合路径所包围的区域；对于开放路径，系统使用最短的直线将路径闭合，并使用前景色填充闭合区域。

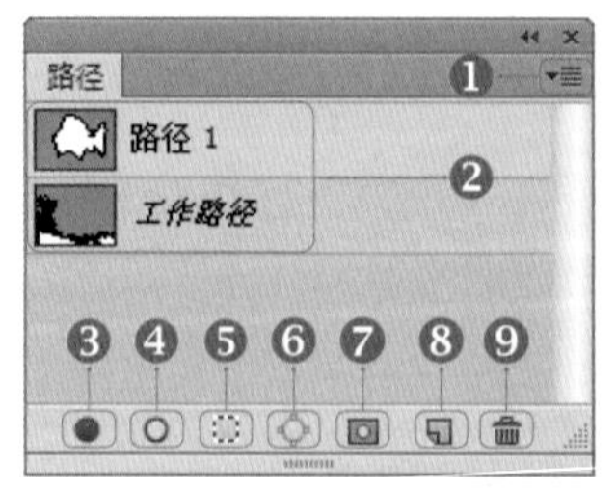

带有路径的“路径”面板

❹“用画笔描边路径”按钮：单击该按钮，将使用前景色沿着路径进行描边。

❺“将路径作为选区载入”按钮：单击该按钮，自动将路径转换为选区。

❻“从选区生成工作路径”按钮：单击该按钮，即可自动将当前选区边界转换为工作路径。

❼“增加蒙版”按钮：单击该按钮，可在“图层”面板中为选定图层添加图层蒙版。

❽“创建新路径”按钮：单击该按钮可创建一个新路径。在“路径”面板中拖动指定路径到该按钮上，可以复制指定路径；拖动工作路径到该按钮上，将会存储该路径；拖动矢量蒙版到该按钮上，会将该蒙版的副本以新建路径的形式存放在“路径”面板，原矢量蒙版不变。

❾“删除当前路径”按钮：选择路径，单击“删除当前路径”按钮，即可删除路径。

9.1.3 路径与选区的区别

贴心巧计：绘制路径后，使用选择路径工具选择路径，在“路径”面板中单击“将路径作为选区载入”按钮或者按快捷键 Ctrl+Enter，即可将选择的路径转换为选区。

Photoshop 中的路径是由一个或多个直线段或曲线段组成的。锚点用来标记路径段的端点。在曲线段上，每个选中的锚点显示一条或两条方向线，方向线以方向点结束。方向线和方向点的位置决定曲线段的大小和形状。路径不必是由一系列段连接起来的一个整体，可以闭合，也可以是开放的。

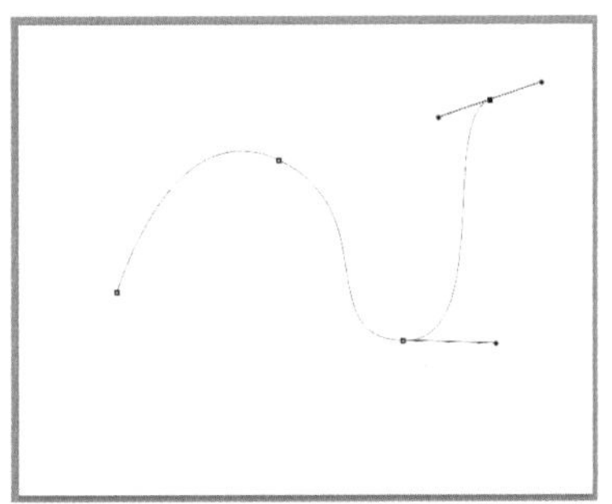

开放的路径

变换开放的路径

闭合的路径

而选区是用于分离图像的一个或多个部分。通过选择特定区域，可以编辑效果和滤镜，并将其应用于图像的局部，同时保持未选定区域不被改动。

打开图像

选择玫红色选区

在选区内绘制图案，未选定区域不会被改动

小小提示：当使用选区工具对图像进行编辑时，可将选区转换为路径进行。保持选区的同时，在“路径”面板中单击“从选区生成工作路径”按钮，或在扩展菜单中选择“建立工作路径”选项，即可将选区转换为路径，从而快速对其应用路径的各种编辑操作，使图像效果发生变化。

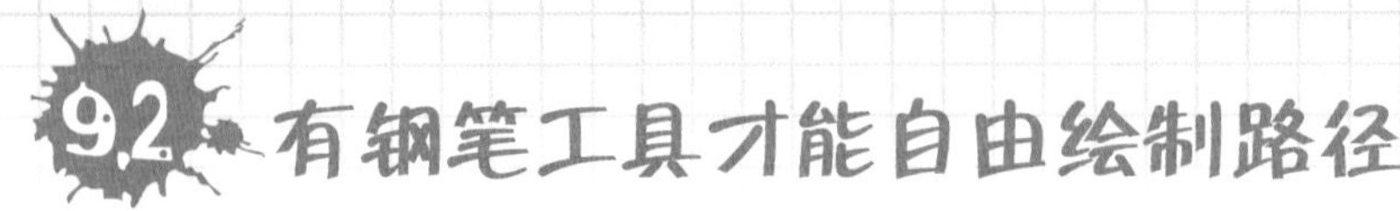

9.2 有钢笔工具才能自由绘制路径

在 Photoshop 中，有钢笔工具才能自由绘制路径。钢笔工具可用来绘制复杂或不规则的形状或曲线路径，常用于创建复杂的物体轮廓路路径。下面将对钢笔工具、自由钢笔工具、磁性钢笔工具等一一进行介绍。

9.2.1 钢笔工具

下面以钢笔工具为主，对其属性栏进行详细地介绍。

钢笔工具常用于绘制直线、曲线、复杂或不规则的形状和路径。按下 P 键可选择钢笔工具，在需要确定路径起点的位置单击，确定下一个锚点位置并单击该点，拖曳鼠标即可拖曳出控制手柄，通过调整控制手柄的长短或角度，即可绘制出需要的弧线效果。当要绘制出连续弧线时，再次确定下一锚点的位置，然后拖曳控制手柄调整弧线弧度。完成曲线的绘制后，按下 Esc 键即可。

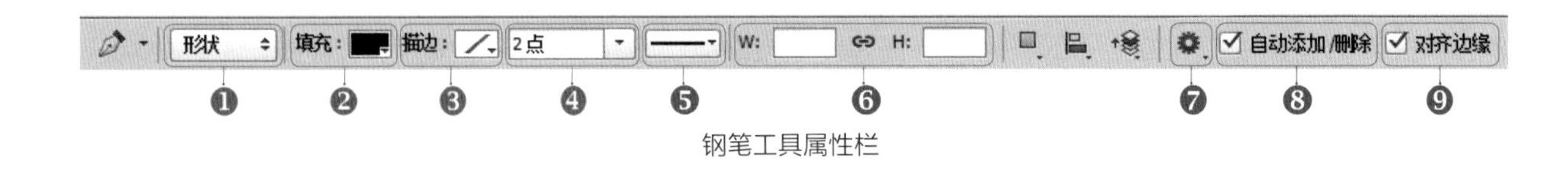

钢笔工具属性栏

❶“形状”选项：设置绘制形状并在路径的基础上通过形状图层表现出来。包括“形状”选项、“路径”选项和“像素”选项。在属性栏中选择不同的工具模式，可创建不同的路径效果。

❷“填充”按钮选项：单击该选项按钮，可在弹出的颜色面板中设置图像填充颜色。当单击该按钮后，使用钢笔工具绘制形状时，沿着路径可在该选项框中设置填充颜色。单击该按钮，可弹出填充样式面板，在面板中上方分别包括“清除轮廓线填充”、“填充颜色”、“渐变填充”、“图案填充”和色块“拾色器”5 种填充方式。

❸“描边”选项：单击该选项按钮，在弹出的面板中单击“填充颜色”按钮、“渐变填充”按钮或“图案填充”按钮，即可为图形添加各种描边样式。若单击“清除轮廓线填充”按钮并在图像中拖动鼠标绘制，即可创建基本图形。

❹“形状描边宽度”文本框：可设置形状图形描边的宽度大小。

❺“形状描边类型”下拉列表：可替换笔触轮廓线的形状，其中包括线、段和点 3 种选项。还可以在该选项面板中设置线、段、点的对齐方向、端点和角点效果。

❻“设置形状宽度与高度”文本框：可以设置图形的高与宽。调整路径的选择范围，数值越大，选择范围也越大；反之数值越小，选择的范围越小。

❼“橡皮带”按钮：单击该按钮弹出橡皮带复选框，勾选该复选框可将连接交叉的形状图形从中减去。

❽“自动添加 / 删除”复选框：定义钢笔停留在路径上时，是否具有添加或删除锚点的功能。

❾“对齐边缘” 复选框：用于设置图形位置，以校正边缘对齐效果。

贴心巧计：钢笔组中的工具不仅可以用来绘制路径，也可以绘制图形。钢笔工具和自由钢笔工具主要用于绘制路径，添加锚点工具、删除锚点工具和转换点工具主要用于调整路径的状态。

9.2.2 自由钢笔工具

使用自由钢笔工具，可以创建不太精确的路径，并可绘制随意路径。在画面中拖动鼠标，可直接形成路径。在绘制路径时，将会自动在绘制的曲线上添加锚点。按快捷键 Shift+P，可以在钢笔工具和自由钢笔工具之间切换。

自由钢笔工具属性栏

❶“路径”选项：单击该选项绘制图形，并以路径图层的方式表现其效果。

利用“自由钢笔工具”绘制自由路径

利用“自由钢笔工具”绘制自由形状

❷“选区”按钮：选择指定路径，单击“选区”按钮，可在弹出的“建立选区”对话框中设置选区的各项参数，将路径转换为选区。

❸“蒙版”按钮：选择指定路径，单击“蒙版”按钮，可为选定的图层创建新的矢量蒙版。

❹“形状”按钮：选择指定路径，单击“图形”按钮，可在“图层”面板直接创建新的形状图层。

❺“路径操作”选项组：此选项内包括“路径操作”按钮、“路径对齐”按钮、“路径排列”按钮，通过单击不同的按钮可对路径进行管理。

❻“几何选项”按钮：单击该按钮，在弹出的面板中设置“曲线拟合”文本框，在该文本框中设置的数值越大，创建的路径锚点越少，路径越简单；勾选“磁性的”选项组，激活磁性钢笔的默认设置，并可以设置“宽度”、“对比”和“频率”的大小；勾选“钢笔压力”复选框，可设置钢笔工具的压力效果。

❼“磁性的”复选框：勾选“磁性的”复选框，可以打开磁性钢笔的默认设置。

小小提示：选择自由钢笔工具，在菜单栏的下方可以看到自由钢笔工具的选项栏。自由钢笔工具有两种创建模式：即创建新的形状图层和创建新的工作路径，选择其中一个选项便可创建自由的工作路径或形状。

试试看：抠取花朵图像

成果所在地：第 9 章\Complete\ 抠取花朵图像 .psd

视频 \ 第 9 章 \ 抠取花朵图像 .swf

1 执行“文件 > 打开”命令，打开“抠取花朵图像 .jpg”图像文件，得到“背景”图层。按快捷键 Ctrl+J 复制得到“背景 副本”。

2 单击钢笔工具，在其属性栏中设置其属性为“路径”，并在花朵上任选一点沿着花朵的边缘使用钢笔工具勾画路径。

贴心巧计：在使用钢笔工具绘制图形的时候，钢笔工具和转换点工具可以相互转换。在按快捷键 P 选中钢笔工具开始勾划路径后，只要按快捷键 Alt 键即可实现钢笔工具和转换点工具的相互转换，从而使路径的绘制更加方便。

3 继续使用钢笔工具勾画花朵路径，结合转换点工具将花朵的路径大致描摹出来。

4 继续使用钢笔工具勾画花朵路径，完成后连接起始点和终止点的路径。

5 将花朵的路径大致描摹出来后，可以选择添加锚点工具、删除锚点工具对绘制的路径进行进一步地完善。在为花朵的路径添加和删除锚点后，在其锚点上按住 Ctrl 键并单击鼠标左键选择需要变换的锚点，将花朵的路径完整地制作出来。

6 将花朵的路径完整地制作出来后，单击鼠标右键，选择“建立选区”选项，在弹出的对话框中设置其选区的羽化参数，完成后单击“确定”按钮，即可得到其花朵的选区。

7 单击“添加图层蒙版”按钮并单击“背景”图层的“指示图层可见性”按钮，关闭背景图层的可见性，即可清晰地看见抠取出来的花朵图像。

8 执行“文件 > 打开”命令，打开“抠取花朵图像2.jpg”图像文件，得到“背景”图层。将前面抠出的花朵图像，拖曳到当前文件图像中，得到“背景 副本”图层。使用快捷键 Ctrl+T 变换图像大小，并将其放置于画面中合适的位置，将抠取的花朵制作出另一效果的图像。至此，本实例制作完成。

小小提示：在抠取图像时，建立了需要抠取的物体的选区后，单击“添加图层蒙版”按钮并单击“背景”图层的“指示图层可见性”按钮，关闭背景图层的可见性，即可清晰地看见抠取出来的物体。

9.3 有些形状图形可以直接绘制出来

在 Photoshop 中，有些形状图形可以直接绘制出来。使用形状工具可以快速地绘制规则的形状或路径，可通过这些工具绘制线条、矩形、长方形与正方形、圆角矩形、椭圆与正圆形、多边形和箭头等。下面将对这些工具进行详细介绍。

9.3.1 矩形工具

矩形工具常用于创建自由的矩形或正方形图形，也可以在属性栏的“矩形选项”面板中设置路径的创建方式，从而绘制不同的矩形图形。

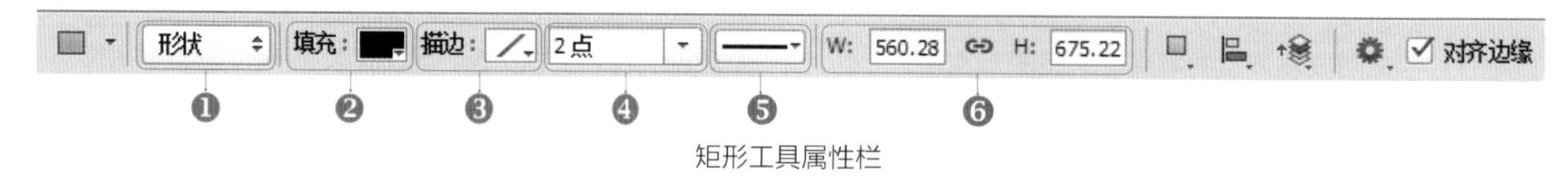

矩形工具属性栏

❶“形状”选项：创建不同的矩形形状图层路径效果。单击此选项，可在弹出的面板中选择不同的选项。

❷“填充”按钮选项：设置图像填充颜色，其中包括纯色、渐变色和图案填充等。

“矩形工具”纯色填充

“矩形工具”渐变色填充

“矩形工具”图案填充

❸“描边”选项：可设置创建图形的描边效果，其中包括对齐、端点和角点等选项。

应用实线描边

应用粗虚线描边

应用细虚线描边

❹“形状描边宽度”文本框：可设置形状图形描边的宽度大小。

❺“形状描边类型”下拉列表：可替换笔触轮廓线的形状，其中包括线、段和点 3 种选项。还可以在该选项面板中设置线、段、点的对齐方向、端点和角点效果。

❻“设置形状宽度与高度”文本框：可设置图形的高与宽，调整路径的选择范围，数值越大，选择范围也越大；反之数值越小，选择的范围越小。

9.3.2 圆角矩形工具

圆角矩形工具主要通过在属性栏中设置“半径”值来创建不同圆角的圆角矩形。其范围为 0~1000 像素，值越大，圆角矩形越接近圆；值越小，圆角矩形越接近矩形。

圆角矩形工具属性栏

❶“路径”选项：创建不同的圆角图形路径效果。单击此选项，可在弹出的面板中选择不同的选项。

❷“路径操作”按钮：通过单击该按钮可以创建新选区，在弹出的列表中包括新建图层、合并形状、减去顶层形状、与形状区域相交、排除重叠形状和合并形状组件 6 个创建选区的方法。

❸“路径对齐”按钮：单击该选项组可以调整图形左边对齐、水平中心对齐、右边对齐、顶边对齐、垂直居中对齐、底边对齐、按宽度均匀分布、按高度分布、对齐到选区和对齐到画布 10 种对齐方式。

❹“路径排列”按钮：单击该按钮，在弹出的菜单中可选择将形状置为顶层、将形状前移一层、将形状后移一层和将形状置为底层 5 种路径选项安排。

❺“几何选项”按钮：单击该按钮，在弹出选项面板中选择“不受约束”单选按钮，可绘制各种路径、形状或图形；选择“方形” 单选按钮，可绘制不同大小的正方形；选择“固定大小”单选项，可在 W 和 H 文本中输入参数值，以定义高度和宽度；选择“比例”单选按钮，可在 W 和 H 文本中输入参数值，定义高度和宽度比例；选择“从中心”单选按钮，可以绘制从中心向外放射的形状、路径或图形。

“几何选项”面板

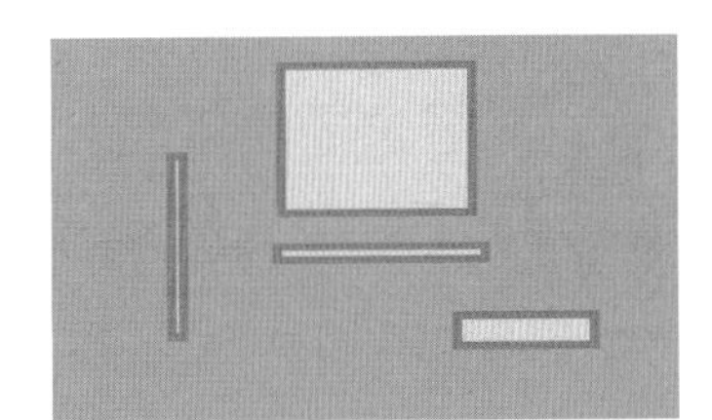

“不受约束”单选项效果

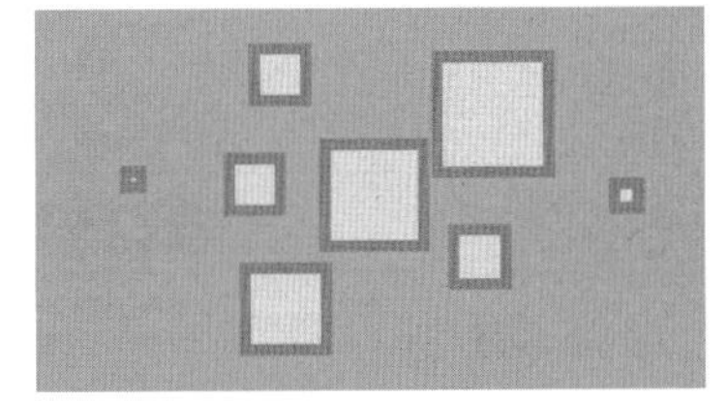

“方形”单选项效果

❻ “半径”文本框：在文本框中直接输入数值，即可调整圆角矩形圆角的弧度，改变图形效果。其取值范围为 0~1000 像素，值越大，圆角矩形越接近圆；值越小，圆角矩形越接近矩形。

半径为 0 像素时

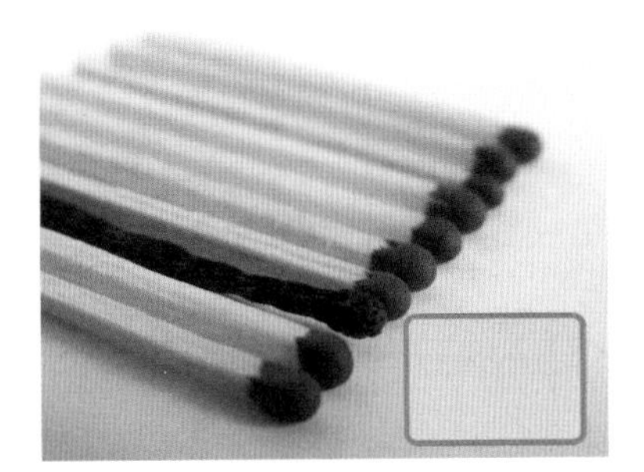

半径为 50 像素时

半径为 100 像素时

❼“对齐边缘”复选框：用于设置图形位置，以校正边缘对齐效果。

9.3.3 椭圆工具

使用椭圆工具可以绘制椭圆形状和正圆形状。按住 Shift 键的同时拖动鼠标绘制，即可得到正圆图形；在属性栏中设置形状的填充或模式等，可得到不同的图形效果。

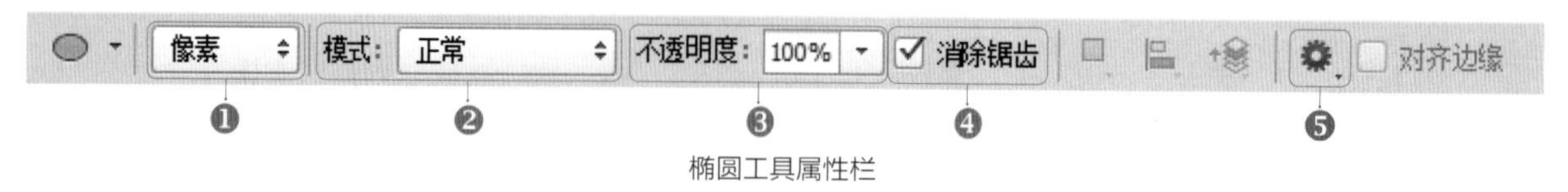

椭圆工具属性栏

❶“像素”选项：单击此选项，可在弹出的面板中选择不同的工具模式，创建不同的矩形路径效果。此选项包括“图形”模式、“路径”模式、“像素”模式。

❷“模式”下拉列表：在“像素”模式中，可设置绘制的椭圆或正圆图形的混合模式，使其与下方图层更好地融合。

❸“不透明度”文本框：直接输入参数，以调整椭圆或正圆图形的不透明度。

❹“消除锯齿”复选框：勾选该复选框，将平滑和混合边缘像素的周围像素。

❺“几何选项”按钮：单击该按钮，在弹出的选项面板中设置不同的单选项，可创建固定大小或比例的圆。

试试看：制作炫彩的背景图案

成果所在地：第 9 章 \Complete\ 制作炫彩的背景图案 .psd

视频 \ 第 9 章 \ 制作炫彩的背景图案 .swf

1 执行“文件 > 新建”命令，在弹出的“新建”对话框中设置各项参数及选项，设置完成后单击“确定”按钮，新建空白图像文件。

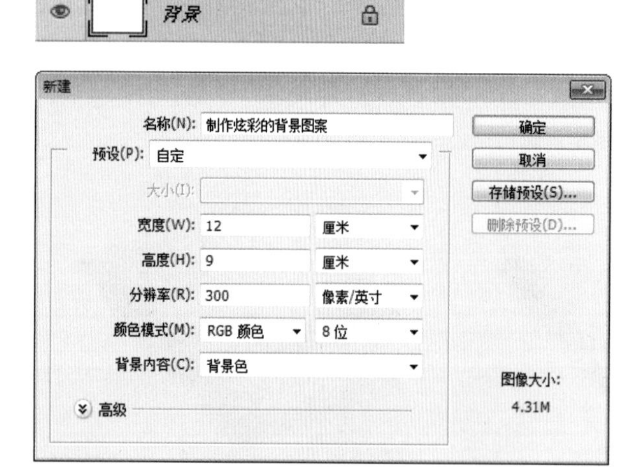

2 设置前景色为绿色（R2、G211、B145），按快捷键 Alt+Delete，填充背景色为该颜色。单击椭圆工具，设置其“填色”为粉黄色。单击“几何选项”按钮，选择“圆（绘制直径或半径）选项”，在画面上依次绘制大小不等的圆形。

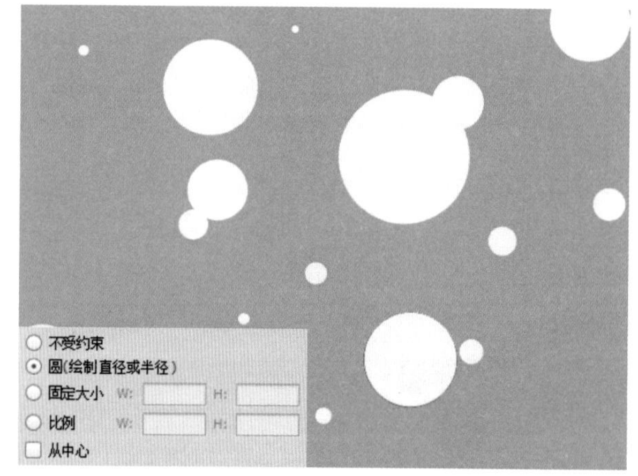

贴心巧计：单击“几何选项”按钮，在弹出选项面板中分别选择“不受约束”、“圆（绘制直径或半径）”、“固定大小”、“比例”、“从中心”选项，设置不同的单选项，可创建固定大小或比例的圆。

3 使用移动工具依次选择绘制的椭圆形状，并设置其不同的“填充”度，制作其光斑的层次感。选择所有椭圆图层，按快捷键 Ctrl+G 新建“组 1”。

4 选择“组 1”，按快捷键 Ctrl+J 复制得到“组 1 副本”，并单击鼠标右键选择“合并组”选项，得到“组 1 副本”图层。单击“添加图层蒙版”按钮，单击画笔工具选择尖角画笔并适当调整大小及透明度，在蒙版上对不需要的部分加以涂抹。

小小提示：在对图层进行滤镜制作时，单击鼠标右键并选择“转化为智能对象”选项，将其转换为智能对象图层，便可再次查看和修改使用的滤镜参数设置。

5 选择“组 1 副本”图层，单击鼠标右键并选择“转化为智能对象”选项，将其转换为智能对象图层。执行“滤镜 > 模糊 > 高斯模糊”命令，并在弹出的对话框中设置参数。使用快捷键 Ctrl+T 变换图像大小及方向，并将其放置于画面中合适的位置。

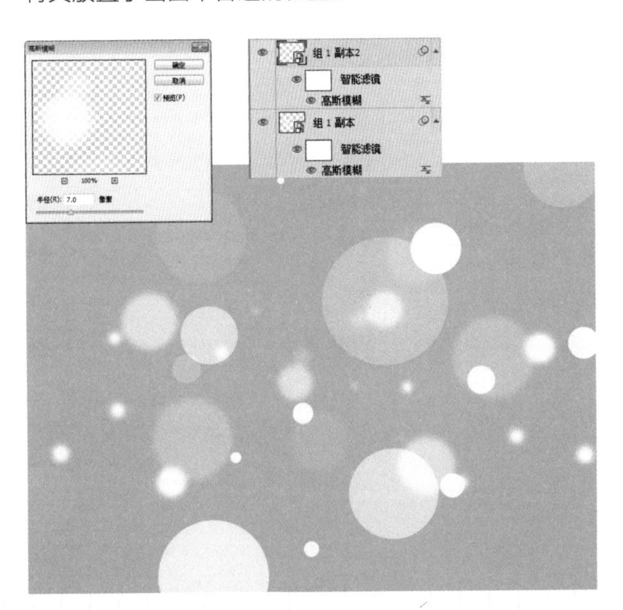

6 选择“组 1 副本”，按快捷键 Ctrl+J 复制得到“组 1 副本 2”。使用快捷键 Ctrl+T 变换图像大小及方向，并将其放置于画面中合适的位置。单击“创建新的填充或调整图层”按钮，在弹出的菜单中选择“渐变填充”选项并设置参数。设置混合模式为“滤色”，新建“图层 1”，设置前景色为黄色（R251、G226、B107），按快捷键 Alt+Delete 填充，并设置混合模式为“柔光”。至此，本实例制作完成。

9.3.4 多边形工具

多边形工具用于绘制不同边数的形状图案或路径。在属性栏中可使用“形状”、“路径”和“像素”选项，绘制出不同的图形效果。

多边形工具属性栏

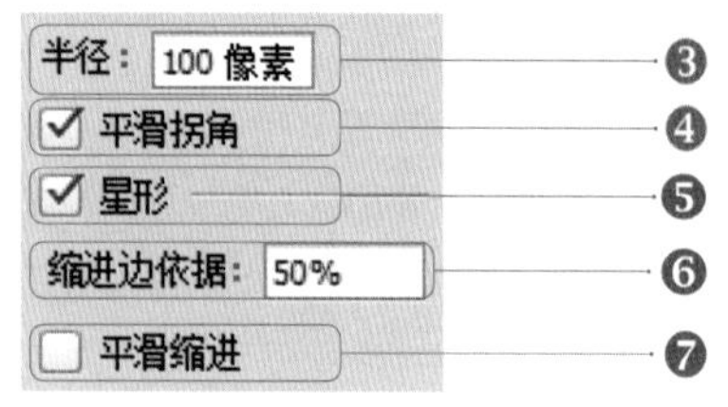

“几何选项”面板

❶“几何选项”按钮：通过单击“几何选项”按钮，可在弹出的面板中进行设置与选择。

❷“边”选项：直接输入数值，可设置多边形的边数，以创建不同形态的多边形。

❸“半径”文本框：在该文本框中设置参数值，可设置星形或多边形的半径大小。

❹“平滑拐角”复选框：勾选该复选框，可设置多边形或星形的拐角平滑度。

❺“星形”复选框：勾选该复选框，可绘制星形形状图形并激活下面选项。

❻“缩进边依据”文本框：通过在该文本框输入参数值，可设置星形形状图形内陷拐角的角度大小。

❼“平滑缩进”单选框：勾选该复选框，可设置内陷拐角为弧形。

9.3.5 直线工具

直线工具用于绘制直线段和箭头。在属性栏中单击“几何选项”按钮，可打开“箭头”选项面板，通过设置选项可绘制不同形态的箭头图形。

直线工具属性栏

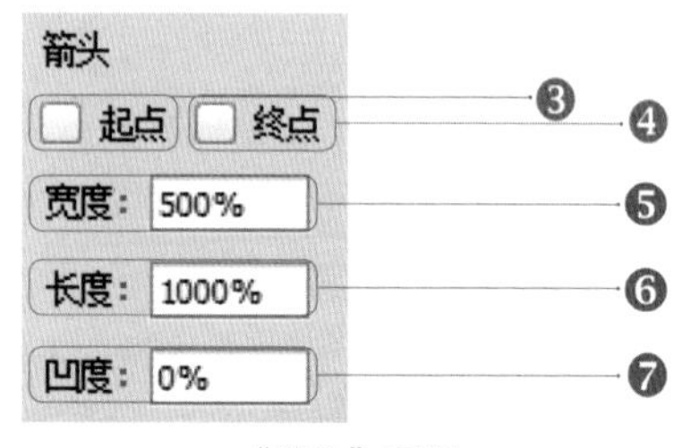

“箭头”面板

❶“几何选项”按钮：通过单击“几何选项”按钮，可在弹出的面板中进行设置与选择。

❷“粗细”文本框：通过直接输入数值，可对绘制直线的粗细进行设置。

❸“起点”复选框：勾选该复选框，在直线的起点位置绘制箭头。

❹“终点”复选框：勾选该复选框，在直线的终点位置绘制箭头。

❺“宽度”文本框：设置箭头的宽度为直线粗细的百分比，其取值范围为 10%~1000%。

❻“长度”文本框：设置箭头的长度为直线粗细的百分比，其取值范围为 10%~5000%。

❼“凹度”文本框：设置箭头的凹度为直线粗细的百分比，其取值范围为 -50%~50%。

9.3.6 自定形状工具

在 Photoshop 中，在自定义形状工具预设选取器中自定义了很多形状，通过使用该工具可绘制许多丰富的形状效果。单击自定义形状工具，在属性栏中单击“几何选项”按钮，可通过在“几何选项”面板中对形状的比例、大小等进行设置，从而绘制不同大小的形状图形。

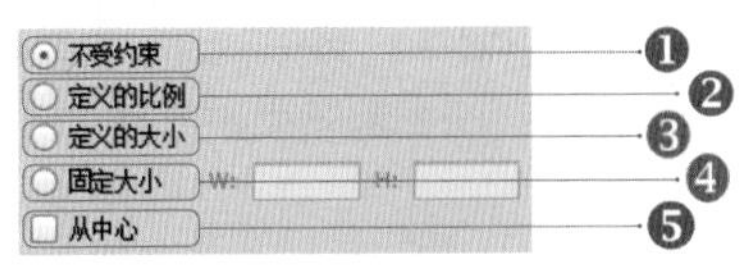

“几何选项”面板

❶“不受约束”单选项：选择该选项，可以无拘束地绘制形状图形。
❷“定义的比例”单选项：选择该选项，可以约束自定形状宽度和高度的比例。
❸“定义的大小”单选项：选择该选项，可以智能化绘制系统默认大小的自定形状。
❹“固定大小”单选项：选择该选项，右侧的文本框将被激活，可以自定形状的宽度和高度。
❺“从中心”复选框：勾选该复选框，以中心为起点绘制形状图形。

贴心巧计：可以在“自定形状”拾色器中单击右上方的扩展按钮，在弹出的菜单中选择系统预设的形状，如“艺术纹理”、“画框”、“胶片”、“音乐”、“自然”和“台词框”等，即可将新的形状追加至形状选取器中。

试试看：制作五彩图像

成果所在地：第 9 章 \Complete\ 制作五彩图像 .psd
视频 \ 第 9 章 \ 制作五彩图像 .swf

1 执行“文件 > 新建”命令，在弹出的“新建”对话框中设置各项参数及选项，设置完成后单击“确定”按钮，新建空白图像文件。

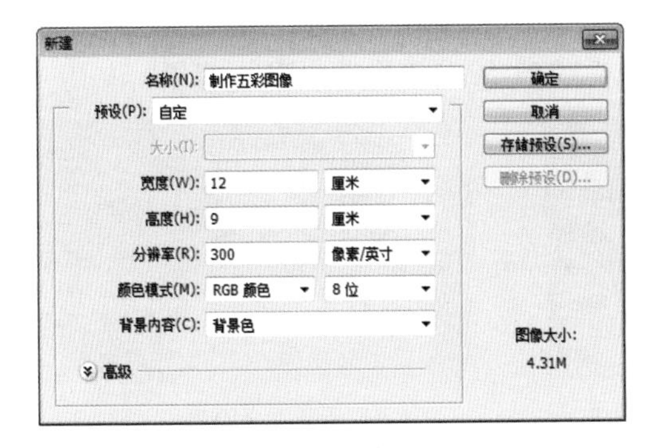

2 执行“文件 > 打开”命令，打开“制作五彩图像 1.jpg”图像文件，将其拖曳到当前文件图像中，生成“图层 1”。载入“音符 .Csh”自定义形状，单击自定形状工具，在其属性栏中选择所需的自定义形状，设置前景色为黄色，在画面上绘制音符效果。

小小提示：使用自由变换命令调整图像时，可通过按住快捷键 Shift+Alt 从中心等比例缩放图像，也可以通过按住 Ctrl 键随意移动某一个调节点的位置，而不影响其他调节点，有针对性地对图像进行变形。

3 单击“创建新的填充或调整图层”按钮，在弹出的菜单中选择“渐变填充”选项设置参数，按住 Alt 键并单击鼠标左键，创建其图层剪贴蒙版。设置混合模式为“深色”，制作音符的渐变效果。

4 继续使用自定形状工具，在其属性栏中选择所需的自定义形状。按住 Shift 键在画面上绘制多个自定形状在同一个图层上，得到“形状 2”图层。

贴心巧计：“存储形状”命令可将当前“自定形状”拾色器中的所有预设形状存储至指定文件夹中，并可对该形状名称进行重命名。单击“自定形状”拾色器右上角的扩展按钮，在弹出的菜单中选择“存储形状”命令，再在弹出的对话框中设置形状名称和存储位置，完成后单击“保存”按钮，即可保存当前预设形状。

5 单击“创建新的填充或调整图层”按钮，在弹出的菜单中选择“渐变填充”选项设置参数。按住 Alt 键并单击鼠标左键，创建其图层剪贴蒙版，制作“形状 2”的渐变效果。

6 再次单击“创建新的填充或调整图层”按钮，在弹出的菜单中选择“渐变填充”选项设置参数，得到“渐变填充 3”图层。并设置混合模式为“柔光”，制作整体画面的渐变效果，制作五彩图像。至此，本实例制作完成。

小小提示：在使用自定形状工具绘制需要的图形时，若想要绘制的自定形状在同一个图层上，就单击自定形状工具，在其属性栏中选择所需的自定义形状，并按住 Shift 键在画面上绘制多个自定形状在同一个图层上。

9.4 编辑路径，得到想要的图形

在 Photoshop 中，路径的编辑是通过路径绘制图形的对路径进行调整，可使所绘制的形状图形更精确。对路径的编辑操作包括路径选择工具、直接选择工具、添加 / 删除锚点、改变锚点性质、“建立选区”对话框、填充路径、描边路径、存储、删除和剪贴路径、路径和选区的转换等，通过对路径进行编辑可以创建形状丰富的路径，得到自己想要的图形。

贴心巧计：在 Photoshop CS6 中，可以使用路径选择工具对路径进行选择、移动以及复制等操作，可以直接使用路径选择工具和直接选择工具。

9.4.1 路径选择工具

使用路径选择工具单击路径，将会选择单一路径或整个路径，拖动鼠标移动或者按住 Alt 键的同时拖动某个锚点，可以实现路径的复制，这里就不详细介绍了。路径选择工具的另一项重要功能就是创建复合路径。

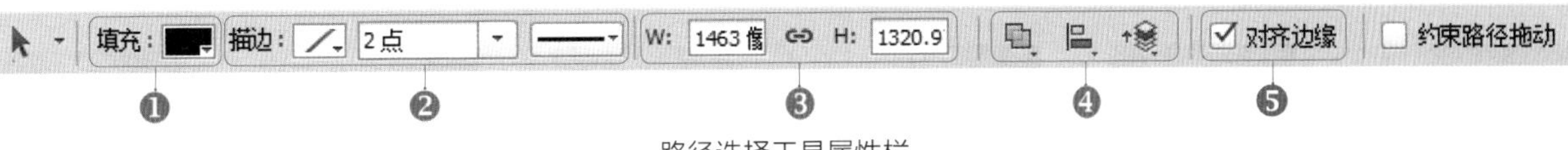

路径选择工具属性栏

❶ **“填充”选项：**当选择创建的形状路径时，此选项被激活，可对形状路径的填充内容进行设置，包括“无颜色”、“纯色”、“渐变”、“图案”4 种填充类型。

❷ **“描边”选项：**选择创建的形状路径时，此选项被激活，可设置图形的描边宽度、描边类型等。

❸ **“设置形状宽度与高度”文本框：**通过该选项可以设置图形的高与宽，调整路径的选择范围，数值越大，选择范围也越大；反之数值越小，选择的范围越小。

❹ **“路径管理”选项组：**此选项内包括“路径操作”按钮、“路径对齐”按钮、“路径排列”按钮，通过单击不同的按钮可对路径进行管理。

❺ **“对齐边缘” 复选框：**用于设置图形位置，以校正边缘对齐效果。

原图

选择路径

移动路径

9.4.2 直接选择工具

利用直接选择工具，可以选择单个锚点或多个锚点，也可以通过拖动鼠标以框选整个路径。选择锚点后，直接拖动控制手柄可以改变路径形状，按住 Alt 键的同时拖动路径可以对路径进行复制。

9.4.3 添加 / 删除锚点

路径是由多个锚点组成的闭合形状，在路径中添加锚点可改变路径的形状。单击添加锚点工具，将鼠标指针移动到要添加锚点的路径上，当其变为形状时单击鼠标，即可添加一个锚点。添加的锚点以实心显示，此时拖动该锚点即可改变路径的形状。

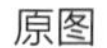

原图

绘制路径

添加锚点

删除锚点工具主要用于删除不需要的锚点。使用删除锚点工具时，将鼠标指针移到要删除的锚点上，当其变为形状时单击鼠标，即可删除该锚点。删除锚点后路径的形状也会发生相应变化。按住 Alt 键可切换为添加锚点工具。

绘制路径

使用添加锚点工具添加锚点

调整锚点位置

绘制路径

使用删除锚点工具减少锚点

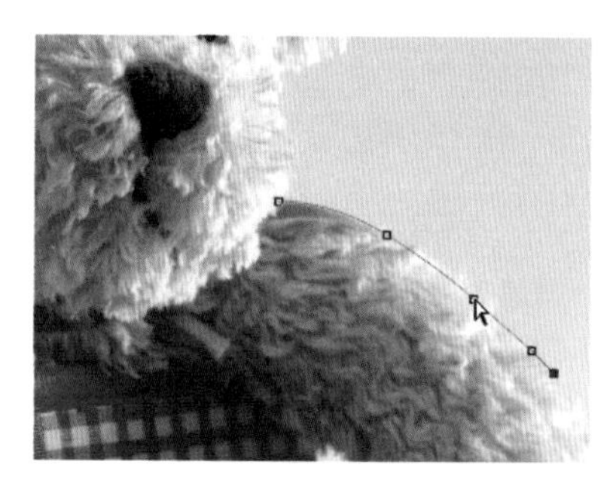

调整锚点位置

9.4.4 改变锚点性质

利用转换点工具可改变锚点性质，将路径在尖角和平滑之间进行转换。当使用钢笔工具绘制图形时，在需要转换为平滑点的锚点上按住鼠标左键不放并拖动，会出现锚点的控制柄，拖动控制柄即可调整曲线的形状。

9.4.5 填充路径

“填充路径”命令是依照当前路径的形状，在开放或闭合路径中填充颜色或图案。在“路径”面板中单击右上角的扩展按钮，在弹出的快捷菜单中选择“填充路径”选项，弹出的对话框中包含了多种填充方式，普通图层或图层蒙版上的路径可使用相似填充。在选择图层或蒙版时，可以通过在“路径”面板中单击路径缩览图来选择路径。当路径为线条时，将会按“路径”面板中显示的选区范围进行路径填充。

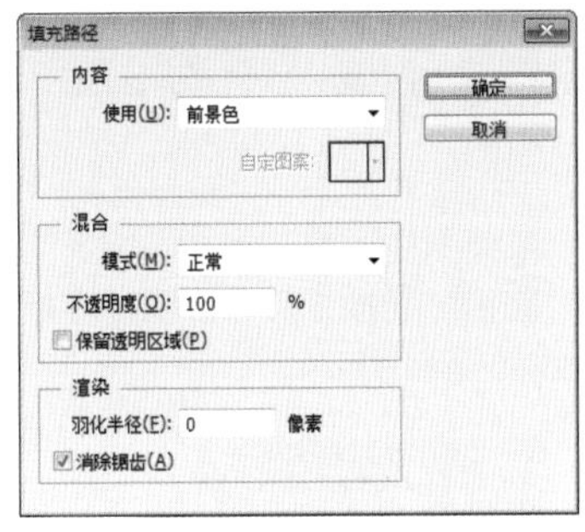

“填充路径”对话框

路径原图

填充路径为图案效果

9.4.6 描边路径

“描边路径”命令是指沿着已有的路径为路径边缘添加线条、形状等效果。描边效果是通过使用的工具进行描边的，其中包括画笔、铅笔、橡皮擦和历史记录艺术画笔等，通过这些工具可得到不同的描边效果，同时画笔样式和颜色可以自行定义。

在“路径”面板中单击扩展按钮，在弹出的菜单中选择“描边路径”选项，即可弹出其对话框，设置完成后单击“确定”按钮即可。还可以在“路径”面板中单击“用画笔描边路径”按钮，为路径进行描边。

“路径”面板

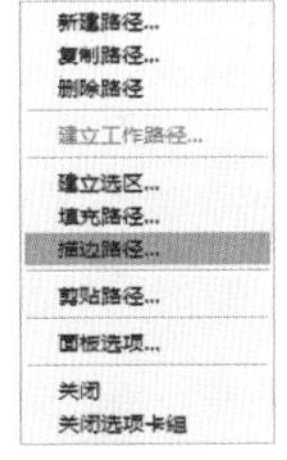

快捷菜单

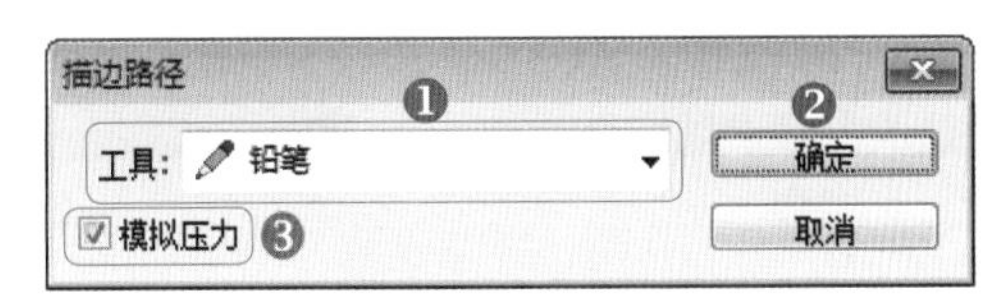

“描边路径”对话框

❶ **“用画笔描边路径”按钮：**单击该按钮即可沿着路径边缘添加描边效果。

❷ **下拉列表按钮：**单击该按钮，在下拉列表中可以对需要描边的工具进行选择。

❸ **“模拟压力”复选框：**勾选该复选框，可使描边路径形成两端较小，中间较粗的线条；取消该复选框，则描边路径两端将一样粗细。

小小提示：绘制路径后，通过对绘制工具的属性进行设置并在路径面板中执行“路径描边”命令，可以为图像添加不同的描边效果。单击钢笔工具，在属性栏中设置属选项性，并在画面中绘制线条路径。设置画笔笔刷样式，将会以渐隐的效果进行描边。

原图

使用画笔样式描边

以自定义笔刷样式描边

9.4.7 存储、删除和剪贴路径

使用路径绘制图形对路径进行调整，可使所绘制的形状图形更精确。对路径的编辑操作包括新建路径、复制和删除路径、隐藏或显示路径、描边路径等。通过对路径进行编辑，可以创建形状丰富的路径。

贴心巧计：在“路径”面板中，单击“创建新路径”按钮，即可在该面板中创建一个新的路径图层，默认为“路径1”。还可以在“路径”面板中，单击右上角的扩展按钮，在弹出的快捷菜单中选择“新建路径”命令，在弹出的对话框中设置路径名称，单击“确定”按钮，即可新建为“路径2”，并依次排列在“路径1”下方。

有时候某些路径要经常使用，那么存储该路径就很有必要了。创建路径后打开“路径”面板，双击该路径面板即可存储该路径，或者单击右上角的扩展按钮，在弹出的快捷菜单中选择“存储路径”命令。

创建路径

“存储路径”对话框

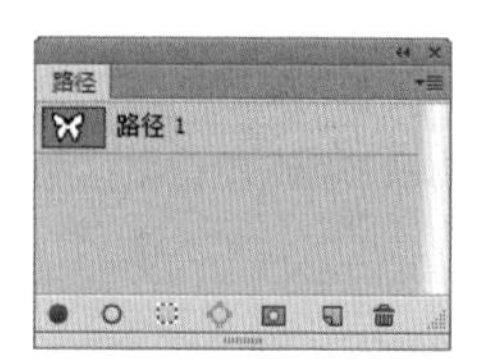

得到的“路径 1”

删除路径即将不满意的路径进行删除。使用路径选择工具选择相应路径之后，将其拖动到“删除路径”按钮上，或者应用“删除路径”命令，即可将选择的路径删除；也可以直接按下 Delete 键删除路径。

原图

创建路径

删除路径

剪贴路径要先在“路径”面板中单击扩展按钮，在弹出的快捷菜单中选择“存储路径”选项，在弹出的对话框中设置名称后单击“确定”按钮。再在“路径”面板中单击扩展按钮，在弹出的快捷菜单中选择“剪贴路径”选项，在弹出的对话框中设置名称后单击“确定”按钮，即可剪贴路径。

小小提示：在“路径”面板中选择一个路径，并在图像中选择需要复制的路径，按住 Alt 键，此时鼠标指针变为形状，拖动路径即可复制得到新的路径。在按住 Alt 键的同时按住 Shift 键并拖动路径，可沿着原路径成水平、垂直或 45° 角的位置关系。

9.4.8 路径和选区的转换

绘制路径后，使用选择路径工具选择路径，在“路径”面板中单击“将路径作为选区载入”按钮，或者按快捷键 Ctrl+Enter，即可将选择的路径转换为选区。

9.4.9 “建立选区”对话框

在“路径”面板中单击右上角的扩展按钮，在弹出的快捷菜单中选择“建立选区”选项，将弹出“建立选区”对话框。在该对话框中可设置选区的羽化值及对路径进行具体操作。完成设置后单击“确定”按钮，即可将当前路径转换为选区，从而快速对其运用路径的各种编辑操作，使图像效果更对变化。

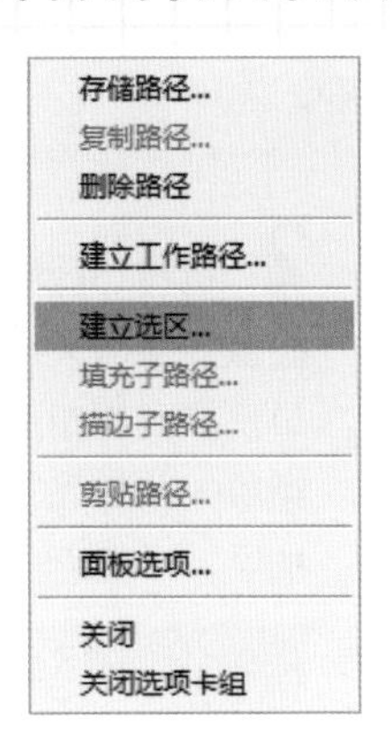

快捷菜单

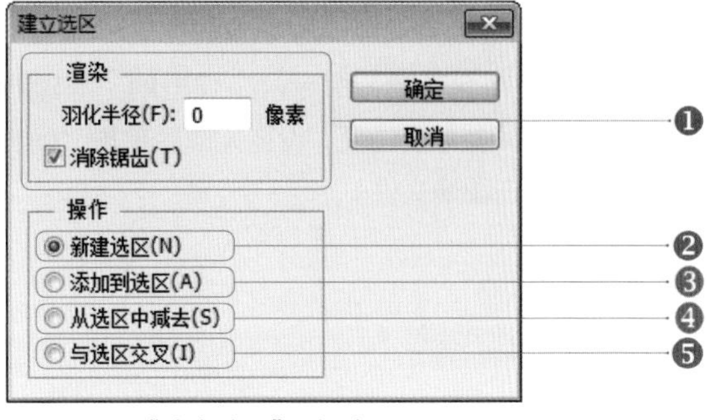

“建立选区”对话框

❶ **“渲染”选项组**：在该选项组中可设置“羽化半径”的羽化像素大小，勾选“消除锯齿”复选框将平滑和混合边缘选区周围的像素。

❷ **“新建选区”单选项**：当绘制路后，应用“建立选区”命令，可在弹出的对话框中设置沿着路径创建独立的新选区。

路径图像

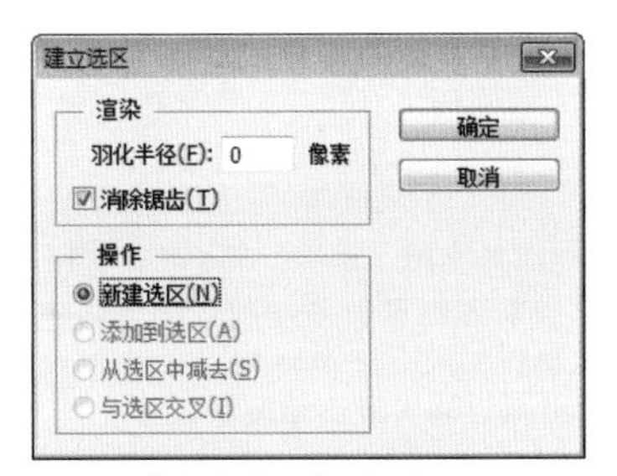

“建立选区”对话框

将路径转换为选区

❸ **“添加到选区”单选项**：在保持选区的同时，再次应用“建立选区”命令，可激活“添加到选区”单选项、“从选区中减去”单选项和“与选区交叉”单选项，并可在当前选区基础上添加新的选区。

❹ **“从选区中减去”单选项**：在保持选区的同时，再次应用“建立选区”命令，选择该选项即可减去当前选区的指定区域。

❺ **“与选区交叉”单选项**：在保持选区的同时，再次应用“建立选区”命令，选择该选项可保留当前选区与所选区域交叉的选区。

原图

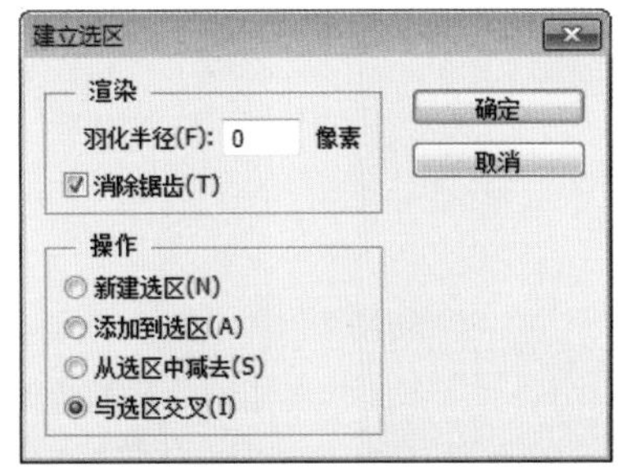

应用“建立选区”命令

交叉选区后的效果

试试看：制作晾晒图像

成果所在地：第 9 章\Complete\ 制作晾晒图像 .psd

视频 \ 第 9 章 \ 制作晾晒图像 .swf

1 执行“文件 > 新建”命令，在弹出的“新建”对话框中设置各项参数及选项，设置完成后单击“确定”按钮，新建空白图像文件。

背景

新建

名称(N): 制作晾晒图像

预设(P): 自定

大小(I):

宽度(W): 7.98 厘米

高度(H): 5.37 厘米

分辨率(R): 300 像素/英寸

颜色模式(M): RGB 颜色 8 位

背景内容(C): 背景色

高级

确定

取消

存储预设(S)...

删除预设(D)...

图像大小:

1.71M

2 执行“文件 > 打开”命令，打开“制作晾晒图像 1.jpg”图像文件，得到“图层 1”，将其重命名为“水彩纸”。单击“创建新的填充或调整图层”按钮，在弹出的菜单中选择“渐变填充”选项设置参数，混合模式为“叠加”，“不透明度”为 25%。

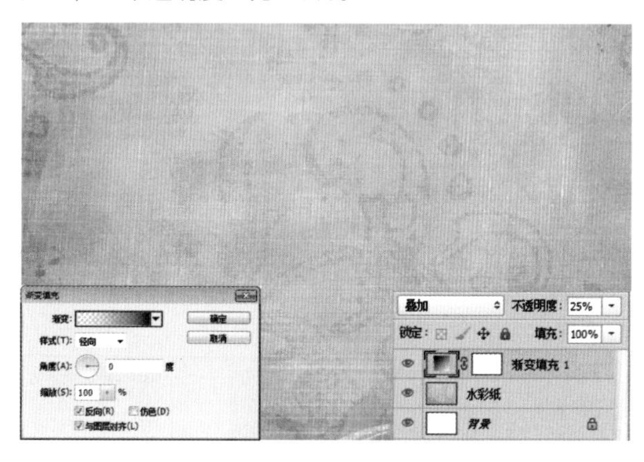

小小提示：在 Photoshop 中，对图层使用“叠加”模式，使用此模式合并图像时，综合了相乘和屏幕模式两种模式方法。即根据底层的色彩决定将目标层的哪些像素以相乘模式合成，哪些像素以屏幕模式合成。合成后有些区域图变暗，有些区域图变亮。一般来说，发生变化的都是中间色调，亮色和暗色区域基本保持不变，但底层颜色的亮光与阴影部分的亮度细节就被保留。

3 新建“图层 1”。使用钢笔工具，在图层上绘制需要的长方形路径，并在“路径”面板中单击扩展按钮，在弹出的快捷菜单中选择“建立选区”选项，在弹出的对话框中设置名称后单击“确定”按钮。设置前景色为白色，按快捷键 Alt+Delete，填充其选区为白色。

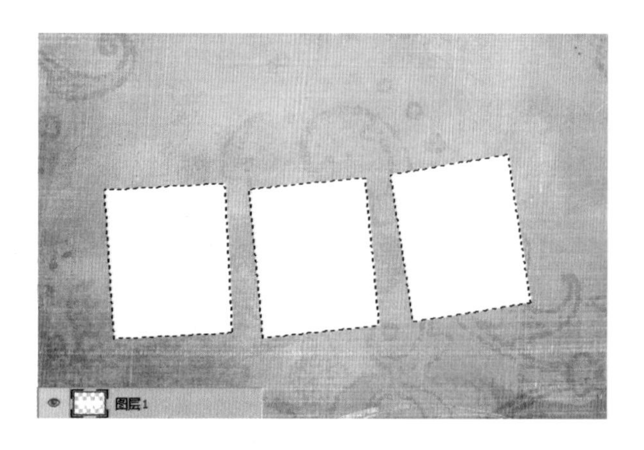

4 新建“图层 2”。继续使用钢笔工具，在图层上绘制需要的长方形路径，并在“路径”面板中单击扩展按钮，在弹出的快捷菜单中选择“建立选区”选项，在弹出的对话框中设置名称后单击“确定”按钮。设置前景色为黑色，按快捷键 Alt+Delete，填充其选区为黑色。

5 执行“文件 > 打开”命令，打开“制作晾晒图像2.png”图像文件，将其拖曳到当前文件图像中，生成“图层 2”。按住 Alt 键并单击鼠标左键，创建其图层剪贴蒙版。

6 选择“图层 2”，按快捷键 Ctrl+J 复制得到“图层 2 副本”。将其移至图层上方，并放置于画面中合适的位置。打开“制作晾晒图像 3.jpg”文件，将其拖曳到当前文件图像中，按住 Alt 键并单击鼠标左键，创建其图层剪贴蒙版。

7 使用相同方法复制“图层 2”，打开“制作晾晒图像 4.jpg”文件，将其拖曳到当前文件图像中，按住 Alt 键并单击鼠标左键，创建其图层剪贴蒙版。

8 打开“制作晾晒图像 5.png”文件，将其拖曳到当前文件图像中，生成“图层 6”。使用快捷键 Ctrl+T 变换图像大小，并将其放置于画面中合适的位置。

9 按住 Ctrl 键选择“图层 1”和“图层 6”，按快捷键 Ctrl+J 复制得到两个图层的副本，将其合并后移至“图层 1”下方，并按住 Ctrl 键单击图层得到其选区。将其选区填充为黑色，使用快捷键 Ctrl+T 变换图像，设置“不透明度”为 52%，制作其阴影效果。

10 回到“图层 6”，打开“制作晾晒图像 6. png”文件，将其拖曳到当前文件图像中，得到“图层 7”。将其复制并使用相同方法制作阴影，分别放于画面中合适的位置。至此，本实例制作完成。

温习一下

1. 选择题

（1）按下什么快捷键可选择钢笔工具？（　　）

A. P　　B. B　　C. D

（2）按什么快捷键可以在钢笔工具和自由钢笔工具之间切换？（　　）

A. Shift+P　　B. Shift+B　　C. Shift+F6

（3）在“路径”面板中单击“将路径作为选区载入”按钮，或者按下什么快捷键，即可将选择的路径转换为选区？（　　）

A. Ctrl+Shift+I　　B. Ctrl+Enter　　C. Shift+Alt+I

2. 填空题

（1）单击右上角的扩展按钮，在弹出的快捷菜单中选择____________命令即可存储路径。

（2）_____________可改变锚点性质，将路径在尖角和平滑之间进行转换。

（3）在 Photoshop CS6 中，对路径进行选择、移动及复制等操作，可以直接使用____________和____________。

3. 上机操作：结合自定形状工具绘制图形

第①步：新建一个空白文档，并填充为黄色。载入“树 .Csh”自定义形状，单击自定形状工具，在画面上绘制树干效果。

第②步：在“形状预设”选取器面板中选择“心型”图形，制作心型树叶效果。

第③步：设置不同颜色继续制作心型树叶效果，将画面制作完整。

第①步效果图

第②步效果图

第③步效果图

答案

PS：别直接就看答案，那样就没效果了！听过孔子说过的一句话没？“温故而知新，可以为师矣”。

选择题：（1） A；（2） A；（3） B。

填空题：（1） “存储路径”；

（2） 转换点工具；

（3） 路径选择工具、直接选择工具。

第10章 神秘高级的蒙版和通道应用

在Photoshop中，有两项高级的应用就是蒙版和通道。它们在Photoshop中的地位就如一项工程中最后的装修一样重要，不会蒙版和通道的操作等于不会Photoshop图像处理软件。学习Photoshop图像处理软件，学会蒙版和通道操作是必修功课。本章将从蒙版的类型和通道的种类等基础内容入手，将学习的知识点与实战操作相融合，从而对蒙版、通道的神奇作用进行诠释，帮助读者达到学以致用的目的，制作出与众不同的图像效果。

10.1 认识蒙版

在 Photoshop CS6 中，蒙版可分为图层蒙版、矢量蒙版、剪贴蒙版和快速蒙版 4 种类型。蒙版是以隐藏的形式来保护下方的图层，在编辑的同时保护原图像不会被编辑破坏。下面先来认识一下蒙版。

10.1.1 关于蒙版

蒙版就是选区之外的地方，用来保护选区的外部。由于蒙版所蒙住的地方是编辑选区时不受影响的地方，需要完整地留下来，因此在图层上需要显示出来。从这个角度来理解，则蒙版的黑色即保护区域为完全透明，白色即选区为不透明，灰色介于两者之间部分选取，部分保护。

小小提示：蒙版又称“遮罩”，是一种特殊的图像处理方式，它能对不需要编辑的部分图像进行保护，起到隔离的作用。蒙版就像覆盖在图层上的“其妙玻璃”，白色玻璃下的图像按原样显示，黑色玻璃下的图像不可见，灰色玻璃下的图像呈半透明的效果。

试试看：更换图像天空

成果所在地：第 10 章 \Complete\ 更换图像天空 .psd

1 执行“文件 > 新建”命令，在弹出的“新建”对话框中设置各项参数及选项，设置完成后单击“确定”按钮，新建空白图像文件。执行“文件 > 打开”命令，打开“更换图像天空 .jpg”图像文件，得到“图层 1”。使用魔棒工具在属性栏中设置属性在天空区域创建选区，以选取天空区域图像。然后按下快捷键 Ctrl+Shift+L 反选选区，保持选区的同时单击“添加图层蒙版”按钮，并隐藏“背景”图层，即可隐藏选区内图像。

2 执行“文件 > 打开”命令，打开“更换图像天空 2.jpg”图像文件，得到“图层 2”。调整图层上下关系和位置，将“图层 2”移至“图层 1”下方。使用快捷键 Ctrl+T 变换图像大小，并将其放置于画面中合适的位置，以制作更换图像天空效果。按快捷键 Shift+Ctrl+Alt+E 盖印图层，执行“图像 > 调整 > 变化”命令，调整图像的色调。至此，本实例制作完成。

10.1.2 “蒙版”面板

在对图层创建图层蒙版后，双击图层蒙版缩览图或执行“窗口 > 属性”面板，即可弹出“蒙版”属性面板。在该面板中可设置蒙版的“浓度”、“羽化”选项的参数值，通过调整蒙版的不透明度或羽化值，以增加或减少蒙版的显示内容或羽化蒙版边缘效果。还可以通过单击“蒙版边缘”、“颜色范围”和“反相”按钮对蒙版进行编辑，通过这些控件类型调整选区的方式。

在未选择蒙版或部分蒙版的状态下，“蒙版”面板中的多数选项为灰色未激活状态，选择相应的蒙版即可激活该面板中的选项。若对该图层应用了“智能滤镜”，可在“蒙版”面板中显示“滤镜蒙版”的设置选项。同样，添加矢量蒙版，即可在该面板中显示矢量蒙版的设置选项。

“蒙版”属性面板

❶ **“图层蒙版”缩览图：**该缩览图显示当前选择的图层蒙版、滤镜蒙版或矢量蒙版状态。

❷ **添加蒙版按钮：**单击该按钮可选择图层蒙版、滤镜蒙版或矢量蒙版，若选择了其他图层，单击该按钮，即可切换至相应的蒙版选项面板中。

❸ **“浓度”文本框：**拖动滑块或输入参数值，调整浓度参数值，浓度是指蒙版区域的不透明度。

“浓度”为 50%

蒙版效果为半透明状态

“浓度”为 100%

蒙版效果为完全透明状态

❹ **“羽化”文本框：**可调整羽化参数值，此时的羽化值是指选区边缘的羽化强度。

❺ **“蒙版边缘”按钮：**单击该按钮，在打开的“调整蒙版”对话框中可设置蒙版选区的状态。

“调整蒙版”对话框

设置“半径”值后的蒙版效果

设置“半径”和“羽化”值后的蒙版效果

❻ **“颜色范围”按钮：**单击该按钮，在打开的“色彩范围”对话框中可设置选取蒙版范围。

❼ **“反相”按钮：**单击该按钮，可对当前蒙版图像的显示和隐藏区域做反转处理。

10.2 详细了解蒙版的分类和管理

在对蒙版进行初步认识以后，接着来详细了解蒙版的分类和管理。下面将主要讲解四大蒙版、复制、删除蒙版、停用 / 启用图层蒙版等。通过对蒙版的分类和管理的学习，慢慢地对知识点进行深入，从而帮助读者更加深入地认识、了解 Photoshop。

10.2.1 四大蒙版

蒙版可分为图层蒙版、矢量蒙版、剪贴蒙版和快速蒙版 4 种类型，在不同环境中可以利用不同蒙版制作图像。

贴心巧计：蒙版是由图层缩略图和图层蒙版缩略图组成的。图层蒙版主要是对图像合成进行处理，通过使用画笔工具在蒙版缩览图中涂抹，白色蒙版下的图像被完全保留，黑色蒙版下的图像则不可见，灰色蒙版下的图像呈半透明效果，从而起到保护、隔离的作用。

创建蒙版有两种情况：一是当图层中没有选区时创建蒙版，二是在图层中包含选区时创建蒙版。图层蒙版是图像处理中最常用的蒙版，它主要用于显示或隐藏图层中的多余图像，在编辑的同时原图不被编辑破坏。为普通图层添加图层蒙版，可隐藏部分不需要的图像；若要删除多余的图层蒙版，可应用“删除图层蒙版”命令，即还原图像效果。

小小提示：图层蒙版是依附于图层而存在的，通过使用“画笔工具”在蒙版上涂抹，可以只显示需要编辑的部分图像。

原图

图层蒙版

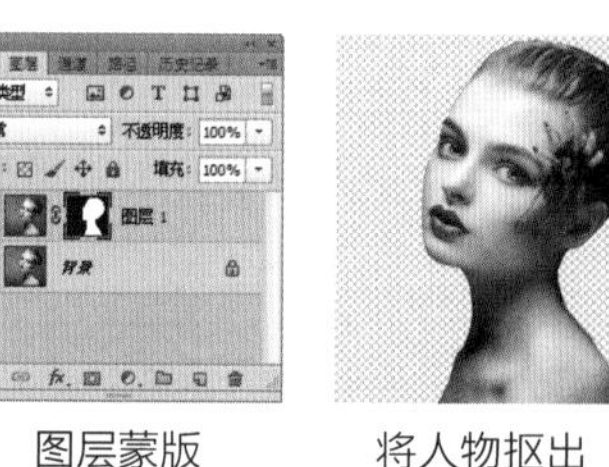

将人物抠出

小小提示：矢量蒙版与图层蒙版一样，都是依附图层而存在的。其主要是通过路径制成蒙版，将路径覆盖的图像区域进行隐藏，显示没有路径覆盖的图像区域。

原图

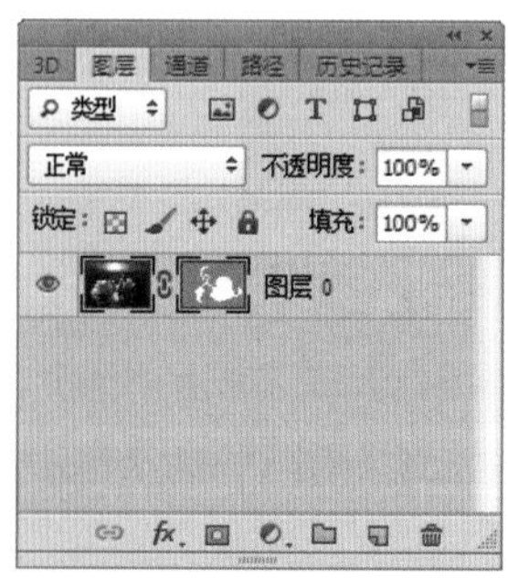

矢量图层蒙版

矢量形状图形效果

试试看：绘制花朵形状图像

成果所在地：第 10 章 \Complete\ 绘制花朵形状图像 .psd

视频 \ 第 10 章 \ 绘制花朵形状图像 .swf

1 执行“文件 > 打开”命令，打开“绘制花朵形状图像 .jpg”图像文件，得到“背景”图层。在“背景 副本”图层下方新建“图层 1”，并填充为白色。选择“背景”图层，按快捷键 Ctrl+J 复制得到“背景 副本”，并将其移至图层上方。

2 选择“背景 副本”，单击自定形状工具，在属性栏中设置属性，并在“自动形状”拾色器中指定形状为“花 5”。然后选择“背景 副本”图层，在画面中按住 Shift 键的同时拖动鼠标，以绘制多个大小不同的花朵路径。

3 选择“背景 副本”，单击自定形状工具，在属性栏中设置属性，并在“自动形状”拾色器中指定形状为“红心形卡”。然后选择“背景 副本”图层，在画面中按住 Shift 键的同时拖动鼠标，适当绘制少许桃心路径。

4 继续使用相同方法，在画面中绘制多种花朵路径。然后在自定形状工具属性栏中单击“蒙版”按钮，创建矢量蒙版，并隐藏路径以外的图像，从而绘制丰富的花朵图像。至此，本实例制作完成。

贴心巧计： 在“图层”面板中，可将矢量蒙版转换为图层蒙版进行编辑。选择矢量蒙版缩览图，执行“图层 > 栅格化 > 矢量蒙版”命令，或单击鼠标右键并在弹出的快捷菜单中选择“栅格化矢量蒙版”选项，即可将矢量蒙版转换为图层蒙版。此时可以看到，矢量蒙版的灰色转换为黑白图层蒙版效果显示。

添加矢量蒙版的图像

矢量蒙版

显示为图层蒙版效果

小小提示：在“图层”面板中选择图层，执行“图层 > 图层蒙版 > 显示全部”或“图层 > 图层蒙版 > 隐藏全部”命令，即可为选择的图层创建显示或隐藏的图层蒙版。当创建选区时，在“图层”面板中单击“添加图层蒙版”按钮，选区内的图像将被保留，选区外的图像将被隐藏，在蒙版中该区域显示为黑色。

创建显示蒙版

创建隐藏蒙版

为选区创建蒙版

执行“图层 > 创建剪贴蒙版”命令，或在“图层”面板中按住 Alt 键的同时将鼠标指针移至两图层间的分割线上，当其变为形状时，单击鼠标左键，即可创建剪贴蒙版。

原图

剪贴蒙版

最终效果

当创建了剪贴蒙版后，执行“图层 > 释放剪贴蒙版”命令，即可将该图层以及上面的所有图层从剪贴蒙版中移出；选择基础图上方的图层并执行该命令，即可释放剪贴蒙版中所有图层；也可以按住 Alt 键的同时在要释放的图层之间单击，当鼠标指针变为形状时，即可释放上方的所有图层。

原图

释放剪贴蒙版

得到的效果

10.2.2 复制、删除蒙版

在“图层”面板中，为“图层 1”添加图层蒙版，并选择“图层 1”的图层蒙版缩略图，当鼠标指针变为时将“图层 1”蒙版缩略图拖动到“图层 2”中，即移动了图层蒙版。若按住 Alt 键拖动蒙版缩略图到“图层 2”中，则复制当前图层蒙版。

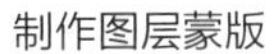
制作图层蒙版

移动图层蒙版

复制图层蒙版

原图

复制图层蒙版后的效果

若要删除图层蒙版，在“图层”面板中的蒙版缩略图上单击鼠标右键，在弹出的菜单中选择“删除图层蒙版”命令，或者执行“图层 > 图层蒙版 > 删除”命令，可删除所选图层中的图层蒙版；还可以拖动图层缩略图到“删除图层”按钮上释放鼠标，再在弹出的对话框中单击“删除”按钮。

“图层”面板

删除图层蒙版

得到的结果

贴心巧计：剪贴蒙版是由基础层和内容层组成的。基础层用于定义显示图像的范围或形状，内容层用于存放将要表现的图像内容。使用剪贴蒙版可在不影响原图像的同时有效地完成剪贴制作。创建剪贴蒙版和释放剪贴蒙版有多种方法，最快捷的方式是按快捷键 Ctrl+Alt+G 创建剪贴蒙版，再次按快捷键即可释放剪贴蒙版。

10.2.3 停用 / 启用图层蒙版

贴心巧计：在对蒙版执行"应用蒙版"命令后，该图层中的图像就会按照蒙版效果对图像进行隐藏和显示。应用图层蒙版是将蒙版中黑色区域对应的图像删除，将白色区域对应的图像保留，将灰色过渡区域对应的图像部分像素删除，并合并为一个图层。在"图层"面板中，选择图层蒙版缩略图，单击鼠标右键并在弹出的菜单中选择"应用图层蒙版"命令，或者执行"图层 > 图层蒙版 > 应用"命令，即可应用图层蒙版。

停用和启用矢量蒙版可查看使用蒙版前和停用蒙版时的效果。按住 Shift 键的同时，单击矢量蒙版缩略图，矢量蒙版缩略图中出现一个红色的 X 标记，即停用当前矢量蒙版屏蔽图像效果。若要启用图层蒙版，可在按住 Shift 键的同时单击矢量蒙版缩略图，或者选择矢量蒙版的同时单击鼠标右键，在弹出的快捷菜单中选择"启用矢量蒙版"选项。

停用矢量蒙版

停用矢量蒙版的效果

启用矢量蒙版

启用矢量蒙版的效果

10.2.4 链接与取消链接图层蒙版

在图层缩览图和蒙版缩览图之间有个"指示图层蒙版链接到图层"按钮，单击该按钮即可取消图层与图层蒙版之间的链接，使用移动工具在图像文件中可分别移动其位置，图像效果也会发生改变。再次单击该按钮可链接图层和图层蒙版，移动时两者将会一起移动。

"图层"面板

链接图层蒙版

取消链接图层蒙版

10.2.5 “快速蒙版选项”对话框

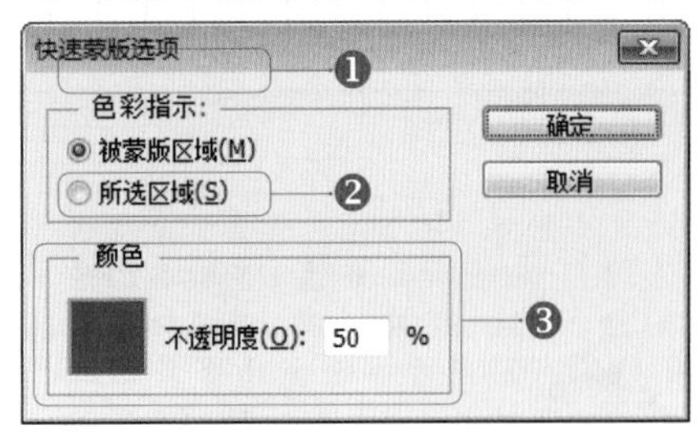

“快速蒙版选项”对话框

在前面对选区的讲解中已介绍了快速蒙版，这里主要对“快速蒙版选项”对话框进行详细介绍。快速蒙版主要用于在图像中创建指定区域的选区，它是直接在图像中表现蒙版并将其载入选区的。

❶ **“被蒙版区域”单选项**：选中该选项后，使用画笔工具在画面中涂抹黑色，则涂抹的区域为蒙版所覆盖的区域。

小小提示：在默认状态下单击工具箱中的“以快速蒙版模式编辑”按钮，即可进入快速蒙版编辑状态，使用画笔工具在指定区域涂抹，以表现该区域被蒙版遮罩，完成后单击“以标准模式编辑”按钮，即可载入选区，此时所载入的选区为未被涂抹的区域。

❷ **“所选区域”单选项**：选中该选项后，使用画笔工具在画面中涂抹黑色，则直接将所涂抹的区域转换为选区。

❸ **“颜色”选项组**：单击颜色色块，可在弹出的“拾色器”对话框中设置颜色。若要调整涂抹颜色的透明效果，可设置“不透明度”选项的参数值。

贴心巧计：在使用快速蒙版编辑图像时，由于编辑的主体物颜色与快速蒙版颜色相同，编辑过程中容易出现处理不当等效果。双击“以快速蒙版模式编辑”按钮，在弹出“快速蒙版选项”对话框中单击默认的红色色块，在弹出的“拾色器”对话框中任意设置一个与反差较大的颜色，完成后单击“确定”按钮即可。

原图

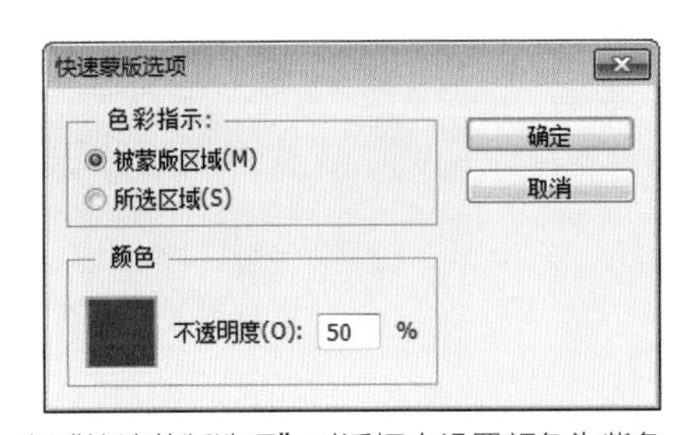

在“快速蒙版选项”对话框中设置颜色为紫色

快速蒙版编辑状态中的编辑主体图像

贴心巧计：在“快速蒙版选项”对话框中单击设置“不透明度”的参数值，可更改快速蒙版在图像中编辑时的颜色不透明的效果。设置颜色“不透明度”的参数值，可显示快速蒙版在编辑中的透明状态效果。

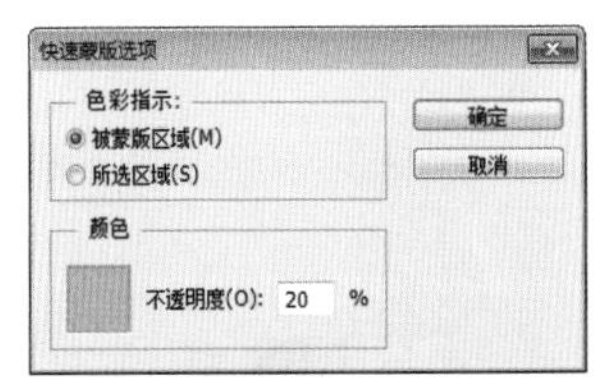

设置颜色“不透明度”为20%及其效果

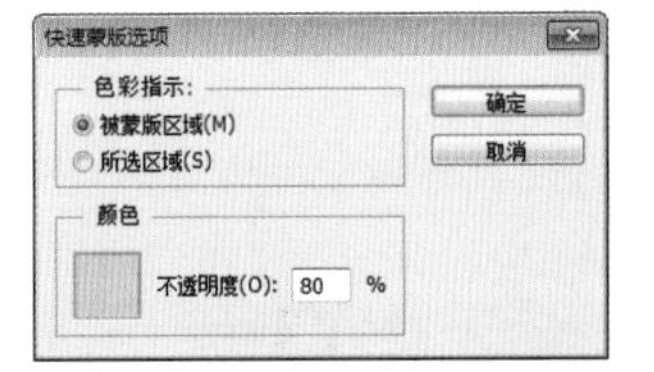

设置颜色“不透明度”为80%及其效果

百变技能秀：快速抠取宠物图像

成果所在地：第 10 章 \Complete\ 百变技能秀：快速抠取宠物图像 .psd
视频 \ 第 10 章 \ 百变技能秀：快速抠取宠物图像 .swf

操作试试

1 打开一张宠物照片，得到"背景"图层。按快捷键 Ctrl+J 复制得到"图层 1"。

2 双击"以快速蒙板编辑"按钮，会弹出"快速蒙版选项"对话框，在其中设置各项参数，并单击"确定"按钮。使用画笔工具选择柔角画笔并适当调整大小及透明度，在蒙版上对不需要的部分加以涂抹，在需要抠取的宠物上涂抹，将其涂抹出来。

3 涂抹完成后单击"以标准模式编辑"按钮，即可得到宠物以外的选区。反选选区，并单击"添加图层蒙版"按钮，即可将宠物快速抠出。

4 打开另一张人物图像，将刚才抠出的宠物拖曳至当前画面中。使用快捷键 Ctrl+T 变换图像大小，并将其放置于画面中合适的位置，将照片拼合在一块。

10.3 认识通道

在对蒙版的功能进行了大体了解后，再来认识一下通道。在 Photoshop CS6 中，通道具有神奇的功能，它有存储图像的颜色信息和选择范围的功能。本节将通过通道及“通道”面板等基础内容，对通道的神奇作用进行诠释。

10.3.1 关于通道

通道是用来保护图像信息的，主要用于存放图像中不同的颜色信息。通道是通过特殊的灰度存储图像的颜色信息和专色信息的。

10.3.2 “通道”面板

在 Photoshop 中，执行“窗口 > 通道”命令即可显示“通道”面板。在“通道”面板，会以当前图像的颜色模式显示其对应的通道。通道是作为图像的组成部分，与图像的格式息息相关，图像颜色模式的不同也决定了通道的数量和模式。通道主要分为颜色通道、专色通道、Alpha 通道和临时通道。

小小提示：在“通道选项”对话框中，设置蒙版的颜色是为了方便辨认蒙版覆盖区域和未覆盖区域，设置蒙版颜色的透明度是为了方便准确地创建选区，它们对图像的处理没有任何影响。

“通道”面板

❶“指示通道可见性”按钮：当图标为眼睛形状时，图像窗口显示该通道的图像；单击该图标后，图标变为空白形状，隐藏该通道的图像；再次单击即可再次显示其图像。

❷“将通道作为选区载入”按钮：单击该按钮，可将当前通道快速转化为选区。

❸“将选区存储为通道”按钮：单击该按钮，可将图像中选区之外的图像转换为一个蒙版的形式，将选区保存在新建的 Alpha 通道中。

❹“创建新通道”按钮：单击该按钮，即可创建一个新的 Alpha 通道。

❺“删除当前通道”按钮：单击该按钮，即可删除当前选择的通道。

贴心巧计：当创建一个 Alpha 通道后，若要对该通道进行编辑，可单击右上角的扩展按钮，在弹出的快捷菜单中选择“通道选项”命令。在弹出的“通道选项”对话框中可设置通道的名称、拖动中屏蔽所有显示的方式和屏蔽的不透明度。

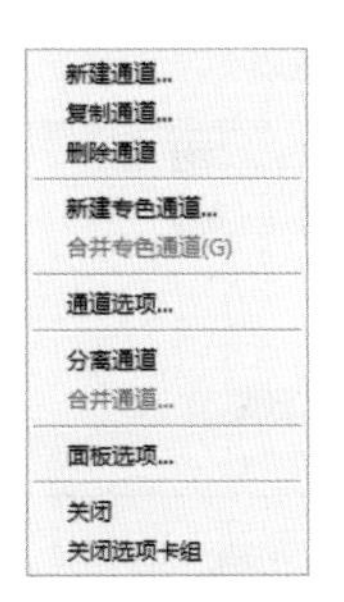

快捷菜单

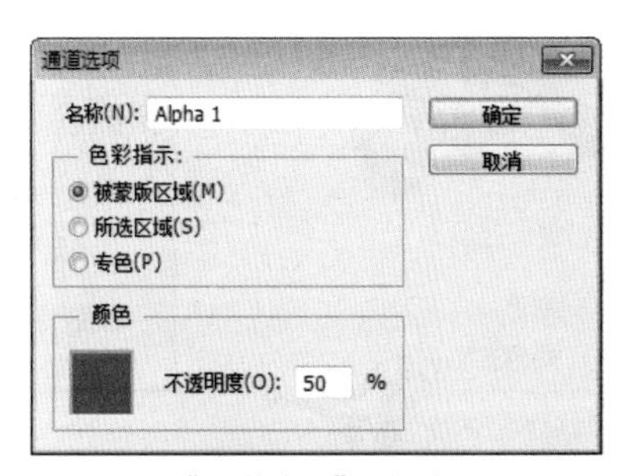

“通道选项”对话框

10.4 通道的分类和编辑

在对“通道”面板以及通道的基本类型有所了解之后，下一步来学习通道的分类和编辑。通道主要分为颜色通道、专色通道、Alpha 通道、临时通道和单色通道。通道的编辑包括通道的复制、删除、分离和合并，以及通道的计算和与选区蒙版的转换等，下面将逐步进行介绍。

10.4.1 四大通道

通道是 Photoshop CS6 中最为重要的功能之一，它作为图像的组成部分，与图像的格式息息相关，图像颜色模式的不同也决定了通道的数量和模式。通道主要分为颜色通道、专色通道、Alpha 通道、临时通道和单色通道。

颜色通道是描述图像色彩信息的彩色通道。图像的颜色模式决定了通道的数量，在“通道”面板上存储的信息也随之变化。每个单独的颜色通道都是一幅灰度图像，仅表示这个颜色的明暗变化。

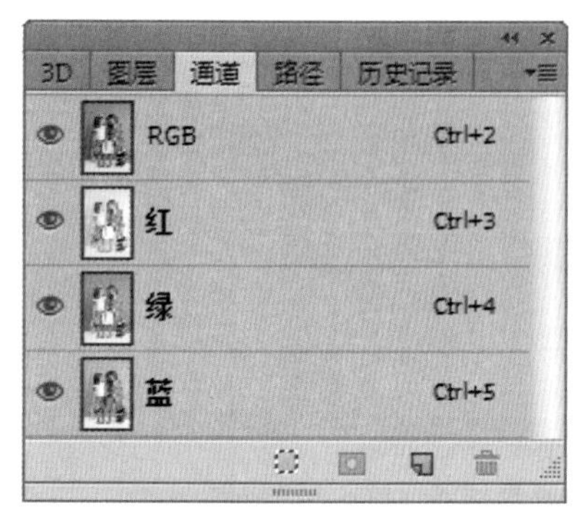

RGB 颜色模式下的“通道”面板

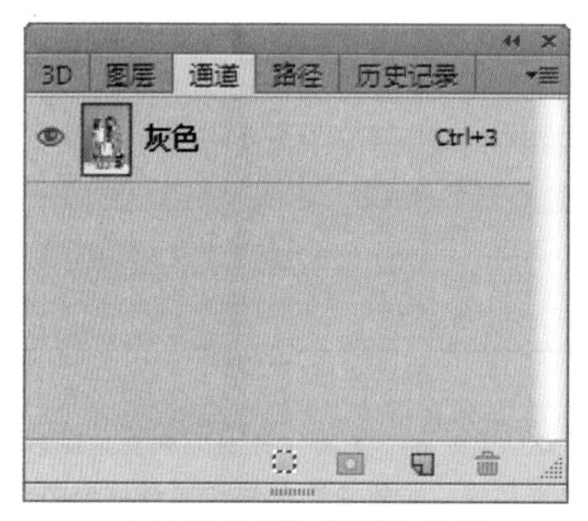

灰度模式下的“通道”面板

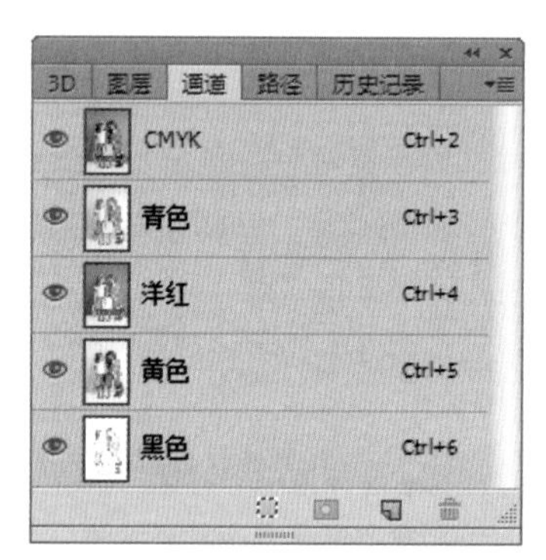

CMYK 颜色模式下的“通道”面板

在“通道”面板中，单击右上角的扩展按钮，在弹出的快捷菜单中选择“新建专色通道”选项，即可新建专色通道。专色通道是一种较为特殊的通道，它可以使用除青色、洋红、黄色和黑色以外的颜色来绘制图像。值得注意的是，除了默认的颜色通道外，每一个专色通道都有相应的印板，在打印输出一个含有专色通道的图像时，必须先将图像模式转换到多通道模式下。

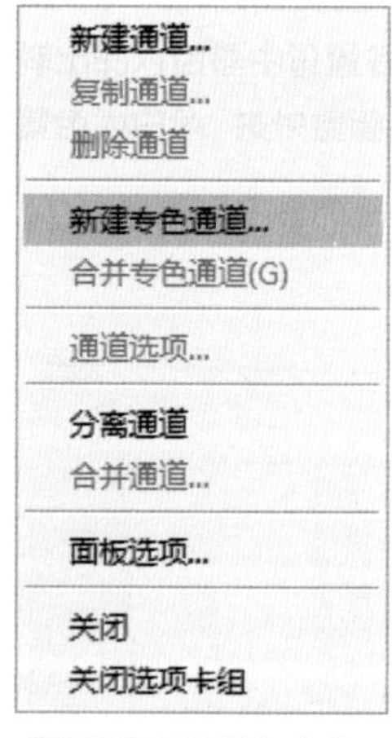

“新建专色通道”命令

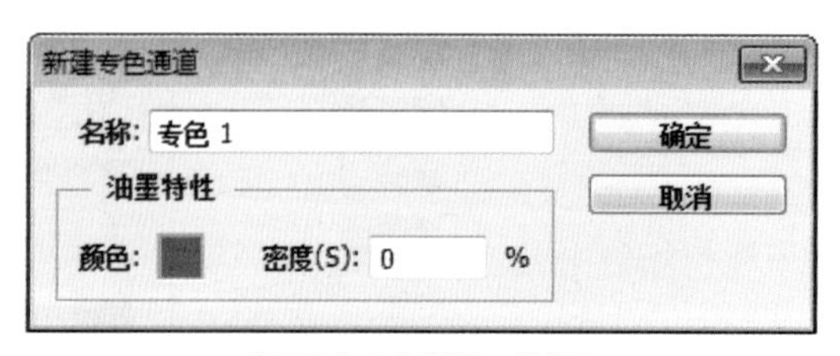

“新建专色通道”对话框

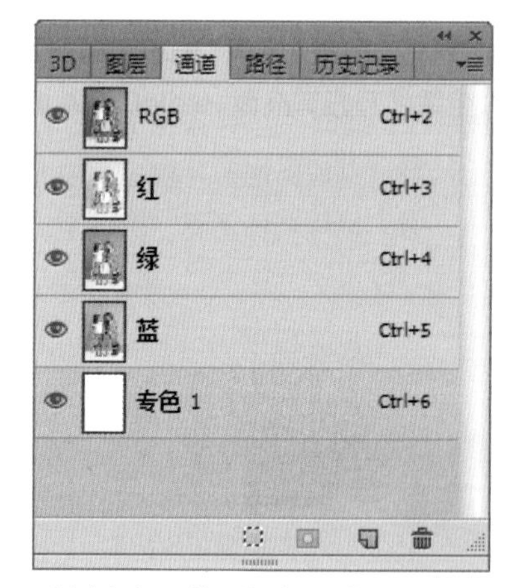

创建专色通道后的“通道”面板

Alpha 通道主要用于存储选区，它将选区存储为“通道”面板中可编辑的灰度蒙版。它可以通过“通道”面板来创建和存储蒙版，用于处理或保护图像的某些部分。Alpha 通道和专色通道中的信息只能在 PSD、TIFF、RAW、PDF、PICT 和 Pixar 格式文件中进行保存。Alpha 通道相当于一个 8 位的灰阶图，通过 256 级灰度来记录图像中透明度的信息，可用于定义透明、不透明和半透明区域。

在图层上创建选区

新建“Alpha1”通道

填充选区颜色为白色

保存选区

临时通道是在“通道”面板中暂时存在的通道。临时通道存在的条件是，当对图像创建图层蒙版或快速蒙版时，软件将自动在“通道”面板中生成临时蒙版。当删除图层蒙版或退出快速蒙版的时候，“通道”面板中的临时通道就会消失。

创建图层蒙版

进入快速蒙版模式

自动生成临时蒙版

单色通道的产生非常特别，若在“通道”面板中删除任意一个通道，所有的通道将会降为黑白的，图像的颜色信息将会发生改变。

RGB 颜色模式下的“通道”面板

删除其“红”通道后生成的单色通道

小小提示：在“通道”面板中，单击即可选择一个通道，当选择的通道呈深蓝色显示时，其他通道将自动隐藏；若选择 RGB 通道，可选择“通道”面板中的所有通道。

10.4.2 创建新通道

Alpha 通道除了可以保持颜色信息外，还可以保持选区的信息。下面就来了解一下创建空白 Alpha 通道和通过保存选区创建 Alpha 通道。

新建空白通道是指创建一个新建的 Alpha 通道，在该通道中没有任何的图像信息。在“通道”面板中单击底部的“创建新通道”按钮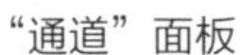，即可新建一个空白通道。新建的空白通道在图像窗口中显示为黑色。

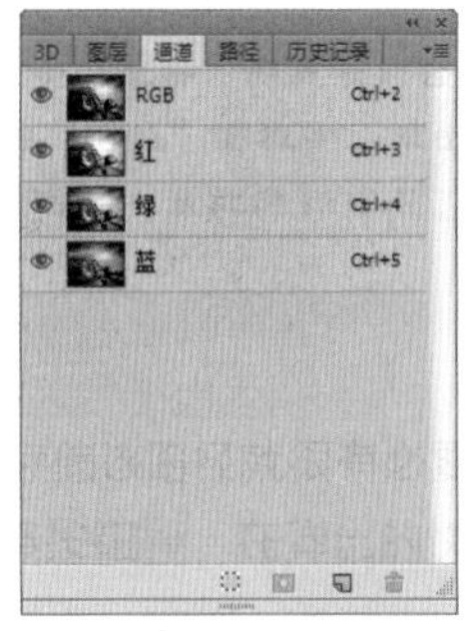

“通道”面板

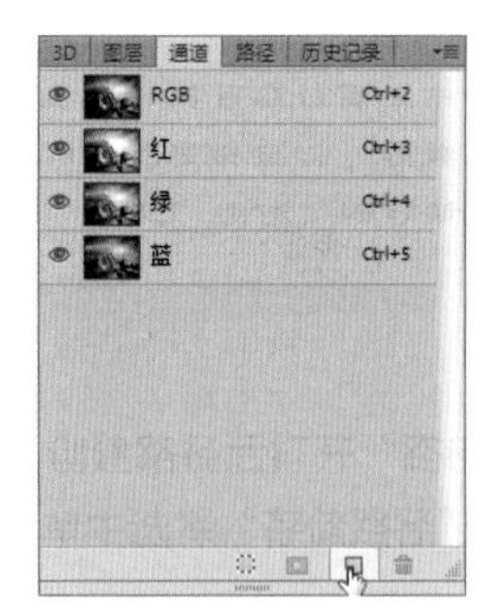

单击“创建新通道”按钮

创建新通道

在 Alpha 通道中，还可以存放选区信息。在图像中将需要保留的图像创建为选区，执行“选择 > 存储选区”命令，在弹出的对话框中设置新建通道名称、操作方式等，完成后单击“确定”按钮，即可在保存选区的同时创建 Alpha 通道。

“存储选区”对话框

保持选区的 Alpha 通道

贴心巧计：在“通道”面板中，单击右上角的扩展按钮，在弹出的快捷菜单中选择“创建新通道”选项，或者按住 Alt 键的同时单击“创建新通道”按钮，即可弹出“新建通道”对话框。在该对话框中可设置新建通道的名称或创建方式。

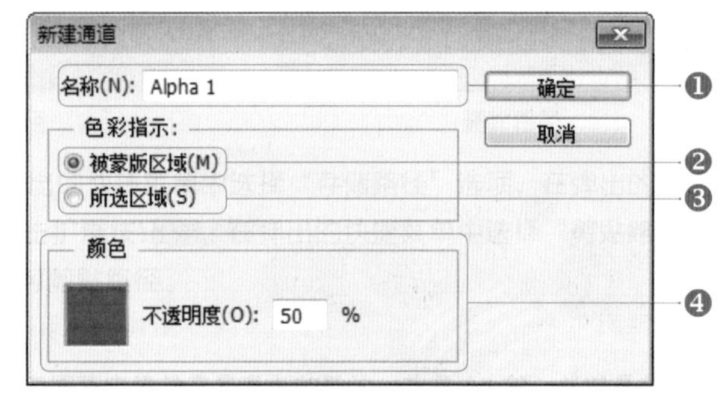

“新建通道”对话框

❶“名称”选项：可设置当前通道的名称。

❷“被蒙版区域”单选项：选中该选项后，则表示新建通道中有颜色的区域代表蒙版区域，白色区域代表选区。

❸“所选区域”单选项：选中该选项后，则表示新建通道中白色区域代表蒙版区域，有颜色的区域代表选区。

❹“颜色”选项组：单击颜色色块，可在弹出的“拾色器”对话框中设置用于显示蒙版的颜色。在默认情况下，该颜色为不透明度为 50% 的红色。在“不透明度”选项中可设置 0%~100% 的百分比，即设置蒙版颜色的不透明度。

10.4.3 重命名通道

重命名通道可便于对通道图层进行管理。在需要重命名的通道名称上双击鼠标，在通道名称上输入新的名称，完成后按下 Enter 键即可。

小小提示： 在“通道”面板中对原有的通道是不能进行重命名的，可在复制得到的通道或创建的 Alpha 通道中进行重命名操作。

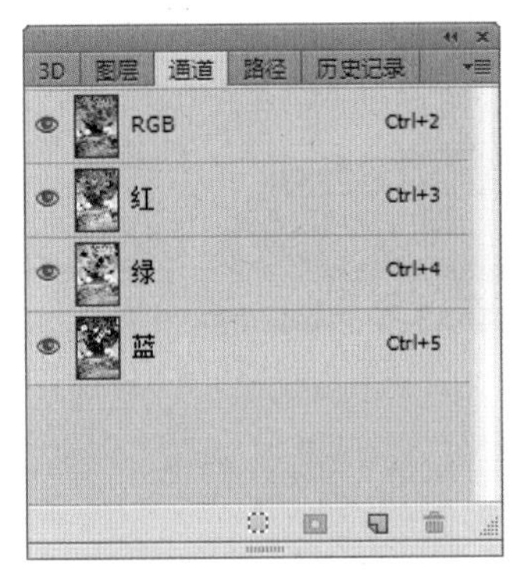

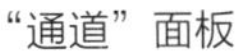

“通道”面板

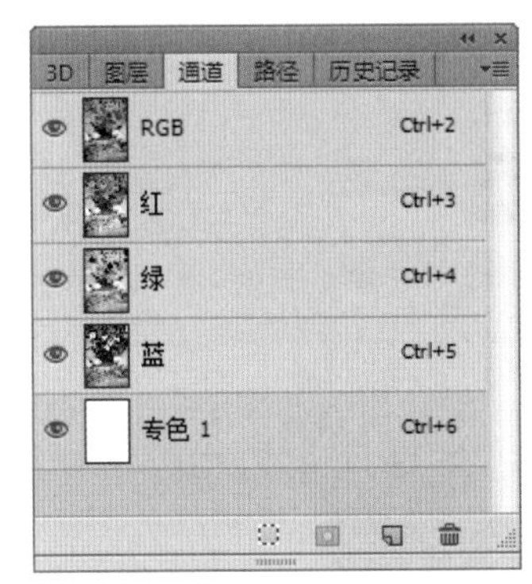

创建的 Alpha 通道

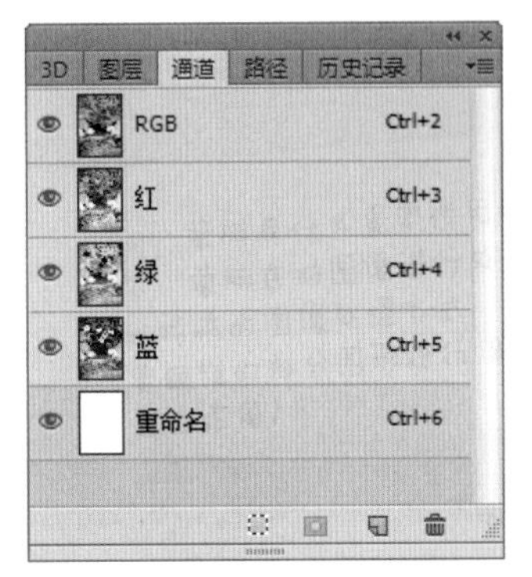

重命名通道

10.4.4 复制 / 删除通道

在通道中，是将彩色的图像以黑色、白色和灰色三种颜色来显示的。若是 RGB 模式下的图像，单击“红”通道后，图像显示为灰度下的黑白效果，黑色区域越多表示该图像中的红色成分越多，反之则相反。值得注意的是，位于通道面板中顶层的复合通道是不可复制、不能被删除、不可重命名的。而单独的颜色通道和选区通道可以被复制。

在“通道”面板中，应用“复制通道”命令，在弹出的对话框中单击“确定”按钮，即可将选择的单个通道进行复制。在默认情况下，复制的通道将以原通道名称加上副本进行命名。

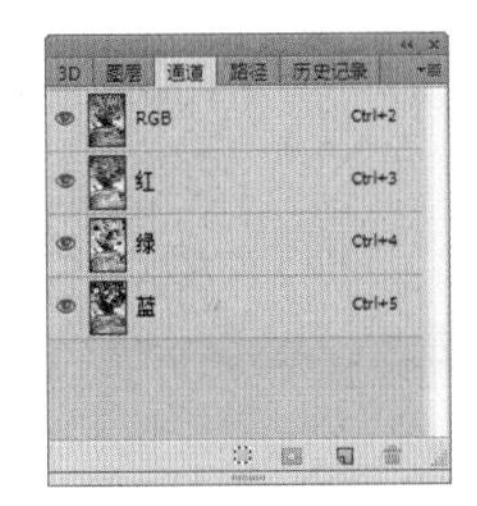

原“通道”面板

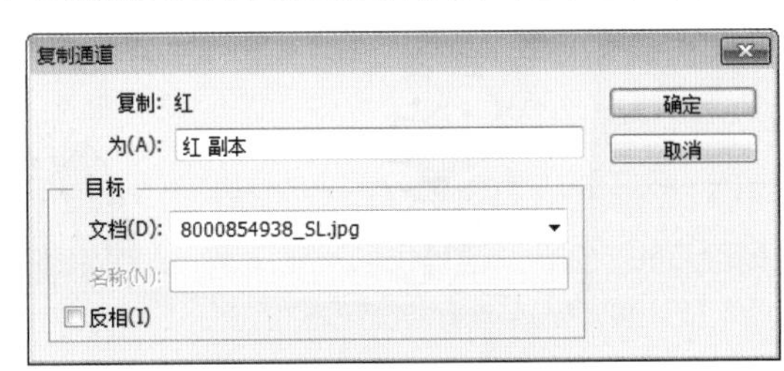

“复制通道”对话框

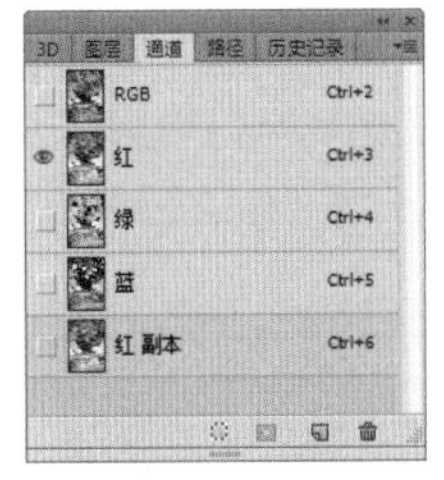

复制得到的通道

小小提示： “通道”面板中顶层的 RGB 复合通道是不可复制、不能被删除的。而单独的颜色通道和 Alpha 通道则是可以被复制的。在“通道”面板中选择需要复制的通道后，将其拖曳到“创建新通道”按钮上，即可快速复制所选通道。

在“通道“面板中选择需要删除的通道，并单击右下角的“删除当前通道”按钮，在弹出的提示框中单击“是”，即可删除所选择的通道；也可以在需要删除的通道上单击鼠标右键，在弹出的快捷菜单中选择“删除通道”命令。

10.4.5 通道和选区的互换

通道和选区的互换除可以通过菜单以及鼠标右键载入选区外，还可以使用通道面板下方的“将通道作为选区载入”按钮，前提是要先将这个通道单独显示，按下该按钮即可将通道转化为选区。

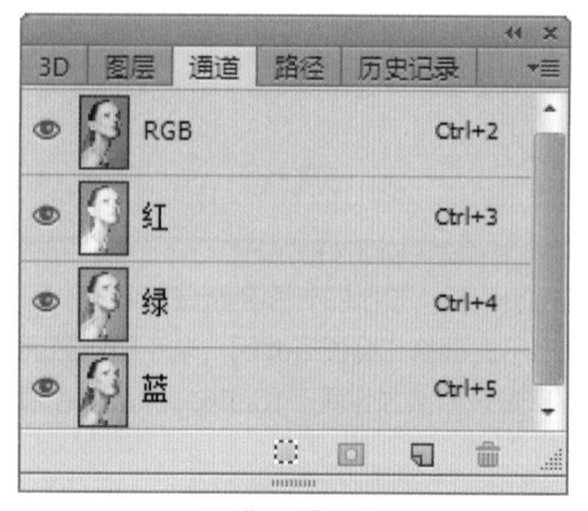

原“通道”面板

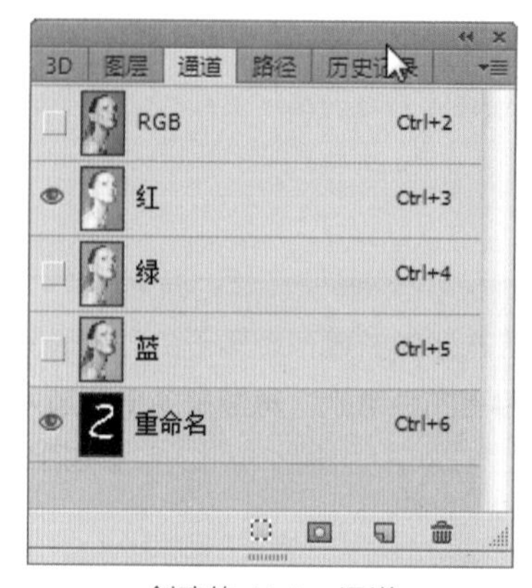

创建的 Alpha 通道

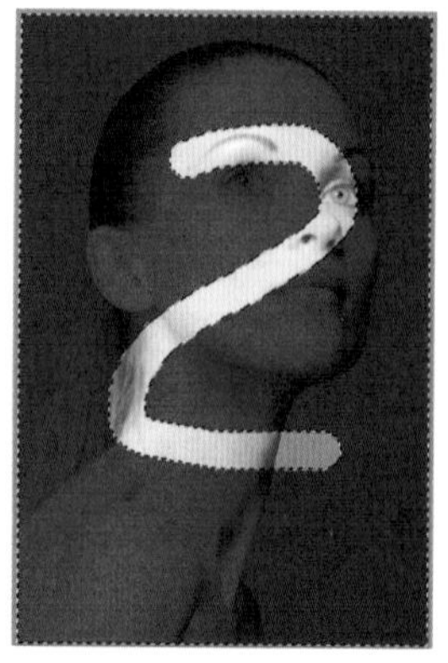
通道作为选区载入

还有一种更简便的方式，不需要单独显示通道，可以在 RGB 方式下直接使用。就是在通道面板上按住 Ctrl 键，注意此时鼠标指针会变为，单击通道即可直接作为选区载入了。

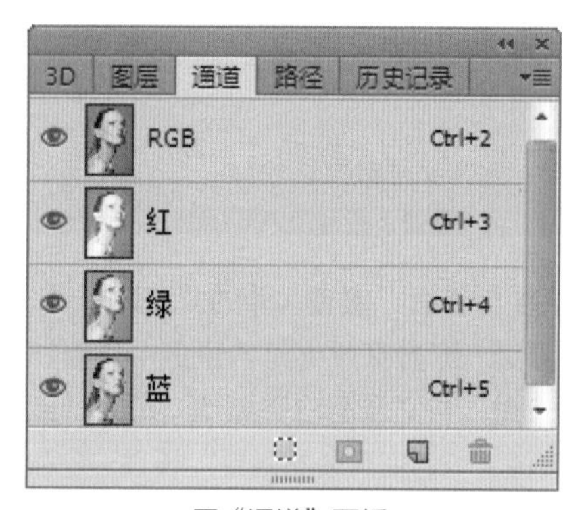

原“通道”面板

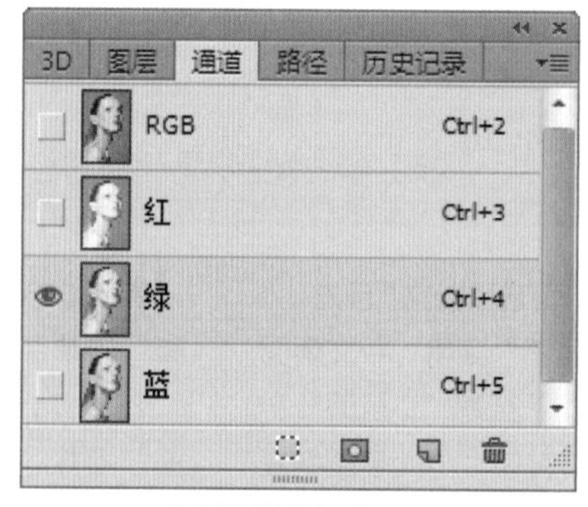

选择通道载入选区

得到的图像效果

10.4.6 显示与隐藏通道

在“通道”面板中，单击任意一个通道前方的“指示通道可视性”按钮，即可隐藏当前通道，同时 RGB 通道也会被隐藏。再次单击“指示通道可视性”按钮，即可显示所隐藏的通道。

关闭“蓝”通道的可见性

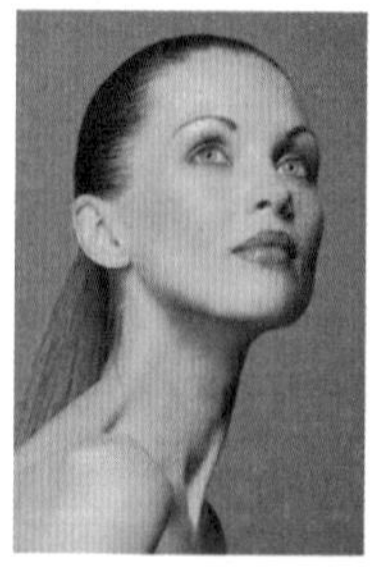
得到的效果

关闭“红”通道的可见性

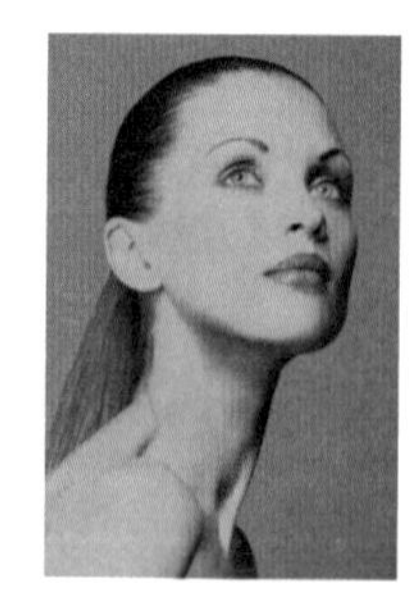
得到的效果

10.4.7 分离与合并通道

在 Photoshop 中，可以将通道拆分为几个灰度图像，也可以将拆分后的通道进行全部或部分组合。这就是常说的分离与合并通道。分离通道是将通道中的颜色或选取信息分别存放在不同的独立灰度模式的图像中，分离通道后也可对单个通道中的图像进行操作。分离通道常用于无需保留通道中的图像文件格式以保存单个通道信息的情况。

贴心巧计：值得注意的是，当颜色模式不一样时，分离出的通道自然也有所不同。分离通道的方法是，在 Photoshop 中打开一张需要分离通道的图像，在其“通道”面板中单击右上角的扩展按钮，在弹出的菜单中执行“分离通道”命令，此时软件自动将图像分离成 3 个灰度图像。分离后的图像分别以“图像名称 + 文件 / 格式 + 红 / 绿 / 蓝”的名称显示，如图所示。值得注意的是，对未合并图层的 PSD 图像无法进行分离通道的操作。

原图

原图“通道”面板

分离后的图像 1

分离后的图像 2

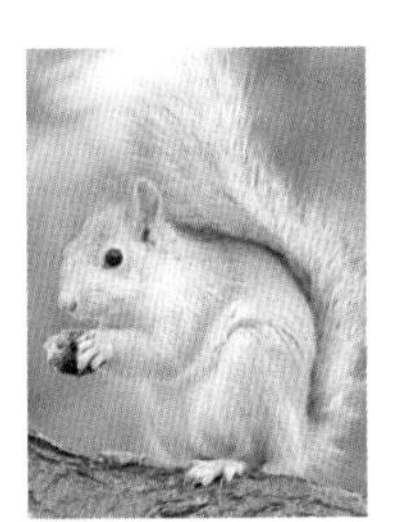
分离后的图像 3

对图像进行分离操作后，还可以对图像进行合并通道的操作。合并通道就是将分离后的通道图像重新组合成一个新的图像文件。合并通道的作用就是同时将两幅或多幅的图像经过通道分离后，变为单独的通道灰度图像，然后再进行有选择性地合并操作，从而创建新的图像文件。

合并通道的方法是：首先将选定的两张图像在 Photoshop 中进行分离通道的操作；然后在分离后的两张图像中任选一张灰度图像，执行“窗口 > 通道”命令，打开“通道”面板，单击右上角的扩展按钮，在弹出的快捷菜单中执行“合并通道”命令，接着在弹出的“合并通道”对话框中设置模式等参数，然后单击“确定”按钮；在弹出的“合并 RGB 通道”对话框中分别针对红色、绿色、蓝色三个通道选项进行选择，此时的选择范围为选定的两张图像分离的 6 个单独的颜色通道；选择任意图像的任意颜色通道后，单击“确定”按钮即可按选择相应的通道进行合并；未选择的单独颜色通道保持不变，合并选择的颜色通道为一张图片。

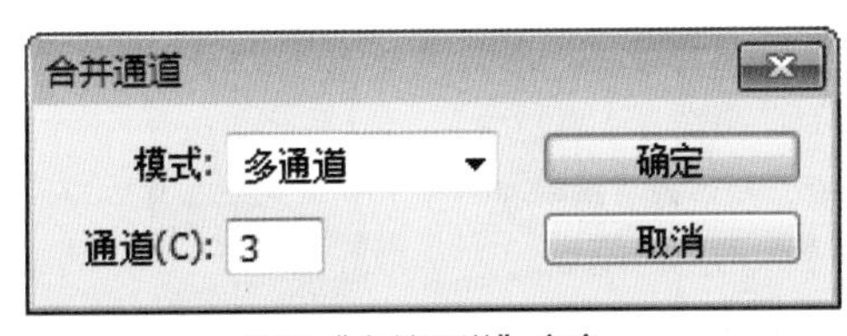

执行“合并通道”命令

在对话框中设置参数

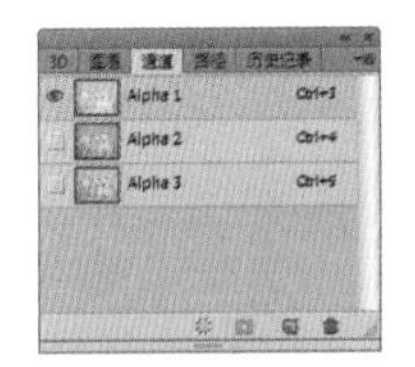

合并通道

试试看：抠图漂亮美女图像

成果所在地：第 10 章 \Complete\ 抠图漂亮美女图像 .psd

视频 \ 第 10 章 \ 抠图漂亮美女图像 .swf

1 执行“文件 > 打开”命令，打开“抠图漂亮美女图像 .jpg”图像文件，得到“背景”图层。按快捷键 Ctrl+J 复制得到“图层 1”。

2 打开“通道”面板，单击“蓝”通道，单击“创建新通道”按钮，得到“蓝 副本”通道。

小小提示：对图像进行调整时，可创建 Alpha 通道，并对其进行编辑操作。通过编辑通道，可得到更贴合画面的选区，从而调整图像效果，而此时的 Alpha 通道类似于图层蒙版。在对 Alpha 通道编辑时，可结合滤镜菜单中的滤镜使用，制作选区内图像的滤镜效果。

3 执行“图像 > 调整 > 色阶”命令，会弹出“色阶”对话框，在其对话框中可设置画面黑白场的参数，以使画面黑白对比分明。

4 分别设置前景色为白色和黑色，使用画笔工具，选择尖角画笔并适当调整大小及透明度，在画面中涂抹，将人物涂抹为黑色，将背景部分涂抹成白色。

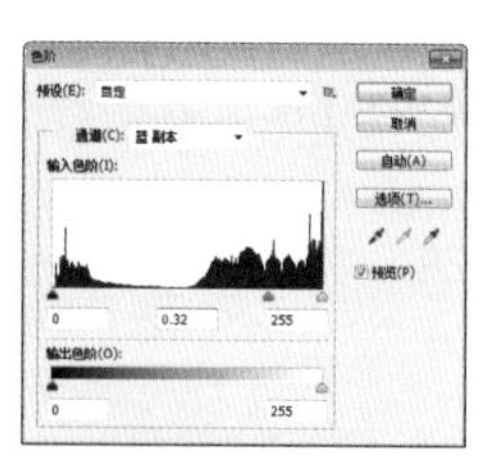

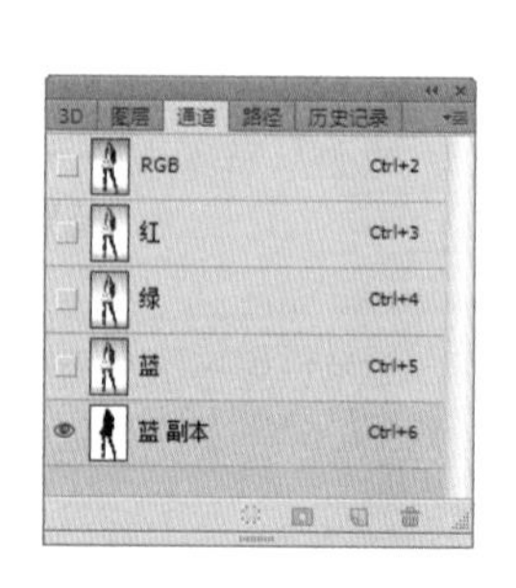

小小提示：执行“图像 > 调整 > 色阶”命令，会弹出“色阶”对话框，在该对话框中可设置画面黑白场的参数以使画面黑白对比分明。还可使用一种比较快捷的方式，即按快捷键 Ctrl+L 调整通道的色阶，使其黑白对比分明。

5 再次执行“图像 > 调整 > 色阶”命令，会弹出“色阶”对话框，在该对话框中设置画面黑白场的参数，使画面黑白对比分明。

6 设置前景色为黑色，使用画笔工具选择尖角画笔并适当调整大小及透明度，在画面中涂抹，将人物涂抹为黑色。

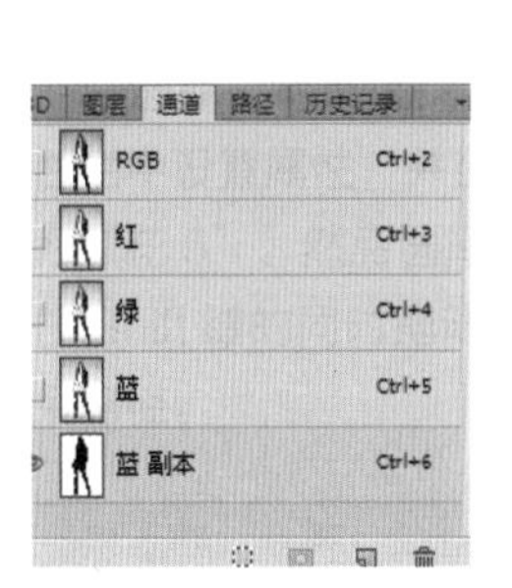

7 按住 Ctrl 键并单击鼠标左键选择“蓝 副本”通道，得到人物以外的图层选区。按快捷键 Shift+Ctrl+I 反选选中的选区，得到人物的选区。然后回到“RGB”通道，并回到“图层”面板。

8 单击“添加图层蒙版”按钮并单击“背景”图层的“指示图层可见性”按钮，关闭背景图层的可见性，即可清晰地看见抠取出来的漂亮美女。至此，本实例制作完成。

贴心巧计：将人物抠取出来后可将其拖动到不同的画面中去，使用快捷键 Ctrl+T 变换图像大小，并将其放置于画面中合适的位置，从而可以得到不同的画面效果。

10.5 两个功能强大的通道运算

本节将针对“应用图像”和“计算”命令这两个功能强大的通道运算在通道中的应用进行介绍，从而帮助读者更深入地理解并应用通道调整图像色调。

10.5.1 “应用图像”命令

“应用图像”命令是通过指定单个源的图层和通道计算得出结果，并应用到当前选择的图像中。执行“图像 > 应用图像”命令，弹出“应用图像”对话框。在该对话框中可以指定单个源的图层和通道混合方式，也可以对该源添加一个蒙版计算方式。

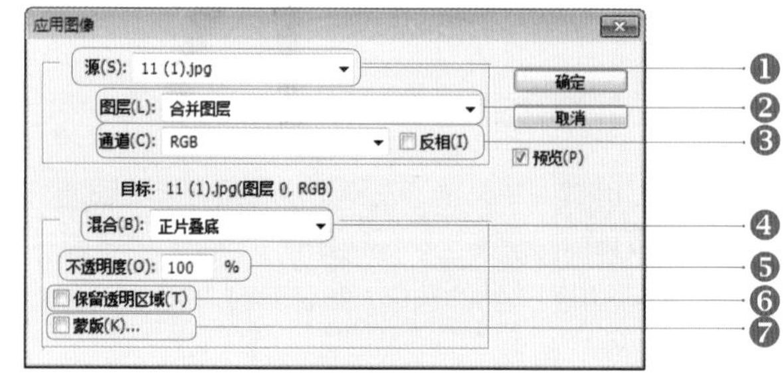

“应用图像”对话框

❶ **“源”下拉列表：**用于设置需要计算并合并应用图像的源。

❷ **“图层”下拉列表：**用于设置需要进行计算的源的图层。

❸ **“通道”下拉列表：**可设置需要进行计算的源的通道，也可在该选项中重新设置通道源。

❹ **“反相”复选框：**勾选该复选框后，将对混合后的图像色调做反相处理。

❺ **“混合”下拉列表：**用于设置计算图像时应用的混合模式，可调整出丰富的色调效果。

❻ **“不透明度”文本框：**用于设置所应用的混合模式的不透明度。

❼ **“蒙版”复选框：**勾选该复选框，将弹出与该选项相同的选项组，可将该图像应用于蒙版后的显示区域。

原图

“应用图像”命令 1

“应用图像”命令 2

小小提示：在 RGB 色彩模式下，柔光和叠加两个混合模式经常被用于提高图像的反差，增加图像的对比度。

10.5.2 “计算”命令

在 Photoshop CS6 中，执行“图像 > 计算”命令，在弹出的“计算”对话框中有众多选项，其中“源 1”选项和“源 2”选项用于定义混合相同或不同的两个图像。在“图层”选项、“通道”选项和“混合模式”选项等进行相关设置后，单击“确定”按钮，得到计算的结果色效果。

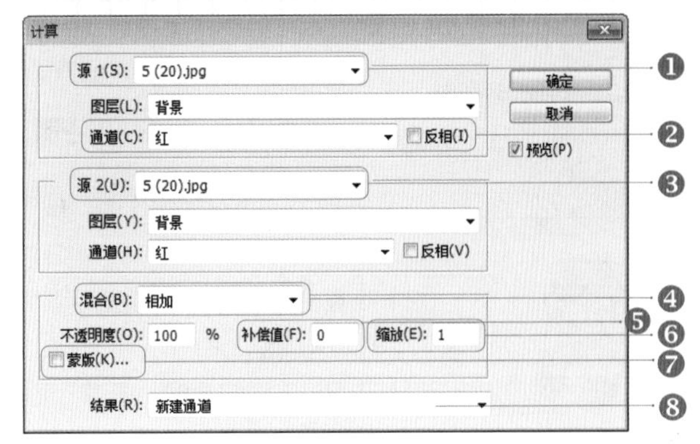

“应用图像”命令

❶“源 1”下拉列表：用于设置计算源的图像。

❷“通道”下拉列表：用于设置需要计算源的通道。

❸“图层”下拉列表：用于设置需要计算源的图层。

❹“混合”下拉列表：用于设置计算图像时应用的混合模式，调整出不同灰度效果的图像。

原图

“点光”混合模式

“线性光”混合模式

❺“补偿值”文本框：该文本框是通过“相加”和“减去”混合模式激活的，用于定义 -255~+255 的补偿值，使目标通道中的像素变暗或变亮。负值将使图像整体变暗，正值将使图像整体变亮。

❻“缩放”文本框：该文本框中的缩放值用于定义图像的变暗选项。

❼“蒙版”复选框：勾选该复选框，将弹出与选项相应的选项组。可设置该选项通过蒙版应用混合模式效果，从而使图像中的部分区域不受计算影响。

❽“结果”下拉列表：通过选择“新建文档”、“新建通道”和“选区”选项，将以不同的计算结果模式创建计算结果。当选择“新建文档”选项时，可创建一个新的 Alpha 通道图像文档；当选择“新建通道”时，可在“通道”面板中创建一个 Alpha 通道；当选择“选区”选项时，将以计算的结果创建选区。

贴心巧计：“计算”对话框中，除了彩色型混合模式外，还包含了“相加”和“减去”混合模式，这两种混合模式主要用于“应用图像”和“计算”命令中。“相加”混合模式主要用于增加两个通道中的像素值，从而组合非重叠图像；“减去”混合模式主要是从目标通道相应像素中减去源通道中的像素值。

温习一下

1. 选择题

（1）在 Photoshop CS6 中，按下什么快捷键，即可创建剪贴蒙版？（　　）

A. Shift +Ctrl+G　　　B. Alt +Ctrl+G　　　C. Shift +Ctrl+E

（2）在复合通道中，不能应用哪个命令？（　　）

A. “调整”命令　　　B. “应用图像”命令　　　C. “计算”命令

（3）在 RGB 模式中的“通道”面板中，按下哪个快捷键可以快速地选择“蓝”通道？（　　）

A. Ctrl+3　　　B. Ctrl+4　　　C. Ctrl+5

2. 填空题

（1）在 RGB 色彩模式下，__________ 和 __________ 两个混合模式经常被用于提高图像的反差，增加图像的对比度。

（2）在“通道”面板中，应用 ______________ 命令，在弹出的对话框中单击“确定”按钮，即可将选择的单个通道进行复制。

（3）执行 ______________________ 命令，可创建图层粘贴蒙版。

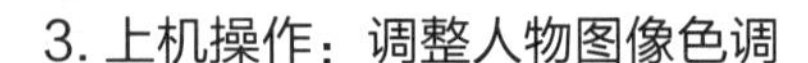

3. 上机操作：调整人物图像色调

第①步：打开一张需要填色的人物图像。

第②步：单击“添加图层样式”按钮fx，在弹出的“图层样式”的选项中按住 Alt 键的同时拖动滑块，以抠取背景图像。

第③步：调换图层位置，对新建图层设置颜色和图层混合模式。

第①步效果图

第②步效果图

第③步效果图

答案

PS：别直接就看答案，那样就没效果了！听过孔子说过的一句话没？“温故而知新，可以为师矣”。

选择题：（1）B；（2）A；（3）C。

填空题：（1）柔光、叠加；

（2）“复制通道”；

（3）“图层 > 创建剪贴蒙版”。

第11章

滤镜，Photoshop的强大之处

滤镜在Photoshop中的作用至关重要，不会滤镜操作等于不会Photoshop特效。学习Photoshop图像处理软件，学会滤镜就是必修功课，本章就来好好学习一下滤镜的操作，看看它到底有多强大。

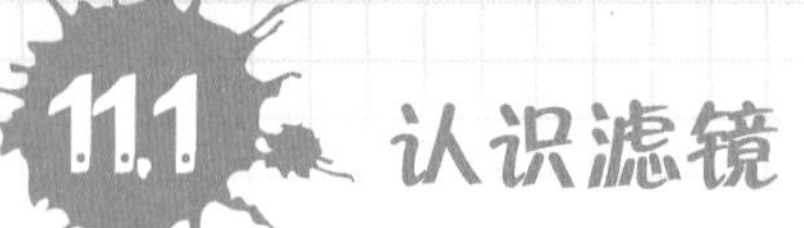

11.1 认识滤镜

在 Photoshop 中，滤镜是一种特殊的图像处理技术，用来实现图像的各种特殊效果。怎样才能恰到好处地运用各种效果，除了对滤镜熟悉外还需要有丰富的想象力来操作。本节将对滤镜库内的滤镜、独立的滤镜、其他滤镜组分别进行介绍，方便大家掌握学习滤镜。

11.1.1 滤镜的作用

滤镜的作用非常神奇，其按照功能分类放置在滤镜菜单中，包括独立特殊滤镜组、画笔描边滤镜组、扭曲滤镜组、锐化滤镜组等。根据图像的需要，选择不同的滤镜可以实现不同的特殊效果。在 Photoshop 中，滤镜库是将所有滤镜中常用和典型的进行归类放置在其中，既可以累积应用多个滤镜，也能及时预览图像效果，方便处理图像。下面就先来认识滤镜库。

11.1.2 熟悉“滤镜库”对话框

执行“滤镜 > 滤镜库”命令即可打开“滤镜库”对话框。下面将对滤镜库的对话框进行详细地介绍。

“滤镜库”对话框

❶ **预览框**：预览图像处理后的效果，单击底部的⊟或⊞按钮，可缩小或放大预览框中的图像，方便查看图像细节和整体变化。

❷ **滤镜列表**：单击滤镜文件夹可展开该文件组的滤镜，单击滤镜缩览图，可以在预览框查看该滤镜处理图像后的效果。

❸ **“打开 / 关闭滤镜列表”按钮**⌃：单击该按钮即可隐藏或显示滤镜列表区域。通过关闭列表可以扩展预览框。

❹ **参数设置区域**：应用不同滤镜时，在该区域显示不同的选项组，通过在该区域设置参数值，可以调整图像效果变化。

❺ **滤镜效果管理区**：该区域显示对图像使用过的滤镜，在默认情况下，当前使用的滤镜会自动出现在列表中。单击“新建效果图层”按钮，新建与当前滤镜相同的效果图层。

11.2 “滤镜库”内的滤镜

滤镜库中有 6 个不同类型的滤镜组，可根据图像的需要选择相应的滤镜来实现效果。下面就来依次认识这些滤镜的功能。

11.2.1 “照亮边缘”滤镜

使用“照亮边缘”滤镜可以突出图像边缘，形成一种类似霓虹灯的光亮效果。这种滤镜常被用于对一些图像添加艺术边缘效果，结合图层混合模式能够使光影效果更自然。

试试看：添加图像个性边缘

成果所在地：第 11 章\Complete\添加图像个性边缘.psd

视频\第 11 章\添加图像个性边缘.swf

1 执行“文件 > 打开”命令，打开“添加图像个性边缘.jpg”图像文件，得到“背景”图层。按快捷键 Ctrl+J 复制得到“图层 1”。

2 执行“滤镜 > 滤镜库”命令，打开“滤镜库”对话框，选择“照亮边缘”滤镜，设置右侧面板参数，完成后单击“确定”按钮，增强照片光影效果。

3 选择“通道”面板，按住 Ctrl 键单击“红”通道载入选区，按快捷键 Ctrl+C 复制。回到“图层”面板，新建“图层 2”，按快捷键 Ctrl+V 粘贴内容，设置图层混合模式为“滤色”，增强照片边缘效果。单击“指示图像可见性”按钮，隐藏“图层 1”。至此，本实例制作完成。

贴心巧计： 按住 Alt 键，单击其中一个图层的“指示图像可见性”按钮，隐藏其他图层，以方便查看该图层效果。

11.2.2 “画笔描边”滤镜组

“画笔描边”滤镜组包括“成角的线条”、“墨水轮廓”、“喷溅”、“喷色描边”、“强化的边缘”、“深色线条”、“烟灰墨”、“阴影线”8 种滤镜，使用不同的选项，可以创建出自然绘画的图像效果。

1.“成角的线条”滤镜

该滤镜采用对角描边重新绘制图像，产生斜笔画风格的图像，通过设置绘制线条的长度和方向来调整像图像效果。

2.“墨水轮廓”滤镜

该滤镜采用纤细的线条在原细节上重新绘制图像，产生钢笔画风格的图像，通过设置光照强度和深色强度来调整墨水的浓淡效果。

3.“喷溅”滤镜和“喷色描边”滤镜

这两个滤镜在效果上比较类似，都是简化图像，产生看起来像被雨冲刷或打湿的图像效果。

原图

应用“成角的线条”滤镜的效果

应用“墨水轮廓”滤镜的效果

应用“喷溅”滤镜的效果

4.“强化的边缘”滤镜

该滤镜主要用于强化图像的边缘，设置边缘亮度高时，产生类似白色粉笔的效果，设置边缘亮度低时，产生黑色油墨的效果。

5.“深色线条”滤镜和“烟灰墨”滤镜

“深色线条”滤镜是采用短而密的线条来绘制图像中的深色区域，用长而白的线条绘制图像中的亮部区域，创建特殊的黑色阴影。“烟灰墨”滤镜是采用饱含油墨的画笔在宣纸上进行绘画，产生类似于日本画风格的图像效果。

原图

应用“强化的边缘”滤镜的效果

应用“烟灰墨”滤镜的效果

6.“阴影线”滤镜

该滤镜采用铅笔画出十字交叉线，产生具有网格风格的图像效果。

试试看：制作喷溅画面效果

成果所在地：第 11 章 \Complete\ 制作喷溅画面效果 .psd
视频 \ 第 11 章 \ 制作喷溅画面效果 .swf

1 执行“文件 > 打开”命令，打开“制作喷溅画面效果 .jpg”图像文件，得到“背景”图层。按快捷键 Ctrl+J 复制得到“图层 1”。

2 执行“滤镜 > 滤镜库”命令，打开“滤镜库”对话框，选择“喷溅”滤镜，设置右侧面板参数，完成后单击“确定”按钮，增强照片喷溅效果。

3 复制“图层 1”，得到“图层 1 副本”。继续执行“滤镜 > 滤镜库”命令，打开“滤镜库”对话框，选择“喷溅描边”滤镜，设置右侧面板参数。

4 设置完成后单击“确定”按钮，增强照片边缘喷溅效果。设置“图层 1 副本”图层混合模式为“叠加”，增强画面光源效果。至此，本实例制作完成。

11.2.3 “扭曲”滤镜组

“扭曲”滤镜组包括“玻璃”、“海洋波纹”、“扩散亮光”3 种滤镜，使用不同的选项，可以产生对图像进行扭曲的效果。

1.“玻璃”滤镜

该滤镜是模拟透过不同类型的玻璃来观看图像的效果。用户还可以根据自己的习惯设置不同的纹理，或者载入自定义 PSD 格式的纹理文件。

2.“海洋波纹”滤镜

该滤镜是将随机分割的波纹添加到图像表面中，使图像产生在水中的视觉效果。

3.“扩散亮光”滤镜

该滤镜是通过扩散图像中的白色区域，使图像从选区向外渐隐亮光，从而产生强烈光线和烟雾朦胧的效果。结合图层混合模式和图层不透明度，能够使图像效果更加自然。

原图

应用“玻璃”滤镜的效果

应用“海洋波纹”滤镜的效果

应用“扩散亮光”滤镜的效果

11.2.4 “素描”滤镜组

“素描”滤镜组包括“半调画笔”、“便条纸”、“粉笔和炭笔”、“铬黄”、“绘画笔”、“基底凸现”、“石膏效果”、“水彩画纸”、“撕边”、“炭笔”、“炭精条”、“图章”、“网状”、和“影印”14 种滤镜。使用该滤镜组中的滤镜，需要先对前景色和背景色的颜色进行设置，前景色和背景色的颜色直接影响滤镜效果。使用不同的选项，可以创建出手绘外观等的图像效果。

1.“半调画笔”滤镜

该滤镜是使用前景色和背景色，在保存的图像中以网点效果显示。

2.“便条纸”滤镜

该滤镜用于简化图像，使图像前景色和背景色混合产生凹凸不平的效果，从而产生具有浮雕凹陷和颗粒纹理的效果。

3.“粉笔和炭笔”滤镜

该滤镜会重绘图像的高光和中间调，使用粗糙粉笔绘制中间调的灰色背景，在图像的阴影区域使用黑色炭笔对炭笔线条进行替换，用前景色描绘暗部区域，用背景色描绘亮部区域。

原图

应用“半调画笔”滤镜的效果

应用“粉笔与炭笔”滤镜的效果

应用“铬黄”滤镜的效果

4.“铬黄”滤镜

该滤镜用于渲染图像，使高光区域在反射表面向内凸起，阴影区域在反射表面向内凹陷。

5.“绘画笔”滤镜

该滤镜使用前景色作为油墨，将背景色作为纸张，生成钢笔画素描效果。

6.“基底凸现”滤镜

该滤镜凸现较为粗糙的浮雕效果，强调光线照射表面变化的效果，前景色使用暗部区域，背景色使用亮部区域。

7.“石膏效果”滤镜

该滤镜使用前景色为图像上色，使暗部区域上升，亮部区域下沉，制作立体石膏效果。

8.“水彩画纸”滤镜

该滤镜在潮湿的纤维纸上涂抹，制作出颜色溢出、混合、产生渗透的特殊艺术效果。

9.“撕边”滤镜

该滤镜用于实现粗糙的、撕裂的纸片状图像重建效果，使用前景色和背景色为图像上色，比较适用于对比度高的图像。

原图

应用“绘画笔”滤镜的效果

应用“基底凸现”滤镜的效果

应用“撕边”滤镜的效果

10.“炭笔”滤镜

该滤镜可以使图像产生炭精画的效果，用前景色描绘暗部区域，用背景色描绘亮部区域，模拟浓黑和纯白的炭精笔纹理。

11.“炭精条”滤镜

该滤镜用于模拟使用炭精条在纸上绘画的效果。

12.“图章”滤镜

该滤镜用于简化图像，突出主体，其效果类似于用橡皮或木质图章创建而成。

13.“网状”滤镜

该滤镜使用前景色和背景色填充图像，模拟乳胶的可控收缩和扭曲来创建图像，使图像暗部区域呈现结块状，亮部区域呈现颗粒化的效果。

14.“影印”滤镜

该滤镜模拟复印机影印图像效果，复制图像暗部区域，将中间色改为黑色或白色。

试试看：制作素描图像

成果所在地：第 11 章\Complete\ 制作素描图像 .psd

视频 \ 第 11 章 \ 制作素描图像 .swf

1 执行“文件 > 打开”命令，打开“制作素描图像 .jpg”图像文件，得到“背景“图层。按快捷键 Ctrl+J 复制得到“图层 1”。

2 执行“滤镜 > 滤镜库”命令，打开“滤镜库”对话框，选择“半调图案”滤镜，设置右侧面板参数，完成后单击“确定”按钮，调整图像色调效果。

3 单击“创建新图层”按钮，新建“图层 2”，按快捷键 Alt+Delete 为图层填充黑色。继续执行“滤镜 > 滤镜库”命令，打开“滤镜库”对话框，选择“绘画笔”滤镜，设置右侧面板参数，完成后单击“确定”按钮，调整图像色调效果。

4 选择“通道”面板，按住 Ctrl 键单击“红” 通道载入选区。回到“图层”面板，按快捷键 Ctrl+J 复制内容得到“图层 3”，设置图层混合模式为“叠加”，“不透明度”为 65%。单击“指示图像可见性”按钮，隐藏“图层 2”。至此，本实例制作完成。

11.2.5 “纹理”滤镜组

“纹理”滤镜组包括“龟裂缝”、“颗粒”、“马赛克拼贴”、“拼缀图”、“染色玻璃”、“纹理化”6 种滤镜，可以模拟具有深度感和物质感的外观纹理效果。

1.“龟裂缝”滤镜

该滤镜是将图像绘制在一个高凸现的石膏表面上，使图像产生龟裂纹理，呈现具有浮雕样式的立体效果。

2.“颗粒”滤镜

该滤镜是利用不同的颗粒类型，在图像中随机加入不规则的颗粒，产生颗粒纹理效果。

3.“马赛克拼贴”滤镜

该滤镜是渲染图像，使图像看起来像是马赛克拼成图像的效果。

原图

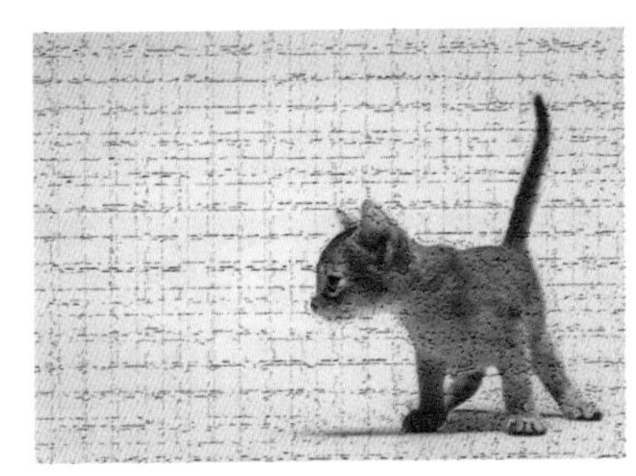
应用“龟裂缝”滤镜的效果

应用“马赛克拼贴”滤镜的效果

4.“拼缀图”滤镜

该滤镜将图像分解为若干个正方形，使图像看起来像是在建筑物上使用瓷砖拼成的效果。

5.“染色玻璃”滤镜

该滤镜将图像重新绘制为玻璃拼贴起来的效果，使用前景色来填充玻璃之间的缝隙。

6.“纹理化”滤镜

该滤镜可以为图像添加不同类型的纹理，使图像看起来更有质感，也可以载入自定的 PSD 格式的文件产生纹理效果。

应用“拼缀图”滤镜的效果

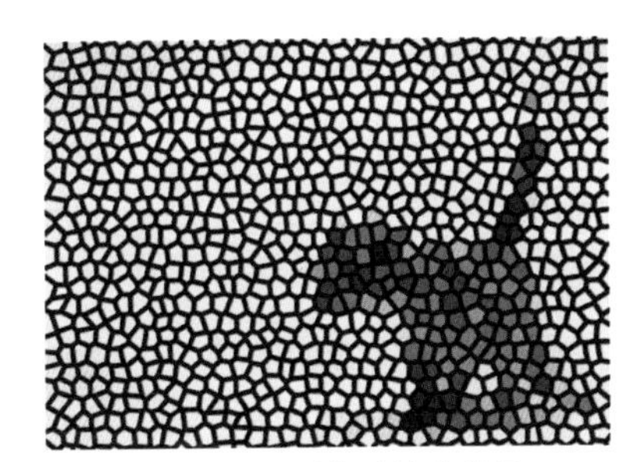
应用“染色玻璃”滤镜的效果

应用“纹理化”滤镜的效果

11.2.6 “艺术效果”滤镜组

“艺术效果”滤镜组包括“壁画”、“彩色铅笔”、“粗糙蜡笔”、“底纹效果”、“干画笔”、“海报边缘”、“海绵”、“绘画涂抹”、“胶片颗粒”、“木刻”、“霓虹灯光”、“水彩”、“塑料包装”、“调色刀”、“涂抹棒”15 种滤镜，可以将图像转化成具有绘画风格和绘画技巧的艺术效果。

1.“壁画”滤镜

该滤镜使用小块的颜料，以粗略涂抹的笔触重新绘制一种粗犷风格的壁画效果。

2.“彩色铅笔”滤镜和“粗糙蜡笔”滤镜

“彩色铅笔”滤镜是用各种彩色铅笔在纯色背景上绘制图像效果，“粗糙蜡笔”滤镜是用彩色画笔在布满纹理的图像背景上描边。

3.“底纹效果”滤镜

该滤镜在带纹理的背景上绘制图像，将最终图像绘制在原图像上。

4.“干画笔”滤镜

该滤镜模拟颜料快要用完的毛笔进行作画，产生一种凝结的油画质感。

5.“海报边缘”滤镜

该滤镜会减少图像中的颜色数量，查找图像边缘并在边缘的细微层次添加黑色，产生具有招贴画边缘效果的图像。

原图

应用“彩色铅笔”滤镜的效果

应用“海报边缘”滤镜的效果

6.“海绵”滤镜

该滤镜使用颜色强烈且纹理较重的区域绘制图像。

7.“绘画涂抹”滤镜

该滤镜是选取各种大小和类型的画笔创建绘画效果，模拟在湿画上涂抹的模糊效果。

8.“胶片颗粒”滤镜

该滤镜会给原图像添加一些杂色的，可提亮图像的局部像素，类似于胶片颗粒的纹理效果。

9.“木刻”滤镜

该滤镜是由几层边缘粗糙的彩纸剪片组成的效果。

10.“霓虹灯光”滤镜

该滤镜将各类灯光颜色添加到图像上，营造一种类似霓虹灯发光的效果。

11.“水彩”滤镜

该滤镜用于简化图像，描绘出图像中景物的形状，产生水彩画的效果。

原图

应用“胶片颗粒”滤镜的效果

应用“木刻”滤镜的效果

应用“水彩”滤镜的效果

12.“塑料包装”滤镜

该滤镜会给图像涂上一层光亮的塑料，强化图像中的线条及表面细节。

13.“调色刀”滤镜

该滤镜会减少图像中的细节，呈现出描绘很淡的画布效果。

14.“涂抹棒”滤镜

该滤镜是使用粗糙物体在图像上进行涂抹，模拟在纸上涂抹粉笔或蜡笔的效果。

试试看：制作图像塑料效果

成果所在地：第 11 章 \Complete\ 制作图像塑料效果 .psd

视频 \ 第 11 章 \ 制作图像塑料效果 .swf

1 执行“文件 > 打开”命令，打开“制作图像塑料效果 .jpg”文件，得到“背景”图层。单击快速选择工具，为鱼创建选区，按快捷键 Ctrl+J 得到“图层 1”。

2 执行“滤镜 > 滤镜库”命令，打开“滤镜库”对话框，选择“塑料包装”滤镜，设置右侧面板参数，完成后单击“确定”按钮，为图像添加塑料立体效果。

3 单击“创建新的填充或调整图层”按钮，选择“曲线”命令，在弹出的属性面板中设置参数。设置完成后按快捷键 Ctrl+Alt+G 为图层创建剪贴蒙版，使其只调整“图层 1”图像的色调效果。

4 按住 Ctrl 键单击“图层 1”载入选区，按快捷键 Ctrl+ Shift+I 反选选区，单击“创建新的填充或调整图层”按钮。选择“曲线”命令，在弹出的属性面板中设置参数，调整背景色调。至此，本实例制作完成。

11.3 独立的滤镜

在 Photoshop 中，独立滤镜是直接选择即可执行相应操作的滤镜，包括“镜头校正” 滤镜、“液化”滤镜、 “消失点”滤镜和“油画”滤镜，主要是对图像进行镜头校正、变形等操作。

11.3.1 镜头校正

“镜头校正”滤镜独立显示在“滤镜”菜单中，操作起来很方便，可以轻松修复常见的镜头瑕疵，消除桶装和枕边变形、相片周边暗角等。下面就来熟悉“镜头校正”滤镜的对话框，执行“滤镜 > 镜头校正”命令即可打开“镜头校正”滤镜对话框。

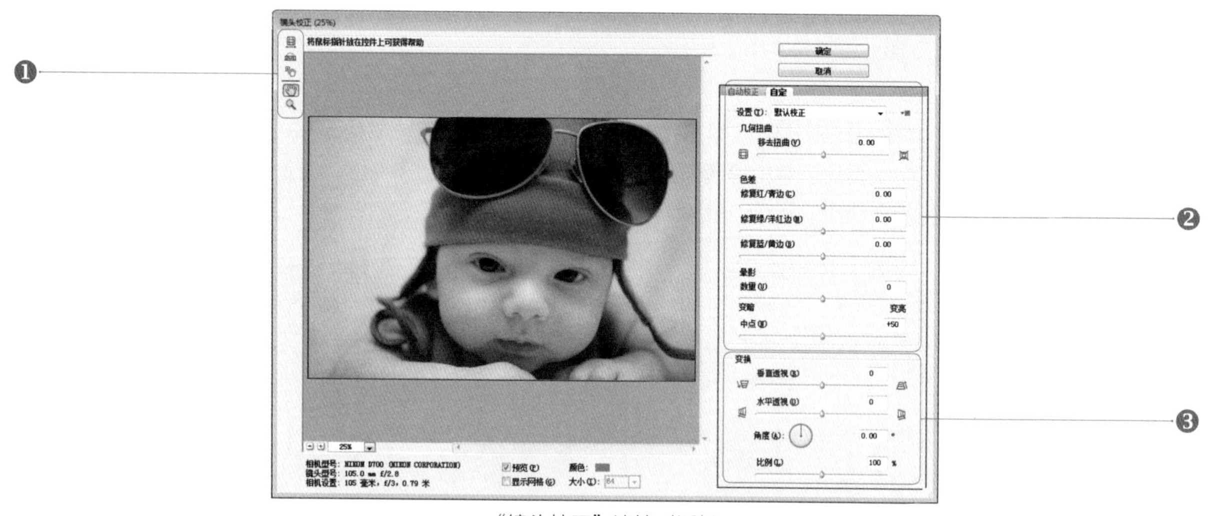

“镜头校正”滤镜对话框

❶ **工具箱：**执行镜头校正的各种工具，包括移去扭曲工具、拉直工区、移动网格工具等。其中移去扭曲工具是通过向中心拖动或向内拖动校正失真图像。拉直工区是通过绘制一条直线，将图像移动到新的横轴和纵轴位置上。移动网格工具是通过拖动来移动、对齐网格。

❷ **设置：**通过在下拉菜单中选择预设或者载入自定义预设来校正镜头，并设置扭曲校正、校正色差和晕影的相关选项。

❸ **变换：**校正图像的变化角度、水平透视、垂直透视、边缘的填充类型。

原图

应用垂直透视

应用水平透视

应用变化角度

试试看：矫正失真照片

成果所在地：第 11 章\Complete\ 矫正失真照片 .psd
视频 \ 第 11 章 \ 矫正失真照片 .swf

1 执行“文件 > 打开”命令，打开“矫正失真照片 .jpg”文件，得到“背景”图层。按快捷键 Ctrl+J 复制图层得到“图层 1”。

2 执行“滤镜 > 镜头校正”命令，打开“镜头校正”对话框，设置右侧面板参数，完成后单击“确定”按钮，校正失真图像。至此，本实例制作完成。

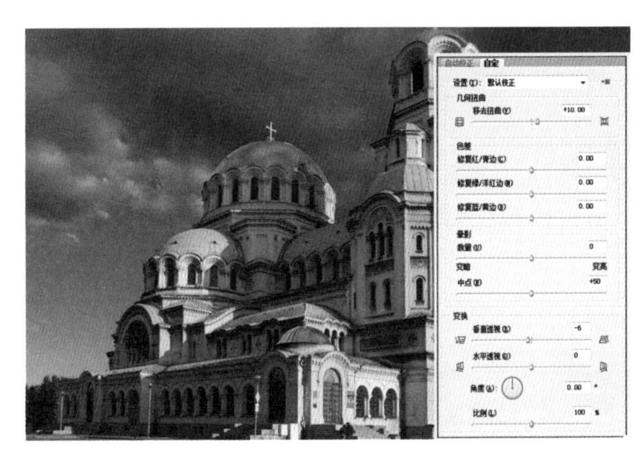

11.3.2 液化

“液化”滤镜通过对图像变形和对照片的修改，可以将图像扭曲为不规则形状，也可以对人物进行瘦脸等修饰美化。下面就来熟悉一下“液化”滤镜的对话框，执行“滤镜 > 液化”命令即可打开“液化”对话框。

“液化”滤镜对话框

❶ **工具箱**：执行液化的各种工具，包括向前变形工具、重建工具、顺时针旋转扭曲工具、褶皱工具、膨胀工具、左推工具、冻结蒙版工具、解冻蒙版工具等。其中向前变形工具是通过在图像上拖动，向前推动图像而产生的不规则形态。重建工具通过绘制变形区域，能部分或全部恢复图像的原始状态。冻结蒙版工具将不需要液化的区域创建为冻结的蒙版。解冻蒙版工具将擦除保护的蒙版区域。

❷ **“重建选项”选项组：**重建液化的方式。单击“重建”按钮将未冻结的区域恢复为原始状态；单击“回复全部”按钮可以一次性恢复全部未冻结的区域。

❸ **“蒙版选项”选项组：**设置蒙版的创建方式。单击“全部蒙住”按钮冻结整个图像；单击“全部反相”按钮反相所有冻结区域。

❹ **“视图选项”选项组：**定义当前图像、蒙版以及背景图像的显示方式。

试试看：打造完美人像

成果所在地：第 11 章\Complete\ 打造完美人像 .psd

视频 \ 第 11 章 \ 打造完美人像 .swf

1 执行“文件 > 打开”命令，打开“打造完美人像 .jpg”文件，得到“背景”图层。按快捷键 Ctrl+J 复制图层得到“图层 1”。

2 执行“滤镜 > 液化”命令，打开“液化”滤镜对话框，在对话框中单击向前变形工具，在人物下巴处稍微向内拖动，收缩脸颊，制作小脸效果。

3 单击膨胀工具，在“工具选项”面板中设置“画笔大小”等参数，设置完成后单击眼睛，适当放大眼睛。完成后单击冻结蒙版工具，在人物唇部和鼻子周围涂抹，绘制蒙版区域。

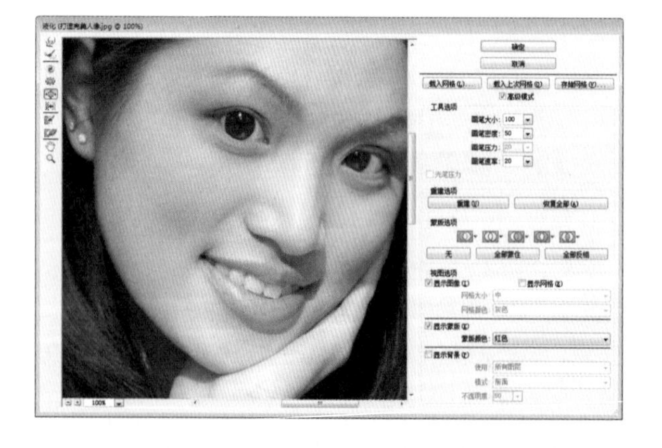

4 单击褶皱工具，单击人物唇部区域和鼻子区域，适当缩小嘴唇和鼻子。完成后单击解冻蒙版工具，擦除红色蒙版区域，调整完成后单击“确定”按钮，让人物五官更完美。

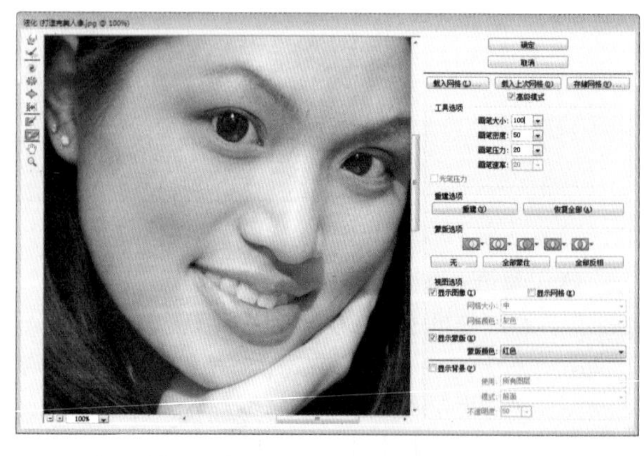

5 新建“图层 2”，单击画笔工具，选择柔角画笔，设置画笔大小为 50 像素，设置前景色为桃红色（R251、G58、B85），涂抹人物唇部区域。完成后设置图层混合模式为“颜色”，“不透明度”为 53%。

6 新建“图层 3”，单击画笔工具，选择柔角画笔，设置画笔大小为 80 像素，设置前景色为橘红色（R251、G95、B58），涂抹人物脸部区域。完成后设置图层混合模式为“颜色”，“不透明度”为 26%。

7 单击套索工具，为人物眼睛轮廓创建选区，单击“创建新的填充或调整图层”按钮。选择“曲线”命令，在弹出的属性面板中设置参数，加深图像人物眼睛区域色调。

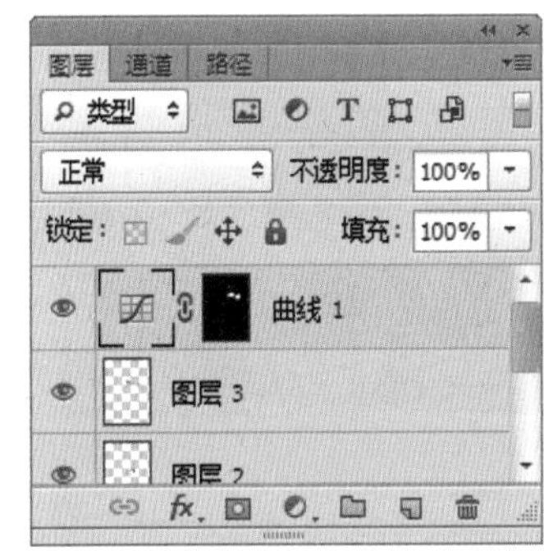

8 单击“创建新的填充或调整图层”按钮，选择照片滤镜命令，在弹出的属性面板中设置参数，调整图像整体色调效果。至此，本实例制作完成。

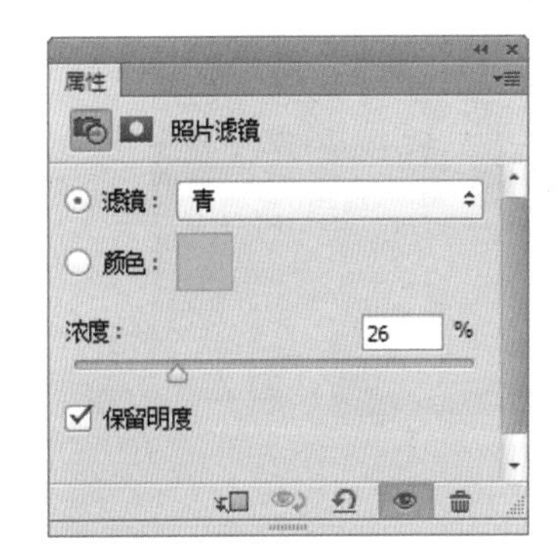

11.3.3 油画

“油画”滤镜是将图像制作为类似油画风格的效果。下面就来熟悉一下“油画”滤镜的对话框，执行“滤镜 > 油画”命令即可打开“油画”滤镜对话框。

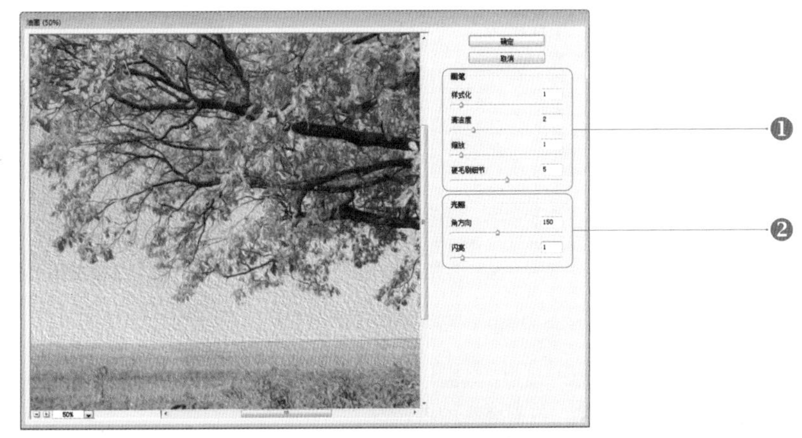

“油画”滤镜对话框

❶“画笔”选项组：调节画笔笔触，其中“样式化”用于调整笔触的样式，“清洁度”用于柔化笔触，“缩放”用于调整笔触的大小，“硬毛刷”用于细节锐化笔触边缘。

❷“光照”选项组：调节画笔笔触的光影，其中“角方向”用于调整笔触方向，“闪亮”用于加强笔触的光影。

试试看：制作图像油画效果

成果所在地：第 11 章 \Complete\ 制作图像油画效果 .psd

视频 \ 第 11 章 \ 制作图像油画效果 .swf

1 执行“文件 > 打开”命令，打开“制作图像油画效果 .jpg”文件，得到“背景”图层。按快捷键 Ctrl+J 复制图层得到“图层 1”。

2 执行“滤镜 > 油画”命令，打开“油画”滤镜对话框，设置右侧面板参数，设置完成后单击“确定”按钮，为图像制作油画效果。

3 单击“创建新的填充或调整图层”按钮，选择“曲线”命令，在弹出的属性面板中设置参数，调整图像整体色调效果。至此，本实例制作完成。

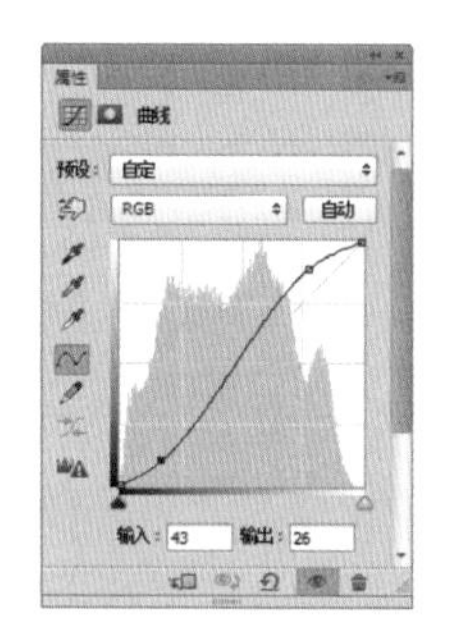

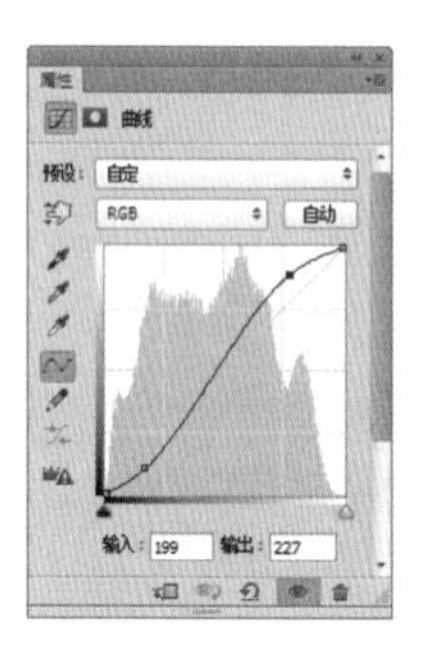

小小提示：使用“油画”滤镜后，如果觉得油画效果还不够理想，可以按快捷键 Ctrl+F，重复上一步的“油画”滤镜，直到满意为止。

11.3.4 消失点

“消失点”滤镜可将图像变形成具有透视效果的形状，对多面的图像进行快速置换，多用于置换宣传单、画册、CD 封面等。下面来熟悉一下“消失点”滤镜的对话框，执行“滤镜 > 消失点”命令即可打开“消失点”对话框。

“消失点”滤镜对话框

❶ **工具箱**：创建的各种工具，包括编辑平面工具、创建平面工具、选框工具、图章工具、画笔工具、变换工具、吸管工具、测量工具等。其中编辑平面工具通过选择、编辑、移动平面和调整平面大小。创建平面工具通过在图像中单击控制点的方式创建透视网格。选框工具在创建网格中创建选区。图章工具在创建的透视网格中进行图像复制。

❷ **“网格大小”选项栏**：设置网格在平面中的大小及网格角度。

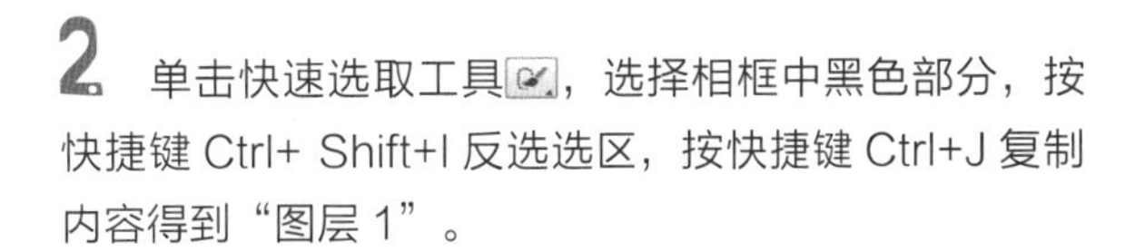

试试看：制作个性相框效果

成果所在地：第 11 章 \Complete\ 制作个性相框效果 .psd

视频 \ 第 11 章 \ 制作个性相框效果 .swf

1 执行“文件 > 打开”命令，打开“制作个性相框效果 1.jpg”文件，得到“背景”图层。

2 单击快速选取工具，选择相框中黑色部分，按快捷键 Ctrl+ Shift+I 反选选区，按快捷键 Ctrl+J 复制内容得到“图层 1”。

小小提示：使用快速选取工具，在属性栏设置画笔大小，画笔越大选取的选区越大，设置适当的画笔大小能快速准确地选取图像。

3 执行“文件 > 打开”命令，打开“制作个性相框效果 2.jpg”文件，按快捷键 Ctrl+A 全选该图像，再按快捷键 Ctrl+C 复制图像。

4 回到当前文件中，选择“背景”图层，执行“滤镜 > 消失点”命令，打开“消失点”滤镜对话框。单击创建平面工具，沿着相框的四角创建锚点。

5 按快捷键 Ctr+V 粘贴之前复制的图像，单击变换工具，适当缩小猫咪图像。

6 然后单击编辑平面工具，将照片拖曳至之前创作的蓝色框内。设置完成后单击“确定”按钮。

7 单击多边形套索工具，沿着相框的内侧创建选区，按快捷键 Ctrl+J 复制选区内容，得到“图层 2”，再按快捷键 Ctrl+D 取消选区。

8 执行“滤镜 > 油画”命令，在弹出的对话框中设置各项参数，设置完成后单击“确定”按钮，制作画面油画效果。至此，本实例制作完成。

百变技能秀："抽出"滤镜

成果所在地：第 11 章\Complete\ 百变技能秀："抽出"滤镜 .psd
视频 \ 第 11 章 \ 百变技能秀："抽出"滤镜 .swf

这个嘛……利用 Photoshop 的"抽出"滤镜，这个图像可以轻松抠出。

操作试试

1 执行"文件 > 打开"命令，打开"抽出滤镜 .jpg"文件，得到"背景"图层。按快捷键 Ctrl+J 复制图层得到"图层 1"。

2 执行"滤镜 > 抽出"命令，打开"抽出"对话框，单击对话框左边的"边缘高光器工具"按钮，设置画笔大小，设置完成后沿着人物边缘绘制轮廓。

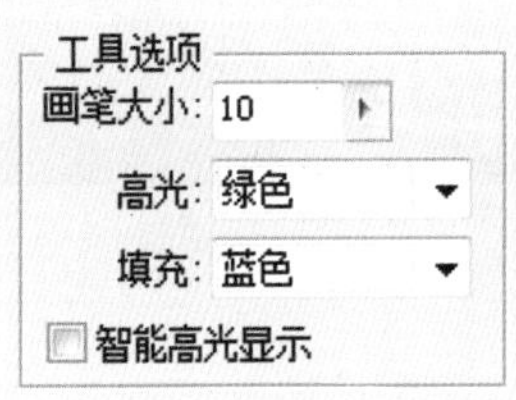

3 单击"填充要保留的区域工具"按钮，在轮廓内单击，人物部分填充上了颜色，表示填充区域被保护起来，而未保护的区域将变成透明。

4 完成后单击"确定"按钮，单击"指示图像可见性"按钮，隐藏"背景"图层，轻松抠取人物。

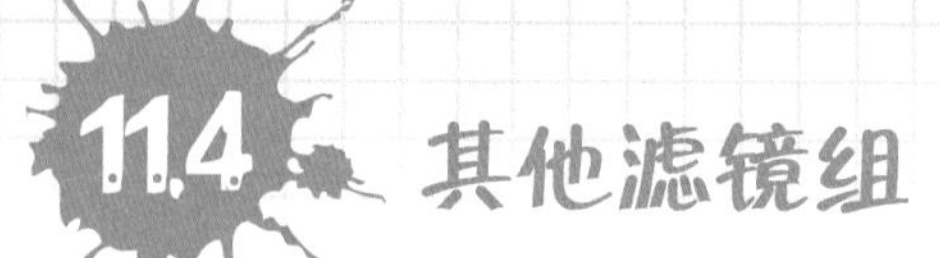

11.4 其他滤镜组

Photoshop 中的滤镜除了滤镜库内的滤镜、独立的滤镜，还包括“风格化”滤镜组、“模糊”滤镜组、“扭曲”滤镜组、“锐化”滤镜组、“视频”滤镜组、“像素化”滤镜组、“渲染”滤镜组、“杂色”滤镜组和“其他”滤镜组。这些滤镜组功能强大，下面就一起来认识这些滤镜组的作用。

11.4.1 “风格化”滤镜组

“风格化”滤镜组包括“查找边缘”、“等高线”、“风”、“浮雕效果”、“扩散”、“拼贴”、“曝光过度”、“凸出”8 种滤镜，使用不同的选项，通过置换像素和增加图像对比度可以创建出绘画或印象派艺术效果。

1.“查找边缘”滤镜

该滤镜会查找对比度强烈的图像边缘区域，采用线条勾勒出图像的边缘，使图像看起来像是用笔刷勾勒的轮廓。该滤镜没有设置参数的对话框，选择该滤镜后，直接执行出结果。

2.“等高线”滤镜

该滤镜会查找图像中的亮部区域和暗部区域，再绘制出颜色比较浅的线条效果，图像以线条形式表现出来。

原图

应用“查找边缘”滤镜的效果

应用“等高线”滤镜的效果

3.“风”滤镜

该滤镜在图像中放置细小的水平线，模拟风吹的动感效果。它可以根据需要设置不同大小的风吹效果，是制作纹理或为文字添加阴影效果时常用的滤镜工具。

4.“浮雕效果”滤镜

该滤镜会将选区的填充转化为灰色，并用原填充色描绘边缘，以形成凸起或压低的浮雕效果。

5.“扩散”滤镜

该滤镜将图像中的像素搅乱，虚化图像焦点，产生透过玻璃观察图像的效果。

6.“拼贴”滤镜

该滤镜会将图像分解为小块状，使小块上的图像适当地偏离原来的位置，产生拼贴效果。

7.“曝光过度”滤镜

该滤镜可使图像产生正片和负片的混合效果。该滤镜没有设置参数的对话框，选择该滤镜后，直接执行出结果。

8.“凸出”滤镜

该滤镜会根据在参数设置对话框中设置的不同值，为图像制作一系列块状或金字塔的 3D 纹理效果。该滤镜比较适用于制作刺绣或编制工艺等图案。

原图

应用“风”滤镜的效果

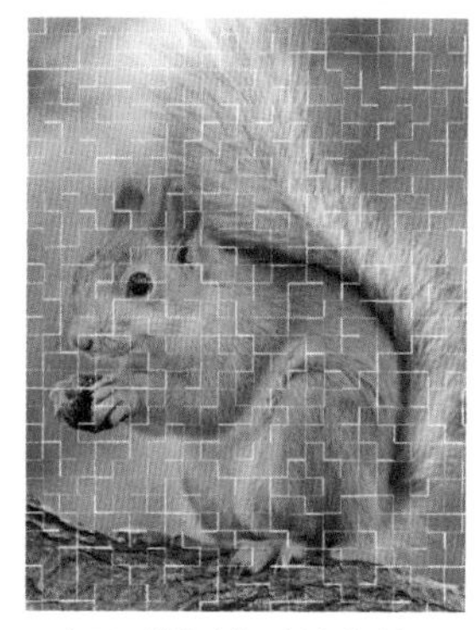

应用“拼贴”滤镜的效果

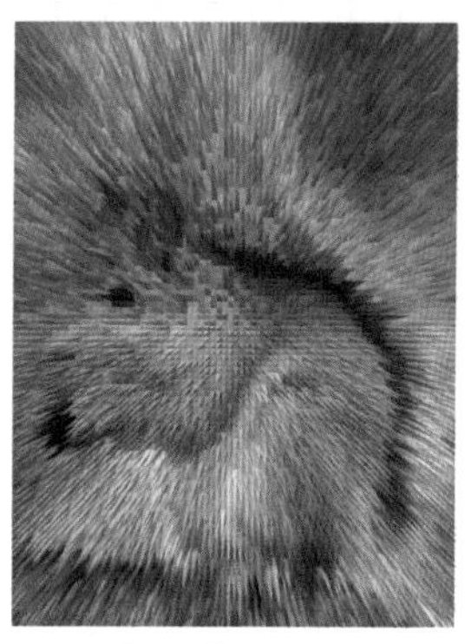

应用“凸出”滤镜的效果

11.4.2 “模糊”滤镜组

“模糊”滤镜组包括“场景模糊”、“光圈模糊”、“倾斜偏移”、“表面模糊”、“动感模糊”、“方框模糊”、“高斯模糊”、“进一步模糊”、“镜像模糊”、“镜头模糊”、“模糊”、“平均”、“特殊模糊”、“形状模糊”14 种滤镜，多用于不同程度地减少相邻像素间颜色差异的图像，产生柔和、模糊的图像效果。

1.“场景模糊”滤镜

该滤镜主要是结合鼠标在图像上单击创建模糊点，再通过指定模糊点的参数设置调整图像模糊效果。

2.“光圈模糊”滤镜

该滤镜与场景模糊创建的方式类似，结合鼠标在图像上单击创建模糊点，对模糊点以外的图像进行模糊，再通过对模糊点的形状与参数进行设置，强调模糊效果。

3.“倾斜偏移”滤镜

该滤镜通过鼠标单击创建模糊点，对模糊点以外的图像进行模糊处理。可以对模糊点的对角与中心位置进行调整，主要通过当前模糊点，使其沿着倾斜的角度以发散状进行拉伸来模糊。

应用“场景模糊”滤镜的效果

应用“光圈模糊”滤镜的效果

应用“倾斜偏移”滤镜的效果

4.“表面模糊”滤镜

该滤镜使图像在保留边缘的同时添加模糊效果，在模糊时可保留边缘，用于创建特殊模糊效果。

5.“动感模糊”滤镜

该滤镜将沿指定方向以指定强度进行模糊，“距离“选项的参数值越大，动感模糊强度越大。

6.“方框模糊”滤镜

该滤镜基于相邻的图像像素来平均颜色值得到模糊效果。打开“方框模糊“对话框后，拖动鼠标到图像中，鼠标指针会呈现方框的形状，方框停留的区域会在预览图中显示。模糊强度也是通过调整半径值来控制的。

7.“高斯模糊”滤镜

该滤镜是滤镜组中常用的滤镜之一，它通过控制模糊半径来对图像进行模糊效果处理，设置参数值越大，模糊效果越明显。

原图

应用“表面模糊”滤镜的效果

应用“动感模糊”滤镜的效果

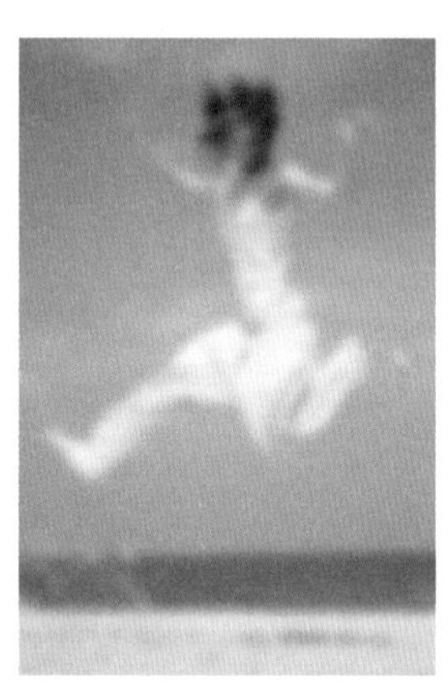

应用“ 高斯模糊”滤镜的效果

8.“进一步模糊”滤镜

该滤镜产生的效果与模糊滤镜类似，但所产生的效果强度会比模糊滤镜强 3~4 倍。

9.“径向模糊”滤镜

该滤镜会产生辐射型模糊效果，模仿相机镜头前后移动或旋转产生的模糊效果。

10.“镜头模糊”滤镜

该滤镜主要模糊相机产生的景深效果，对局部图像进行模糊。

原图

应用“径向模糊”滤镜的效果

应用“镜头模糊”滤镜的效果

11.“模糊”滤镜

该滤镜针对照片参数边缘模糊处理，使图像变得模糊一些，能够去除图像中明显的边缘，如同在照相机镜头前加入柔光镜的效果。

12.“平均”滤镜

该滤镜会找出选区或图像的平均颜色，用该颜色填充选区或图像以创建平滑的外观。

13. “特殊模糊”滤镜

该滤镜会找出图像的边缘，并对图像边缘以内的图像进行模糊处理，在模糊图像的同时仍保留图像清晰的边界，有助于去除图像色调中的颗粒、杂色，从而产生一种中心模糊边界清晰的效果。

14. “形状模糊”滤镜

该滤镜会使用指定的形状作为模糊中心进行模糊。

原图

应用“特殊模糊“滤镜的效果

应用“形状模糊“滤镜的效果

试试看：制作照片朦胧效果

成果所在地：第 11 章 \Complete\ 制作照片朦胧效果 .psd

视频 \ 第 11 章 \ 制作照片朦胧效果 .swf

1 执行“文件 > 打开”命令，打开“制作照片朦胧效果 .jpg”文件，得到“背景”图层。按快捷键 Ctrl+J 复制图层得到“图层 1”。

2 执行“滤镜 > 模糊 > 高斯模糊”命令，打开“高斯模糊”对话框，设置半径参数值为 20 像素。设置完成后单击“确定”按钮，为图像添加模糊效果。

3 设置“图层 1”的混合模式为“滤色”，“不透明度”为 60%，增添照片模糊朦胧效果。至此，本实例制作完成。

11.4.3 “扭曲”滤镜组

“扭曲”滤镜组包括“波浪”、“波纹”、“极坐标”、“挤压”、“切变”、“球面化”、“水波”、“旋转扭曲”、“置换”9 种滤镜，可对平面图像进行扭曲，使其产生旋转、挤压和水波等变形效果。

1.“波浪”滤镜

该滤镜会将图像或选区中的像素半径扭曲，根据设定的波长和波幅产生波浪效果。

2.“波纹”滤镜

该滤镜会使图像或选区创建波状起伏的形态，以模拟湖面水波的波纹。它会根据设定的“数量”来控制波纹波幅的正负方向，根据设定的“大小”定义波纹的大小。

3.“极坐标”滤镜

该滤镜以坐标轴为基准，使图像从直角坐标系转化为极坐标系，或者从极坐标系转化为直角坐标系，以产生极端变形的效果。

原图

应用“波浪”滤镜的效果

应用“极坐标“滤镜的效果

4.“挤压”滤镜

该滤镜会使全部图像或选区图像产生向内或向外挤压的变形效果。

5.“切变”滤镜

该滤镜会根据用户设置的垂直曲线，使图像发生扭曲变形。

6.“球面化”滤镜

该滤镜会使图像区域膨胀，类似将图像贴在圆柱体或球体表面的效果。

7.“水波”滤镜

该滤镜模仿水面上产生的波纹和旋转效果，根据用户在“样式”下拉列表中对样式进行的设置，呈现不同的水波效果。

原图

应用“挤压”滤镜的效果

应用“球面化”滤镜的效果

8. “旋转扭曲”滤镜

该滤镜会使图像产生类似风轮旋转的效果，可以产生将图像置于一个大漩涡中心的螺旋扭曲效果。

9. “置换”滤镜

该滤镜会使图像产生移位效果，选择“伸展以适合”可调整置换图像大小，选择“拼贴”可以通过在图像中重复置换图像填充图案。

试试看：制作透明气泡效果

成果所在地：第 11 章 \Complete\ 制作透明气泡效果 .psd

视频 \ 第 11 章 \ 制作透明气泡效果 .swf

1 执行“文件 > 新建”命令，在弹出的对话框中设置各项属性和参数，完成后单击“确定”按钮，新建一个图像文件。

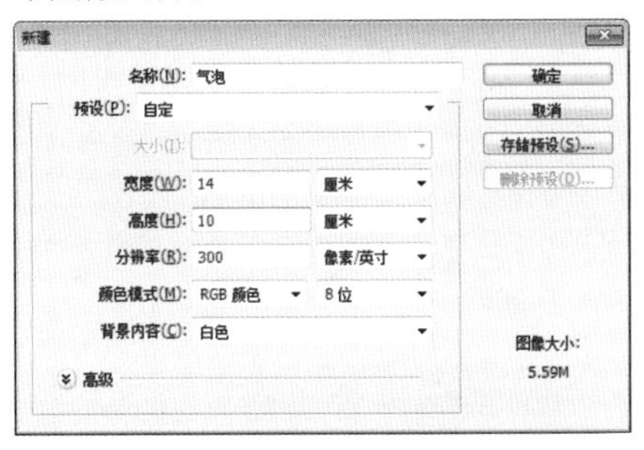

2 新建“图层 1”，按快捷键 Alt+Delete 为画面填充黑色。

3 执行“滤镜 > 渲染 > 镜头光晕”命令，在弹出的对话框中设置各项参数，设置完成后单击“确定”按钮。

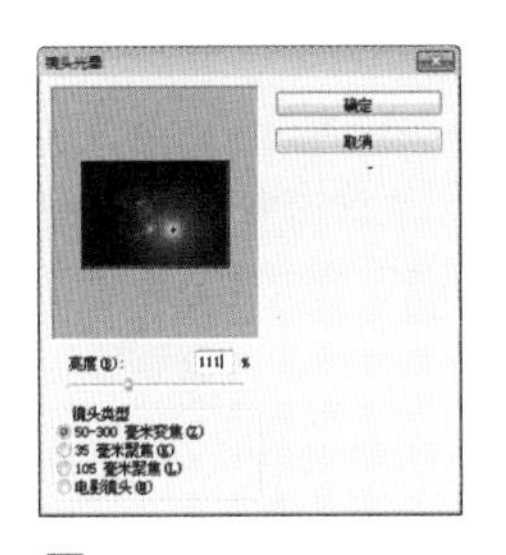

4 执行“滤镜 > 扭曲 > 旋转扭曲”命令，在弹出的对话框中设置各项参数，设置完成后单击“确定”按钮。

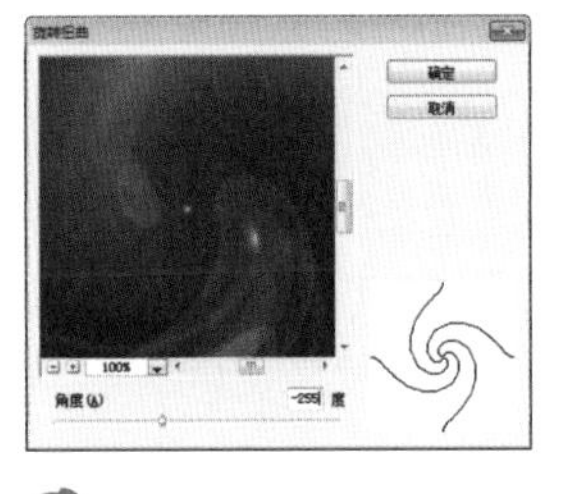

5 单击椭圆选框工具，按住 Shift 键在画面中绘制正圆，按快捷键 Ctrl+J 复制图层得到“图层 2”。隐藏“图层 1”和“背景”图层。

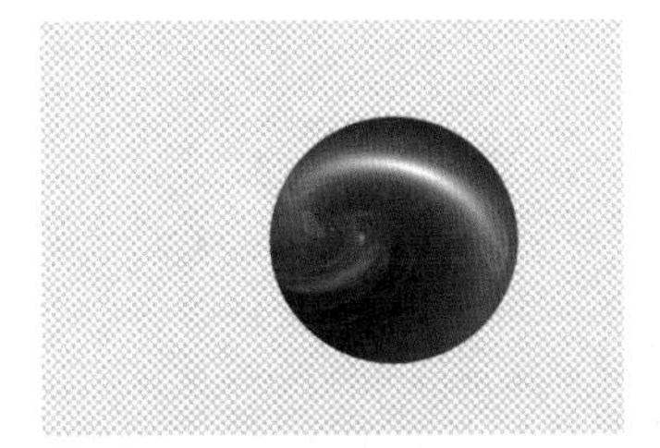

6 新建“组 1”图层组，按住 Ctrl 键并单击“图层 2”图层缩览图。单击“新建图层”按钮，新建“图层 3”按快捷键 Ctrl+Delete 为图层填充白色。

7 单击“创建新的填充或调整图层”按钮 ，选择“图案”命令，在弹出的对话框中设置各项参数，设置完成后单击“确定”按钮。

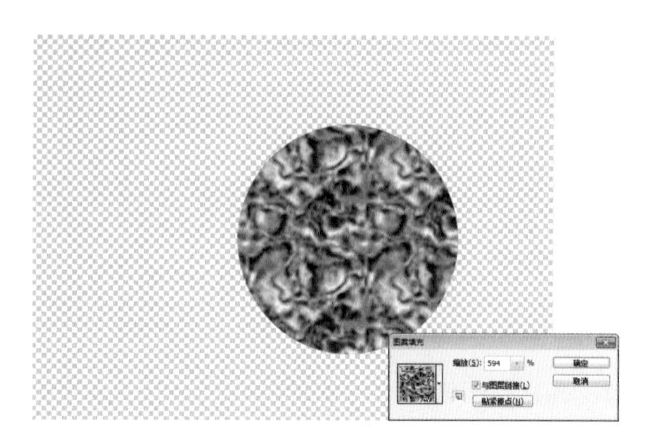

8 选择“组 1”图层组，按快捷键 Ctrl +Alt+E 得到“组 1（合并）”图层，按住 Ctrl 键并单击该图层缩览图，载入选区。

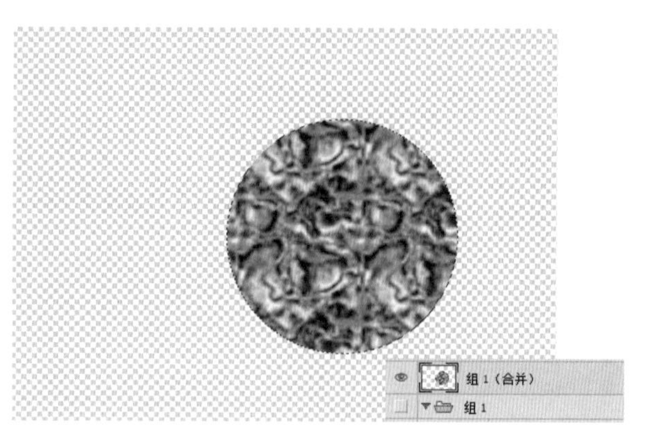

9 “滤镜 > 扭曲 > 球面化”命令，在弹出的对话框中设置各项参数，设置完成后单击“确定”按钮。

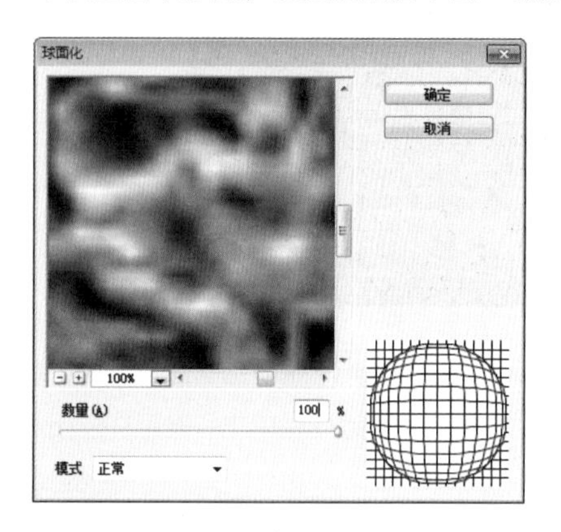

10 按快捷键 Ctrl +F 重复 4 次球面化效果。设置图层混合模式为“滤色”，最后隐藏“组 1”图层组。

11 储存文件为“气泡 .png”素材文件，再打开该素材文件与“背景 .jpg”文件，将“气泡 .png”素材移动至“背景 .jpg”文件中，生成“图层 1”，并设置图层混合模式为“滤色”，“不透明度”为 80%。

12 复制多个气泡图像，结合自由变换命令调整图像的大小与位置。至此，本实例制作完成。

11.4.4 “锐化”滤镜组

“锐化”滤镜组包括“USM 锐化”、“锐化边缘”、“锐化”、“进一步锐化”、“智能锐化”5 种锐化滤镜。使用该组滤镜主要是增强图像相邻像素间的对比度，使图像纹理清晰，轮廓分明，从而减弱图像的模糊度。

1. “USM 锐化”滤镜和“锐化边缘”滤镜

“USM 锐化”是锐化图像轮廓，使图像不同颜色之间生成明显的分界线，以达到图像清晰化的效果。“锐化边缘”滤镜与“USM 锐化”滤镜效果类似，没有设置参数的对话框，只对图像中具有明显反差的边缘进行锐化处理，反差较小的则不会锐化处理。

2. “锐化”滤镜和“进一步锐化”滤镜

“锐化”滤镜是增加图像像素之间的对比度，以达到图像清晰化的效果。“进一步锐化”滤镜效果类似于“锐化”滤镜，只是比“锐化”滤镜效果更强烈。

3. “智能锐化”滤镜

该滤镜是一种高级锐化，可设置锐化算法，或者控制在阴影和高光区域中进行的锐化量，以获得较好的边缘检测并减少锐化晕圈。

原图

应用“USM 锐化”滤镜的效果

应用“智能锐化”滤镜的效果

11.4.5 “视频”滤镜组

“视频”滤镜组包括“NTSC 颜色”、“逐行”2 种滤镜，使用该组滤镜可以将视频图像和普通图像进行相互转换。

1. “NTSC 颜色”滤镜

“NTSC 颜色”滤镜可以将图像颜色限制在电视机重现可接受的范围之内，以防止过度饱和的颜色渗透到电视机扫描中。其原理是通过消除普通视频显示器上不能显示的非法颜色，使图像可被电视正确显示。

2. “逐行”滤镜

“逐行”滤镜是通过移去视频图像中的基数或偶数隔行线，使其在视频上捕捉的运动图像变得平滑。

小小提示：使用该组滤镜时，“NTSC 颜色”滤镜是没有参数设置的对话框，可直接进行颜色的转换，而“逐行”滤镜有参数设置对话框，可对其基数或偶数进行设置。

11.4.6 “像素化”滤镜组

“像素化”滤镜组包括“彩块化”、“彩色半调”、“点状化”、“晶格化”、“马赛克”、“碎片”和“铜版雕刻”7种滤镜。它们使用单元格中相近颜色值的像素块，重新定义图案或选区，以产生点状、晶格、马赛克等各种特殊效果。

1.“彩块化”滤镜

该滤镜使图像中的纯色或相似颜色结成相近颜色的像素块，使图像看起来像手绘图。该滤镜没有参数设置的对话框。

2.“彩色半调”滤镜

对每个通道，该滤镜将图像划分为矩形，并使用图像替换每个矩形，使图像看起来像彩色报纸印刷效果。

原图

应用“彩块化”滤镜 的效果

应用“彩色半调“滤镜的效果

3.“点状化”滤镜

该滤镜可以将图像中的颜色分解为随机的彩色小点，点与点之间空隙使用背景色填充，从而呈现一种点状化作品的效果。

4.“晶格化”滤镜

该滤镜使颜色相近的像素结块，形成多边形纯色小色块，多用于制作宝石、水晶产生多棱角晶格化的效果。

5.“马赛克”滤镜

该滤镜将图像分解成许多规则排列的小方块，产生类似马赛克般的效果。可以通过设置“单元格大小”参数来调整产生马赛克方块的大小。

原图

应用“点状化”滤镜的效果

应用“晶格化”滤镜的效果

应用“马赛克”滤镜的效果

6. “碎片”滤镜

该滤镜将选区中的像素复制 4 次并平均位移且降低不透明度，使图像产生不聚焦的模糊效果。该滤镜没有参数设置的对话框。

7. “铜版雕刻”滤镜

该滤镜使用指定的点、线条和笔画重画图像，产生版刻画的效果，可以通过“类型”选择不同的网点图案，产生不同的效果。

11.4.7 “渲染”滤镜组

“渲染”滤镜组包括“光照效果”、“镜头光晕”、“云彩”、“分层云彩”、“纤维”5 种滤镜，使用该组滤镜可以使图像产生三维造型效果或光线照射效果，以及为图像制作云彩图案、折射图案等效果。

1. “光照效果”滤镜

该滤镜可设置不同的光照风格、光照类型和光照属性，制作出各种光照效果，还可以加入新的纹理及浮雕效果，使平面图像产生三维立体的效果。

2. “镜头光晕”滤镜

该滤镜使用不同类型的镜头，模拟亮光照射到相机镜头所产生的折射效果，为图像添加眩光效果，可以通过拖动十字线或单击缩览图的任一位置，调整光晕的位置。

原图

应用“光照效果”滤镜的效果

应用“镜头光晕”滤镜的效果

3. “云彩”滤镜和“分层云彩”滤镜

“云彩”滤镜使用前景色和背景色之间的随机值生成柔和的云彩图案，“分层云彩”滤镜与“云彩”滤镜效果类似，但是图像中的某些部分会被反相云彩图案。

4. “纤维”滤镜

该滤镜用前景色和背景色混合填充图像，产生类似纤维的效果。

11.4.8 “杂色”滤镜组

“杂色”滤镜组包括“蒙尘与划痕”、“减少杂色”、“添加杂色”、“去斑”和“中间值”5 种滤镜，可以添加或移去杂色，为图像移去有问题的区域或创建特殊纹理。

1. “蒙尘与划痕”滤镜

该滤镜将更改图像像素，将图像中有缺陷的像素融入周围的像素，以减少图像中的杂色。

2.“减少杂色”滤镜和“添加杂色”滤镜

“减少杂色”滤镜是在减少图像中的杂色的同时保留图像的边缘。“添加杂色”滤镜是为图像添加一些细小的颗粒状像素，使其在混合到图像的同时产生色散效果，常用于添加杂点纹理效果。

3.“去斑”滤镜

该滤镜对图像或选区内的图像进行轻微的模糊，去除相应边缘的选区，同时保留图像细节。

4.“中间值”滤镜

该滤镜通过混合像素的亮度来减少图像中的杂色，以减少图像中杂色的干扰，它是一种去除杂色点的滤镜。

原图

应用“添加杂色”滤镜的效果

应用“中间值“滤镜的效果

11.4.9 “其他”滤镜组

“其他”滤镜组包括“高反差保留”、“位移”、“自定”、“最大值”和“最小值”5 种滤镜，可以使选区发生位移和快速调整颜色。

1.“高反差保留”滤镜

该滤镜可移去图像中的低频细节，删除图像亮度中具有一定过度变化的部分图像，保留色彩变化最大的部分，使图像中的阴影消失而突出亮点。

2.“位移”滤镜

该滤镜将选区内的图像移动到指定的水平位置或垂直位置，选区内的原位置则变成空白区域，用前景色或图像的另一部分来填充该区域，可在参数设置对话框中通过调整参数值来控制图像的偏移。

3.“自定”滤镜

用户定义自己的滤镜效果，根据数学运算更改图像中的亮度值，通过设置“缩放”值除以计算机中包含的像素的亮度值总和，通过设置“位移”值与缩放计算机结果相加。

4.“最大值”滤镜和“最小值”滤镜

“最大值”滤镜是向外扩展白色区域并收缩黑色区域。“最小值”滤镜是向外扩展黑色区域并收缩白色区域。

原图

应用“高反差保留”滤镜的效果

应用“最小值”滤镜的效果

试试看：制作下雨天朦胧图像

成果所在地：第 11 章 \Complete\ 制作下雨天朦胧图像 .psd

视频 \ 第 11 章 \ 制作下雨天朦胧图像 .swf

1 执行“文件 > 打开”命令，打开“制作下雨天朦胧图像 .jpg”文件，得到“背景”图层。按快捷键 Ctrl+J 复制图层得到“图层 1”。

2 单击“创建新图层”按钮，新建“图层 2”，按快捷键 Alt+Delete 为图层填充黑色。执行“滤镜 > 转化为智能滤镜”命令，将图层转换为智能对象。

3 执行“滤镜 > 像素化 > 点状化”命令，在弹出的对话框中设置各项参数，设置完成后单击“确定”按钮。

4 单击“创建新的填充或调整图层”按钮，选择“阈值”命令，在弹出的属性面板中设置参数，提高画面明暗对比。

5 按快捷键 Ctrl+Shift+Alt+E 盖印可见图层，生成“图层 3”，单击“指示图像可见性”按钮，隐藏“阈值 1”图层和“图层 2”图层。

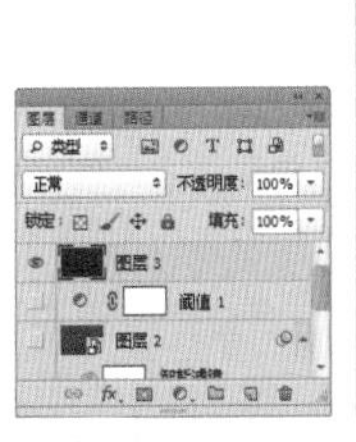

6 选择“图层 3”，执行“滤镜 > 模糊 > 动感模糊”命令，在弹出的对话框中设置各项参数，设置完成后单击“确定”按钮，调整雨滴的动感效果。设置“图层 3”的混合模式为“滤色”。

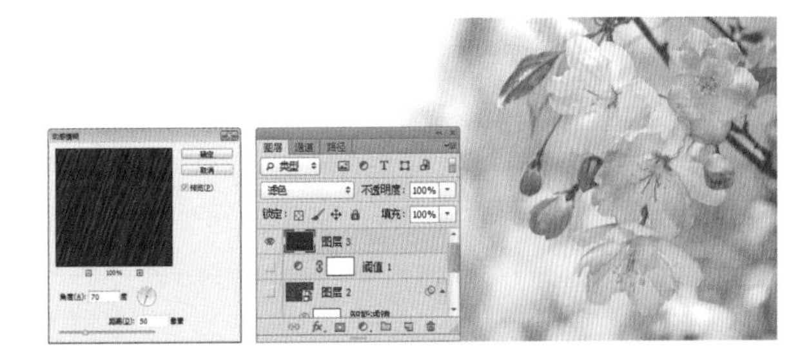

7 单击“创建新的填充或调整图层”按钮 ，选择“色阶”命令，在弹出的属性面板中设置参数，调整画面明暗对比。按快捷键 Ctrl+Alt+G 为其创建剪贴蒙版。

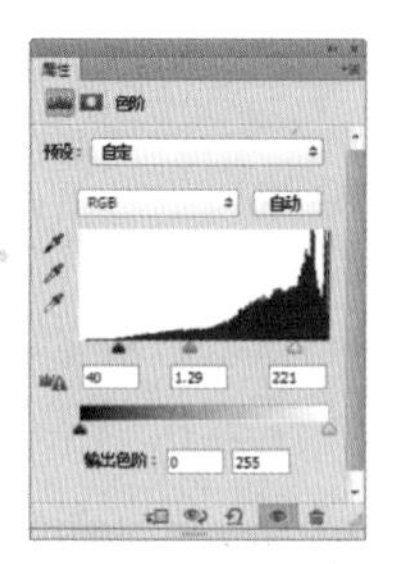

11.5 常用的外挂滤镜

在 Photoshop 中，外挂滤镜是可以根据用户需要十分方便地处理图像的滤镜，这里简单地介绍 Portraiture 滤镜和 Mask Pro4 滤镜。

安装 Portraiture 滤镜：打开本书配套光盘，复制“第 11 章 \Media\ Portraiture.8bf”文件和“Mask Pro 4.1.9a.8bf”文件，将其粘贴至“D\CS6 安装 \Adobe Photoshop CS6\Plug-ins”文件中。安装完成后，先来认识 Portraiture 滤镜。

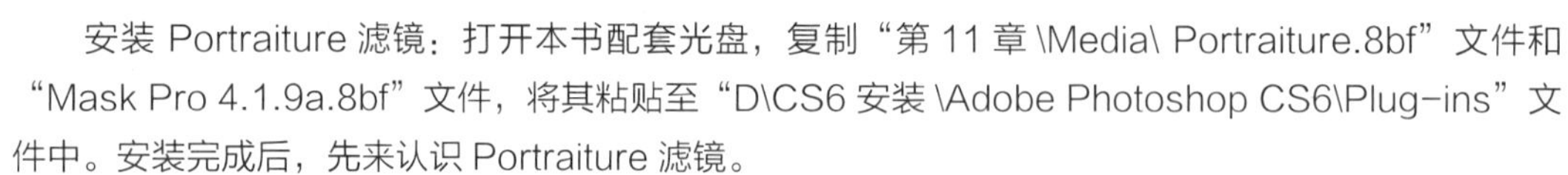

11.5.1 Portraiture 滤镜

Portraiture 滤镜外挂是一款用于人像图像润色的滤镜，减少了人工选择图像区域的重复劳动。它能智能地对图像中人物的皮肤材质、头发、眉毛、睫毛等部位进行平滑和减少疵点处理。该软件最大的优势是自动识别皮肤，多数情况下不需要用户选择。下面将对 Portraiture 滤镜的对话框进行详细地介绍。执行“滤镜 >Imagenomic> Portraiture”命令，即可打开 Portraiture 滤镜对话框。

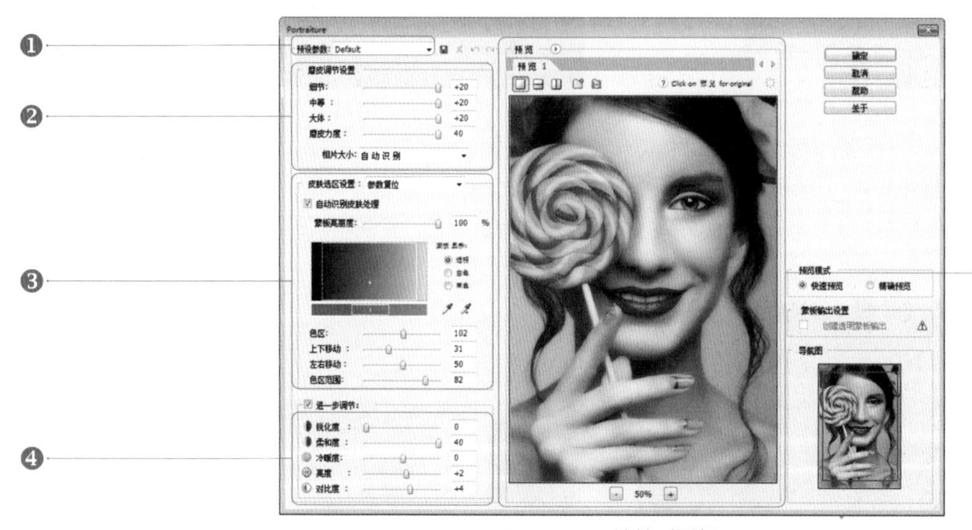

Portraiture 滤镜对话框

❶“预设参数”选框：选择软件提供的预设方案。

❷“磨皮调节设置”选项组：精确调整磨皮后期保留的细节、中间调区磨皮的多少、磨皮的力度和范围。

❸“磨皮选区设置”选项组：可自动或手动选择皮肤磨皮选区，下面的参数值区域不是调节图像本身色彩的，它们是根据磨皮选区皮肤的色相、饱和度、亮度和范围显示的参数。也可以通过调整参数值来更改选区，还可以用吸管工具在图像中选择皮肤的磨皮选区。

❹“进一步调节”选项组：在之前调整好的基础上进一步调整图像的锐利度、柔和度、色温、色彩浓度、亮度、对比度。

❺预览框：预览图像处理后的效果，单击底部的或按钮，可缩小或放大预览框中的图像，方便查看图像细节和整体变化。

原图

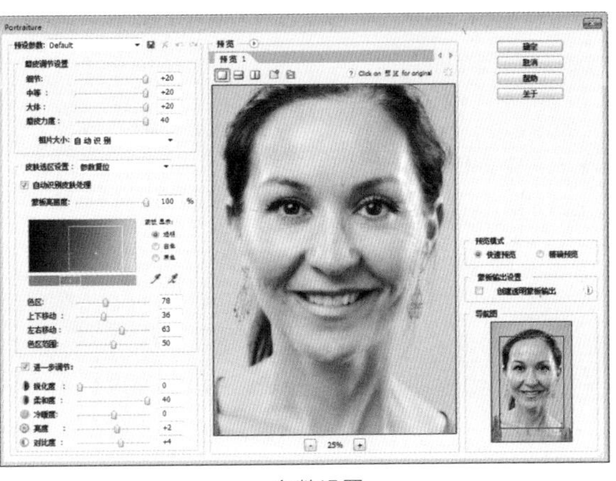
参数设置

应用 Portraiture 滤镜后的效果

11.5.2 Mask Pro4 滤镜

Mask Pro4 滤镜外挂是一款用于抠取图像的滤镜，其抠图操作简单，效果好，效率高。Mask Pro4 抠图的一个重要概念就是保留色和丢弃色，通过设定的保留颜色和丢弃颜色，软件会自动抠取图像。值得注意的是，Mask Pro4 不能对锁定的图层进行编辑。

执行“滤镜>onOne>Mask Pro4”命令即可打开 Mask Pro4 滤镜工作界面。Mask Pro4 滤镜工作界面分为菜单栏、工具栏、工具参数设置、保留颜色面板和丢弃颜色面板几个部分。

Mask Pro4 滤镜工作界面

❶ **菜单栏**：菜单栏中包括一些常见的命令，比如保存、还原、编辑和查看等。

❷ **工具栏**：包括 16 个工具，常用的有保留颜色吸管工具、丢弃颜色吸管工具、保留加亮工具和丢弃加亮工具。保留颜色吸管工具和丢弃颜色吸管工具就是用来吸取图像中的不同颜色来确定要保留或丢弃的颜色，当使用它们在图像上单击吸取颜色以后，会在相应的保留颜色面板或丢弃颜色面板中显示该颜色。保留加亮工具和丢弃加亮工具，使用这两个工具可以分别在图像中绘制要保留或要丢弃的颜色区域。

❸ **工具参数设置面板**：当选中工具以后，可在工具参数设置面板显示设置笔刷大小的选项。

❹ **保留颜色面板**：当使用保留类工具在图像上单击颜色以后，会在保留颜色面板中显示该颜色。

❺ **丢弃颜色面板**：当使用丢弃工类具在图像上单击颜色以后，会在丢弃颜色面板中显示该颜色。

在了解了保留色和丢弃色工具以后，就可以开始进行一些简单的抠图操作了。下面以一个抠图的实例来说明具体操作步骤。

试试看：替换人物背景

成果所在地：第 11 章 \Complete\ 替换人物背景 .psd

视频 \ 第 11 章 \ 替换人物背景 .swf

1 执行“文件 > 打开”命令，打开“替换人物背景 1.jpg”文件，得到“背景”图层。按快捷键 Ctrl+J 复制图层得到“图层 1”。

2 执行“滤镜 >onOne>Mask Pro4”命令，单击保留加亮工具，设置笔刷大小后，沿着人物边缘内部绘制大致轮廓。如果有错的地方，按住 Alt 键擦除这些错误地方。

3 绘制完成后，按住 Ctrl 键切换保留加亮工具为填充模式，在轮廓中单击即可填充整个轮廓。

4 单击丢弃加亮工具，设置笔刷大小，设置完成后沿着人物边缘外部再绘制大致轮廓。

5 绘制完成后，按住 Ctrl 键切换丢弃加亮工具为填充模式，在外部的其他部分单击即可填充。

6 双击魔术画笔工具，按照设定好的颜色抠图。

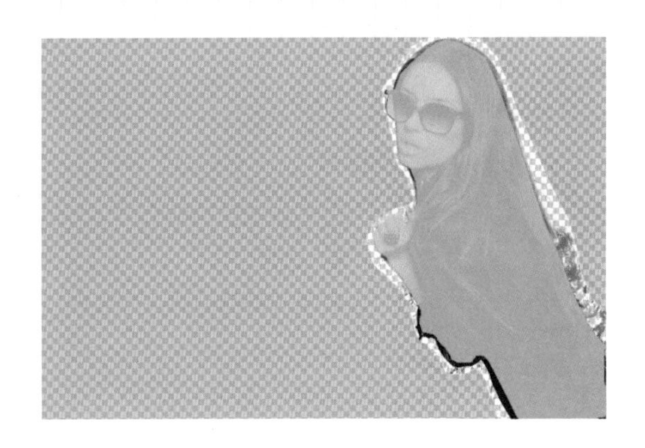

7 按快捷键 Ctrl+S 保存人物图像，关闭 Mask Pro4 滤镜。执行“文件 > 打开”命令，打开“替换人物背景 2.jpg”文件，将其移动到当前文件中，结合自由变化命令调整其位置和大小。

8 复制背景图层，将其移动到图层最上方，按住 Ctrl 键单击“图层 1”，再单击“添加图层蒙版”按钮为图层添加蒙版。结合柔角画笔工具涂抹图像，修饰人物边缘，让画面自然融合。

9 设置“背景 副本”图层的混合模式为“正片叠底”，让图像和背景色调更融合。复制图层，得到“背景 副本 2”，设置图层混合模式为“正常”。

10 单击“创建新的填充或调整图层”按钮，选择“照片滤镜”命令，在弹出的属性面板中设置参数，为图像添加橙黄色调，让画面更统一。

温习一下

1. 选择题

（1）以下哪个工具不是模糊滤镜组的？（　　）

A. 动感模糊　　B. 高斯模糊　　C. 挤压

（2）重复滤镜命令时，需要按什么快捷键？（　　）

A. Ctr+R　　B. Ctr+F　　C. Shift+R

（3）滤镜库内有几组滤镜？（　　）

A. 4　　B. 5　　C. 6

2. 填空题

（1）独立的滤镜有 ________、________、__________ 和 ______________。

（2）________ 滤镜组可使图像产生旋转、挤压和水波等变形效果。

（3）新建图层并填充为黑色，结合 _______ 滤镜和 ______ 滤镜能制作出下雨天效果。

3. 上机操作

第①步：打开图像。

第②步：执行“滤镜 > 锐化 >USM 锐化”命令，打开“USM 锐化”对话框，设置参数。

第③步：设置完成后单击“确定”按钮。

第①步

第②步

第③步

答案

PS：别直接就看答案，那样就没效果了！听过孔子说过的一句话没？“温故而知新，可以为师矣”。

选择题：（1） C；（2） B；（3） C。

填空题：（1） 镜头校正、液化、油画、消失点；

（2） 扭曲；

（3） 晶格化滤镜和动感模糊滤镜。

第 12 章

剖析 Photoshop CS6 的高级功能

Photoshop CS6 到底有哪些高级功能呢？这恐怕是许多读者急切地想知道的。Photoshop CS6 高级功能包括 Web 图像优化和打印输出、3D 命令、动作和批处理以及动画的制作。学习 Photoshop 高级功能，可以快速地制作图像。本章就来好好学习一下 Photoshop CS6 高级功能，看看它到底有多重要。

12.1 Web图像优化和打印输出

所谓 Web 又指互联网络，是 Photoshop 图像处理软件中针对网页设计的专有储存格式。在对图像进行切片操作后，执行“文件 > 储存为 Web 所用格式”将图像储存为网络格式，即可进行网页查看。下面就来详细介绍一下 Web 图像优化和打印输出。

12.1.1 Web 图像优化

Photoshop CS6 里一项重要功能就是创建 Web 图像，该功能令众多网页设计师欢欣鼓舞。利用 Photoshop CS6 的图像功能，可以制作精美的 Web 图像，从而大受客户欢迎，也提高了网页设计师的工作效率。

小小提示：Web 图像比其他的专业图像小，一般都是几 KB 到几十 KB，上百 KB 的图像一般都做成专门的图像链接了。这一特点主要是由网络的带宽所决定的，许多 Web 图像内还必须包含超级链接，作为页面的一部分，Web 图像不仅仅是一幅图像，它还是通往站点中其他内容的路径。

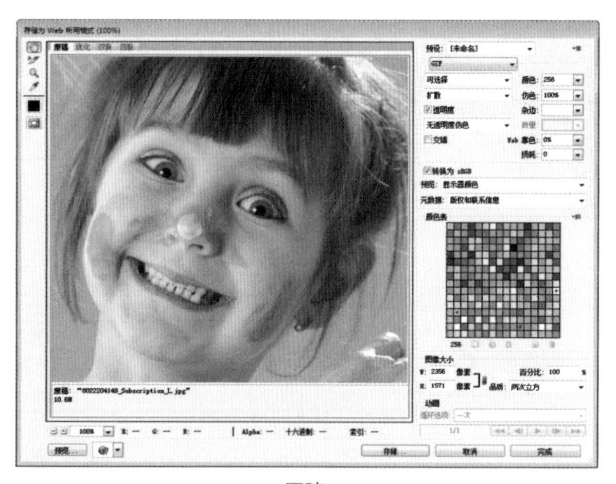

原稿

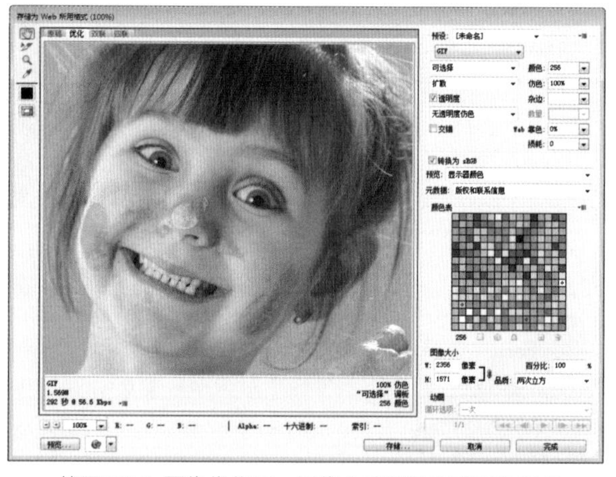

使用 Web 图像优化后，图像上的颜色变成了像素点

贴心巧计：在 Photoshop CS6，可以对 JPEG（可以通过设置它的压缩品质以及模糊等选项来改变其文件大小）、GIF（在优化面板中，只能对 GIF、格式图像的颜色做总体设置）、PNG、PSD、BMP 各种格式进行优化。

12.1.2 文件打印输出

可以对 Web 图像的输出进行各方面的设置，包括预览、预设、图像大小、颜色、文件格式等选项。在对话框中左上角还可以对图像进行“原稿”、“优化”、“双联”、“四联”设置。

小小提示：对图像编辑完成后，执行“文件 > 存储为 Web 和设备所用格式”命令，在弹出的对话框中可以设置不同的文件格式和不同的文件属性来优化图像，并可进行预览，通过该命令优化保存的图像常用在网页中。在“存储为 Web 和设备所用格式”对话框中，可以对同一张图像采用 DIF、PNG、JPEG 等格式保存的效果进行比较，以决定采用哪种格式保存图像更合适。

图像的基准输出大小是由“图像大小”对话框中的文档大小设置决定。在“打印”对话框的“位置”和“缩放后的打印尺寸”选项组中可设置打印图像的位置和缩放比例。但“图像大小”对话框中的文档大小不会更改。“缩放后的打印尺寸”选项组中的“打印分辨率”可显示当前缩放设置下的打印分变率。

贴心巧计：在“打印”对话框中，单击“颜色处理”右侧的下拉按钮，在下拉列表中选择Photoshop“管理颜色”选项，打印预览窗口下方的“匹配打印颜色”、“色域警告”和“显示打印纸张白”3个选项将被激活。通过对这3个复选框进行勾选，可以对打印照片的颜色进行校对。如果在“页面设置”对话框中设置缩放百分比，则“打印”对话框可能无法反映缩放、高度和宽度的准确值。为避免不准确地缩小，建议使用“打印”对话框来指定缩放。切记，不要在两个对话框中同时设置缩放百分比。

1. 在打印纸上重新定位图像

要将图像在可打印区域中居中，在“打印”对话框中的“位置”选项组中勾选“图像居中”复选框。如果需要数字排序放置图像，取消“图像居中”复选框的勾选，然后在“顶”或“左”文件框中输入参数值；或者取消“图像居中”复选框的勾选，在预览区域中直接拖动图像。

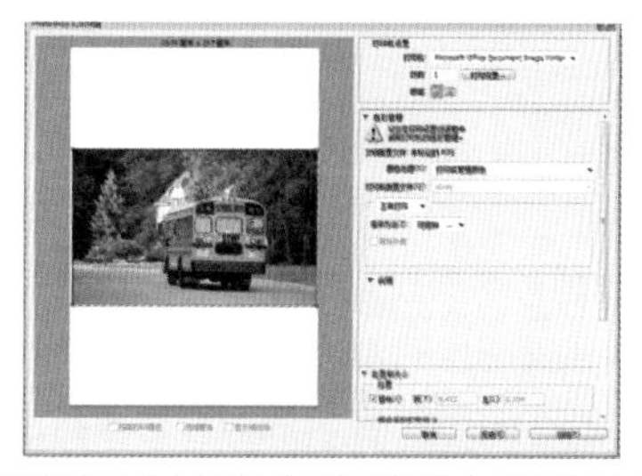

在预览区域中直接拖动图像以实现重新定位

2. 缩放图像的打印尺寸

在“缩放后的打印尺寸”选项组中勾选“缩放以适合介质”复选框，使图像适合选定纸张的打印区域。要按照数字重新缩放图像，取消勾选“缩放以适合介质”复选框，然后在“高度”和“宽度”文本框中输入参数值。要定义缩放比例，可直接在预览区域中拖动定界框手柄。

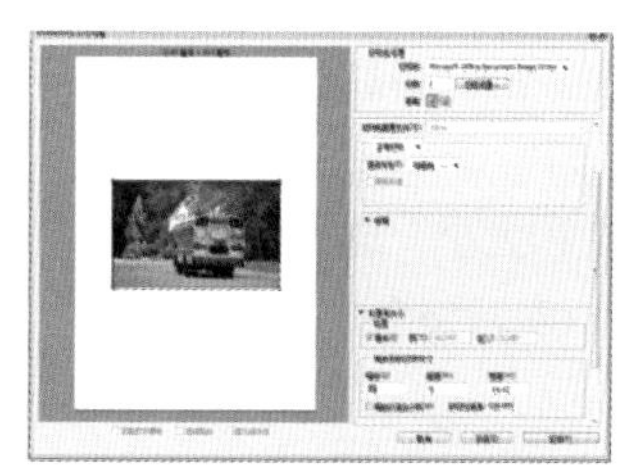

拖动定界框手柄来缩放图像的打印尺寸

3. 打印设置

在弹出的打印对话框中，选择“打印”选项下拉菜单里的“Fax”，再单击“打印设置”选项，在弹出的对话框中，可以设置“纸张大小”（如信纸、便签、日式信纸、德国标准、A4、A5、A3、信纸加大、信纸横向）、“方向”（横向、纵向）和“图像质量”等。

“Fax 属性”对话框

4. 设置出血线

看图像是否超出打印的范围，单击“出血”按钮，将会弹出“出血”对话框，在该对话框中设置“宽度”为10mm，完成后单击“确定”按钮设置出血线。如果显示图像大小超出纸张可打印区域的警告，需要勾选“缩放以适当介绍”复选框。如果需要对纸张大小和布局进行更改，单击“打印设置”按钮进行设置，然后打印文件。

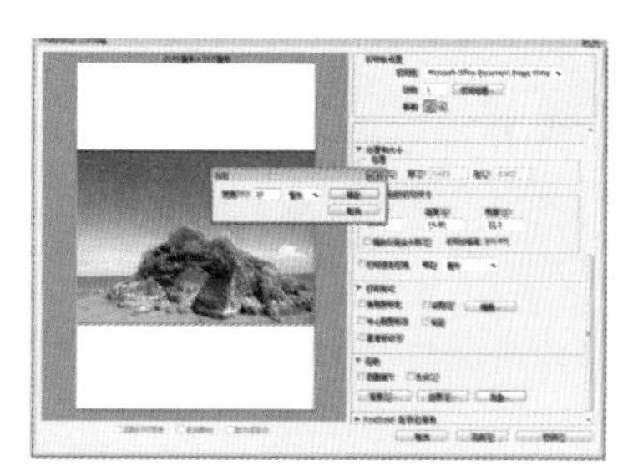

设置出血线

下面对“打印”对话框进行详细地介绍。

Photoshop 的桌面打印机设置主要通过“打印设置”对话框来完成。在此对话框中，可预览打印作业，并选择打印机、打印份数、输出选项和详细的色彩管理选项。单击“完成”按钮保留选项并关闭对话框，单击“打印”按钮打印图像。

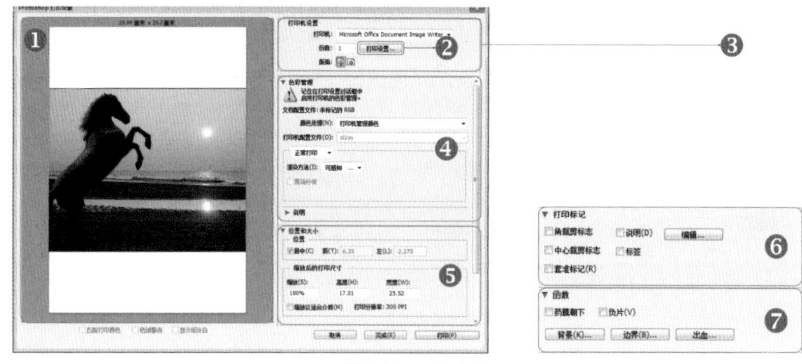

“打印”对话框

❶ **预览框**：可通过设置“匹配打印颜色”、“色域警告”和“显示纸张白”复选框预览打印效果。可在需要Photoshop 管理颜色时勾选“匹配打印颜色”复选框，可在预览框中查看图像颜色的实际打印效果。

❷ **通过“打印机”提供的列表设置打印机，以及打印作业选项，包括“份数”、“打印设置”以及“布局”，可调整打印纸张方向为纵向或横向。**

❸ **“打印设置”按钮**：单击该按钮，可弹出“页面设置”对话框，页面方向分别为纵向和横向。

❹ **“色彩管理”选项组**：可以选择打印机管理颜色，或者由 Photoshop 决定打印颜色。选择“文档”选项，配置文件显示在同一行中的括号内。

❺ **“位置和大小”选项组**：“位置”根据所选纸张的大小和取向调整图像位置，“缩放后的打印”根据所选纸张的大小和取向调整图像的缩放比例。

❻ **“打印标记”选项组**：包括“角裁剪标志”、“说明”、“中心裁剪标志”、“标签”和“套准标记”选项。

❼ **“函数”选项组**：包括“药膜朝下”、“负片”，用于指定输出的函数选项。

原图

执行“文件 > 打印”命令

12.2 Photoshop 也可以三维

在 Photoshop CS6 中，3D 功能的应用很多，有 3D 图像交互式编辑功能，其借助全新的光线描摹渲染引擎，可以直接在 3D 模型上绘图、用 2D 图像绕排 3D 形状，更增加了凸纹、创建 3D 对象地平面阴影和对齐对象到地平面等更为智能的新功能。下面将学习如何创建 3D 对象、3D 明信片、3D 面板、创建 3D 凸纹对象、3D 对象的设置、3D 图像渲染以及如何存储和导出 3D 文件。

12.2.1 创建 3D 对象

在 Photoshop CS6 中，可以通过相关的 3D 命令，将 2D 图层作为起始终画面，从而生成各种相应的 3D 对象，如创建 3D 明信片、3D 形状、3D 网格等。创建 3D 对象以后，会在“图层”面板中自动生成一个 3D 图层，通过 3D 工具可对所创建的 3D 对象进行移动和旋转。创建 3D 对象后，可对其进行在 3D 空间中移动、更改渲染设置、添加光源或将其与其他 3D 图层合并的操作。

试试看：从选区中创建 3D 对象

成果所在地：第 12 章 \Complete\ 从选区中创建 3D 对象 .psd

视频 \ 第 12 章 \ 从选区中创建 3D 对象 .swf

1 新建空白图像文件，设置前景色为亮灰色，按快捷键 Alt+Delete，填充背景色为亮灰色。打开“从选区中创建 3D 对象 .jpg”文件，将其拖曳到当前文件图像中，生成“图层 1”。

2 使用矩形选框工具，在画面上创建一个矩形选区，执行“3D> 从所选图层新建 3D 凸出”命令，基于当前 3D 图像创建简单的 3D 形状。单击移动工具，在属性栏单击 3D 对象旋转工具，对其进行旋转。

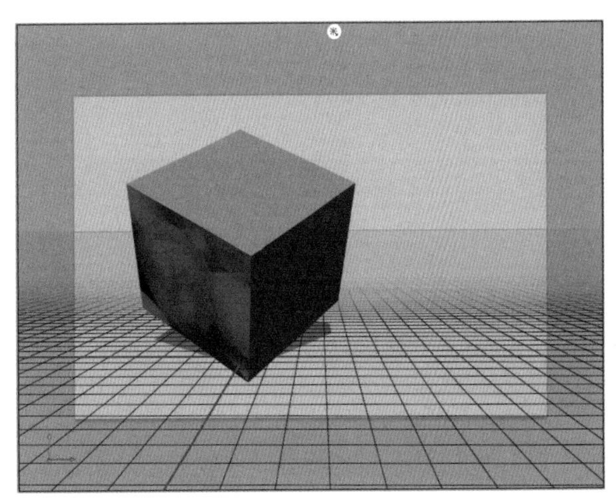

小小提示：在 Photoshop CS6 中，系统有一些默认的模型供用户使用。执行“3D> 从图层新建网格 > 网格预设”命令，基于当前 3D 图像创建简单的 3D 形状、包括锥形、帽子、金子塔、圆环等。如创建多面的立方体如圆柱体，还可以为各个面指定不同的贴图效果。

3 打开“从选区中创建 3D 对象 2.jpg”文件，将其拖曳到当前文件图像中，生成“图层 2”。使用魔棒工具 选取正方体的上面部分，按快捷键 Shift+Ctrl+I 反选选中的选区，将其删除。

4 打开“从选区中创建 3D 对象 3.jpg”文件，将其拖曳到当前文件图像中，生成“图层3”。使用相同方法，选取正方体的右面部分，按快捷键 Shift+Ctrl+I 反选选中的选区，将其删除，制作出 3 D对象。

小小提示：从选区中创建 3D 对象时，使用选区工具创建了选区后，执行“窗口 >3D”命令，在 3D 面板中单击“3D 凹凸”单选按钮，然后单击“创建”按钮，将选区创建为 3D 对象。单击移动工具，在属性栏单击 3D 对象旋转工具即可对其进行旋转。

试试看：从路径中创建 3D 对象

成果所在地：第 12 章 \Complete\ 从路径中创建 3D 对象 .psd

视频 \ 第 12 章 \ 从路径中创建 3D 对象 .swf

1 执行“文件 > 打开”命令，打开“从路径中创建 3D 对象 .jpg”图像文件，得到“背景”图层。按快捷键 Ctrl+J 复制得到“图层 1”。

2 单击自定形状工具，颜色为 (R255、G63、B43)，在画面中间拖出一个桃心。生成“形状 1”，使用快捷键 Ctrl+T 变换图像大小，并将其放置于画面中合适的位置。

贴心巧计：从路径中创建 3D 对象时，在绘制好路径后，执行“3D> 从所选路径新建 3D 凸出”命令，然后单击鼠标右键，在弹出的对话框中设置形状。还可结合蒙版，用画笔工具 把影子抹掉。

3 执行“3D> 从所选路径新建 3D 凸出”命令。

4 然后在 3D 面板中，单击网格按钮，在属性面板中设置形状为“膨胀”。单击 3D 对象旋转工具，对其进行旋转。至此，本实例制作完成。

试试看：从图层中创建 3D 对象

成果所在地：第 12 章 \Complete\ 从图层中创建 3D 对象 .psd

视频 \ 第 12 章 \ 从图层中创建 3D 对象 .swf

1 执行“文件 > 打开”命令，打开“从图层中创建 3D 对象 .jpg”图像文件，得到“背景”图层。按快捷键 Ctrl+J 复制得到“图层 1”。对其执行 >“3D 从预设创建网格”命令，选择“汽水”选项后单击“创建”按钮，在画面中创建一个易拉罐的 3D 模型。

2 单击移动工具，在属性栏单击“3D 对象旋转工具对瓶体进行旋转。继续单击 3D 对象按钮，对 3D 易拉罐模型进行缩小比例的操作。单击 3D 对象平移工具，将其移动在画面左下侧。至此，本实例制作完成。

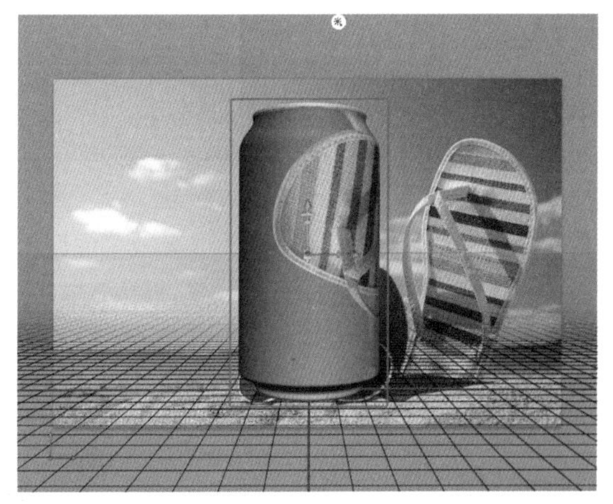

小小提示：在 3D 面板中单击“网格”按钮，在面板中会显示所有打开的 3D 对象的网格组件，在面板的上侧显示网格的个数，在面板下侧可对网格进行设置。在坐标面板中，可以通过 x 轴、y 轴、z 轴来对 3D 对象进行整体调整，单击任意一个选项，即可设置相应参数值。

12.2.2 创建 3D 明信片

在 3D 菜单中，执行“3D> 从新图层新建网格 > 明信片”命令，可以将普通的 2D 图像转换为 3D 对象，并可以利用工具和操作杆调整 x、y 轴，以控制对象的位置、大小和角度。

二维图片

执行“3D> 从新图层新建网格 > 明信片”命令

将 2D 图像转换为 3D 对象

12.2.3 熟悉 3D 面板

执行“窗口 >3D”命令，打开 3D 面板。该面板类似于 3ds Max 的选项面板，通过分类的选项来控制、添加和修改场景、材质、网络和灯光等。如在 3D 里的“3D（光源）”面板中进行查看、添加及删除灯光等操作，还可以设置光源的类型。除此之外，3D 对象和时间轴配合还可以完成动画制作。

“3D”面板

贴心巧计：在“图层”面板中双击图层缩览图，也可打开“3D”面板。另外，单击属性栏中的“概要”选项，选择“3D”选项，也可以打开“3D”面板。

❶“场景”按钮：单击该按钮即弹出场景面板，可以控制整个场景的渲染，以及环境色和横截面等相关选项设置。

❷“网络”按钮：单击该按钮即弹出网络面板，单击网络列表中的某个网络已激活选项，可以控制 3D 对象中的网络组成部分的相关选项的设置。

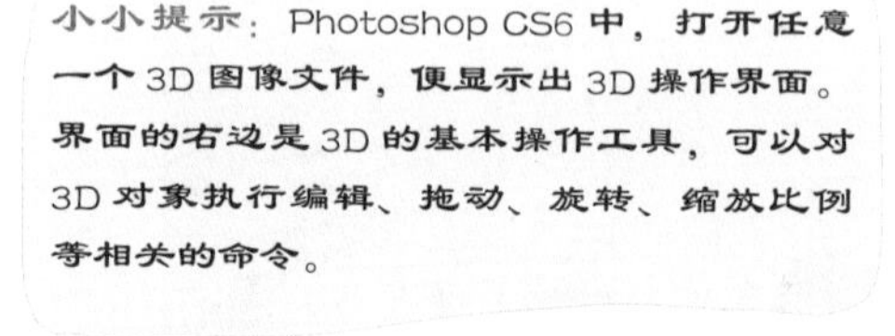

小小提示：Photoshop CS6 中，打开任意一个 3D 图像文件，便显示出 3D 操作界面。界面的右边是 3D 的基本操作工具，可以对 3D 对象执行编辑、拖动、旋转、缩放比例等相关的命令。

❸“光源”按钮：单击该按钮即弹出材质面板，可以控制 3D 对象的材料即贴图的相关选项的设置。

❹“材质”按钮：单击该按钮即弹出光源面板，可以控制场景中添加的各个光源的颜色、强度等相关选项的设置。

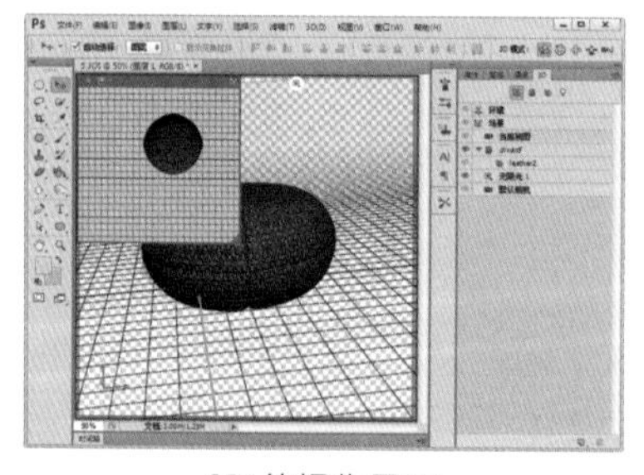
3D 的操作界面

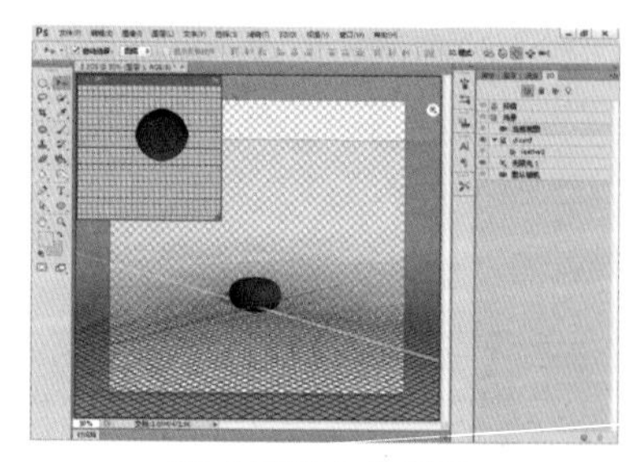
3D 对象缩放的界面

12.2.4 创建 3D 凸纹对象

创建 3D 凸纹对象即是先创建 3D 凸出再编辑 3D 模型的纹理，从而创建 3D 凸纹对象。执行“窗口 >3D”命令，在 3D 面板中单击选中“3D 凹凸”单选按钮，然后单击“创建”按钮，将需要创建的图形或选区创建为 3D 对象。要在 Photoshop 中编辑 3D 纹理，可以执行一系列操作：编辑 2D 格式的纹理，纹理作为“智能对象”在独立的文档窗口中打开，直接在模型上编辑纹理，重新参数化纹理映射。

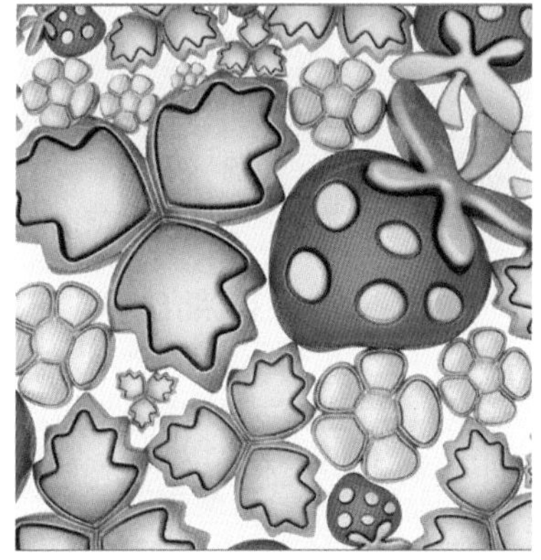

打开图像

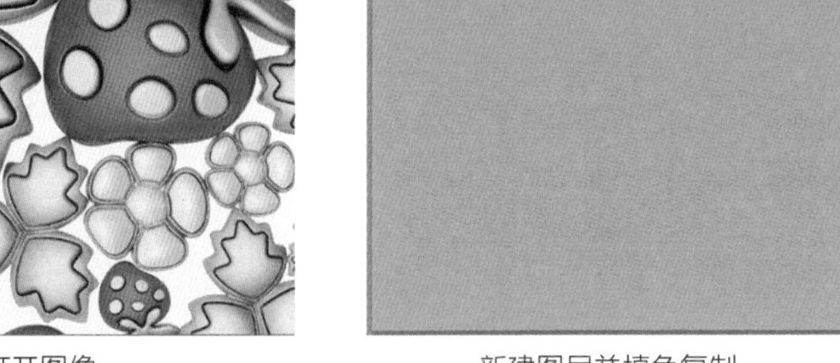

新建图层并填色复制

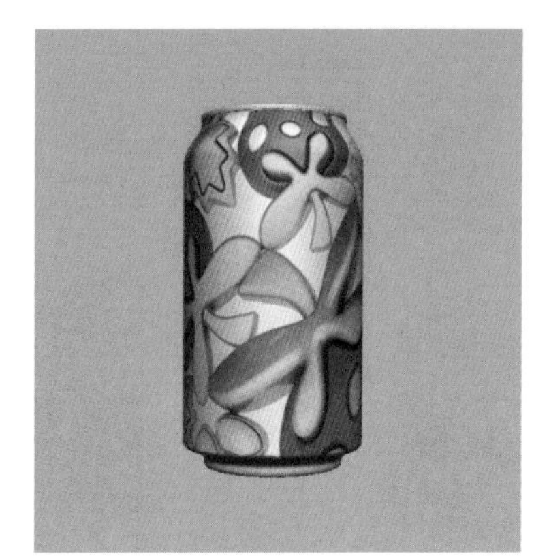

背景图层放于上方

贴心巧计：在 Photoshop 中，执行“窗口 >3D> 从预设创建网格”命令，在 3D 面板中选择材质面板选项，即可显示材质面板选项。在面板左下角单击“正常”按钮，在弹出的菜单中选择“载入纹理”、“新建纹理”，即可对 3D 对象设置纹理。

新建图层

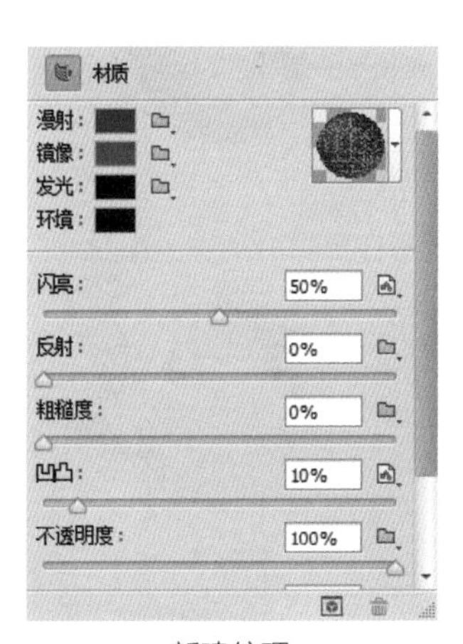

新建纹理

制作出具有纹理的酒瓶

小小提示：执行“3D > 从预设创建网格”命令，创建好的 3D 对象后，可以使用 Photoshop 中任何绘制工具直接在 3D 模型上绘画，就像在 2D 图层上绘画一样。执行“3D> 选择可绘画区域”，将特定的模型区域设置为目标。从而可以通过不同的绘画效果，来达到目的。

12.2.5 3D 对象的设置

在 Photoshop CS6 中，利用 3D 对象工具与 3D 相机工具可以对 3D 对象进行任意角度的旋转与查看。3D 对象的设置包括旋转 3D 对象、滚动 3D 对象、拖动 3D 对象、滑动 3D 对象、缩放 3D 对象以及调整 3D 相机等命令。

贴心巧计：3D 对象工具主要包括 3D 对象旋转工具、3D 对象滚动工具、3D 对象拖动工具、3D 对象滑动工具和 3D 对象比例工具，使用这些工具可以轻松完成对 3D 图层的调整，会激活 3D 对象。使用 3D 对象工具可更改 3D 模型的位置或大小，如果系统支持 OpenGL，还可以通过使用 3D 轴来操作 3D 模型。

3D 模式：

“3D 工具”属性栏

单击“3D 对象旋转”按钮，可在画面中任意拖动，对 3D 对象进行 x、y、z 轴的空间旋转。单击该按钮选中 3D 对象旋转工具，对 3D 对象上下拖动可使其围绕 x 轴旋转；左右拖动时，可使 3D 对象围绕 y 轴旋转。

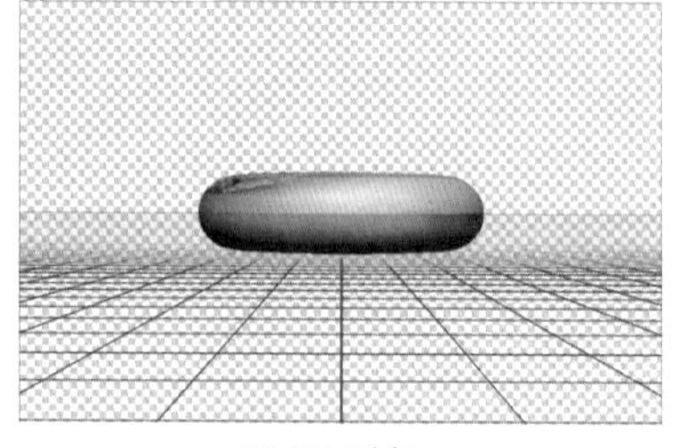

原 3D 对象

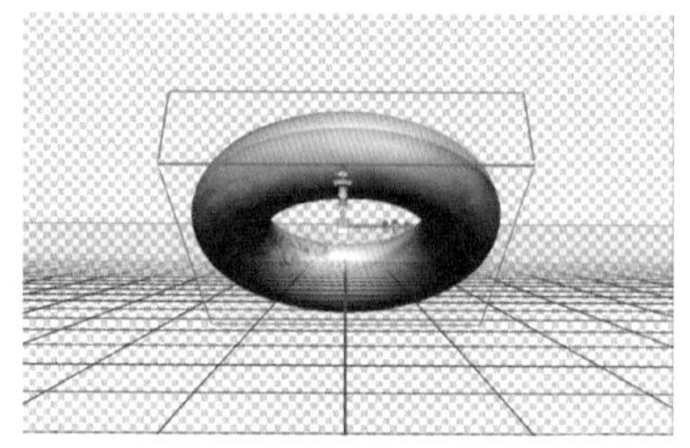

使用工具向上旋转

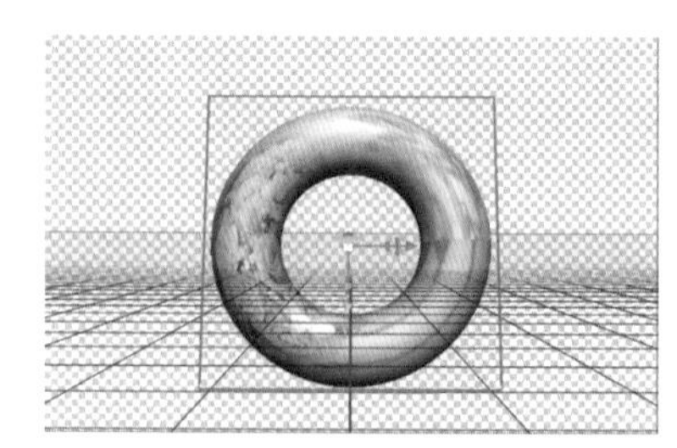

使用工具向下旋转

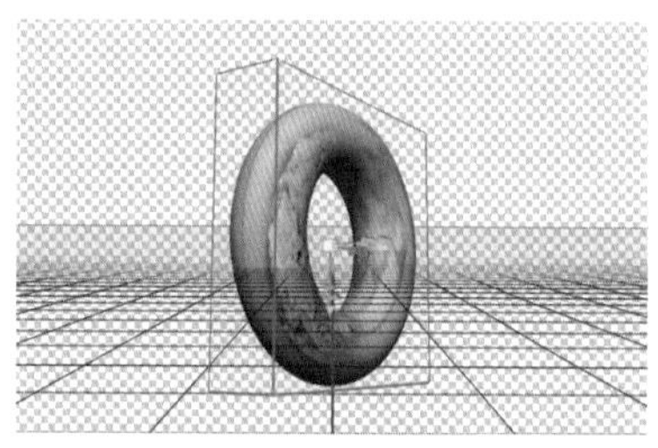

使用工具向右旋转

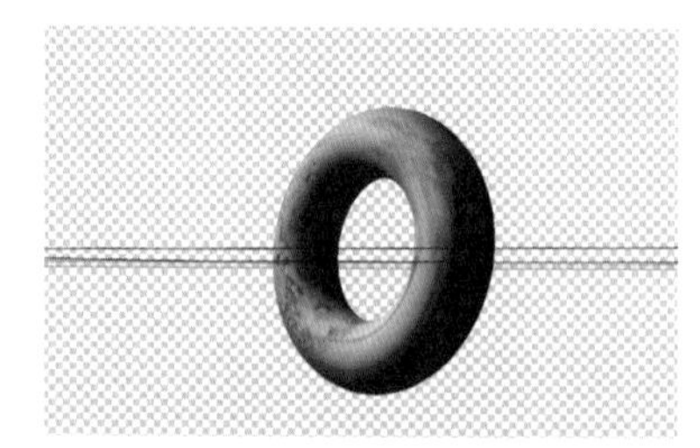

使用工具向左旋转

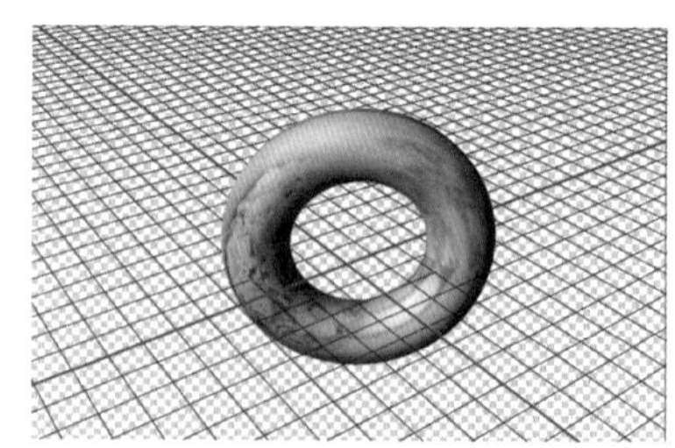

使用工具随意旋转

“3D 对象滚动”工具按钮可将旋转约束在两个轴之间，即 x 轴和 y 轴，x 轴和 z 轴或 y 轴和 z 轴，启用的轴之间出现黄色的连接色块。单击该按钮选中 3D 对象滚动工具，在 3D 对象两侧拖动可使其围绕 z 轴转动。

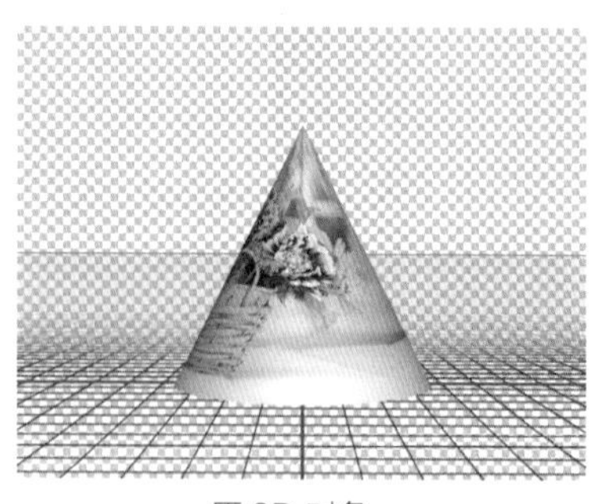

原 3D 对象

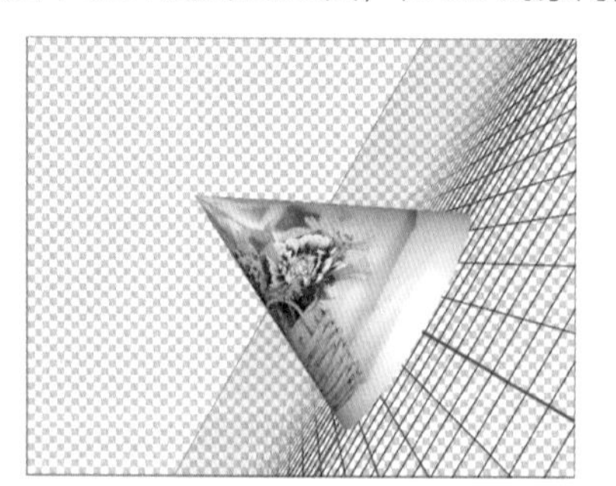

使用工具向右拖动

使用工具向左拖动

单击“3D 对象拖动”按钮可在画面中任意拖动，对 3D 对象进行 x、y、z 轴方向的空间移动。也可以在 3D 操纵杠的某种两个轴之间单击此按钮选中 3D 对象平移工具，在 3D 对象两侧拖动，可以使其围绕水平方向进行移动，上下拖动，可以垂直移动 3D 对象。

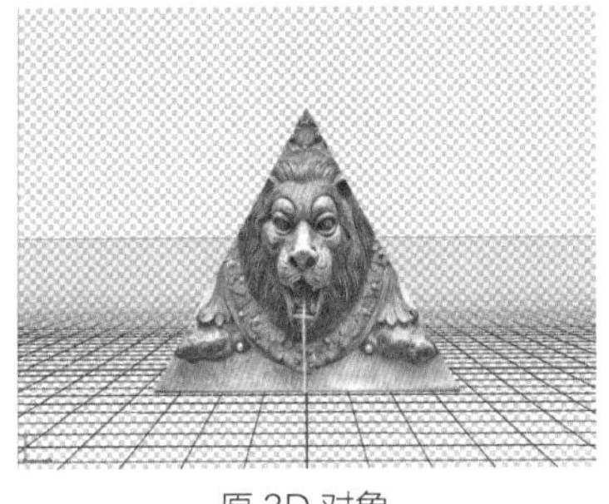
原 3D 对象

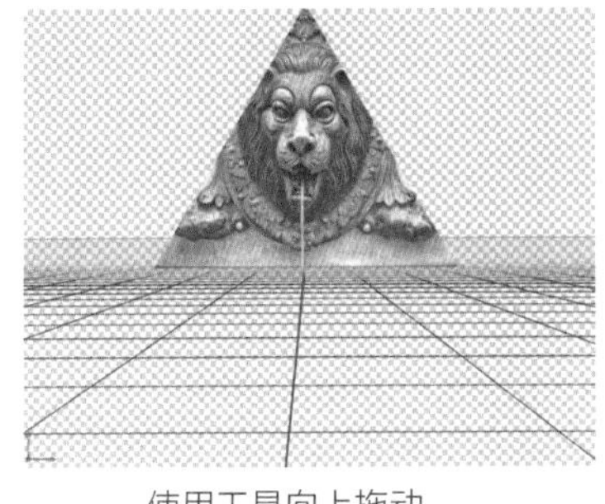
使用工具向上拖动

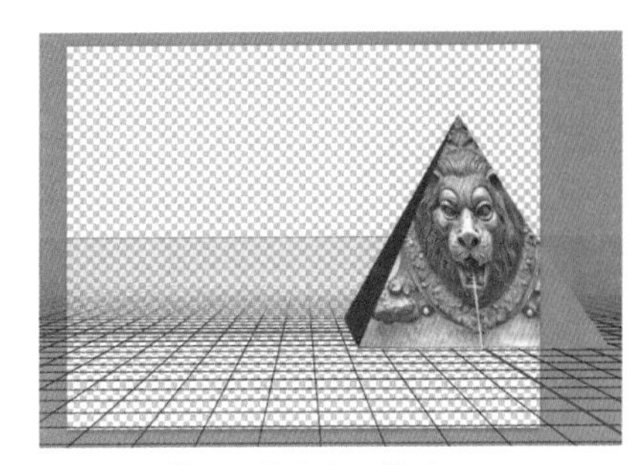
使用工具向右下拖动

单击“3D 对象滑动”按钮可在画面中任意拖动鼠标，使 3D 对象进行 x、z 轴方向的任意滑动。其中，左右拖动将进行 x 轴方向的水平滑动，上下拖动则进行 z 轴方向的纵向滑动。单击并拖动鼠标可以调整 3D 对象的前后感，向上拖动鼠标可使图像效果向后退，向下拖动鼠标则使图像效果向前突出。

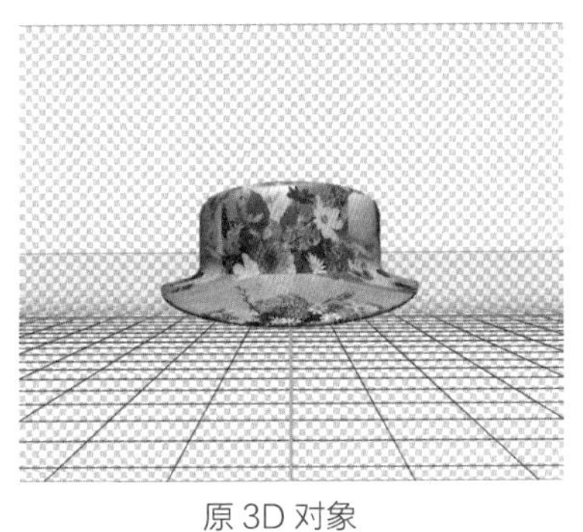
原 3D 对象

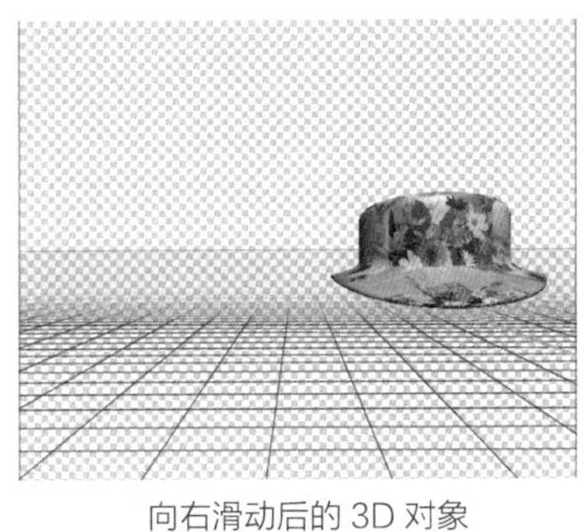
向右滑动后的 3D 对象

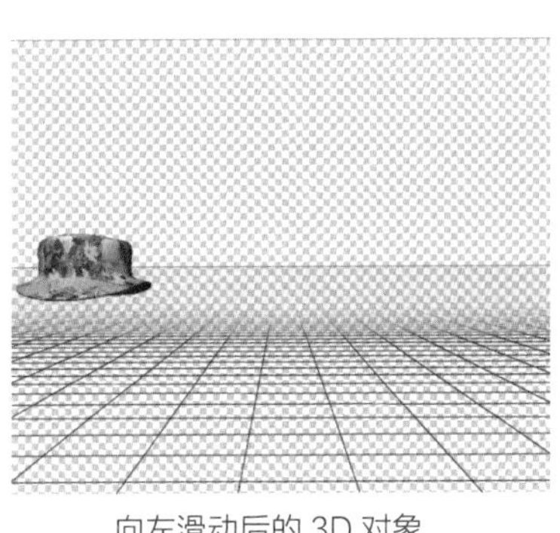
向左滑动后的 3D 对象

单击“3D 对象比列”按钮 即可选中 3D 缩放工具，按住鼠标左键不放对 3D 对象进行拖动，可以调整 3D 对象的比例，水平拖动可以调整其大小。

原 3D 对象

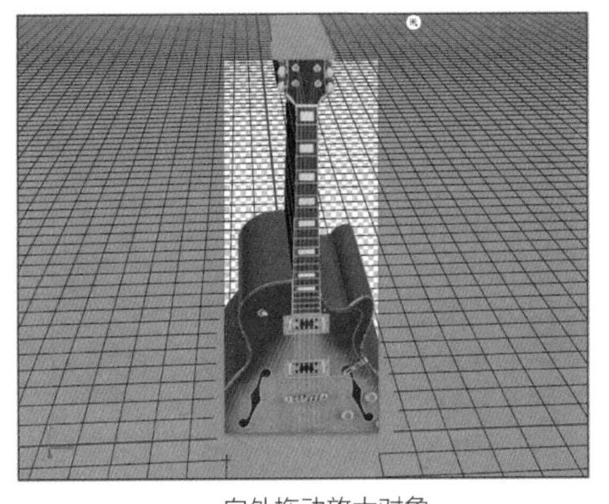
向外拖动放大对象

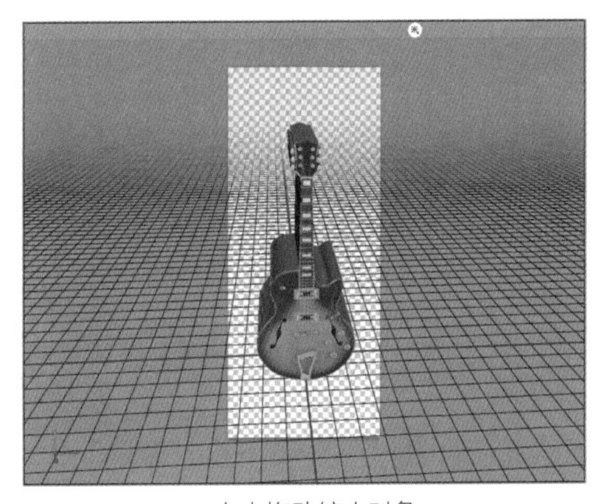
向内拖动缩小对象

利用 3D 相机可以移动相机视图，同时保持 3D 对象的位置固定不变。在 3D 面板中通过上侧的按钮可以选择场景、网格、材料、光源，单击任意一个按钮，即弹出相应的面板选项。单击“3D 相机”按钮，即可显示 3D 相机面板选项，在其中可以对各项参数进行设置。

12.2.6 3D 图像渲染

3D 渲染包括预设渲染与自定义 3D 渲染设置，Photoshop 安装了许多带有常见 3D 对象的渲染预设。渲染设置是图层特定的，如果文档包括多个 3D 图层，请分别为每个图层指定渲染设置。

更改 3D 模型的渲染设置，首先需要在 3D 面板顶部单击“场景”按钮，打开“3D 场景”面板。再单击该面板中的“预设”选项右侧的下拉三角，在下拉列表中选择不同的渲染选项，对 3D 对象进行渲染。

“渲染”设置对话框

贴心巧计：在渲染中，可以通过单击图像停止对图像的渲染。要想渲染更多的效果，可在“场景”属性面板中设置渲染选项。

可以通过设置不同的参数值来得到所需要的效果。首先在 3D 面板顶部单击“场景”按钮，打开“3D 场景”面板，再勾选该面板中的“横截面”复选框，在选项组中可以设置参数来进行各个方位的截面。

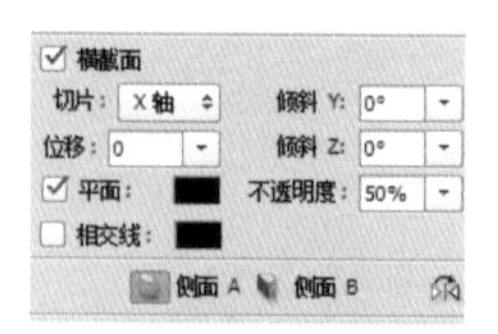

“横截面”复选框

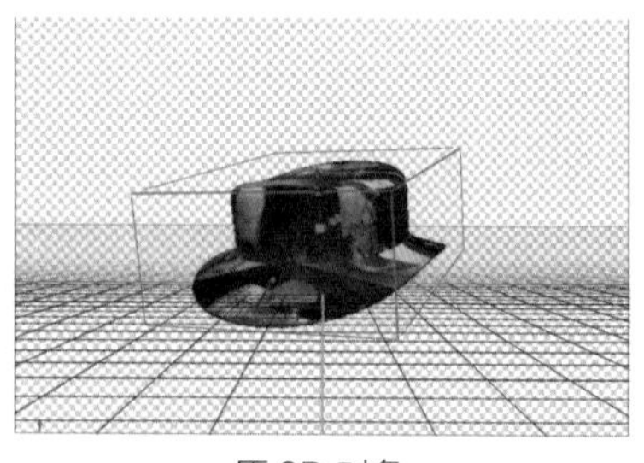

原 3D 对象

以 x 轴横截面

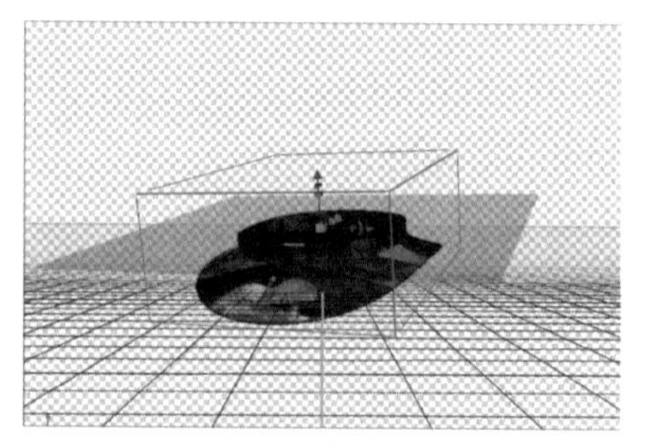

以 z 轴横截面

激活了该选项后，可以对 3D 对象设置不同的样式。打开 3D 面板顶部单击“场景”按钮，打开“3D 场景”面板，再勾选该面板中的“表面”复选框，在该组中可以对 3D 对象的表面样式和纹理进行设置。

“表面”复选框

可以对 3D 对象进行更多的整体调整设置。打开 3D 面板顶部单击“场景”按钮，打开“3D 场景”面板，再勾选该面板中的“线条”复选框，在该组中可以对 3D 对象的样式、宽度、角度阈值进行设置。

“线条”复选框

可以对 3D 对象进行整体的半径设置，以得到需要的效果。打开 3D 面板，在 3D 面板顶部单击“场景”按钮，打开“3D 场景”面板，再勾选该面板中的“点”复选框，即可激活该选项对应的面板，在其中可以对 3D 对象的样式和半径进行设置。

“点”复选框

12.2.7 存储和导出以及合并 3D 文件

在 Photoshop 中，可以通过相关的 3D 命令，对 3D 对象进行多种格式的储存，以方便用户使用。也可以将 3D 图层导出，或者进行合并 3D 图层和 2D 图层等操作。

小小提示：在存储 3D 文件时，可以保留 3D 模型的位置、光源、渲染模式和横截面等，并可以将包含 3D 图层的文件以 PSD、PSB、TIEF 或 PDF 格式进行储存。

存储 3D 文件的具体操作方式如下：首先执行“文件 > 存储”命令或“文件 > 存储为”命令，在弹出的对话框中对文件格式进行选择，包括 Photoshop（PSD）、Photoshop PDF 或 TIEF 格式等，完成后单击“确定”按钮，即可完成对 3D 文件的存储工作。

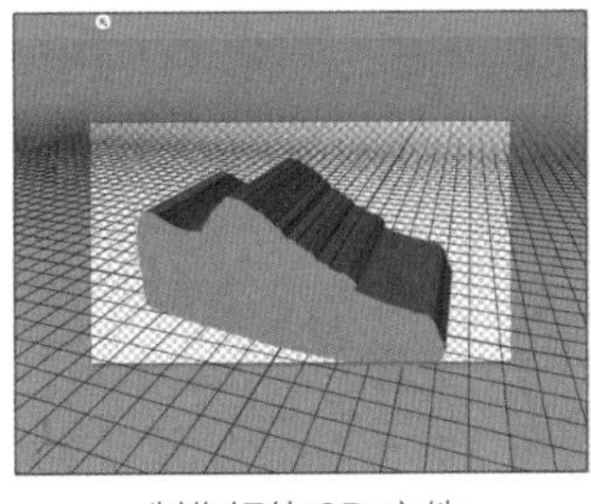

制作好的 3D 文件

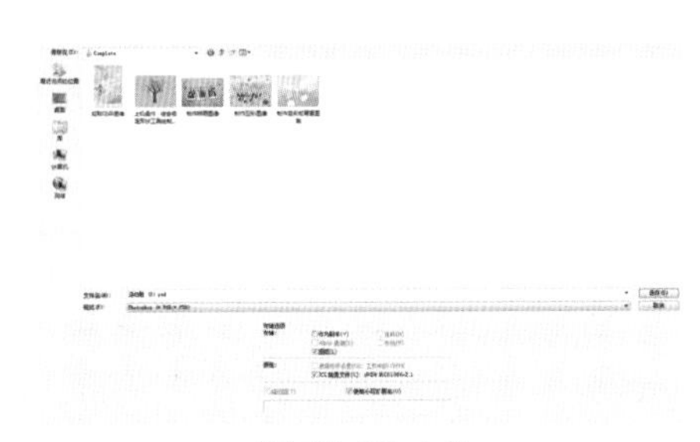

储存该 3D 文件

要导出 3D 图层，需要执行以下操作：首先执行“3D> 导出 3D 图层”命令，再选择导出纹理的格式（需注意 U3D 和 KMZ 支持 JPEG 或 PNG 作为纹理格式，DAE 和 OBJ 支持所有 Photoshop 支持的用于纹理的图像格式），最后单击“确定”按钮导出 3D 文件。

制作好的 3D 文件

导出渲染视频

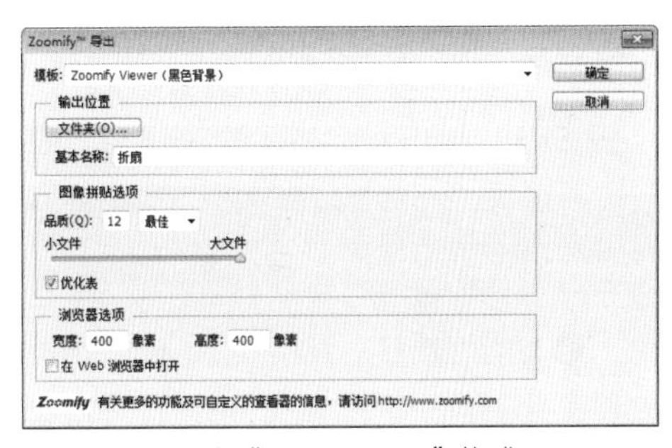

导出“Zoomify TM”格式

在 Photoshop 中，首先打开一个 3D 对象，然后复制该图层，按住 Ctrl 键同时单击鼠标左键选中要合并的两个图层，再执行“合并 3D 图层”命令，即将其合并成一个 3D 对象了。

打开 2D 图层

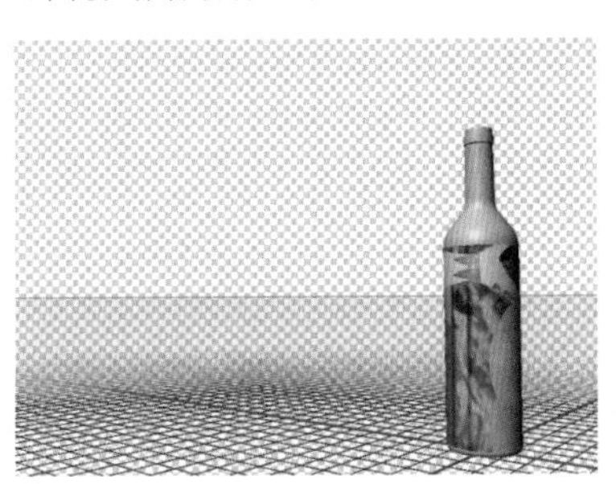

打开 3D 图层

将 2D 与 3D 图层合并

12.3 动作和批处理

动作是 Photoshop 中最方便快捷的一个应用，它是将用户执行过的操作命令记录下来，在以后还需之前的操作效果时，可以节约更多的时间。

12.3.1 “动作”面板

动作是指在单个文件或一批文件上播放的一系列任务。利用动作可以方便快捷地将用户执行过的操作命令记录下来，当需要再次执行同样或类似的操作或命令时，直接应用录制的动作即可。动作是快捷批处理的基础，利用“动作”画面，可以记录、编辑、自定和批处理动作，也可以使用动作组来管理各项动作。

动作的各项操作，如创建动作、创建新组、开始记录、播放、编辑等，都要通过“动作”面板来完成。“动作”面板类似一个可以进行录制播放操作的图层面板，清晰明确地罗列出了各项动作所包含的具体操作和命令。执行“窗口 > 动作”命令或按下快键 Alt+F9，即可弹出“动作”面板。

小小提示：在“动作”面板中，按住 Alt 键的同时单击动作组、动作和命令左侧的 ▶ 按钮，可展开或折叠一个组的全部动作或一个动作中的全部命令。

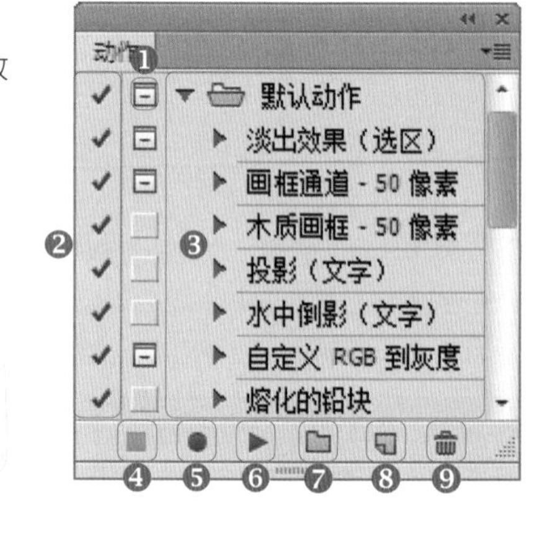

“动作”面板

❶ **切换对话框开 / 关**：在播放动作中的某一个命令时，将显示此命令的对话框，此时用户可以根据具体的图像处理需要设置不同的参数值，使一个动作应用于不同图像的相似操作中。

❷ **切换项目开 / 关**：通过勾选和取消勾选，设置动作或动作中的命令是否被跳过。当动作中某一个命令的左侧显示✔标识时，表示此命令正常运行；若显示 标识，表示此命令被跳过。若在某一个动作组的左侧显示✔标识，表示此组动作中有命令被跳过；若动作组的左侧显示✔标识，表示此组动作中没有命令被跳过；若动作组的左侧显示 标识，表示此组动作中的所有命令均被跳过。

❸ **默认动作**：在此区域显示动作组中的所有独立动作名称。

❹ **“停止播放 / 记录”按钮■**：单击该按钮，可以停止当前的动作录制。此按钮只有在录制动作时才被激活。

❺ **“开始记录”按钮●**：将当前的操作记录为动作，应用的命令被录制在动作中，命令的参数也同时被录制在动作中。

❻ **“播放选定的动作”按钮▶**：单击该按钮，可执行当前选定的动作。

❼ **“创建新组”按钮**：单击该按钮，可以创建一个新的动作文件夹。

❽ **“创建新动作”按钮**：单击该按钮，可创建一个新的动作，新建动作将出现在选定的组文件夹中。

❾ **“删除”按钮**：单击该按钮，可将当前选定的动作或动作文件夹删除。

贴心巧计：应用“再次记录”命令可在当前动作中插入记录。在“动作”面板中单击右上角的扩展按钮▾☰，在打开的快捷菜单中选择“再次记录”命令，即可对当前操作命令进行重新记录或修改，也可以在当前动作之后创建新的动作记录，以便于对动作进行修改与完善。

12.3.2 创建／删除动作

在“动作”面板中单击右上角的扩展按钮▾☰，在弹出的快捷菜单中选择“新建动作”命令，弹出“新建动作”对话框。在该对话框中可对新建动作的名称、组、功能键以及颜色进行设置。

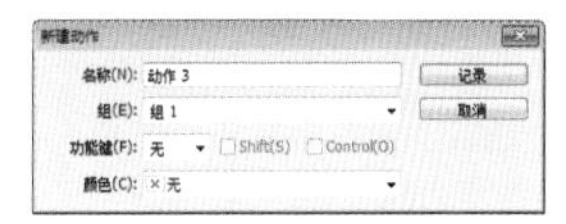

“新建动作”对话框

在“动作”面板中选择需要进行编辑的动作，单击该动作，选择相应的动作操作。单击“删除”按钮，在弹出的对话框中单击“ 确定”按钮即可删除相应的步骤。此时若为图像执行该动作，将自动跳过删除的操作步骤进行下一步的操作。

贴心巧计：在“动作”面板中单击右上角的扩展按钮▾☰，在打开的快捷菜单中选择“按钮模式”，在该命令组中，包含5个选项，分别是“清除全部动作”、“复制动作”、“载入动作”、“浅换动作”和“储存动作”选项，使用任意选项，可对动作进行基础编辑。

12.3.3 播放／停止动作

在“动作”面板中，任意选中某一种操作步骤，单击“动作记录”按钮●，当“动作记录”按钮显示为●时，对图像进行操作，便可记录操作步骤，操作完成后单击“停止播放／记录”按钮■，即停止记录。

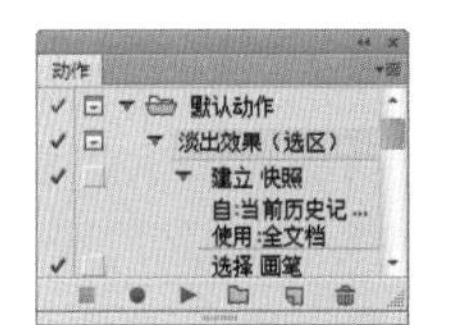

“动作”面板

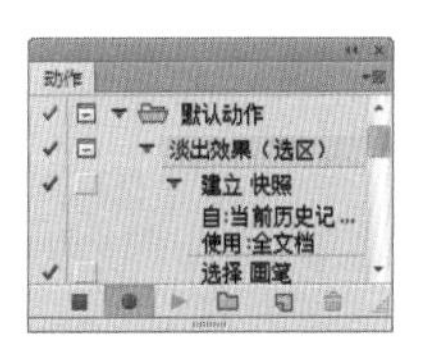

单击“动作记录”按钮

原图

选择动作

播放动作制作出来的效果

小小提示：应用“载入动作”命令可方便后期快速编辑图像。在“动作”面板中，单击“动作”面板右上角的扩展按钮▾☰，在弹出的扩展菜单中选择“载入动作”命令，在“载入”对话框中选择需要载入的动作，完成后单击“确定”按钮，即可将动作载入到“动作”面板中。还可以将网络上的一些动作载入到Photoshop动作面板中的“载入动作”选项，也可以将自己存储的动作进行载入。

12.3.4 “批处理”对话框

利用“批处理”命令可以对一个文件夹中的所有文件进行统一的动作，执行“文件 > 自动 > 批处理”命令，即可弹出“批处理”对话框。

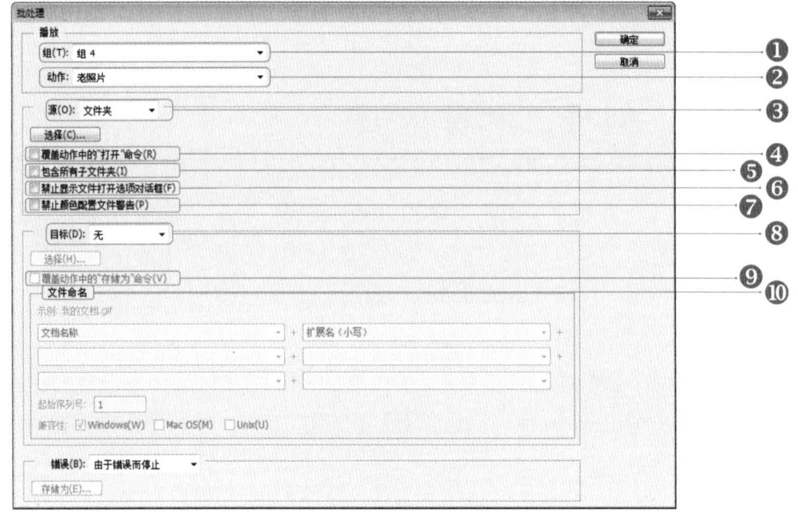

“批处理”对话框

❶“组”选项：用于选择所需动作所在的组。

❷“动作”选项：用于选择需要执行的动作。

❸“源”选项：用于选择将动作运用到的文件范围。

❹“覆盖动作中的打开命令”复选框：勾选该复选框，可以忽略动作中的“打开”命令。

❺“包含所有子文件夹” 复选框：勾选该复选框，可以处理选定文件夹中子文件夹内的图像。

❻“禁止显示文件打开选项对话框” 复选框：勾选该复选框，将不显示“打开”对话框。

❼“禁止颜色配置文件警告” 复选框：勾选该复选框，可以关闭颜色方案信息的显示。

❽“目标”选项：用于设置对应用完的动作的处理。

❾“覆盖动作中的‘储存为’命令” 复选框：勾选该复选框，可以使用此处的“目标”覆盖动作中的“储存为”动作。

❿“文件命名”选项组：提供了多种文件名称与格式可供选择。

贴心巧计：执行“文件 > 自动 > 创建快捷键批处理”命令，将打开“创建快捷键批处理”对话框，单击“选择”按钮，打开“存储”对话框。在其中指定快捷键批处理动作的存储位置和名称，完成后单击“保存”按钮，此时在“选择”按钮后显示存储快捷键批处理的目标地址。继续在“播放”选项组中设置动作组和动作，完成后单击“确定”按钮，此时在存储路径处可以看到已创建的“快捷键批处理”图标。

12.3.5 “批处理”命令

利用“批处理”命令可将图像一次性快速处理为需要的状态，可对一个文件夹中的文件运行动作，能大大提高工作效率。若有带文件输入器的数码相机或扫描仪，也可以用单个动作导入和处理多个图像，扫描仪或数码相机可能需要支持动作的取入增效工具模板。

试试看：制作两个相同效果图像

成果所在地：第 12 章 \Complete\ 制作两个相同效果图像 .psd
视频 \ 第 12 章 \ 制作两个相同效果图像 .swf

1 执行“文件 > 打开”命令，打开“制作两个相同效果图像 .jpg”图像文件，生成“背景”图层。

2 在“动作”面板中，单击“创建新动作”按钮，弹出“新建动作”对话框，设置“动作”为“动作 1”。设置完成后单击“记录”按钮，即可新建名为“动作 1”的动作。

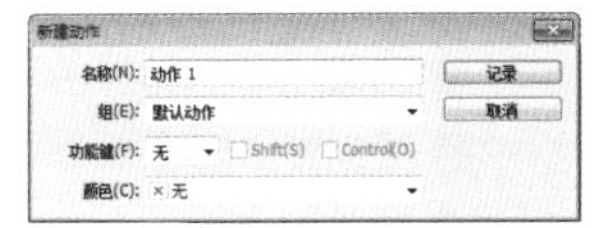

3 分别应用“变化”、“色彩平衡”、“曲线”和“色阶”命令，设置相应的参数值及选项。然后单击“停止播放 / 记录”按钮，停止记录当前动作。

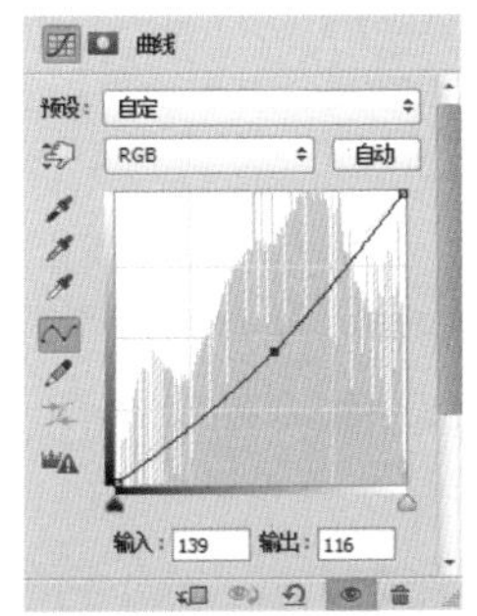

4 打开“制作两个相同效果图像 2.jpg”图像文件。在“动作”面板中单击“组 1”里的“花”，然后单击“动作“面板中“播放选定的动作”按钮，即可对图像快速执行相同动作。至此，本实例制作完成。

12.4 让图像动起来

在 Photoshop CS6 中，通过“动画”面板的操作，可以创建出动画，并且可以根据需要创建关键帧动画和时间轴动画。下面就来了解一下如何使用 Photoshop 的动画制作功能，让图像动起来。

12.4.1 “动画（帧）”选项卡

执行“窗口 > 动画”命令，弹出“动画”面板，在其中选择“动画（帧）”方式来创建动画。

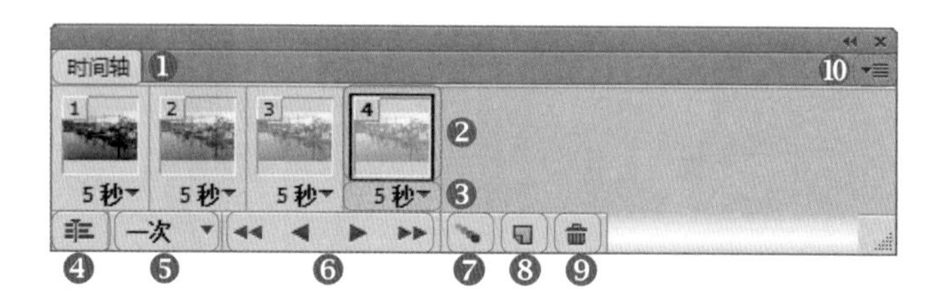

“帧动画”面板

❶ **动画（帧）**：显示当前创建的动画是帧动画。

❷ **关键帧**：显示每一个关键帧的图像效果，并显示排列顺序。

❸ **设置帧延时**：显示每帧的缩览效果，单击缩览图下方的下拉按钮，从弹出的下拉列表中可以选择每帧的播放速率。

❹ **“转换为视频时间轴”按钮**：单击该按钮可将帧动画转换为视频时间轴面板。

“帧动画”面板

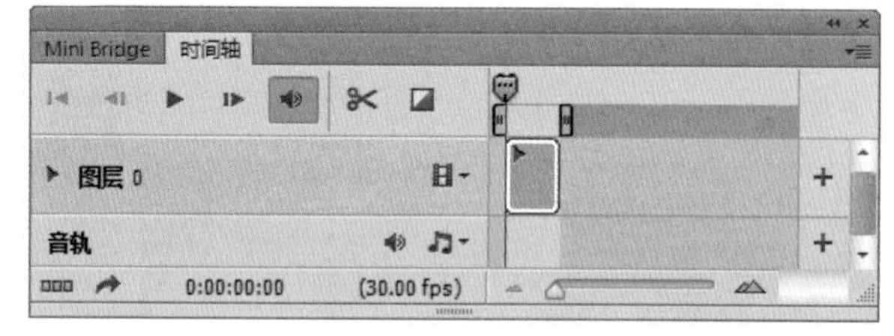

“时间轴”面板

❺ **循环播放**：设置播放模式：从下拉列表中定义帧播放形式为一次、永远或其他等。选择其他选项时弹出“设置循环次数”对话框，可任意设置播放的次数。

❻ **控制按钮**：单击各个按钮，可控制动画的播放和停止等，其中包括“选择第一帧”按钮、“选择上一帧”按钮、“播放动画”按钮和“选择下一帧”按钮。

❼ **过渡动画帧按钮**：通过在“过渡”对话框中设置过渡方式，以及在选定的图层之间添加帧数等，创建过渡动画帧。其中参数选项组定义创建过渡动画帧时是否保留原来的关键帧的位置、不透明度以及效果等属性。

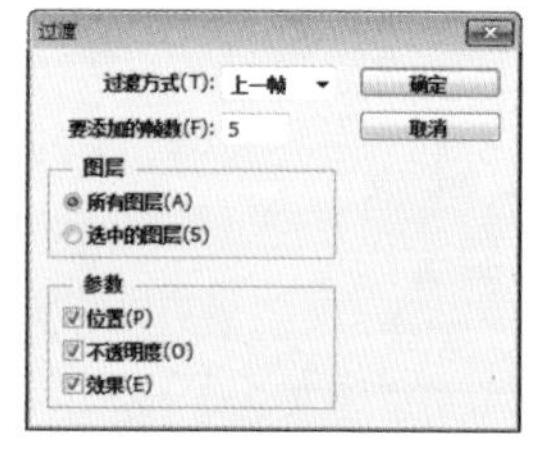

“过渡 ”对话框

❽ **复制所选**：复制选定的帧，即创建一个帧，通过编辑这个帧以创建新的帧动画。

❾ **删除帧**：单击该按钮，可删除当前选定的帧。

❿ **扩展按钮**：面板扩展菜单包含其他用于编辑帧或时间轴持续时间以及用于配置面板外观的命令。

12.4.2 “动画（时间轴）”面板

在“时间轴”面板中，可通过在时间轴中添加关键帧设置各个图层在不同时间的变换，从而创建动画效果。可以使用时间轴上的控件直观地调整图层的帧持续时间，设置图层属性的关键帧并将视频的某一部分指定为工作区域。

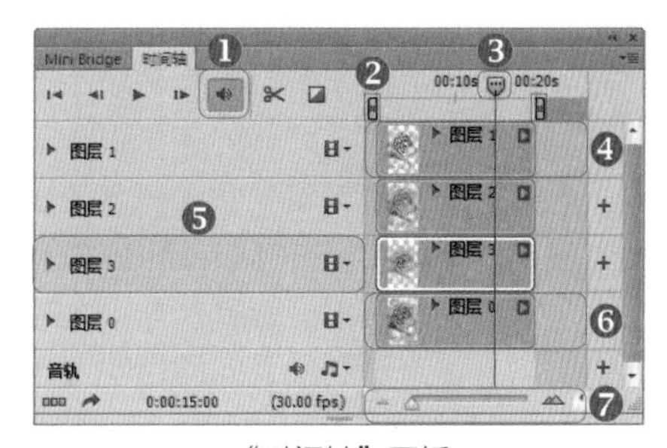

“时间轴”面板

❶ **启用音频播放**：单击该按钮启用视频的音频播放功能。启用后该按钮转换为静音音频播放。

❷ **“工作区域开始”滑块**：指定视频工作区的开始位置。

❸ **当前时间指示器**：拖动当前时间指示器可以浏览帧或更改当前时间或帧。

❹ **“工作区域结束”滑块**：指定视频工作区的结束位置。

❺ **不透明度**：显示当前选定的图层中的某个属性，该属性在当前时间指示器指定的时间帧中添加了一个关键帧。通过单击在当前时间添加或删除关键帧按钮 添加一个关键帧，编辑该关键帧即创建相应属性的动画。

❻ **图层持续时间条**：指定图层在视频或动画中的时间位置。拖动任意一端对图层进行裁切，即调整图层的持续时间，拖动绿条将图层移动到其他时间位置。

❼ **视图大小滑块**：拖动滑块即可放大和缩小时间显示。向右拖动为放大时间显示，向左拖动为缩小时间显示。

12.4.3 运用“动画（帧）”来创建动画

在一段时间内显示的一系列图像或帧，每一帧较前一帧都有轻微的变化，当连续、快速地显示帧时就会产生连续运动变化的效果，从而形成动态的画面效果，即是帧动画。

小小提示：在“时间轴”面板中选择图层，将鼠标指针放置在图层持续时间栏的开头，当出现黑色双向箭头时单击并拖动即可调整该图层时间栏的显示。不显示的区域呈透明显示，显示的区域呈紫色显示。定位出点的方式和定位入点的方式相同，不同的是要将鼠标指针移动到图层持续时间栏的结尾位置，即可指定图层的出点。还可以在选择图层的紫色图层持续时间栏上单击并直接拖动，将其拖动到指定出现的时间轴部分。

打开的图像

运用“动画（帧）”来创建动画

效果图

温习一下

1. 选择题

（1）在 Photoshop CS6 中通过什么面板的操作，可以创建出动画？（　　）

A. 动画　　B. 图层　　C. 通道

（2）执行什么命令，可以打开 3D 面板？（　　）

A. “窗口 >2D”　　B. “窗口 > 调整”　　C. “窗口 >3D”

（3）在单击“打印设置”选项，在弹出的对话框中，可以设置什么？（　　）

A. “纸张大小”　　B. “面板大小”　　C. “纸张黑白”

2. 填空题

（1）按种类分，动画可分为 ____________ 和 _________________ 两种类型。

（2）可以对 Web 图像的输出进行各方面的设置，包括预览、预设、图像大小、颜色、文件格式等选项，在对话框中左上角还可以对图像进行“_________”、“_________”、“_________”、“_________”设置。

3. 上机操作：创建 3D 对象

第①步：打开一张需要创建 3D 效果的画面。

第②步：复制画面后执行“3D> 从图层新建网格 > 网格设置 > 帽子”命令。

第③步：在其属性栏进一步调整其大小、方向、旋转角度等，制作创建 3D 对象，并将其放置于画面中合适的位置。

第①步效果图

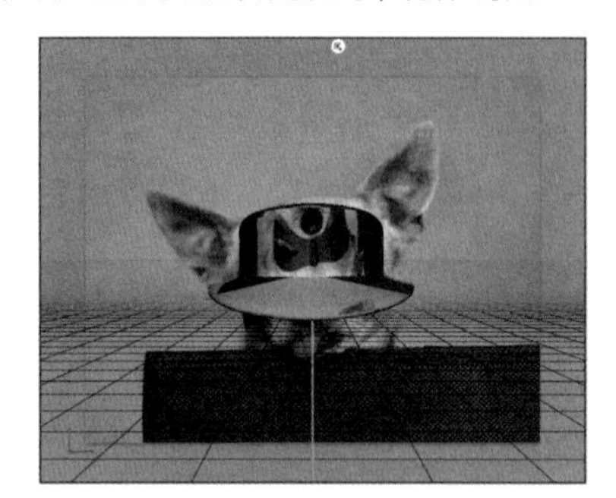

第②步效果图

第③步效果图

答案

PS：别直接就看答案，那样就没效果了！听过孔子说过的一句话没？“温故而知新，可以为师矣”。

选择题：（1） A；（2） C；（3） A。

填空题：（1）动画（帧）、动画（时间轴）；

（2） 原稿、优化、双联、四联。

第13章 展现实力的时候到了

在认真学习了前面12章的内容，对每一章的知识内容有一个详细的了解后，展现实力的时候到了。这一章将是前面知识的一个汇总。结合前面所讲解的知识，在这一章中将从数码照片应用领域、平面广告应用领域、产品包装应用领域、网页设计应用领域、艺术文字应用领域以及绘画插画应用领域分别进行案例的操作和讲解。

13.1 数码照片应用领域

Photoshop 在数码照片中的应用十分广泛。首先，Photoshop 具有强大的图像修饰功能，利用这些功能，可以快速修复一张破损的老照片，也可以修复人脸上的斑点等缺陷。数码摄影作为一种对视觉要求非常严格的工作，其最终成品往往要经过 Photoshop 的修改才能得到满意的效果。下面将以制作图像水墨画效果、制作图像复古效果、制作图像糖水效果以及添加魅力妆容 4 个实例来讲解 Photoshop 在数码照片中的应用。

13.1.1 制作图像水墨画效果

设计思路

本实例是制作图像水墨画效果，运用具有一定水墨画效果形态的风景照片做为画面的底片，使画面制作出来的效果更具有水墨画的感觉。通过各个调色命令结合，多种滤镜制作出具有黑白水墨画效果的图像。最后结合“渐变填充”制作出具有色彩效果的图像水墨画效果，使画面具有梦幻云墨缭绕的视觉感受。

光盘路径	第13章\Complete\制作图像水墨画效果.psd
视频路径	视频\第13章\制作图像水墨画效果.swf

使用工具

“色相/饱和度”命令、“曲线”命令、“渐变填充”命令、模糊滤镜、中间值滤镜、水彩滤镜

小小提示：快速制作图像朦胧效果

在 Photoshop 中可以通过软件自带的一些模糊滤镜，结合图层混合模式的调整快速制作画面朦胧效果。

1 执行“文件 > 打开”命令，打开“制作图像水墨画效果 .jpg”图像文件，得到“背景”图层。复制得到“图层 1”。

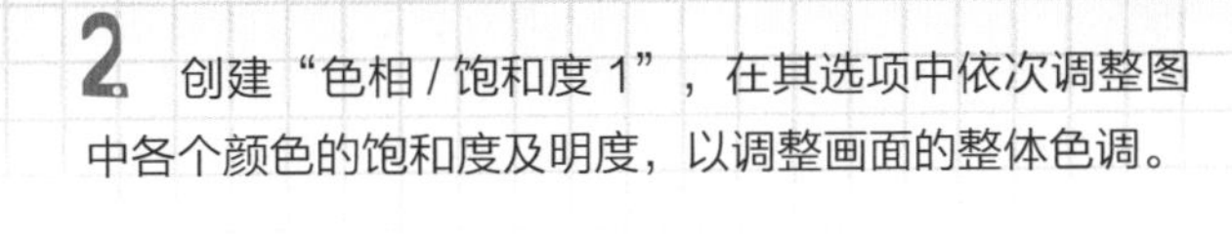

2 创建“色相 / 饱和度 1”，在其选项中依次调整图中各个颜色的饱和度及明度，以调整画面的整体色调。

3 新建“图层 2”，设置前景色为深蓝色（R30、G48、B94），按快捷键 Alt+Delete 填充图层。设置混合模式为“柔光”，调整画面的色调。

4 按快捷键 Shift+Ctrl+Alt+E 盖印图层，得到“图层 3”。按快捷键 Ctrl+J 复制“图层 3”，生成“图层 3 副本”。按快捷键 Ctrl+Shift+U 将图像去色，然后单击鼠标右键并选择“转化为智能对象”选项，将其转换为智能对象图层。执行“滤镜 > 模糊 > 高斯模糊”命令，并在弹出的对话框中设置参数，制作画面。

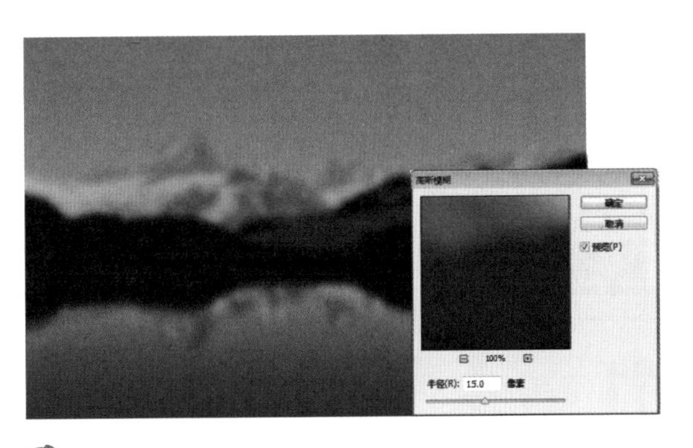

5 在“图层 3 副本”上，继续执行“滤镜 > 模糊 > 高斯模糊”命令，并在弹出的对话框中设置参数，制作画面的模糊效果。

6 继续在“图层 3 副本”上，继续执行“滤镜 > 杂色 > 中间值”命令，并在弹出的对话框中设置参数，制作画面的杂色效果，为后面制作水墨画效果做铺垫。

7 单击“创建新的填充或调整图层”按钮，在弹出的菜单中选择“曲线”选项设置参数，调整画面的色调。

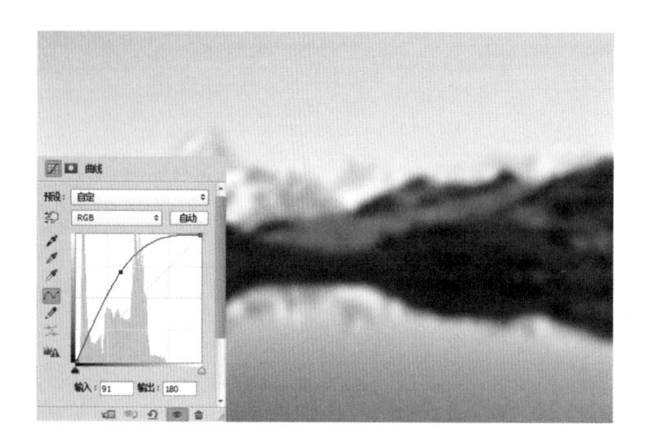

8 选择“图层 3”，按快捷键 Ctrl+J 复制得到“图层 3 副本 2”。将其移至图层上方，设置混合模式为“正片叠底”，并将其图层转化为智能对象。

9 执行“滤镜 > 滤镜库 > 艺术效果 > 水彩”命令。

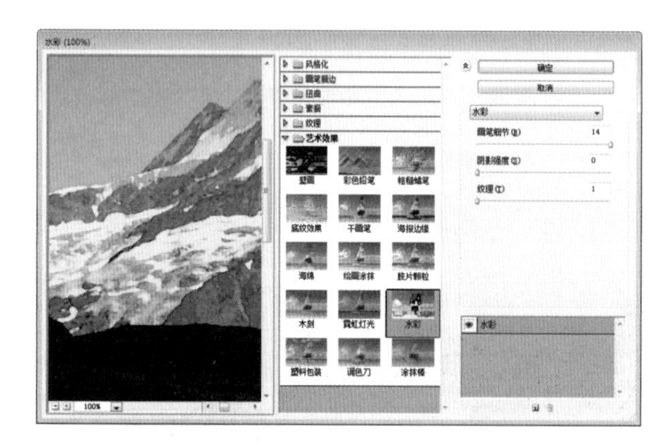

10 在弹出的对话框中设置参数，完成后单击“确定”按钮，制作出画面的绘画效果。

11 选择“图层 3”，单击“创建新的填充或调整图层”按钮，在弹出的菜单中选择“色相 / 饱和度”选项并设置参数。单击图框中“此调整影响到下面的所有图层”按钮，创建其图层剪贴蒙版，调整画面的色调。

12 单击“创建新的填充或调整图层”按钮，在弹出的菜单中选择“亮度 / 对比度”选项并设置参数。单击图框中“此调整影响到下面的所有图层”按钮，创建其图层剪贴蒙版，调整画面的色调。

13 单击“创建新的填充或调整图层”按钮，在弹出的菜单中选择“曲线”选项并设置参数。单击图框中“此调整影响到下面的所有图层”按钮，创建其图层剪贴蒙版，调整画面的色调。

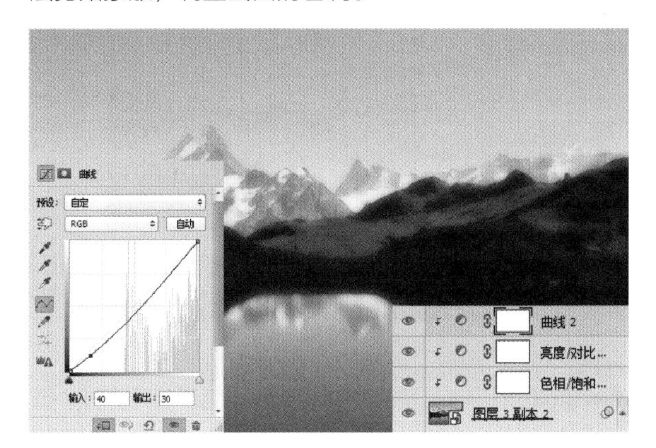

14 回到“图层3副本”图层，按快捷键Ctrl+Alt+2，快速选取图像的高光选区，按快捷键Shift+Ctrl+I反选选中的选区。按快捷键Ctrl+J复制得到“图层4”，将其移至图层上方并将其转化为智能图层。

15 执行“滤镜 > 模糊 > 动感模糊”命令，在弹出的对话框中设置参数，完成后单击“确定”按钮，制作画面的模糊效果。

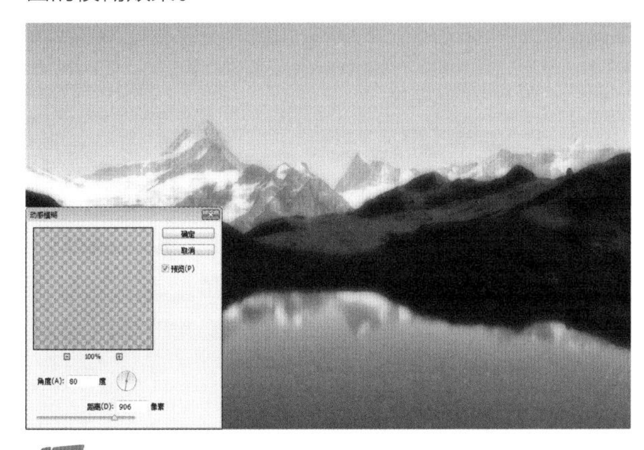

16 执行“滤镜 > 杂色 > 中间值”命令，在弹出的对话框中设置参数，完成后单击“确定”按钮，制作画面的水墨效果。

17 选择“图层4”创建“曲线3”，并单击图框中“此调整影响到下面的所有图层”按钮，以调整图层色调。

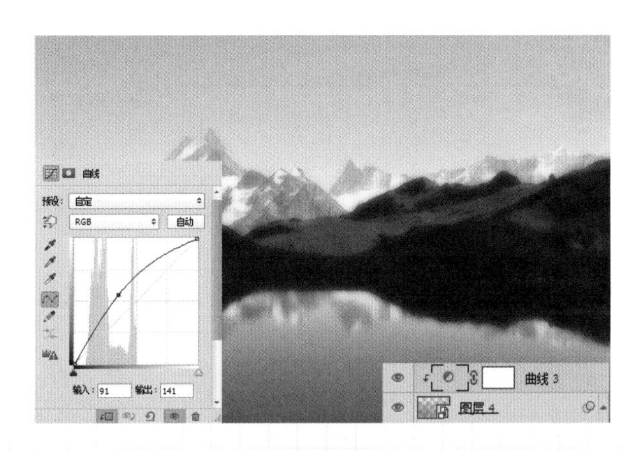

18 单击“创建新的填充或调整图层”按钮，在弹出的菜单中选择“选区颜色”选项并设置参数， 调整画面的色调。

19 单击“创建新的填充或调整图层”按钮，在弹出的菜单中选择“渐变填充”选项并设置其各项参数。

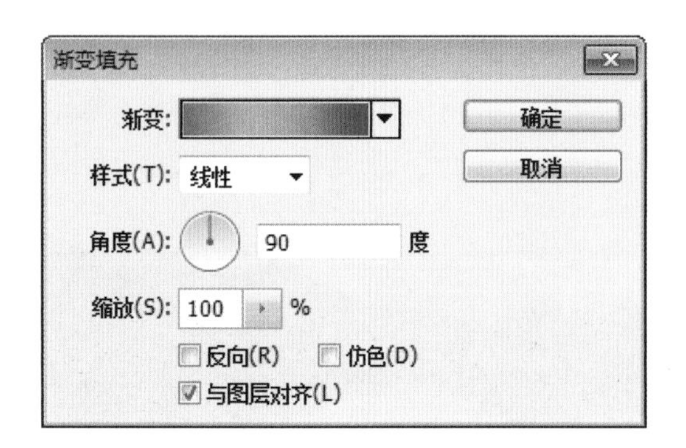

20 完成后单击击“确定”按钮，并设置混合模式为“叠加”，“不透明度”为91%，制作具有色彩效果的水墨画。

21 新建“图层5”，设置前景色为桃红色（R250、G99、B142），单击画笔工具选择柔角画笔并适当调整大小及透明度，在画面上的后山上适当涂抹。设置混合模式为“颜色加深”，“不透明度”为65%。制作后山的水墨效果。

22 单击“创建新的填充或调整图层”按钮，在弹出的菜单中选择“色阶”选项并设置参数，调整画面的色调，使画面更加清晰明亮。

23 单击“创建新的填充或调整图层”按钮，在弹出的菜单中选择“色相/饱和度”选项并设置参数。单击图框中“此调整影响到下面的所有图层”按钮创建其图层剪贴蒙版，调整画面的色调。

24 选择“色相/饱和度2”图层，设置其“不透明度”为86%，制作画面中柔和的天空渲染效果。至此，本实例制作完成。

13.1.2 制作图像复古效果

设计思路

本实例是制作图像复古效果，通过调整画面的色彩平衡、色相 / 饱和度、自然饱和度等命令来调整图像的色调，并通过各种题材的混合模式制作调整出具有复古效果的图像，从而将画面中的复古效果制作出来。

光盘路径	第 13 章 \Complete\ 制作图像复古效果 .psd
视频路径	视频 \ 第 13 章 \ 制作图像复古效果 .swf

使用工具

“色彩平衡”命令、“色相 / 饱和度”命令、“照片滤镜”命令、“自然饱和度”命令、图层混合模式

1 执行“文件 > 打开”命令，打开“制作图像复古效果 .jpg”图像文件，得到“背景”图层。按快捷键 Ctrl+J 复制得到“图层 1”。

2 单击“创建新的填充或调整图层”按钮，在弹出的菜单中选择“色相 / 饱和度”选项，在其中设置其红色和黄色选项的饱和度，调整画面色调。

3 继续在创建的“色相 / 饱和度 1”中设置其红色和黄色选项的饱和度，调整画面色调，为后面制作图像复古效果做铺垫。

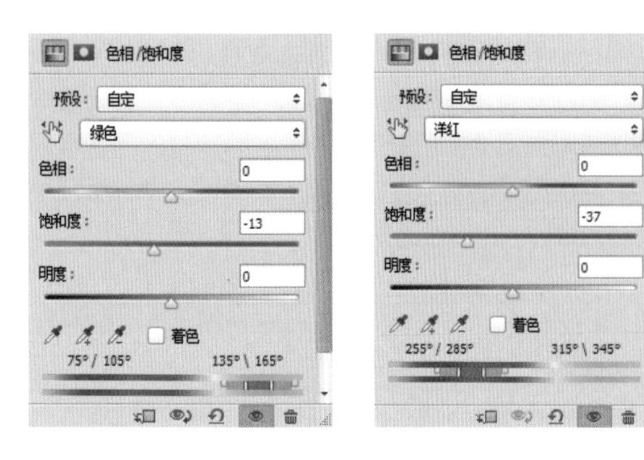

4 继续在创建的“色相 / 饱和度 1”中设置全图的饱和度参数，调整画面色调，为后面制作图像复古效果作做铺垫。

贴心巧计：快速调整图像饱和度

“色相 / 饱和度”中的饱和度，控制着图像色彩的浓淡程度，类似电视机中的色彩调节一样。改变的同时其下方的色谱也会跟着改变。调至最低的时候图像就变为灰度图像了。对灰度图像改变色相是没有作用的。明度，就是亮度，类似电视机的亮度调整一样。如果将明度调至最低会得到黑色，调至最高会得到白色。对黑色和白色改变色相或饱和度都没有效果。

5 单击“创建新的填充或调整图层”按钮 ，在弹出的菜单中选择“色彩平衡”选项，在其中设置其中间调的各个颜色选项，调整画面色调。

6 新建“图层 2”，双击其设置前景色按钮块，会弹出“拾色器”，在其中设置前景色为土黄色（R158、G86、B21），并按快捷键 Alt+Delete，填充“图层 2”为土黄色。

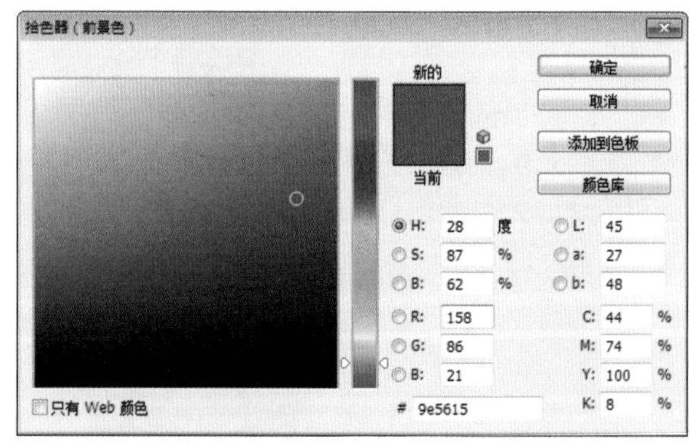

7 选择“图层 2”，设置其混合模式为“颜色减淡”，“不透明度”为 56%，制作画面的复古色调。

8 选择“图层 2”，按快捷键 Ctrl+J 复制得到“图层 2 副本”。更改其混合模式为“色相”，进一步制作画面的复古色调。

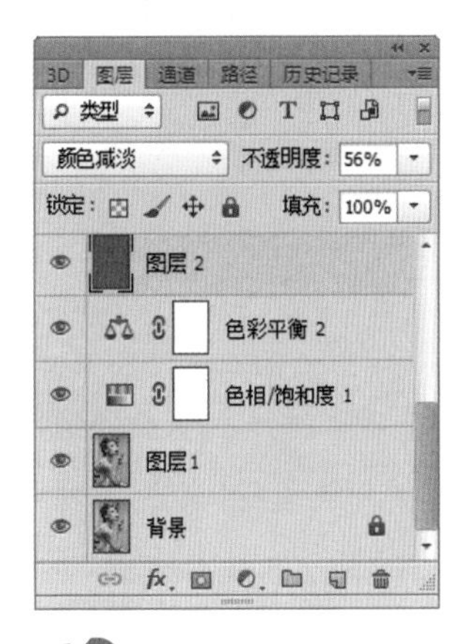

9 单击“创建新的填充或调整图层”按钮，在弹出的菜单中选择“照片滤镜”选项设置参数，以调整画面的色调。

照片滤镜
滤镜：加温滤镜 (85)
颜色：
浓度：25 %
保留明度

10 选择“照片滤镜 1”，设置其混合模式为“点光”，提亮画面的色调。

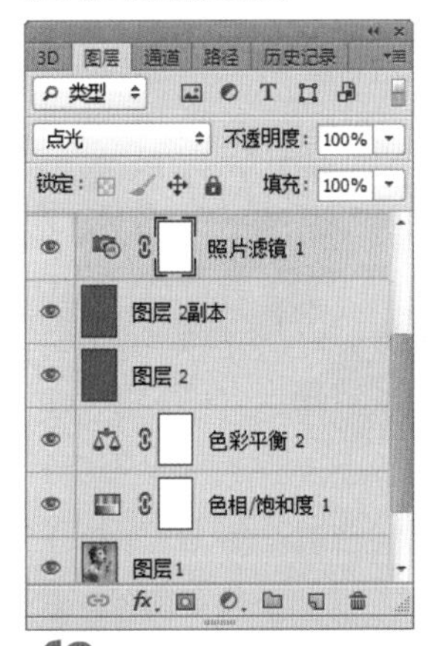

11 按快捷键 Shift+Ctrl+Alt+E 盖印图层，得到“图层 3”。使用加深工具在其属性栏中设置属性，在画面上适当涂抹。新建“图层 4”，使用柔角画笔工具在画面上适当涂抹。设置混合模式为“叠加”，加深画面。

12 单击“创建新的填充或调整图层”按钮，在弹出的菜单中选择“自然饱和度”选项并设置参数，调整画面的色调，制作图像复古效果。至此，本实例制作完成。

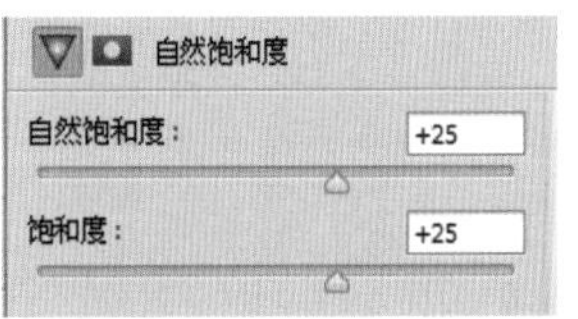

13.1.3 制作图像糖水效果

设计思路

本实例为制作图像糖水效果。通过使用一组具有清新效果的照片来制作图像糖水效果，不但可以使图像更加清新动人，并且会十分符合主题。画面中的清新色调是通过使用通道中的各个颜色的复制混合得到的，通过图层混合模式结合各个调色命令，再使用图层蒙版可以制作出具有清新效果的图像糖水效果。

光盘路径	第 13 章 \Complete\ 制作图像糖水效果 .psd
视频路径	视频 \ 第 13 章 \ 制作图像糖水效果 .swf

使用工具

通道、图层混合模式、“色相 / 饱和度 ”命令、“色彩平衡”命令、“曝光度”命令、图层蒙版

贴心巧计：调整图像的色调时通道是非常好的一个切入点，在通道中进行调色可以用 RGB 模式下的通道。因为利用通道调节色调非常快捷，尤其是使用通道替换法，很容易就可以现实色彩的转换，后期稍微调整一下整体颜色即可得到想要的效果。

1 执行“文件 > 打开”命令，打开“制作图像糖水效果.jpg”图像文件，得到“背景”图层。按快捷键Ctrl+J复制得到“图层 1”。

2 到“通道”面板，选择“绿”通道，按快捷键Ctrl+A将其全选。再按快捷键Ctrl+C，单击“蓝”通道按快捷键Ctrl+V将其粘贴。最后按快捷键Ctrl+D取消选区，回到“RGB”通道。再回到“图层”面板，得到具有一定糖水效果的图像。

3 回到“图层”面板后，在“图层 1”上，设置其混合模式为“颜色”，“不透明度”为85%，提亮画面的色调，制作画面的糖水效果。

4 按快捷键Shift+Ctrl+Alt+E盖印图层得到“图层 2”，设置其混合模式为“滤色”，“不透明度”为35%，提亮画面的色调。单击“添加图层蒙版”按钮，单击画笔工具，设置前景色为黑色，选择柔角画笔并适当调整大小及透明度，在蒙版上对不需要的部分加以涂抹，提亮画面的部分色调。

5 单击“创建新的填充或调整图层”按钮，在弹出的菜单中选择“曝光度”选项并设置参数，设置其“不透明度”为85%。在其蒙版上单击“添加图层蒙版”按钮，单击画笔工具，设置前景色为黑色，选择柔角画笔并适当调整大小及透明度，在蒙版上对不需要的部分加以涂抹，调整画面中瓷器的曝光效果。

6 单击“创建新的填充或调整图层”按钮，在弹出的菜单中选择“色彩平衡”选项并设置参数，调整画面的色调，制作清新的图像糖水效果。

7 单击“创建新的填充或调整图层”按钮，在弹出的菜单中选择“色相/饱和度”选项，在其中设置洋红和绿色选项的饱和度，调整画面色调。

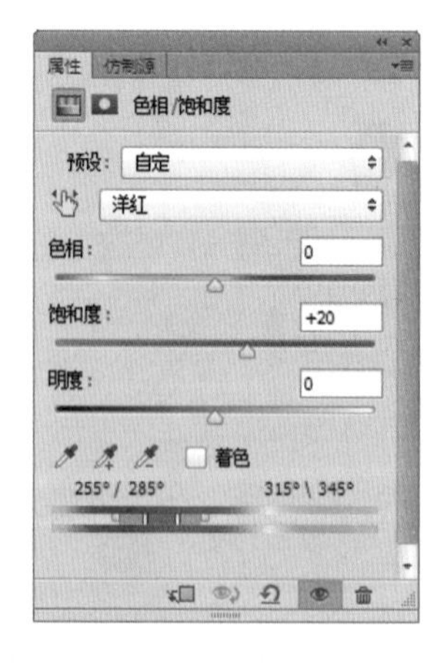

8 继续在弹出的菜单中选择“色相/饱和度”选项，在其中设置其全图的饱和度，调整画面色调，制作图像糖水效果。至此，本实例制作完成。

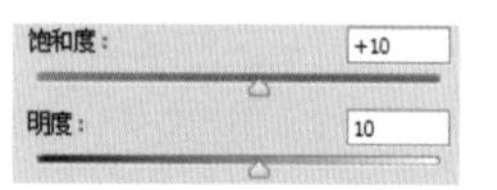

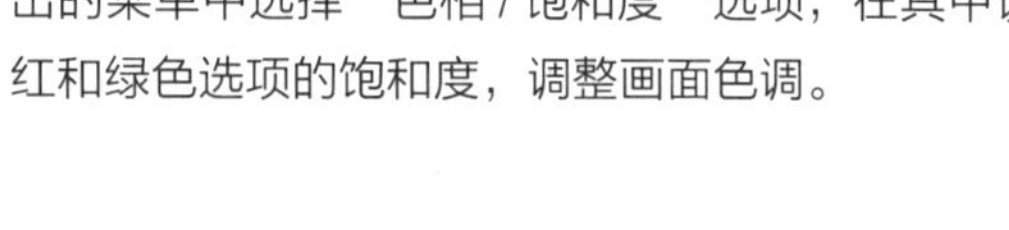

13.1.4 添加魅力妆容

设计思路

本实例是为图像添加魅力妆容。主要是通过对照片进行调色和新建图层设置不同颜色的画笔，并适当调整大小及透明度，在画面上需要的部位涂抹，并设置不同的图层混合模式，再结合载入的画笔为人物添加魅力妆容，将该图像制作出来。

光盘路径	第 13 章 \Complete\ 添加魅力妆容 .psd
视频路径	视频 \ 第 13 章 \ 添加魅力妆容 .swf

使用工具

画笔工具、图层混合模式、图层蒙版、调色命令

1 执行“文件 > 打开”命令，打开“添加魅力妆容 .jpg”图像文件，得到“背景”图层。按快捷键 Ctrl+J 复制得到“图层 1”。

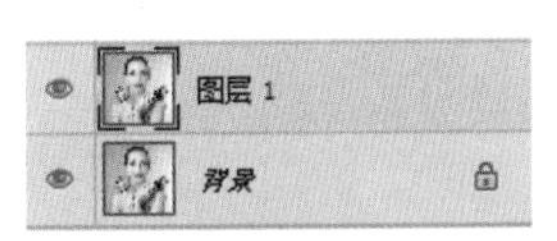

2 新建“图层 2”，使用钢笔工具在人物嘴唇处勾出嘴唇的形状并创建选区。设置前景色为深红色（R150、G0、B0），按快捷键 Alt+Delete 填充，设置其混合模式为“叠加”，“不透明度”为 42%，为人物绘制嘴部妆容。

3 新建“图层 3”，设置前景色为深棕色（R53、G22、B0）。单击画笔工具 选择柔角画笔并适当调整大小及透明度，在人物的眼睛处绘制眼线，并设置混合模式为“叠加”。

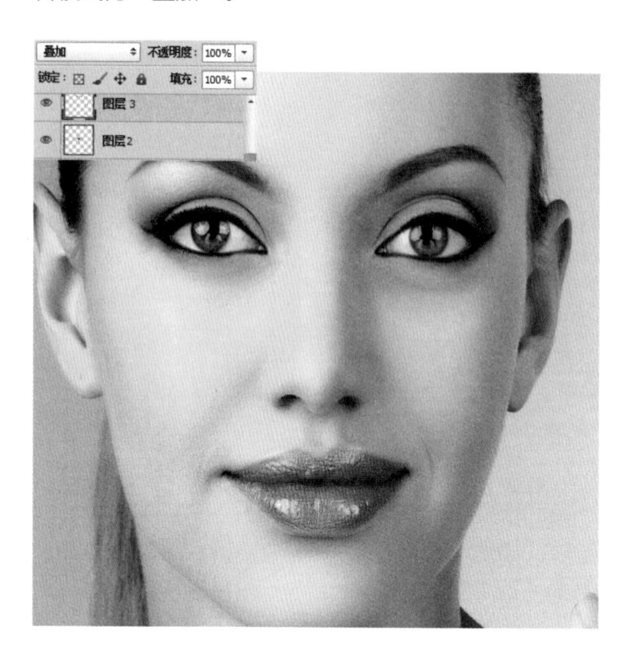

4 新建“图层 4”，设置前景色为棕色（R53、G22、B0）。单击画笔工具 选择柔角画笔并适当调整大小及透明度，在人物的眼睛上方绘制眼影。设置混合模式为“叠加”，“不透明度”为 75%，并添加蒙版适当涂抹，绘制人物眼睛上的妆容。

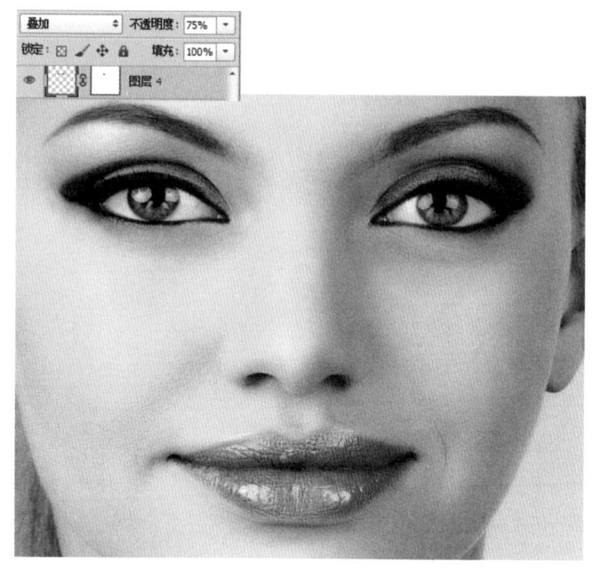

5 新建“图层 5”，设置前景色为浅棕色（R150、G49、B0）。单击画笔工具 选择柔角画笔并适当调整大小及透明度，继续在人物的眼睛上方绘制较淡眼影。设置混合模式为“叠加”，“不透明度”为 45%，制作人物的眼妆效果。

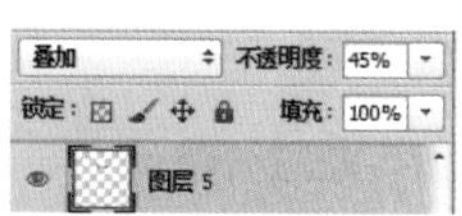

6 新建“图层 6”，继续使用相同方法设置前景色为浅棕色（R149、G112、B68）。单击画笔工具 选择柔角画笔并适当调整大小及透明度，继续在人物的眼睛上方绘制较淡眼影。设置混合模式为“正片叠底”，“不透明度”为 9%，制作人物的眼妆效果。

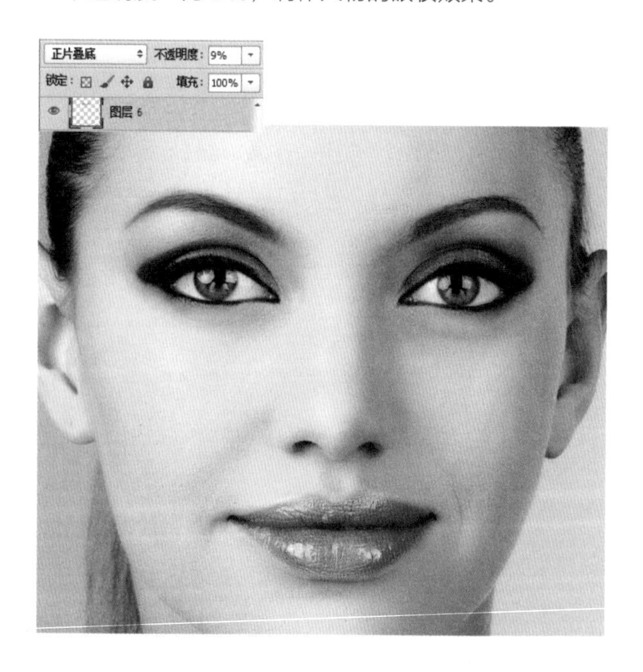

7 新建“图层 7”， 设置前景色为黑色。载入“睫毛.abr”画笔，单击画笔工具，在其属性栏中选择所需画笔，在画面上绘制睫毛效果。使用快捷键 Ctrl+T 变换图像大小和形状，将其放置于画面中合适的位置。设置混合模式为“正片叠底”，制作人物浓密的睫毛效果。

8 选择“图层 7”，按快捷键 Ctrl+J 复制得到“图层 7 副本”。使用快捷键 Ctrl+T 变换图像方向，并将其放置于画面中合适的位置，制作人物对称、浓密的睫毛效果。

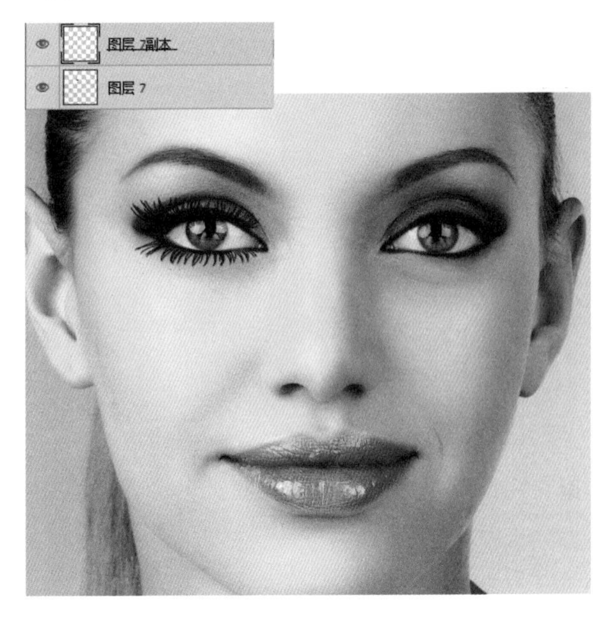

9 回到“图层 7”， 新建“图层 8”， 设置前景色为白色。单击画笔工具，在其属性栏中选择所需画笔，在画面上绘制睫毛上的亮粉效果。按住 Alt 键并单击鼠标左键，创建其图层剪贴蒙版，并设置混合模式为“滤色”。

10 选择“图层 8”，按快捷键 Ctrl+J 复制得到“图层 8 副本”。使用快捷键 Ctrl+T 变换图像方向，并将其放置于画面中合适的位置。按住 Alt 键并单击鼠标左键，创建其图层剪贴蒙版，制作双眼上睫毛的亮片效果。

11 新建“图层 9”，设置前景色为橘棕色（R142、G72、B39）。单击画笔工具 选择柔角画笔并适当调整大小及透明度，继续在人物的眼睛上方绘制眼影。设置混合模式为“叠加”，“不透明度”为 65%，将人物的眼妆效果制作完整。

12 新建“图层 10”，设置前景色为亮黄色。单击画笔工具，在其属性栏中选择所需画笔，在画面上绘制睫毛上的亮粉效果，设置混合模式为“叠加”，制作人物眼妆上的亮粉。

13 新建“图层 11”，设置前景色为亮粉色。使用画笔工具 选择柔角画笔并适当调整大小及透明度，在人物脸颊上涂抹。设置混合模式为“颜色”，“不透明度”为 50%，制作人物脸上的腮红效果。

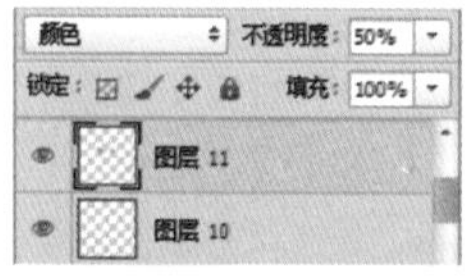

14 单击“创建新的填充或调整图层”按钮，在弹出的菜单中选择“自然饱和对”、“曝光度”选项并设置参数。分别添加蒙版并适当涂抹，调整画面的色调。至此，本实例制作完成。

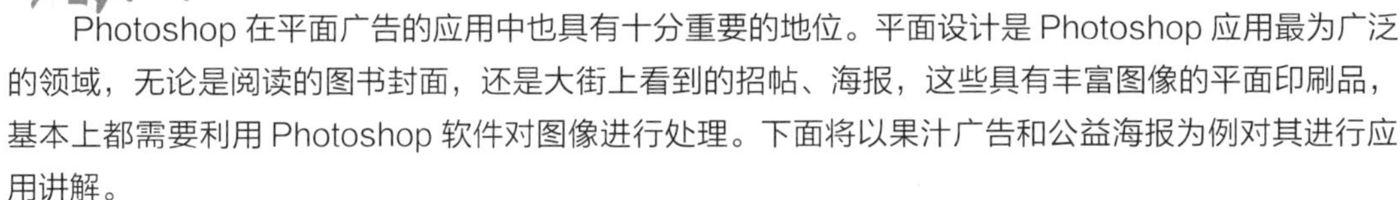

13.2 平面广告应用领域

Photoshop 在平面广告的应用中也具有十分重要的地位。平面设计是 Photoshop 应用最为广泛的领域，无论是阅读的图书封面，还是大街上看到的招帖、海报，这些具有丰富图像的平面印刷品，基本上都需要利用 Photoshop 软件对图像进行处理。下面将以果汁广告和公益海报为例对其进行应用讲解。

13.2.1 食品广告

设计思路

本实例是制作食品广告，运用清新的径向渐变颜色作为画面的背景不但使人的视觉聚焦画面，而且让人产生一定的食欲。主要使用素材的叠加并结合“投影”图层样式和各种调色命令，使画面中的各个素材有机地结合在一起，制作出具有汉堡形状的水果汉堡，再添加一定的图标和文字效果，制作出具有一定视觉传达效果的食品广告。

光盘路径	第 13 章 \Complete\ 食品广告 .psd
视频路径	视频 \ 第 13 章 \ 食品广告 .swf

使用工具

渐变工具、画笔工具、图层混合模式、图层样式、文字工具、形状工具

1 执行“文件 > 新建”命令，在弹出的“新建”对话框中设置各项参数及选项，设置完成后单击“确定”按钮，新建空白图像文件。单击“创建新的填充或调整图层”按钮 ，在弹出的菜单中选择“颜色填充”选项并设置参数，制作画面背景色。

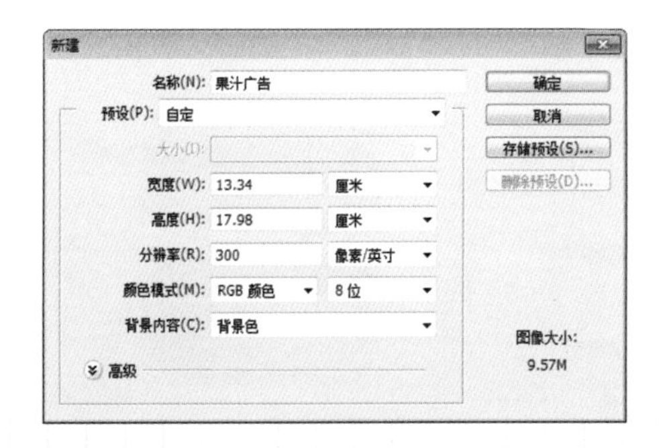

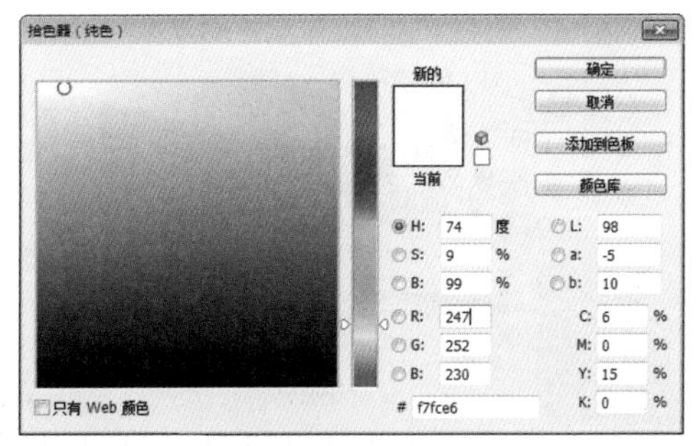

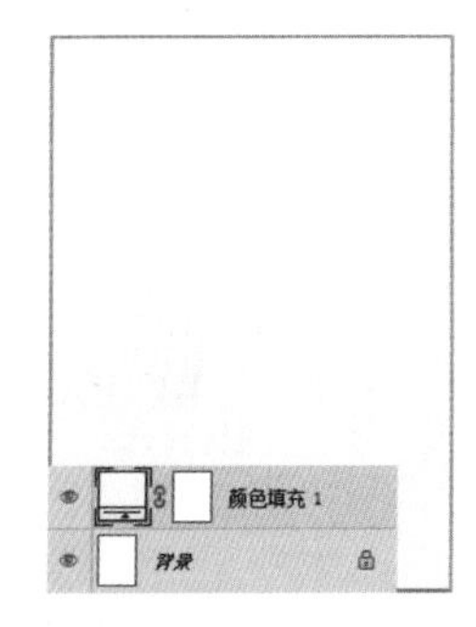

2 新建“图层 1”，使用渐变工具，设置白色到嫩绿色的径向渐变，并在图层上从内向外拖出渐变，制作画面清新且聚焦的背景。

3 执行“文件 > 打开”命令，打开“01.png ”文件，将其拖曳到当前文件图像中，生成“图层 2”。使用快捷键 Ctrl+T 变换图像大小，并将其放置于画面中合适的位置，为后面制作汉堡做铺垫。

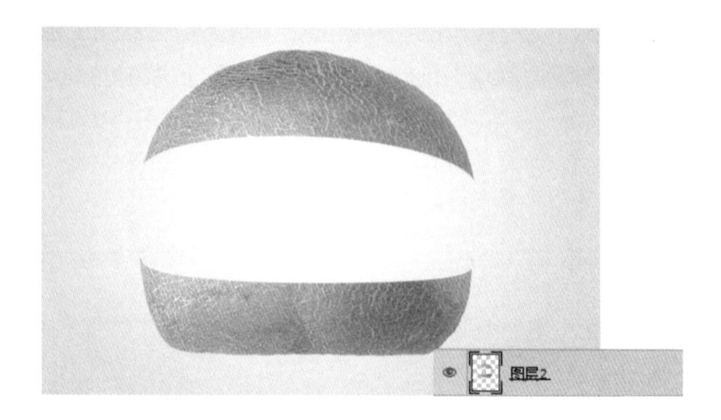

4 单击“创建新的填充或调整图层”按钮，在弹出的菜单中选择“可选颜色”分别设置各个颜色选项的参数，并单击图框中“此调整影响到下面的所有图层”按钮创建其图层剪贴蒙版，调整图层的色调。

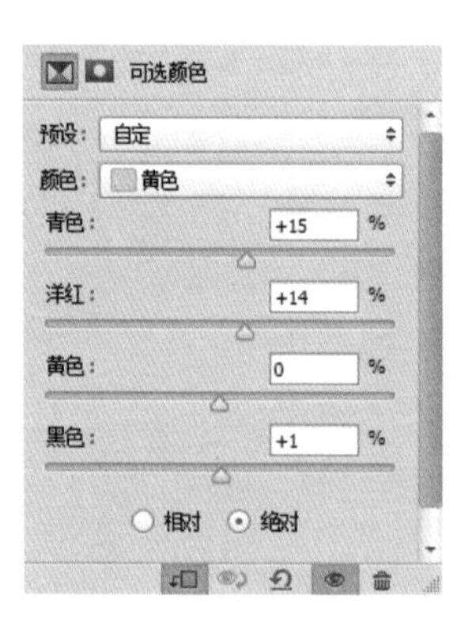

5 单击“创建新的填充或调整图层”按钮，在弹出的菜单中选择“色相 / 饱和度”选项，设置其色相和饱和度的参数。单击图框中“此调整影响到下面的所有图层”按钮创建其图层剪贴蒙版，调整图层的色调。

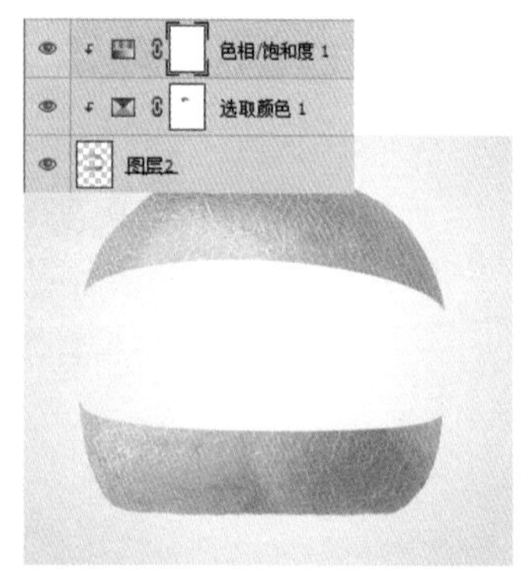

6 单击椭圆工具，并在其属性栏中设置其“填充”为棕橘到亮橘色的渐变色，其“描边” 为无，在画面上的合适位置绘制汉堡形状的椭圆，得到“椭圆 1”。

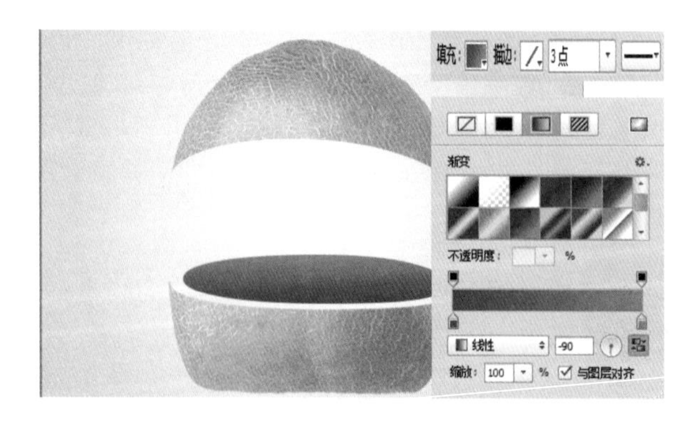

7 选择“椭圆 1”，复制得到“椭圆 1 副本”。使用快捷键 Ctrl+T 变换图像大小，并将其放置于画面中合适的位置。在其属性栏中更改其“描边”为深绿色到绿色到黄绿色的渐变。

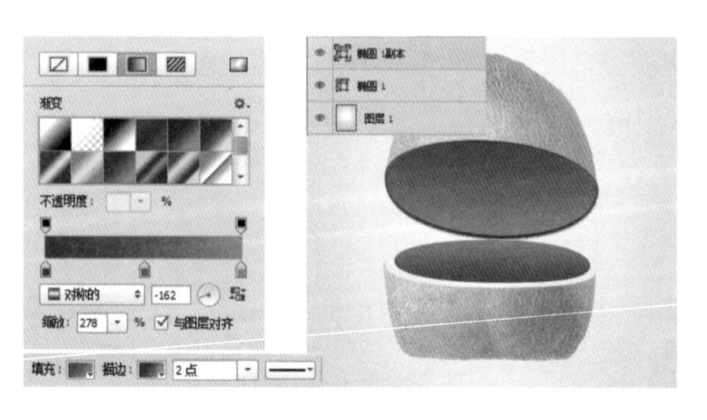

8 新建“图层 3”，设置前景色为墨绿色。单击画笔工具 选择柔角画笔并适当调整大小及透明度，在画面上绘制汉堡的阴影，并将其移至“椭圆 1 副本”上方。

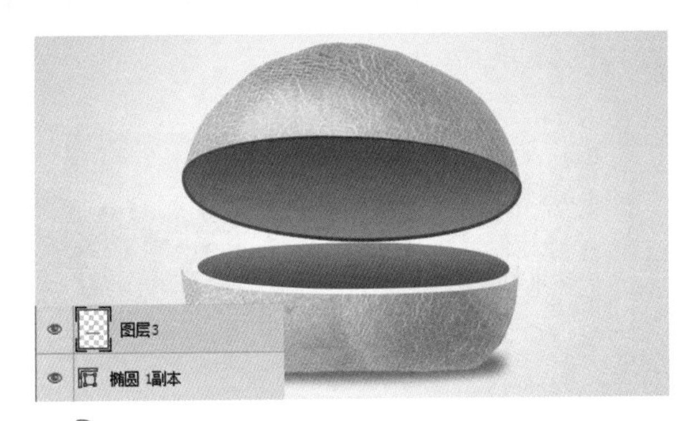

9 回到“色相 / 饱和度 1”，使用钢笔工具勾出画面上汉堡需要的部分并创建选区。单击“创建新的填充或调整图层”按钮，在弹出的菜单中选择“曲线”选项设置参数。

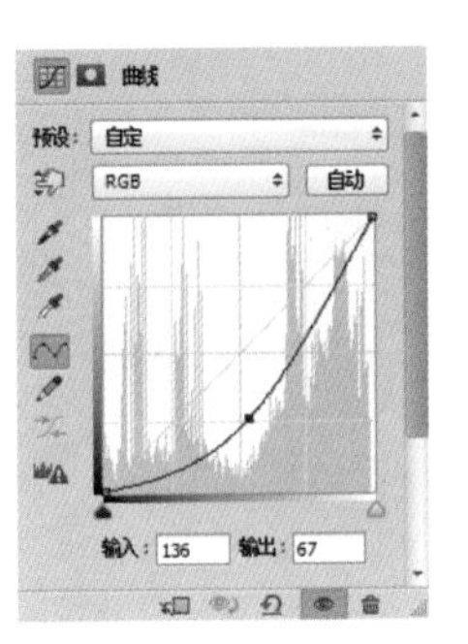

10 新建“图层 4”，单击画笔工具，设置前景色为白色，选择柔角画笔并适当调整大小及透明度，在画面上的汉堡上方适当涂抹，并设置其混合模式为“柔光”。

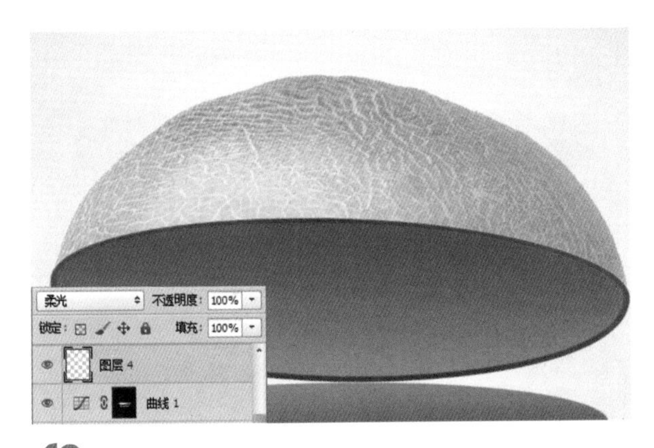

11 新建“图层 5”，单击画笔工具，设置前景色为黑色，选择柔角画笔并适当调整大小及透明度，在画面上的汉堡上方适当涂抹，并设置其混合模式为“正片叠底”。

12 新建“图层 6”，继续使用画笔工具，设置前景色为黑色，选择柔角画笔并适当调整大小及透明度，在画面上的汉堡上方适当涂抹，并设置混合模式为“叠加”，为后面制作物体的投影做铺垫。

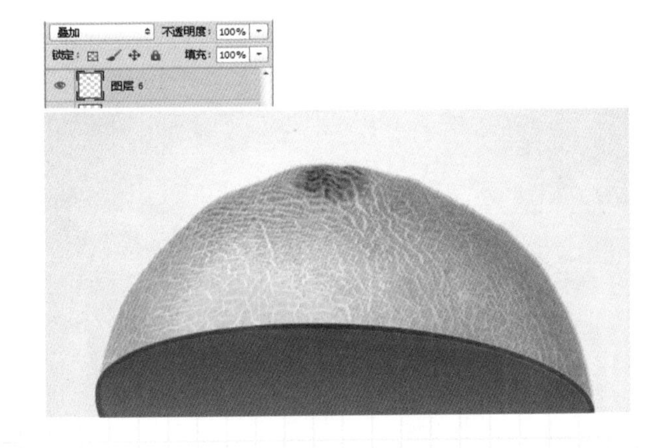

13 执行“文件 > 打开”命令，打开“02.jpg”文件，将其拖曳到当前文件图像中，生成“图层 2”。使用魔棒工具选取其背景，并将其选区反选。单击“添加图层蒙版”按钮，得到扩充的枝干。使用快捷键 Ctrl+T 变换图像大小，并将其放置于画面中的汉堡上方。

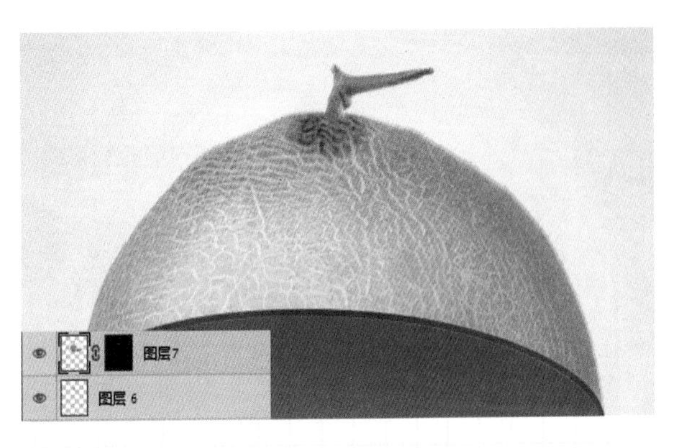

14 新建“图层 8”，打开“03.png ”文件，将其拖曳到当前文件图像中，生成“图层 9”，将其放置于汉堡上合适的位置。回到“图层 8”，使用柔角画笔绘制其阴影，设置混合模式为“正片叠底”，并分别添加蒙版适当涂抹。

15 打开“04.png ”文件，将其拖曳到当前文件图像中，生成“图层 10”，将其放置于汉堡上合适的位置。创建“曲线 2”，并单击图框中“此调整影响到下面的所有图层”按钮，以调整图层色调，并在其“曲线 2”的蒙版上适当涂抹。

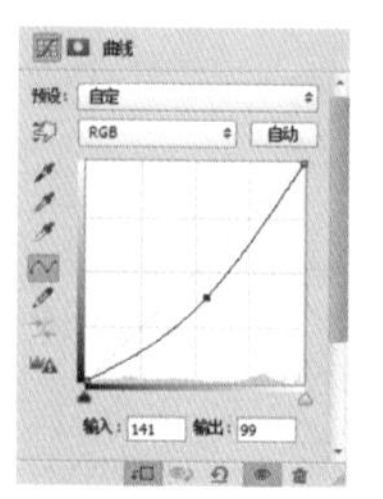

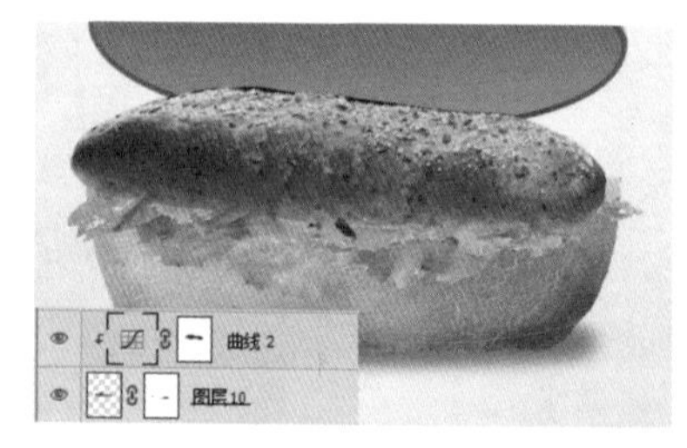

16 新建“图层 11”，单击画笔工具，设置前景色为黑色，选择柔角画笔并适当调整大小及透明度，在画面上的汉堡上方适当涂抹。设置混合模式为“正片叠底”，制作汉堡上面肉的阴影。

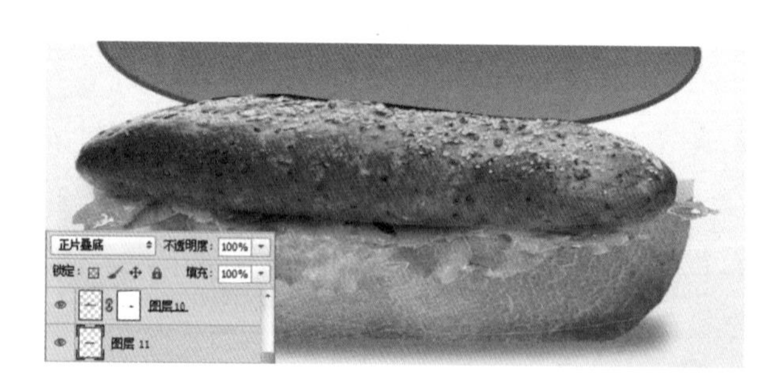

17 打开“05.png”、“06.png”文件，分别将其拖曳到当前文件图像中，生成“图层 11”、“图层 12”，将其放置于汉堡上合适的位置。回到“图层 10”，新建“图层 13”，使用柔角画笔绘制其阴影，设置混合模式为“正片叠底”，制作其阴影效果。

18 打开“07.png ”文件，将其拖曳到当前文件图像中，生成“图层 14”。使用快捷键 Ctrl+T 变换图像大小，并将其放置于画面中合适的位置。创建“曲线 3”，并单击图框中“此调整影响到下面的所有图层”按钮，以调整图层色调。在其蒙版上使用柔角画笔工具并适当调整大小及透明度，涂抹去不需要的部分。

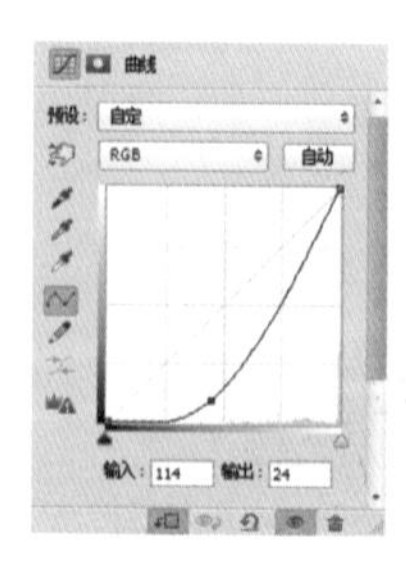

19 选择“图层 9”，按快捷键 Ctrl+J 复制得到“图层 9 副本”。使用快捷键 Ctrl+T 变换图像大小，并将其放置于画面中合适的位置。在其蒙版上使用柔角画笔工具并适当调整大小及透明度，涂抹去不需要的部分。

20 打开“08.png”文件，将其拖曳到当前文件图像中，生成“图层 15”。使用快捷键 Ctrl+T 变换图像大小，并将其放置于画面中合适的位置。创建“色阶 1”，并单击图框中“此调整影响到下面的所有图层”按钮，以调整图层色调。

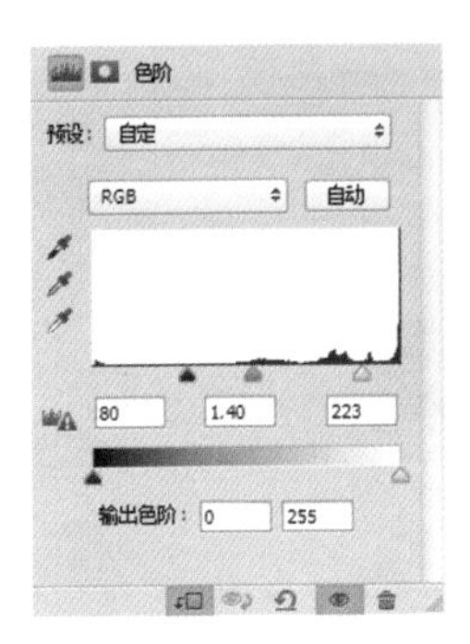

21 单击“创建新的填充或调整图层”按钮，在弹出的菜单中选择“曲线”选项并设置参数，调整画面的色调。

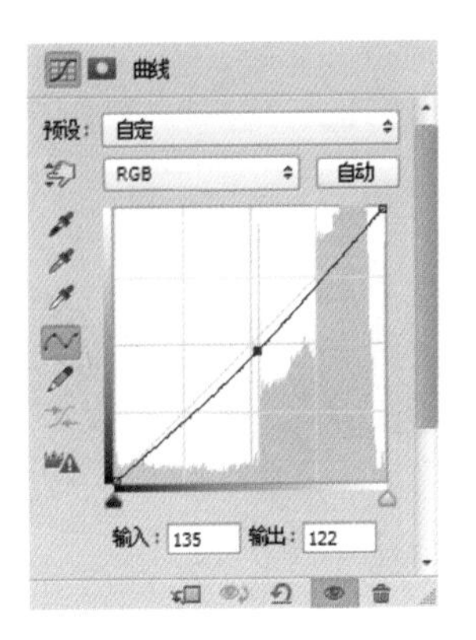

22 新建“图层 16”，将其移至“图层 7”上方。单击画笔工具，设置其前景色为棕色，选择柔角画笔并适当调整大小及透明度在上半部分的汉堡上适当涂抹，制作其阴影。

23 回到“曲线 4”，打开“09.png ”文件，将其拖曳到当前文件图像中，生成“图层 17”。单击“添加图层样式”按钮，选择“投影”选项并设置参数，制作图案样式。使用快捷键 Ctrl+T 变换图像大小，并将其放置于画面中合适的位置。

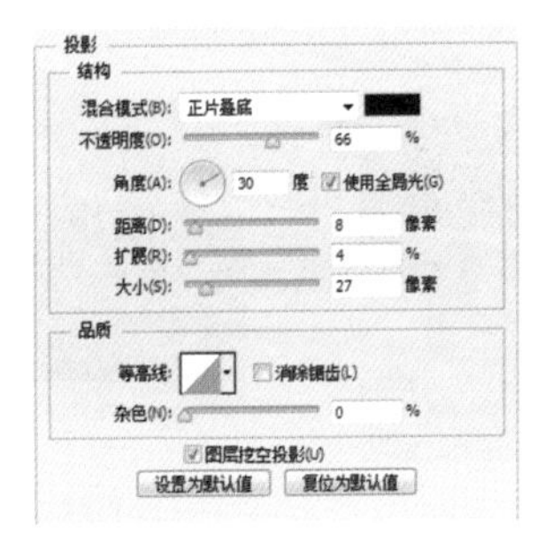

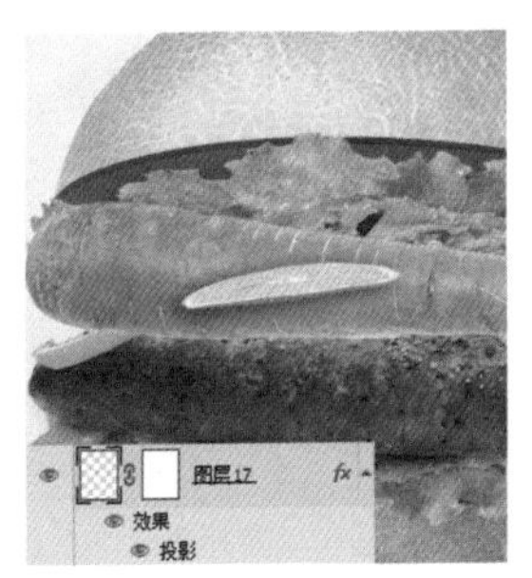

24 单击“创建新的填充或调整图层”按钮，在弹出的菜单中选择“曲线”选项并设置参数。单击图框中“此调整影响到下面的所有图层”按钮，以调整图层色调，制作汉堡上的蔬果。

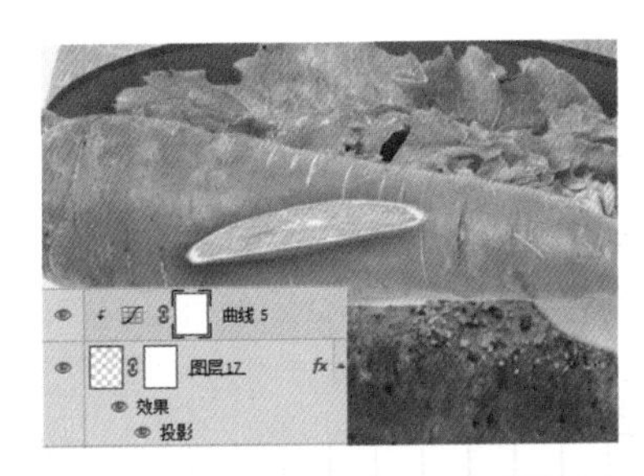

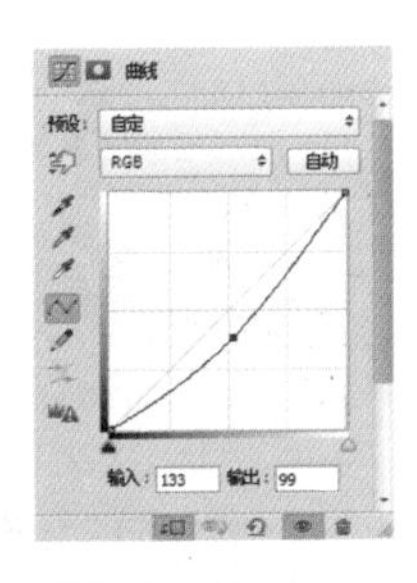

25 打开“10.png” 文件，将其拖曳到当前文件图像中，生成“图层 18”。使用快捷键 Ctrl+T 变换图像大小，并将其放置于画面中合适的位置，继续制作汉堡上的蔬果。

26 新建“图层 19”，设置前景色为黑色。单击画笔工具 选择柔角画笔并适当调整大小及透明度，在画面上的哈密瓜的皮上适当绘制。设置混合模式为“正片叠底”，制作其真实的效果。

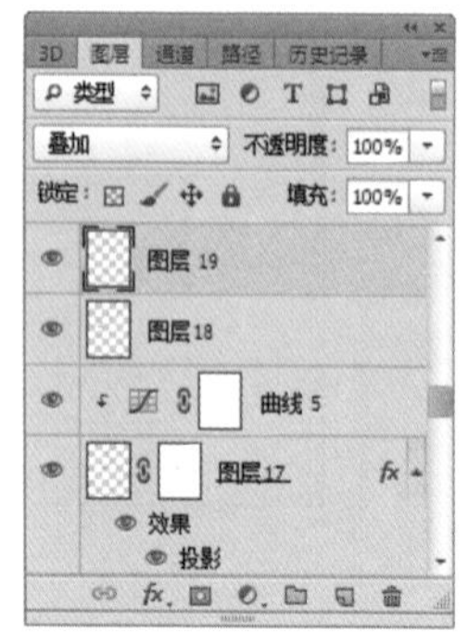

27 打开“11.png ”文件，将其拖曳到当前文件图像中，生成“图层 20”。使用快捷键 Ctrl+T 变换图像大小，并将其放置于画面中合适的位置。添加蒙版适当涂抹。单击“添加图层样式”按钮，选择“投影”选项并设置参数，制作图案样式。

28 单击“创建新的填充或调整图层”按钮，在弹出的菜单中选择“曲线”选项并设置参数。单击图框中“此调整影响到下面的所有图层”按钮，以调整图层色调。

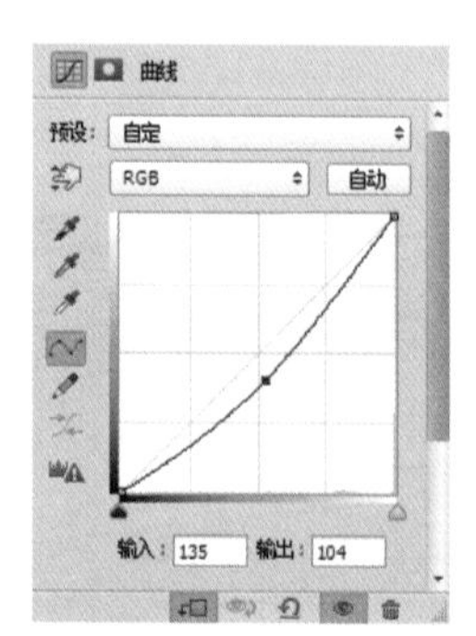

29 打开“12.png ”文件，将其拖曳到当前文件图像中，生成“图层 21”。使用快捷键 Ctrl+T 变换图像大小，并将其放置于画面中合适的位置。单击“添加图层样式”按钮，选择“投影”选项并设置参数，制作图案样式，制作汉堡上的蔬果。

30 单击“创建新的填充或调整图层”按钮，在弹出的菜单中选择“曲线”选项并设置参数。单击图框中“此调整影响到下面的所有图层”按钮，以调整图层色调。

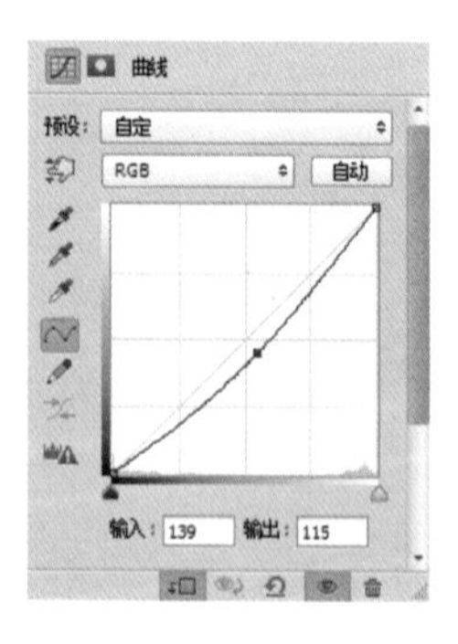

31 打开“13.png ”文件，将其拖曳到当前文件图像中，生成“图层 22”。使用快捷键 Ctrl+T 变换图像大小，并将其放置于画面中合适的位置。添加蒙版适当涂抹。单击“添加图层样式”按钮，选择“投影”选项并设置参数，制作图案样式。

32 打开“14.png ”文件，将其拖曳到当前文件图像中，生成“图层 23”。选择“图层 17”，复制得到“图层 17 副本”，将其移至图层上方。打开“15.png ”文件，将其拖曳到当前文件图像中，生成“图层 24”。使用快捷键 Ctrl+T 依次变换图像大小，并将其放置于画面中合适的位置。使用与前面相同的方法制作蔬果图案样式。

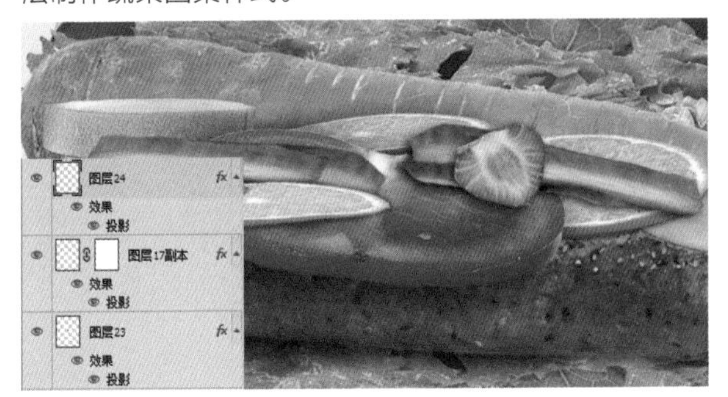

33 新建“图层 25”，选择“图层 7”，按快捷键 Ctrl+J 复制得到“图层 7 副本 2”，将其放置于图层上方。使用快捷键 Ctrl+T 变换图像大小，并将其放置于画面中合适的位置。回到“图层 25”，使用柔角画笔绘制其阴影，设置混合模式为“正片叠底”，制作其阴影。继续制作汉堡上的蔬果。

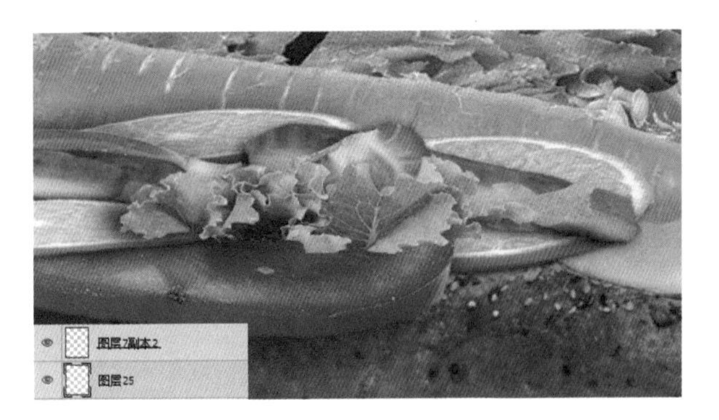

34 创建“色彩平衡 1”图层，并单击图框中“此调整影响到下面的所有图层”按钮，以调整图层色调。选择“图层 23”，复制得到“图层 23 副本”，将其放置于画面中合适的位置。按住 Alt 键并单击鼠标左键，创建其图层剪贴蒙版。

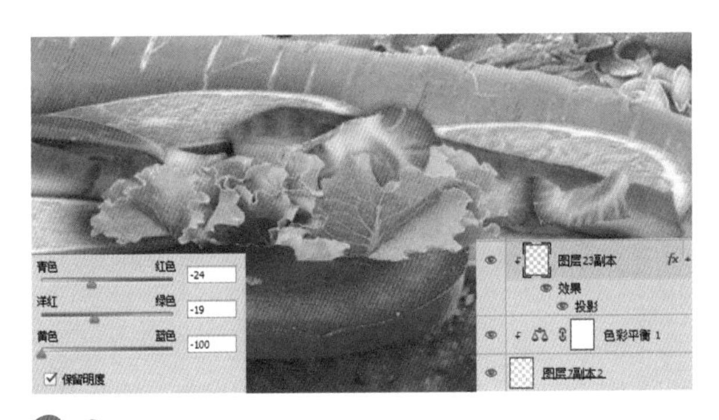

35 打开“16.png ”文件，将其拖曳到当前文件图像中，生成“图层 26”，并添加蒙版适当涂抹。打开“17.png ”文件，将其拖曳到当前文件图像中，生成“图层 27”，并将其放置于画面中合适的位置。使用与前面相同的方法制作蔬果图案样式。

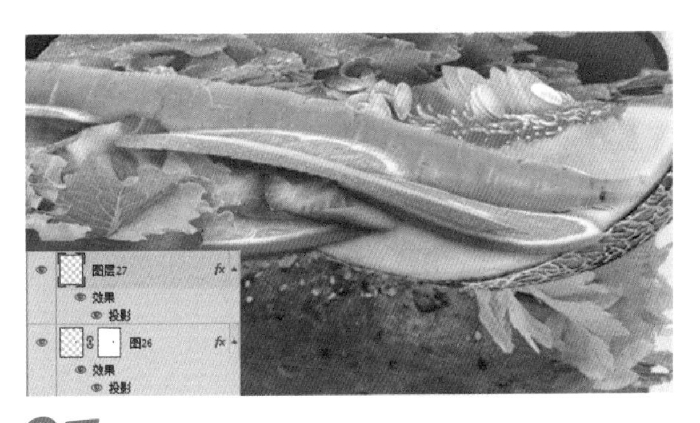

36 按快捷键 Shift+Ctrl+Alt+E 盖印图层，得到“图层 28”。使用减淡工具，在属性栏中设置其属性，并在画面中的汉堡上适当地涂抹，提亮画面的色调。

37 创建“亮度 / 对比度 1”，调整画面色调。使用多边形工具，在其属性栏中设置颜色，绘制广告图标。单击横排文字工具，设置不同前景色，输入所需文字。至此，本实例制作完成。

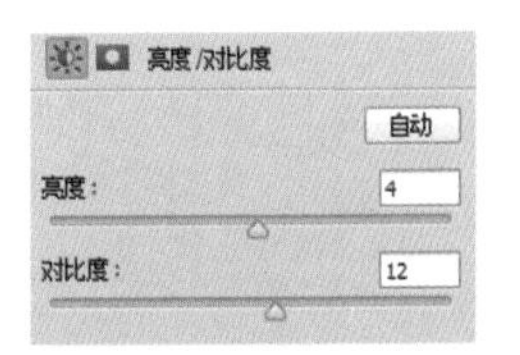

13.2.2 公益海报

设计思路

本实例是制作公益海报。通过比较清淡的背景制作该公益海报，使其具有一定的清新感和绿化感，使其主题得以深入。画面中主要使用形状钢笔工具绘制玻璃杯的造型，并通过素材的叠加及结合蒙版工具和文字，将其制作成具有明确环保主题的公益海报。

光盘路径	第 13 章 \Complete\ 公益海报 .psd
视频路径	视频 \ 第 13 章 \ 公益海报 .swf

使用工具

钢笔工具、图层蒙版、文字工具

1 执行“文件 > 新建”命令，在弹出的“新建”对话框中设置各项参数及选项，设置完成后单击“确定”按钮，新建空白图像文件。

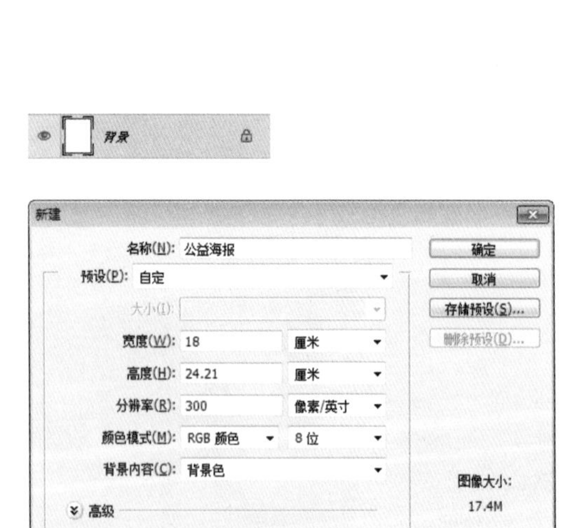

2 新建“图层 1”，使用渐变工具，设置白色到嫩绿色的线性渐变，并在图层上从下到上拖出渐变。新建“图层 2”，设置前景色为灰色，使用画笔工具在画面上方涂抹。单击椭圆工具，设置其“填充为”灰色（R96、G97、B96），“描边”为无设置，其羽化数混合模式为“正片叠底”。

3 单击钢笔工具，在属性栏中设置其属性为“形状”，“填色”为白色，在画面上绘制杯子的形状，得到“形状 1”。

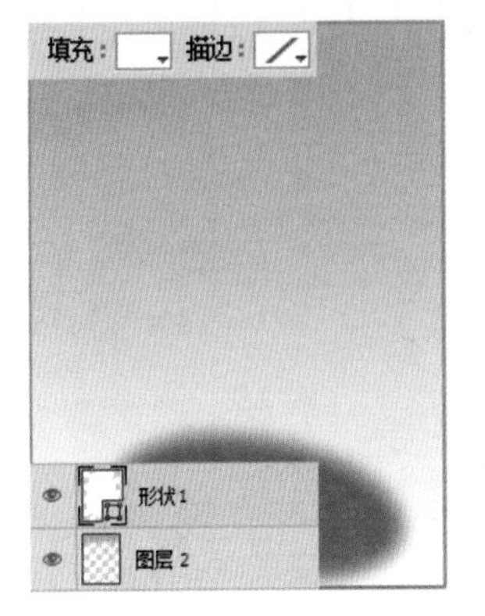
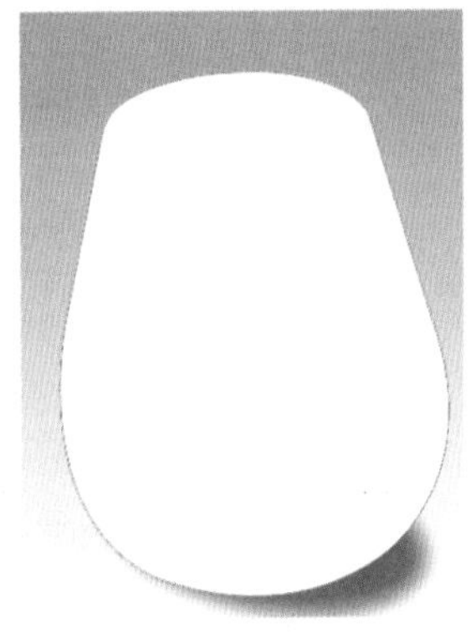

4 在“形状 1”上，单击“添加图层样式”按钮，选择“内阴影”选项并设置参数，制作图案样式。设置“不透明度”为 60%，制作透明的玻璃杯效果。

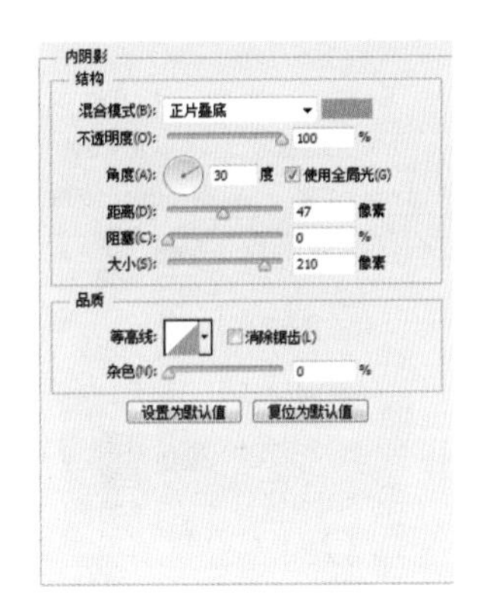
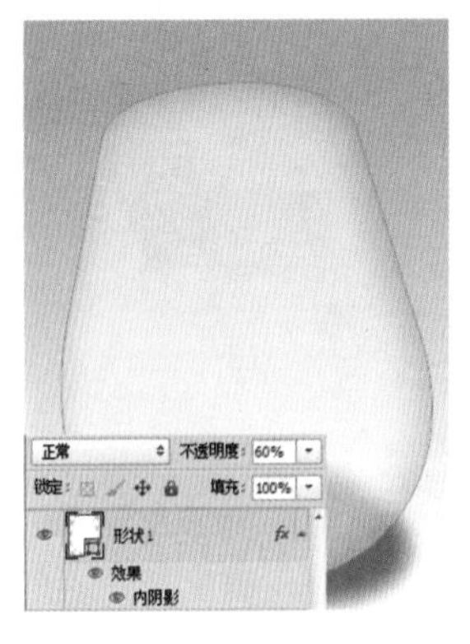

5 继续使用钢笔工具，设置其“填充”为灰色到透明色的线性渐变，“描边”为无，在画面上绘制透明杯子上的光影效果，得到“形状 2”。设置“不透明度”为 4 0%。

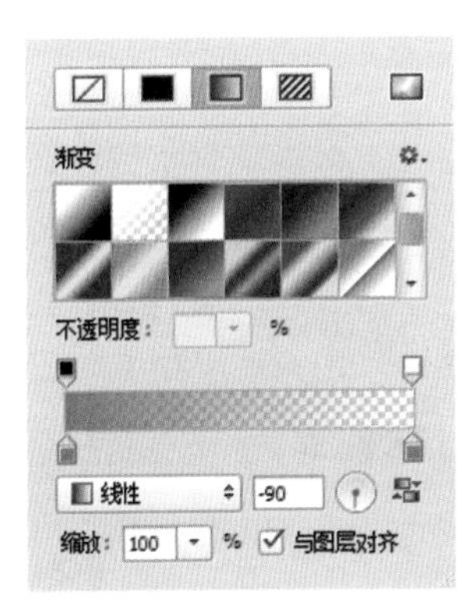
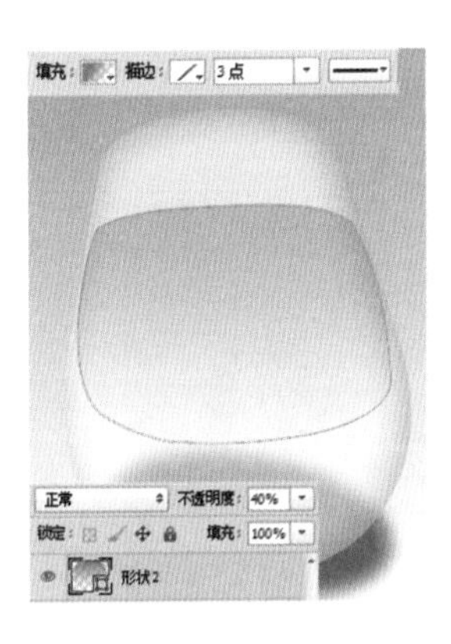

6 使用相同方法，依次绘制透明杯子上的光影效果，得到“形状 3”~“形状 5”，并依次设置混合模式为“正片叠底”。

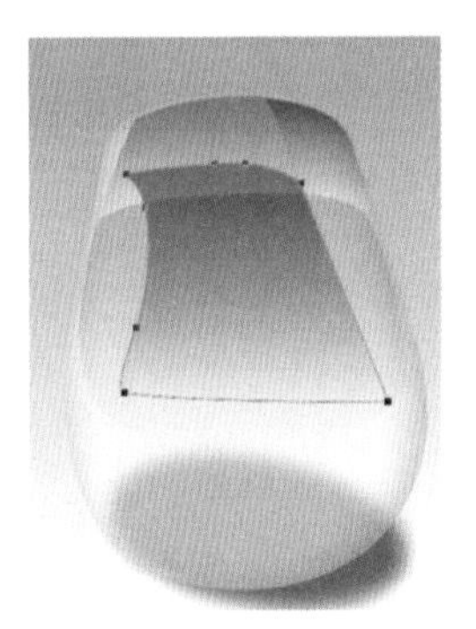

7 选择“形状 1”，按快捷键 Ctrl+J 复制得到“形状 1 副本”，将其移至图层上方。单击“添加图层蒙版”按钮，为图层添加蒙版，并使用矩形选框工具在蒙版上的适当位置创建一个矩形选区。

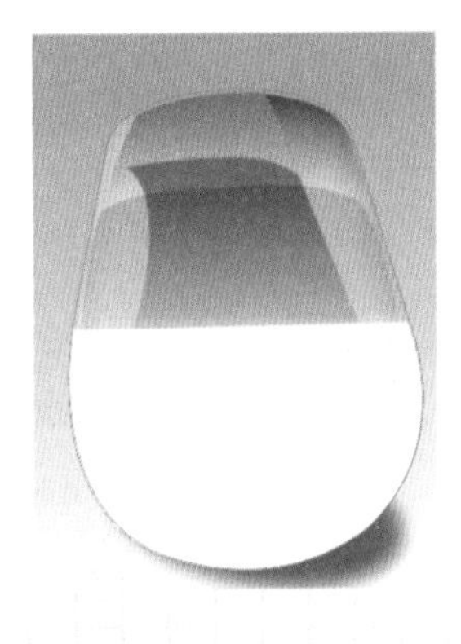

8 执行“文件 > 打开”命令，打开“17.png”文件，将其拖曳到当前文件图像中，生成“图层 3”。按住 Ctrl 键并单击鼠标左键选择“形状 1”，得到水杯的选区。单击“添加图层蒙版”按钮，将其放置于水杯里面，打开“18.png”文件，将其拖曳到当前文件图像中，生成“图层 4”，将其放置于画面中合适的位置。

9 打开“19.png”、“20.png”文件，将其拖曳到当前文件图像中，生成“图层 5”、“图层 6”。使用快捷键 Ctrl+T 变换图像大小，并将其放置于画面中杯子里合适的位置。使用与上面步骤相同的方法在其蒙版上适当涂抹。

10 新建“图层 7”，设置前景色为黑色，使用画笔工具 选择柔角画笔并适当调整大小及透明度，在画面上涂抹，并设置混合模式为“正片叠底”，制作出其阴影效果。

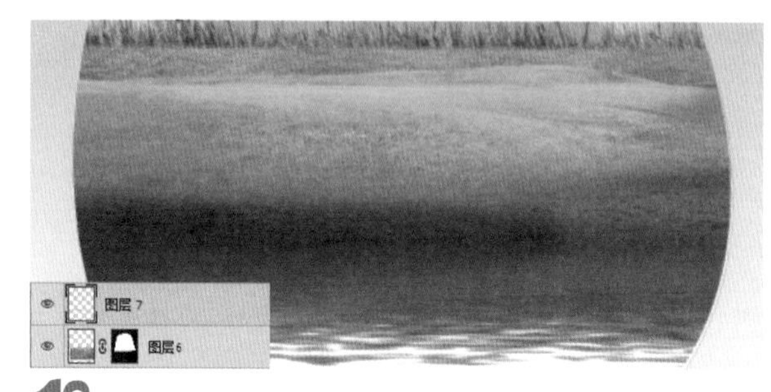

11 打开“21.png”、“22.png”文件，将其拖曳到当前文件图像中，生成“图层 8”、“图层 9”。使用快捷键 Ctrl+T 变换图像大小，并将其放置于画面中合适的位置，并在其“图层 8”上添加蒙版适当涂抹，制作田间小道的效果。

12 新建“图层 10”，使用多边形套索工具 绘制出其风车的阴影，并设置其“不透明度”为 35%。打开“23.png”文件，将其拖曳到当前文件图像中，生成“图层 11”。使用快捷键 Ctrl+T 变换图像大小，并将其放置于画面中合适的位置。

13 打开“24.png”文件，将其拖曳到当前文件图像中，生成“图层 12”。并使用与上面步骤相同的方法将其放置于画面中的水杯里面。打开“25.png”文件，将其拖曳到当前文件图像中，生成“图层 13”。使用快捷键 Ctrl+T 变换图像大小，并将其放置于画面中合适的位置。

14 打开“26.png”、“27.png”文件，将其拖曳到当前文件图像中，生成“图层 14”、“图层 15”。使用快捷键 Ctrl+T 变换图像大小，并将其放置于画面中合适的位置。使用与上面步骤相同的方法，按住 Ctrl 键并单击鼠标左键选择“形状 1”，得到水杯的选区，并将其放置于画面中的水杯里面。

15 打开“28.png”、“29.png”、“30. png”文件，将其拖曳到当前文件图像中，生成“图层 16”、“图层 17”、“图层 18”。使用快捷键 Ctrl+T 变换图像大小，并使用与上面步骤相同的方法将其放置于画面中的水杯里面。再适当地添加蒙版涂抹。

16 单击钢笔工具，在其属性栏中设置其属性为“形状”，“填色”为绿灰色（R64、G97、B97），“描边”为无，在画面上绘制杯子的形状，得到“形状 6”。

17 在“形状 6”上单击“添加图层样式”按钮，选择“光泽”、“外发光”、“颜色叠加”选项并设置参数，制作图案样式。制作玻璃杯下方的质感。

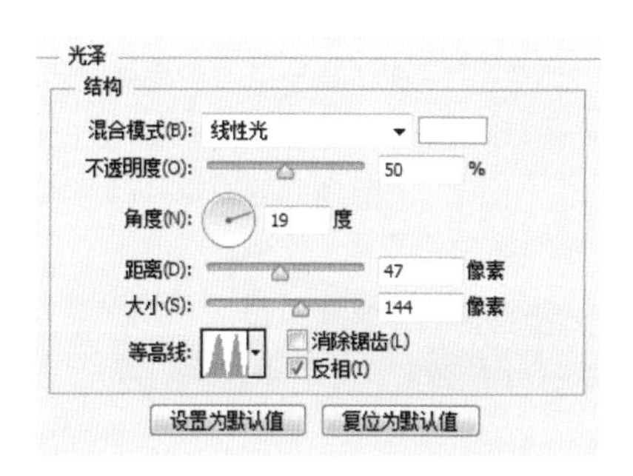

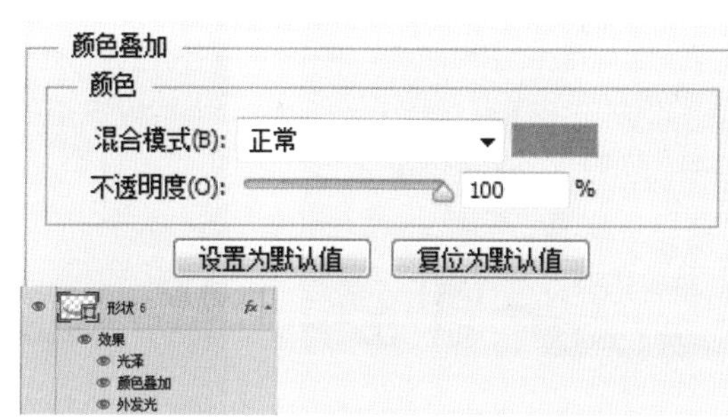

18 选择“形状 6”，按快捷键 Ctrl+J 复制得到“图层 6 副本”，将其移至图层上方，并删除其图层样式，设置其混合模式为“叠加”。

19 继续使用钢笔工具在其属性栏中设置其属性为“形状”，设置不同的“填色”，得到“形状 7”~“形状 14”，在画面上绘制杯子的形状。

20 打开“31.png”文件，将其拖曳到当前文件图像中，生成“图层 19”。使用快捷键 Ctrl+T 变换图像大小，并将其放置于画面中合适的位置。新建“图层 20”，使用多边形套索工具绘制其边缘的阴影并填充颜色，设置混合模式为“正片叠底”，“不透明度”为 30%。

21 继续使用钢笔工具，设置其“填充”为无，“描边”为白色，大小为 5 点，在画面上的杯口处绘制杯口，得到“形状 15”。

22 选择“形状 15”，按快捷键 Ctrl+J 复制得到“形状 15 副本”，在其属性栏中更改其属性“描边”的颜色为绿灰色。设置混合模式为“正片叠底”，“不透明度”为 70%，并添加蒙版适当涂抹。

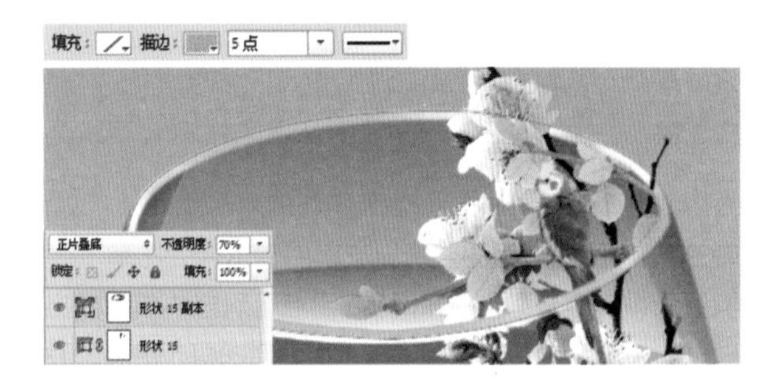

23 继续选择“形状 15”，按快捷键 Ctrl+J 复制得到“形状 15 副本 2”，将其移至图层上方，并添加蒙版适当涂抹，制作杯口的反光效果。

24 继续使用钢笔工具，设置其“填充”为绿灰色，“描边”为无，在画面上的杯子下方绘制其真实的玻璃杯效果。得到“形状 16”，设置混合模式为“正片叠底”，“不透明度”为 80%，并添加蒙版适当涂抹。

25 选择“形状 16”，按快捷键 Ctrl+J 复制得到“形状 16 副本”，设置其不同的填充颜色。使用快捷键 Ctrl+T 变换图像大小及方向，并将其放置于画面中合适的位置，制作玻璃杯反光效果。

26 继续选择“形状 16”，按快捷键 Ctrl+J 复制得到“形状 16 副本 2”。将其移至图层上方，并在其蒙版上适当涂抹，制作玻璃杯反光的真实效果。

27 继续使用钢笔工具，在其属性栏设置不同的“填充”和“描边”，在画面上绘制玻璃杯的反光。设置混合模式为“正片叠底”，“不透明度”为 60%。按快捷键 Ctrl+J 复制得到“形状 17 副本”，使用快捷键 Ctrl+T 变换图像大小，并将其放置于画面中合适的位置。

28 继续使用钢笔工具，在其属性栏设置不同的“填充”和“描边”，在画面上绘制玻璃杯的高光。设置 “不透明度”为 60%，并复制，使用快捷键 Ctrl+T 变换图像大小，并将其放置于画面中合适的位置。

29 继续使用钢笔工具，在其属性栏设置不同的“填充”和“描边”，绘制玻璃杯的高光，得到“图层 19”，设置其“不透明度”为 50%。打开“32.png”文件，将其拖曳到当前文件图像中，生成“图层 21”，将其放置于画面中合适的位置。

30 打开“33.png”文件，将其拖曳到当前文件图像中，生成“图层 22”。打开“34.png”文件，将其拖曳到当前文件图像中，生成“图层 23”。使用快捷键 Ctrl+T 变换图像大小，并将其放置于画面中合适的位置。

31 选择“椭圆 1”~“图层 23”，将其合并为“组 1”。复制得到“组 1 副本”并将其合并，适当缩小。关闭“组 1”的可见性，使用横排文字工具，输入公益文字，放于画面中合适的位置制作公益文字海报。至此，本实例制作完成。

产品包装应用领域

在学习了 Photoshop 在数码照片中和平面广告中的应用后，下面来了解一下 Photoshop 在产品包装领域的应用。主要是通过使用“钢笔工具”绘制图形，使用图层样式和“画笔工具”打造图形的质感，使其效果真实。下面就通过香水包装设计和糖果包装设计这两个案例对其进行深入地讲解。

13.3.1 香水产品造型设计

设计思路

本实例是制作香水瓶设计。整体有晶莹剔透的感觉，在颜色使用上主要运用红色系，使香水瓶呈现出晶莹感和时尚感。

光盘路径	第 13 章 \Complete\ 香水产品造型设计 .psd
视频路径	视频 \ 第 13 章 \ 香水产品造型设计 .swf

使用工具

滤镜工具、渐变工具、钢笔工具 。

1 执行“文件 > 新建”命令，打开“新建”对话框，分别设置“名称”、“高度”、“宽度”后，单击“确定”按钮。设置前景色为（R 255、G 195、B 195），单击“确定”按钮，按快捷键 Alt+Delete 为背景填充颜色 。

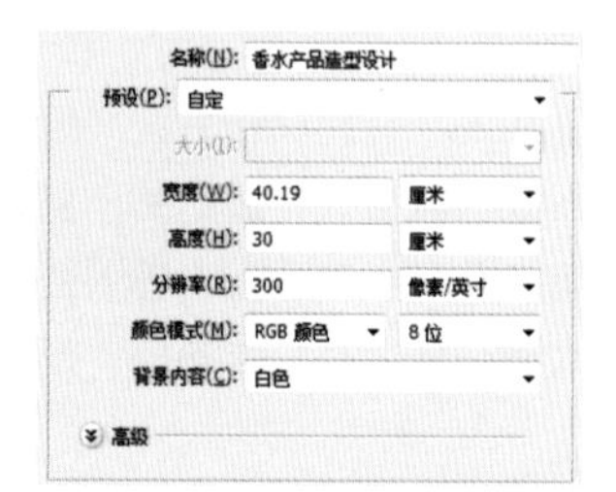

2 新建“图层 1”，单击钢笔工具，在画面适当位置绘制图像。在“路径”面板按住 Ctrl 键，单击“路径”面板中的路径缩略图，将其载入选区。回到“图层”面板，填充颜色为（R 246 、G 84、B 141）。

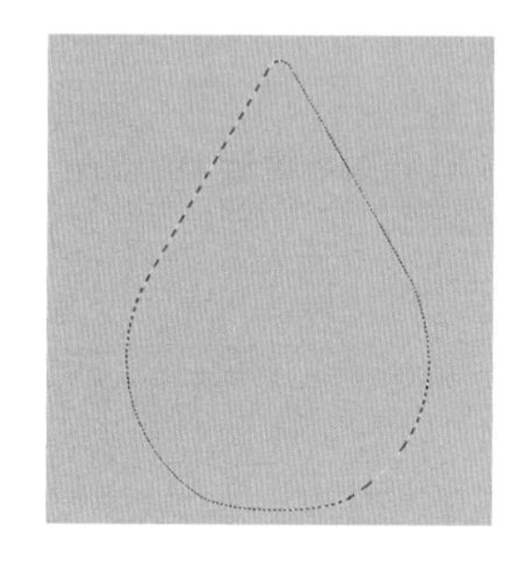

贴心巧计：渐变工具填充颜色

可通过设置渐变工具栏的渐变类型（线性渐变、径向渐变、角度渐变、对称渐变、棱形渐变）和模式（原图背景和渐变颜色的混合模式），以及调整不透明度、反向（渐变颜色反向填充）、仿色（进行柔和处理使渐变颜色更加自然）、透明区域（渐变的透明度，取消勾选复选框后，渐变中的透明色会自动替换为其他颜色）来渐变填充图像。

3 单击“添加图层蒙版”按钮，为图层添加蒙版。选择渐变工具，在属性栏设置各项参数值，从右往左为图像填充从黑色到透明色的线性渐变。在“图层”面板设置图层“不透明度”值为61%，制作整体的明暗关系。

4 新建“图层2”，单击钢笔工具，在物体上绘制图像。在路径面板按住Ctrl键，单击“路径”面板中的路径缩略图，将其载入选区。回到“图层”面板，选择渐变工具，在属性栏设置各项参数值，从右往左为图像填充颜色为（R 246 、G 43、B 132）到透明色的线性渐变。在“图层”面板设置图层混合模式为“柔光”，制作瓶子的层次。

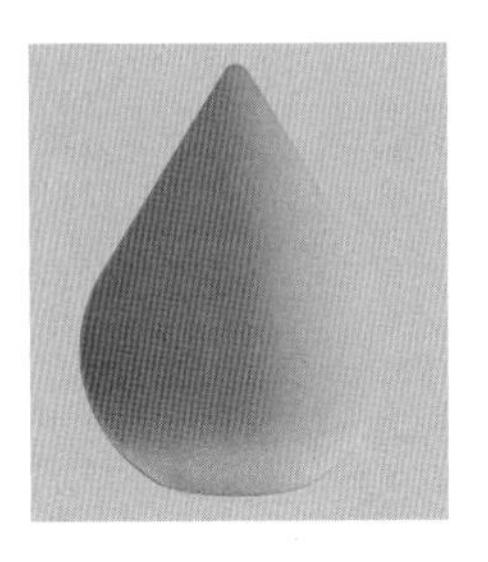

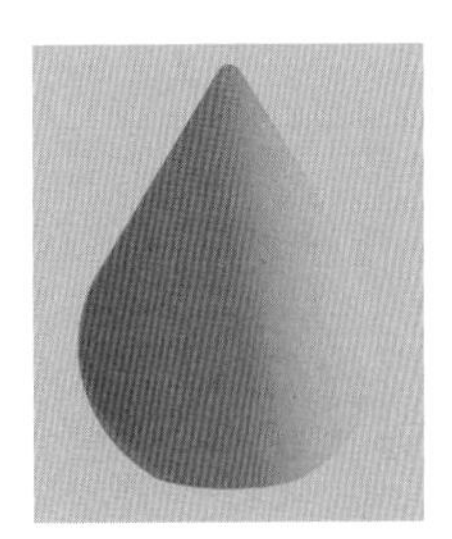

5 新建“图层3”，在“路径”面板按住Ctrl键，单击“路径”面板中的路径缩略图，将其载入选区。回到“图层”面板，选择渐变工具，在属性栏设置各项参数值，从下往上为图像填充从白色到透明色的线性渐变，制作瓶子底部。新建“图层4”，同样用钢笔工具绘制瓶子底部并填充颜色（R 203 、G 146、B 179）。新建“图层5”，同样用钢笔工具绘制，并从下往上填充白色到透明色的线性渐变。

6 新建“图层6”，同样用钢笔工具绘制，这里要选择选区羽化值为50，从下往上填充白色到透明色的线性渐变。

7 新建“图层7”，单击画笔工具设置为3像素的尖角画笔，用钢笔工具沿着“图层6”底边绘制曲线。完成后单击鼠标右键选择描边路径，勾选“模拟压力”复选框，单击“确定”按钮。执行“滤镜 > 转化为智能滤镜 > 高斯模糊”命令，并在弹出的对话框中设置参数，单击“确定”按钮。

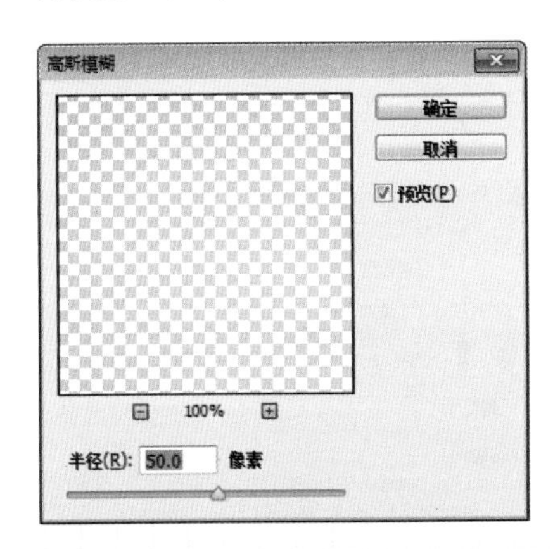

8 新建“图层 8”，同“图层 7”设置画笔颜色为（R 245、G 73、B141），其他步骤不变。新建“图层 9”，同“图层 7”设置画笔颜色为白色，其他步骤不变。

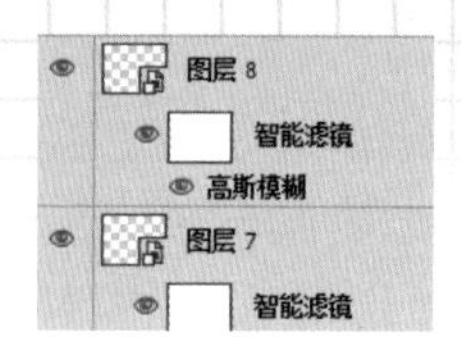

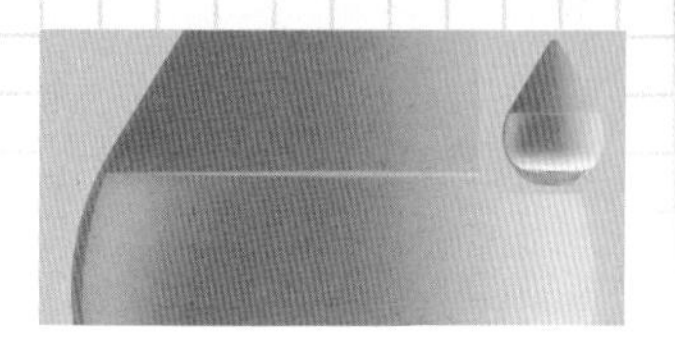

9 新建“图层 10”，单击钢笔工具，绘制图像上半部（在图像最外面向里的位置绘制）。在“路径”面板按住 Ctrl 键，单击“路径”面板中的路径缩略图，将其载入选区。回到“图层”面板选择渐变工具，在属性栏设置各项参数值，从右往左为图像填充从颜色（R 199、G 12、B 64）到透明色到（R 230、G 39、B 103）的线性渐变，制作明暗关系。

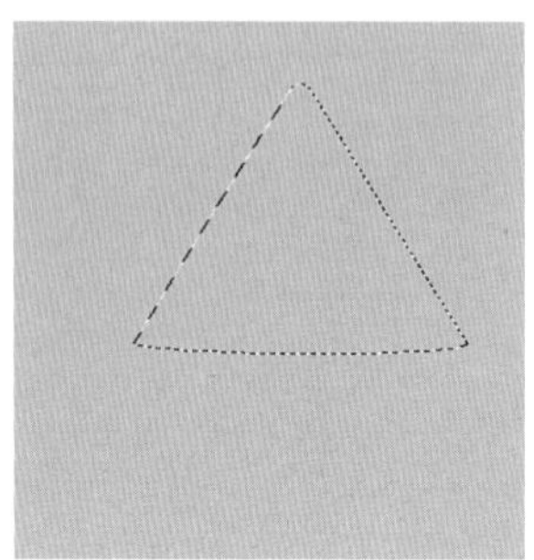

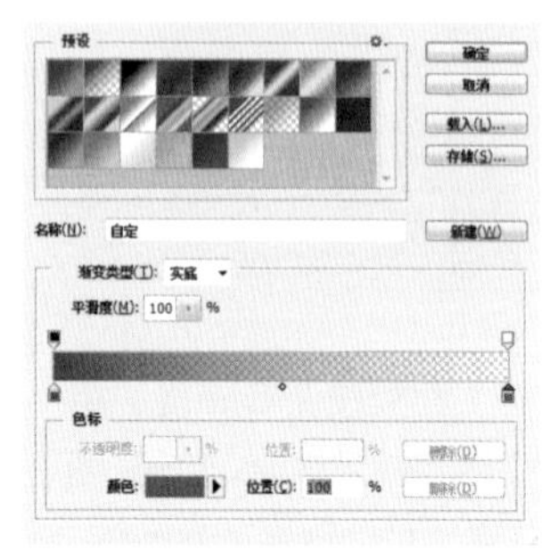

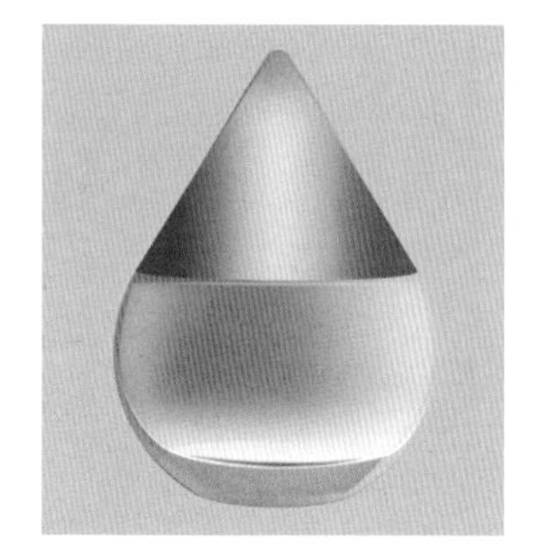

10 新建“图层 11”，步骤同“图层 10”，选择渐变工具，在属性栏设置各项参数值，从右往左为图像填充从颜色（R 199、G 12、B 64）到（R 251、G162、B210）到（R 199、G 12、B 64）的线性渐变。新建“图层 12”，步骤同上，并执行智能滤镜，操作和参数同之前的滤镜，制作出层次感。

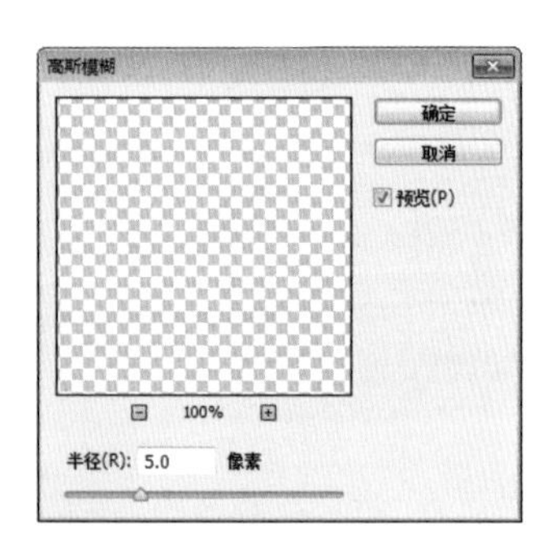

11 在“图层 11”下方新建“图层 13”，同理用钢笔工具，绘制瓶子上半部的 1/3。选择渐变工具，在属性栏设置各项参数值，从上往下为图像填充从颜色（R 199、G 12、B 64）到透明色的线性渐变。单击“添加图层蒙版”按钮，为图层添加蒙版。选择渐变工具，在属性栏设置各项参数值，从右往左为图像填充从黑色到透明色的线性渐变，制作层次感。

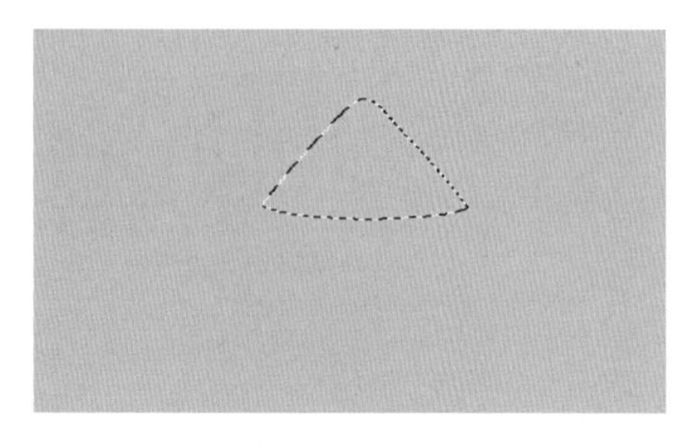

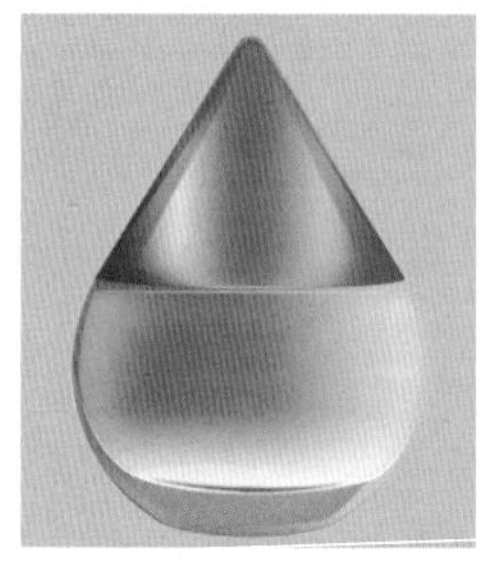

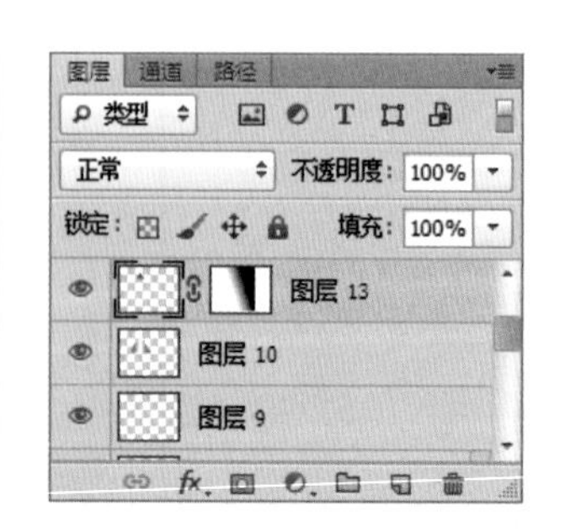

12 单击文字工具[T]，添加文字。新建“图层14”，选择钢笔工具，绘制图形。

13 新建“图层15”，载入瓶子路径作为选区，填充从黑色到透明色的线性渐变。在“图层”面板设置图层混合模式为“柔光”。

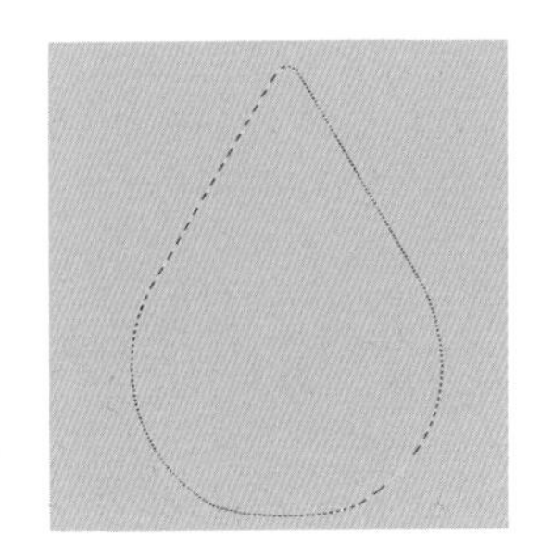

14 新建“图层16”选区，同“图层15”，在“图层”面板设置“不透明度”值为16%。

15 新建“图层17”，用钢笔工具在物体右侧绘制月牙形的亮部区域。同样执行高斯滤镜，参数值一样，填充白色到透明色的线性渐变，制作物体受光面。

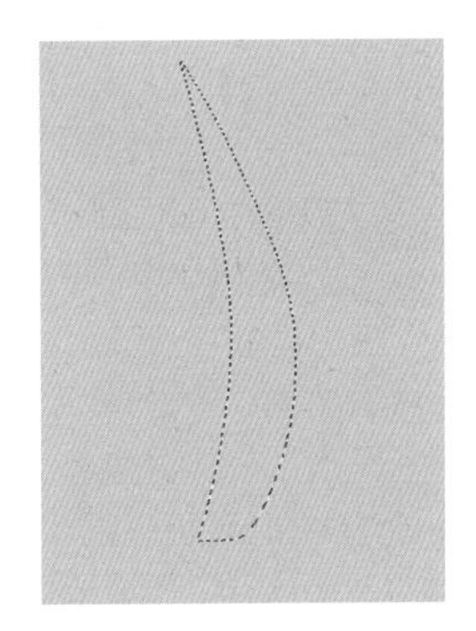

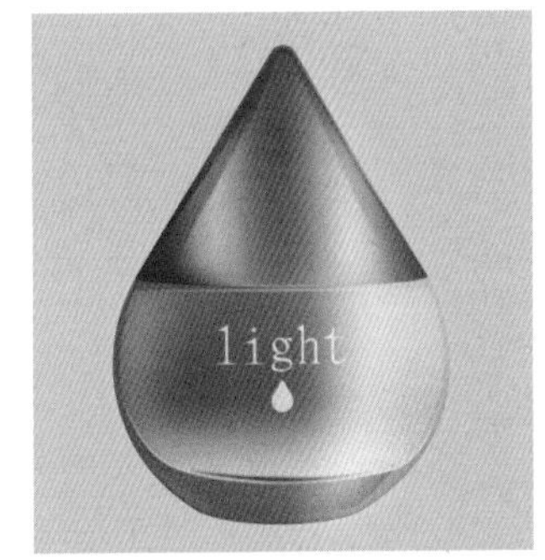

16 在“图层1”下方新建“图层18”，选择柔角画笔工具，设置前景色为黑色，在瓶子底部绘制阴影，单个的产品制作完成。

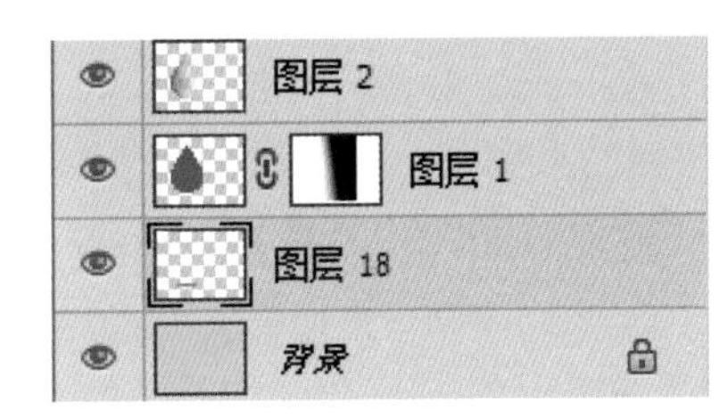

17 创建一个组，把除背景以外的图层放入“组1”，在“图层”面板设置图层混合模式为“穿透”。再复制“组1”得到“组1副本”，调整其位置，在“图层”面板将图层混合模式改回为“正常”。

13.3.2 糖果包装设计

设计思路

本实例是制作糖果包装设计，其包装图案属于可爱类型，在颜色使用上主要运用黄色系，以增加糖果的可爱感。

光盘路径	第 13 章 \Complete\ 糖果包装设计 .psd
视频路径	视频 \ 第 13 章 \ 糖果包装设计 .swf

使用工具

渐变工具、钢笔工具、图层蒙版

1 执行“文件 > 新建”命令，打开“新建”对话框，分别设置“名称”为糖果包装，“高度”为 30 厘米，“宽度”为 25 厘米。设置完成后单击“确定”按钮。

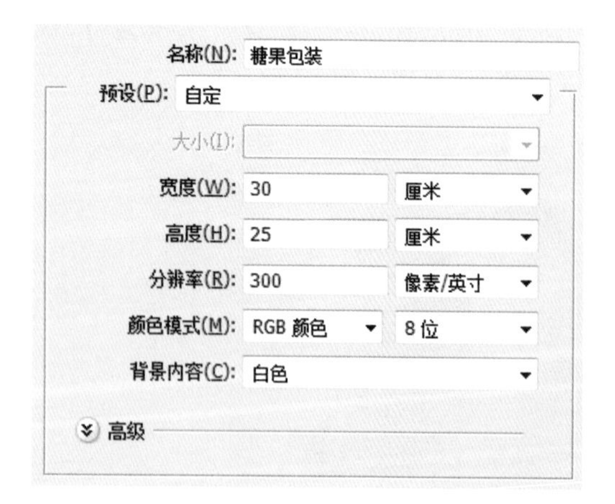

2 新建“图层 1”，单击钢笔工具，在画面适当位置绘制长方形。在“路径”面板按住 Ctrl 键，单击“路径”面板中的路径缩略图，将其载入选区。回到“图层”面板，填充颜色（R 244、G 165、B 76）。

3 新建“图层 2”，方法同“图层 1”。用钢笔工具 在画面上方绘制太阳，填充颜色（R251、G251、B222）。再依次绘制山和云，山的填充色为黑色，云同太阳颜色一致。

4 新建“图层 3”，方法同“图层 2”。注意画面物体的先后关系，依次填充颜色为（R14、G 59、B31）、（R50、G 89、B45）、（R128、G129、B45）。

5 单击自定形状工具，在形状预设面板选择“树”图案，在属性栏上设置填充色为绿色（R140、G141、B42），在草地上绘制该图形，生成“形状 1”。按快捷键 Ctrl+T，结合自由变换命令将标志变形缩小，并移动到合适位置。步骤同上，在草地上绘制该图形，生成图层“形状 2”、“形状 3”。按快捷键 Ctrl+T，结合自由变换命令将标志变形缩小，并移动到合适位置。

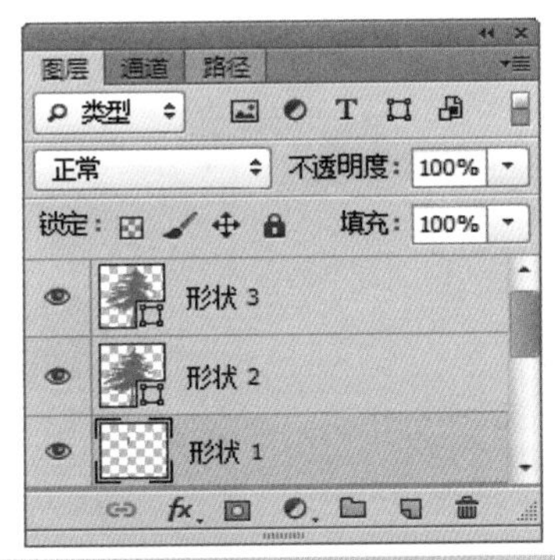

形状 填充： 描边： 3点 W: H: 形状： 对齐边缘

6 步骤同上，在属性栏上设置填充色为绿色（R155、G156、B47），生成图层“形状 4”、“形状 5”、“形状 6”。按快捷键 Ctrl+T，结合自由变换命令将标志变形缩小，并移动到合适位置。在工具栏上设置填充色为绿色（R221、G221、B80），生成图层“形状 7”、“形状 8”。按快捷键 Ctrl+T，结合自由变换命令将标志变形缩小，并移动到合适位置。

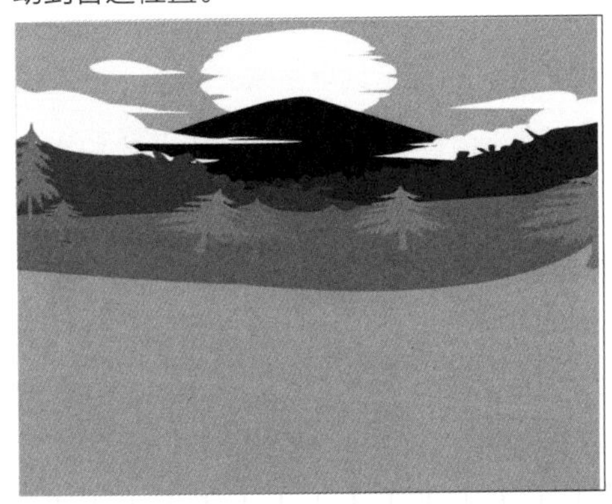

7 新建“图层 4”，选择椭圆选框工具，在图像下方绘制动物的脸，设置前景色为（R246、G203、B69），按快捷键 Alt+Delete 为它填充。新建“图层 5”，方法同上，填充颜色为（R246、G203、B69）。

8 新建“图层 6”，用钢笔工具在动物头上方绘制耳朵。将其载入选区，设置前景色（R 240、G193、B 57），按快捷键 Alt+Delete 为它填充。

9 单击椭圆工具，在属性栏设置各填充色为黑色，生成“椭圆 1”形状图层。按快捷键 Ctrl+T，结合自由变换命令将标志变形缩小，并移动到合适位置。步骤同上，填充色为（R 105、G 31、B 23）。

10 新建“图层 7”，选择椭圆选框工具，在图像下方绘制动物的脸。设置前景色为（R219、G97、B17），按快捷键 Alt+Delete 为它填充。新建“图层 8”，步骤同上，填充色为白色，眼睛绘制完成。

11 复制“图层 5”~“图层 7”，按快捷键 Ctrl+T 结合自由变换命令将标志变形缩小并移动到合适位置，合并为“图层 9”，再为动物画上鼻子（方法步骤同上）。新建“图层 10”，选择钢笔工具，使用步骤同上，绘制嘴巴，填充白色。在“图层”面板设置“不透明度”值为 48%。

12 打开“糖果 .jpg”文件，将其拖曳至当前图像文件中并调整其位置，生成“图层 11”。将其放到“图层 10”下方，单击“添加图层蒙版”按钮添加图层蒙版，将“图层 10”的选区选择。单击图层蒙版缩略图，设置前景色为白色，在结合尖角画笔工具，涂掉嘴巴以外的地方，做出透出产品的效果。

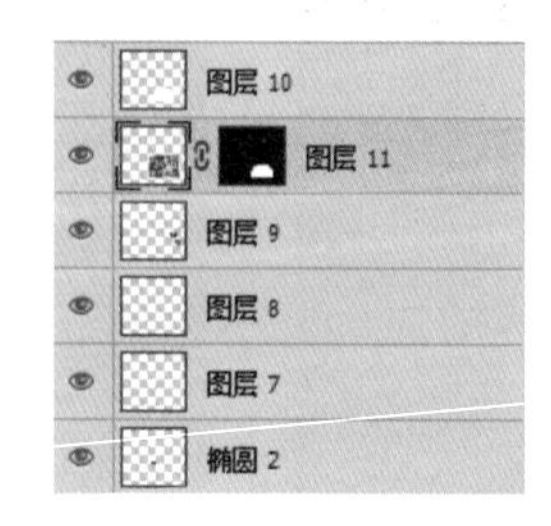

13 回到“图层 10”，打开“81.png”文件，将其拖曳到当前文件图像中，生成“图层 13”。使用快捷键 Ctrl+T 变换图像大小，并将其放置于画面中合适的位置。单击横排文字工具T，设置不同前景色，输入所需文字，并设置为与画面合适的大小。按住 Shift 键选择“图层 1”到文字图层，按快捷键 Ctrl+G 新建“组 1”。

14 新建“图层 13”~“图层 15”，使用渐变工具，设置渐变颜色为棕色到黄色的线性渐变颜色，并单击钢笔工具，绘制出需要包装袋的形状。适当添加蒙版涂抹。选择“组 1”， 按快捷键 Ctrl+J 复制得到“组 1　副本”，将其移至图层上方。选择图层单击鼠标右键选择“合并组”选项，得到“图层 1 副本”图层。使用快捷键 Ctrl+T 变换图像大小，并将其放置于画面中合适的位置。新建“图层 16”、“图层 17”，使用相同方法，绘制出包装袋的形状，并关闭“组 1”可见性。

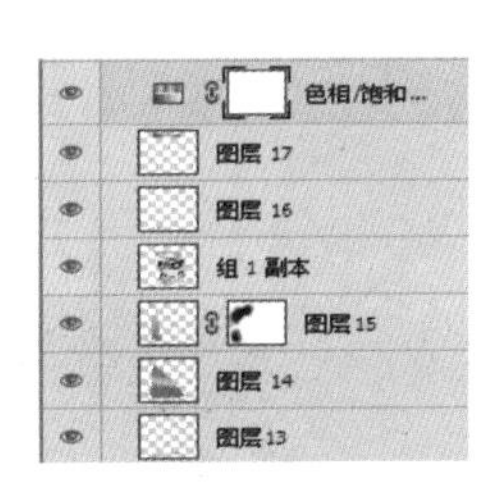

15 单击“创建新的填充或调整图层”按钮，在弹出的菜单中选择“色相 / 饱和度”选项设置参数。打开“81.png”文件，将其拖曳到当前文件图像中，生成“图层 13”。使用快捷键 Ctrl+T 变换图像大小，并将其放置于画面中合适的位置。单击钢笔工具，在其属性栏中设置其属性为“形状”，“填色”为无，“描边”为红棕色，“大小”为 2 点的虚线。在画面上绘制封口线，得到“形状 10”， 按住 Shift 键选择“图层 13”~“形状 10”图层，按快捷键 Ctrl+G 新建“组 2”。新建“图层 19”， 使用渐变工具，设置渐变颜色依次为白色到透明色的线性渐变和黑色到透明色的线性渐变，并在画面上拖出渐变。按住 Alt 键并单击鼠标左键，创建其图层剪贴蒙版，设置图层混合模式为“叠加”，最后填充背景为浅灰色。至此，本实例制作完成。

13.4 网页设计应用领域

网络的普及是促使更多人掌握 Photoshop 的一个重要原因。因为在制作网页时，Photoshop 是必不可少的网页图像处理软件。下面将通过对饮料网页设计和个人网页设计的制作进行讲解，以帮助读者了解 Photoshop 在网页设计应用领域中的重要作用。

13.4.1 儿童教育网页设计

设计思路

本实例是制作儿童教育网页设计。使用简单的黄绿色作为背景增加了画面的生动性，结各个素材的制作体现出儿童网页的概念，画面生动有趣，主题突出。

光盘路径	第13章\Complete\儿童教育网页设计.psd
视频路径	视频\第13章\儿童教育网页设计.swf

使用工具

椭圆选框工具、画笔工具、图层蒙版、图层样式

1 执行“文件 > 打开”命令，打开“儿童教育网页设计.jpg”文件，得到“背景”图层。

2 新建“图层 1”，设置前景色为黑色。单击画笔工具 选择柔角画笔并适当调整大小及透明度，在图层上画面的四周涂抹。设置其混合模式为“颜色加深”，“填充”为 94%，制作具有聚焦画面效果的背景。

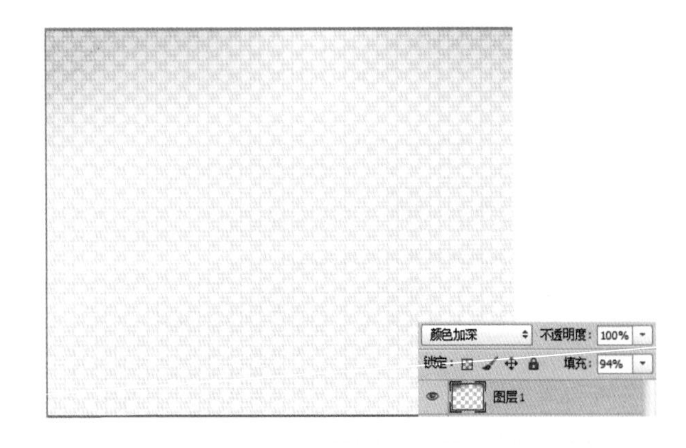

3 新建“图层 2”，使用矩形选框工具在画面下方创建一个矩形选区。设置前景色为绿色（R124、G187、B0），按快捷键 Alt+Delete，填充选区为绿色。按快捷键 Ctrl+D 取消选区，制作画面的背景层次。

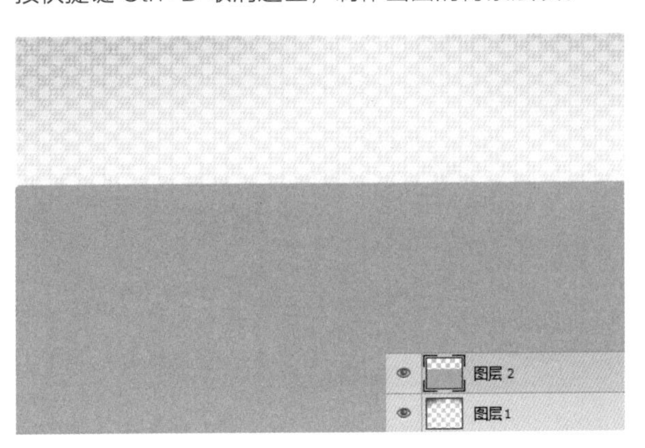

4 新建“图层 3”，设置前景色为黑色。单击画笔工具选择柔角画笔并适当调整大小及透明度，在图层上画面的绿色部分四周涂抹，并设置其“不透明度”为 93%。

5 新建“图层 4”，使用椭圆选框工具，在画面底端的合适位置绘制椭圆选区。设置前景色为黑色，按快捷键 Alt+Delete，填充椭圆选区为黑色。取消选区后，单击“添加图层样式”按钮，选择“斜面和浮雕”、“投影”选项并设置参数，制作图案样式。打开“35.jpg”文件，将其拖曳到当前文件图像中，生成“图层 5”。使用快捷键 Ctrl+T 变换图像大小，将其放置于画面中合适的位置。按住 Alt 键并单击鼠标左键，创建其图层剪贴蒙版，制作绿地效果。

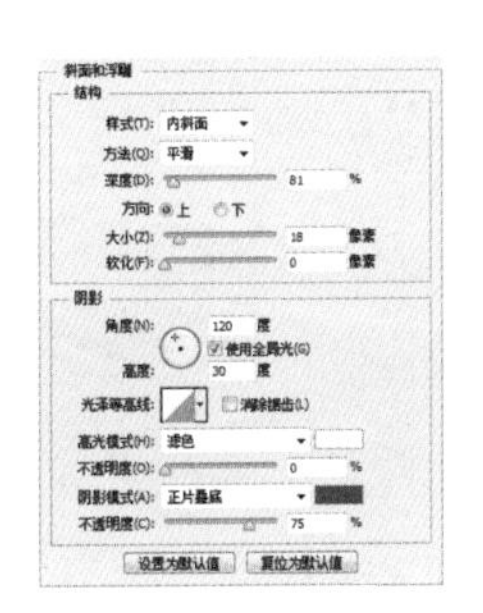

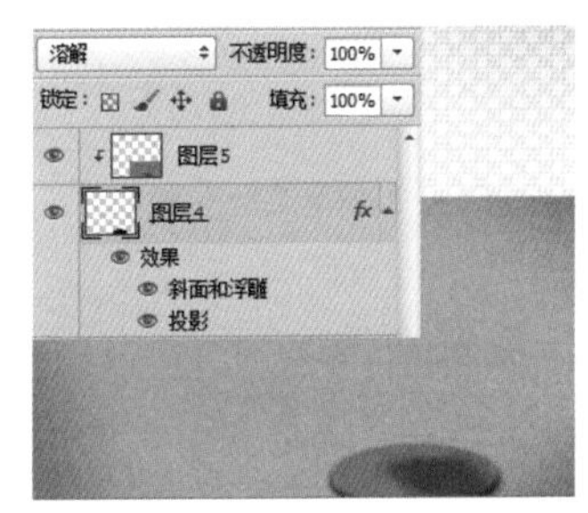

6 按住 Shift 键并选择“图层 4”和“图层 5”，按快捷键 Ctrl+J 复制得到“图层 4 副本”和“图层 5 副本”。使用快捷键 Ctrl+T 变换图像大小，将其放置于画面中合适的位置。继续制作大小不同的绿地效果。

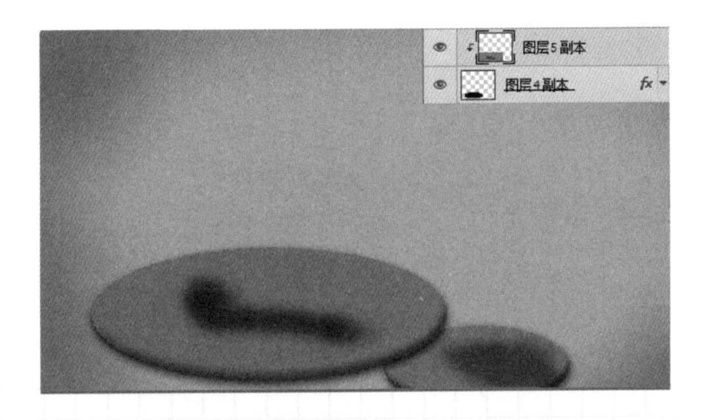

7 继续按住 Shift 键并选择“图层 4”和“图层 5”，按快捷键 Ctrl+J 复制得到“图层 4 副本 2”和“图层 5 副本 2”，将其移至图层上方。使用快捷键 Ctrl+T 变换图像大小，将其放置于画面中合适的位置。继续制作具有层次的绿地效果。

8 新建“图层6”，使用钢笔工具，绘制其黑色的跑道选区并填充为黑色。再使用画笔工具，选择柔角画笔并适当调整大小及透明度，在画面上绘制绿地中的阴影效果，为后面制作图像做铺垫。

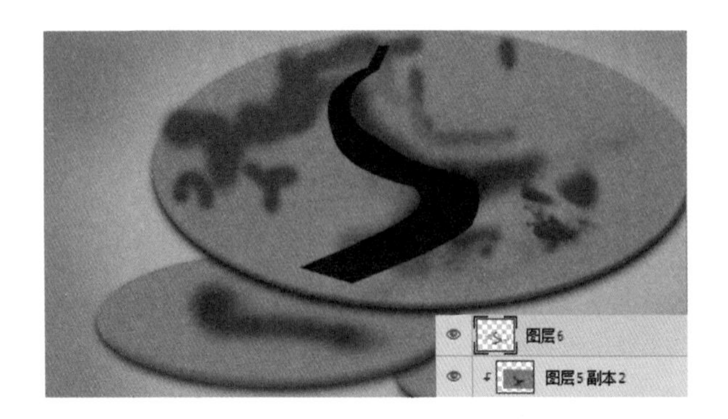

9 新建“图层7”，单击画笔工具，选择尖角画笔，并适当调整大小及透明度，设置前景色为白色，在画面上绘制跑道上的线条，并置其“不透明度”为79%。

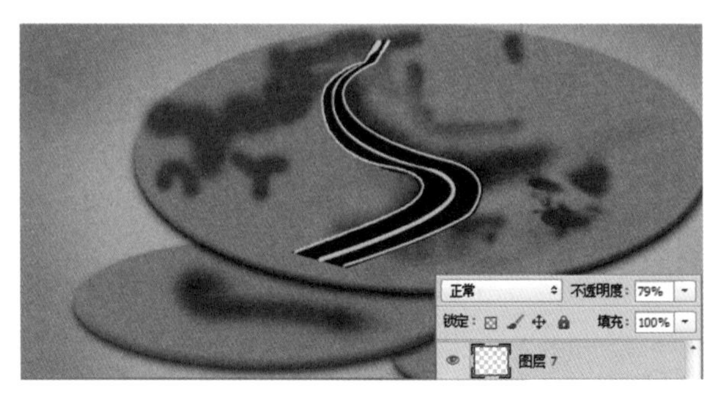

10 新建“图层8”，继续使用画笔工具，选择柔角画笔，并适当调整大小及透明度，设置前景色为白色，在画面上的跑道上适当绘制光感，并设置其混合模式为“变亮”，“填充”为19%。

11 执行“文件>打开”命令，打开“36.png”文件，将其拖曳到当前文件图像中，生成“图层9”。使用快捷键Ctrl+T变换图像大小，并将其放置于画面中合适的位置，制作绿地中的小树。

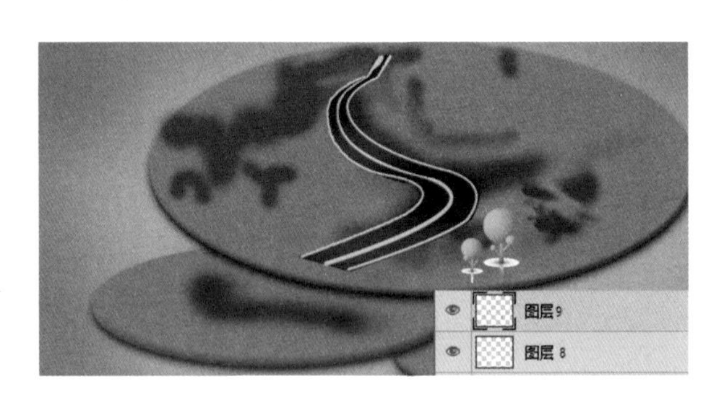

12 选择“图层9”，按快捷键Ctrl+J复制得到“图层9副本”。使用快捷键Ctrl+T变换图像大小，并将其放置于画面中合适的位置。继续制作绿地中的小树。

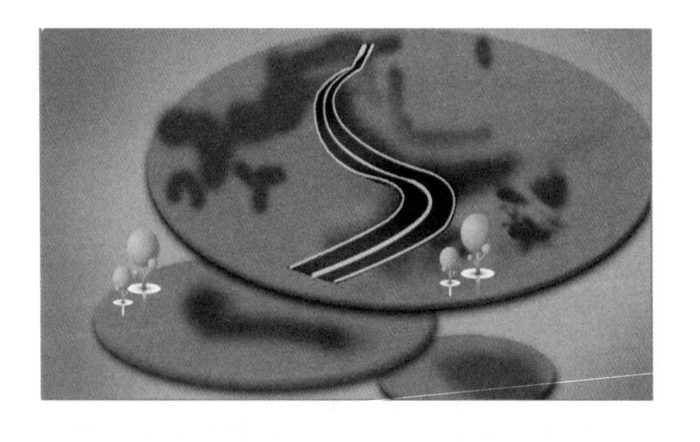

13 执行“文件>打开”命令，打开“37.png”文件，将其拖曳到当前文件图像中，生成“图层10”。使用快捷键Ctrl+T变换图像大小，并将其放置于画面中合适的位置。制作图像中后面景物的阴影效果，以丰富画面的层次。

14 执行“文件 > 打开”命令，打开“38.png”文件，将其拖曳到当前文件图像中，生成“图层 11”。使用快捷键 Ctrl+T 变换图像大小，并将其放置于画面中合适的位置，制作绿地中的大树。

15 执行“文件 > 打开”命令，打开“39.png”、“40.png”文件，将其拖曳到当前文件图像中，生成“图层 12”、“图层 13”。使用快捷键 Ctrl+T 变换图像大小，并将其分别放置于画面中合适的位置。单击“图层 12”，按住 Alt 键创建其“图层 11”的剪贴蒙版，并设置其“填充”为 77%，制作树木上的图案效果，增加树木的层次感和趣味性。

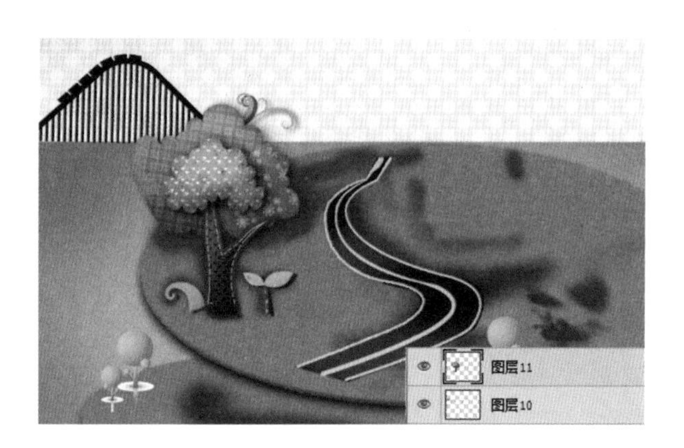

16 选择“图层 12”，单击“添加图层样式”按钮 fx，选择“斜面和浮雕”、“图案叠加”、“投影”选项并设置参数，制作图案样式。制作树叶的立体效果和真实感。

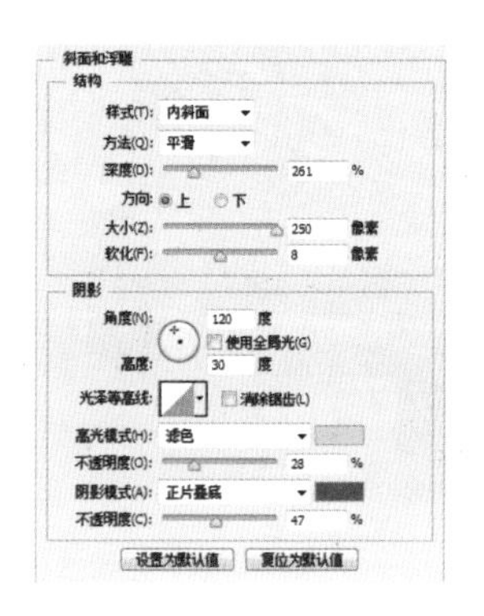

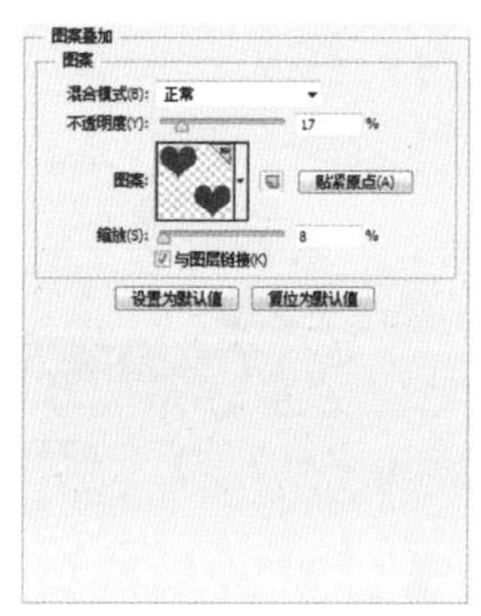

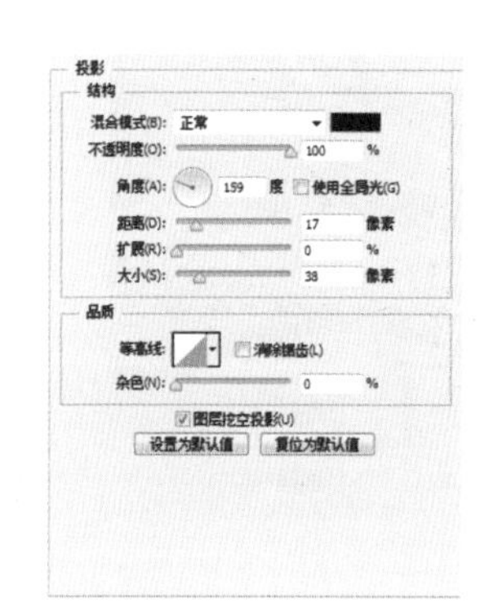

17 执行“文件 > 打开”命令，打开“41.png”文件，将其拖曳到当前文件图像中，生成“图层 14”。使用快捷键 Ctrl+T 变换图像大小，并将其放置于画面中树木周围合适的位置。

18 执行“文件 > 打开”命令，打开“42.png”文件，将其拖曳到当前文件图像中，生成“图层 15”。使用快捷键 Ctrl+T 变换图像大小，并将其放置于画面树木周围合适的位置。单击“添加图层样式”按钮 fx，选择“投影”选项并设置参数，制作图案样式。

19 新建“图层 16”，执行“文件 > 打开”命令，打开“43.png”文件，将其拖曳到当前文件图像中，生成“图层 17”。使用快捷键 Ctrl+T 变换图像大小，并将其放置于画面中合适的位置。回到“图层 16”，使用椭圆选框工具◯在其小树苗的下方绘制椭圆选区并适当填色，制作器小树苗的阴影效果。

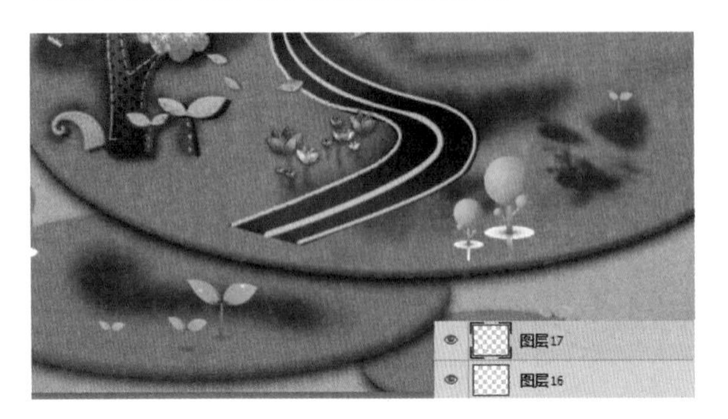

20 执行“文件 > 打开”命令，打开“44.png”文件，将其拖曳到当前文件图像中，生成“图层 18”。使用快捷键 Ctrl+T 变换图像大小，并将其放置于画面中合适的位置。制作画面中的小拱桥，增加画面的童趣和生活化。

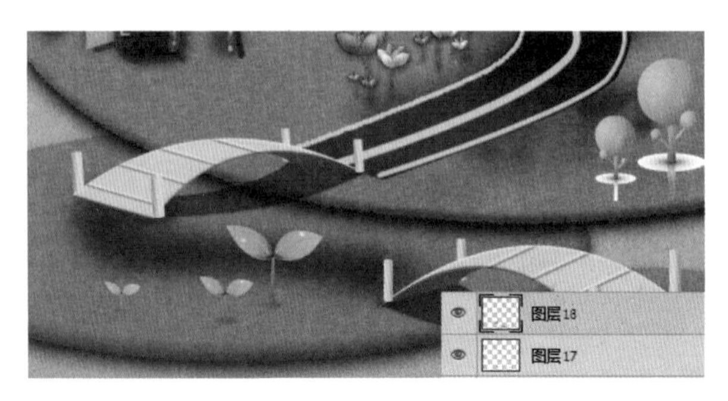

21 执行“文件 > 打开”命令，打开“45.png”文件，将其拖曳到当前文件图像中，生成“图层 19”。使用快捷键 Ctrl+T 变换图像大小，并将其放置于画面中合适的位置。制作桥旁边的小人。

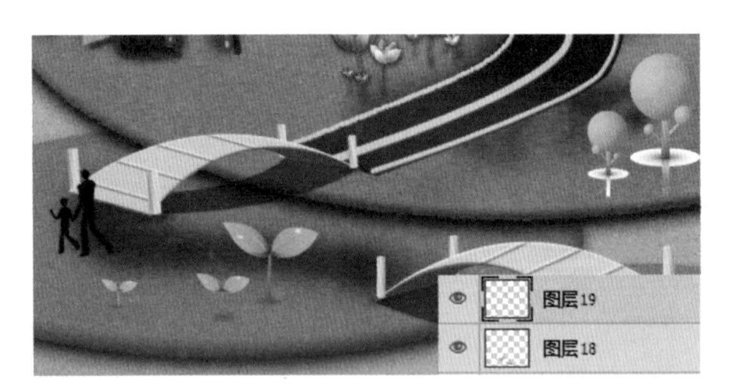

22 选择“图层 19”，按快捷键 Ctrl+J 复制得到“图层 19 副本”。使用快捷键 Ctrl+T 变换图像大小，并将其放置于画面中合适的位置。制作桥上的小人，丰富画面。

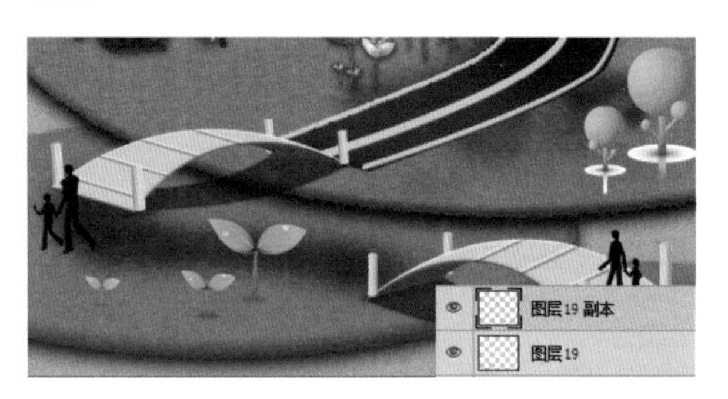

23 执行“文件 > 打开”命令，打开“46.png”文件，将其拖曳到当前文件图像中，生成“图层 20”。使用快捷键 Ctrl+T 变换图像大小，并将其放置于画面中合适的位置。制作画面后方的小房子。

24 执行“文件 > 打开”命令，打开“47.png”文件，将其拖曳到当前文件图像中，生成“图层 21”。使用快捷键 Ctrl+T 变换图像大小，并将其放置于画面中合适的位置，丰富画面后方。

25 执行“文件 > 打开”命令，打开“48.png”文件，将其拖曳到当前文件图像中，生成“图层 22”。使用快捷键 Ctrl+T 变换图像大小，并将其放置于画面中合适的位置，制作画面中具有梦幻效果的卡通房子。

26 执行“文件 > 打开”命令，打开“49.png”文件，将其拖曳到当前文件图像中，生成“图层 23”。使用快捷键 Ctrl+T 变换图像大小，并将其放置于画面中合适的位置。制作画面中房子前面具有一定魔幻效果的甜甜圈花。

27 执行“文件 > 打开”命令，打开“50.png”文件，将其拖曳到当前文件图像中，生成“图层 24”。使用快捷键 Ctrl+T 变换图像大小，并将其放置于画面中合适的位置。单击“添加图层样式”按钮 fx，选择“投影”选项并设置参数，制作图案样式，增加画面中的效果。

28 执行“文件 > 打开”命令，打开“51.png”文件，将其拖曳到当前文件图像中，生成“图层 25”，将其放置于画面中合适的位置。复制得到“图层 25 副本”，选择副本执行“图像 > 调整 > 替换颜色”命令将其颜色替换，使用快捷键 Ctrl+T 变换图像大小及方向，并将其放置于画面中合适的位置。

29 执行“文件 > 打开”命令，打开“52.png”、“79.png”、“80.png”文件，将其拖曳到当前文件图像中，生成“图层 26”~“图层 28”。使用快捷键 Ctrl+T 变换图像大小，并将其放置于画面中合适的位置。选择“图层 26”，单击“添加图层样式”按钮 fx，选择“斜面和浮雕”、“图案叠加”、“投影”选项并设置参数，使用横排文字工具 T 添加文字。至此，本实例制作完成。

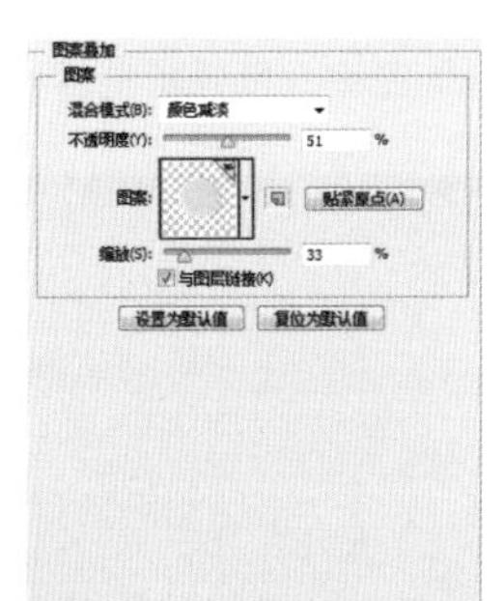

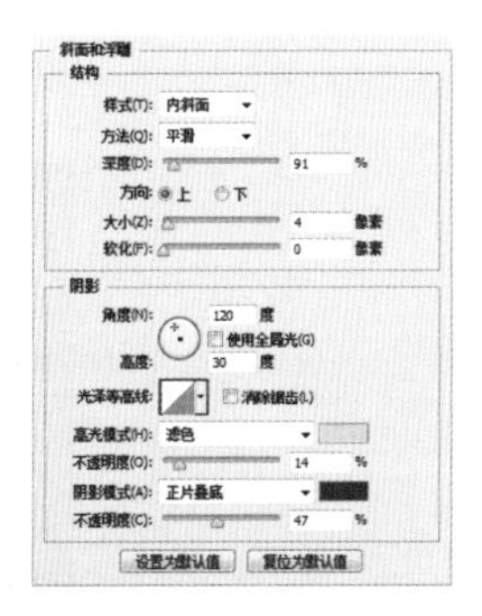

13.4.2 个人网页设计

设计思路

本实例是制作个人网页设计。在画面中，通过矩形选框工具和形状钢笔工具绘制出具有剪裁感的画面物体效果，并结合多种题材样式制作出具有一定样式的图案，结合多种素材的叠加，制作出包含丰富元素的网页，结合文字工具将个人网页设计制作完整。

光盘路径	第 13 章 \Complete\ 个人网页设计 .psd
视频路径	视频 \ 第 13 章 \ 个人网页设计 .swf

使用工具

矩形选框工具、钢笔工具、文字工具、图层样式

1 执行“文件 > 新建”命令，新建空白图像文件。使用矩形选框工具在画面下方和上方绘制矩形条，并填色为深红色（R91、G1、B2），按快捷键 Ctrl+D 取消选区。

2 新建“图层 1”，继续使用矩形选框工具在画面中间绘制矩形并填色为橘红色。打开“个人网页设计 .jpg”文件，将其拖曳到当前文件图像中，生成“图层 2”，设置其“不透明度”为 31%。按住 Alt 键并单击鼠标左键，创建其图层剪贴蒙版。

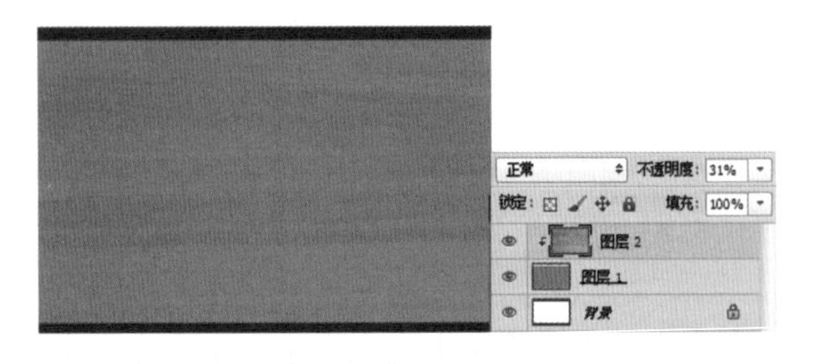

3 新建“图层3”，单击钢笔工具，在其属性栏中设置其属性为“形状”，“填色”为黄色。在画面中绘制出“形状1”，复制得到其副本后将其水平旋转，制作出灯泡低端的形状。再回到“图层3”，制作其阴影效果。

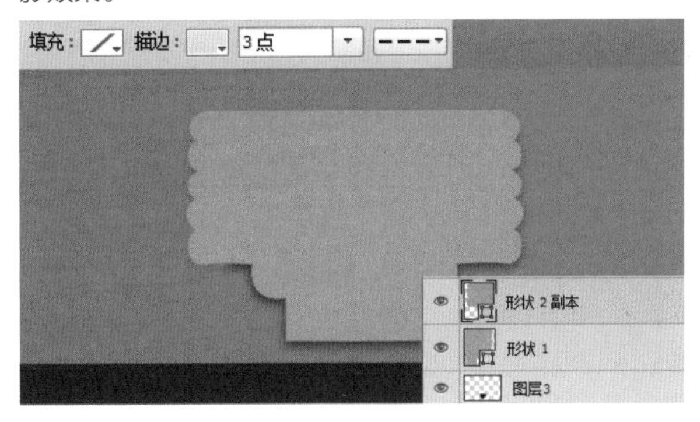

4 继续使用钢笔工具，绘制灯泡上面的形状，得到“形状2”。复制得到其副本后，在其属性栏中更改“填充”为无，“描边”为大小3点的黄色虚线。

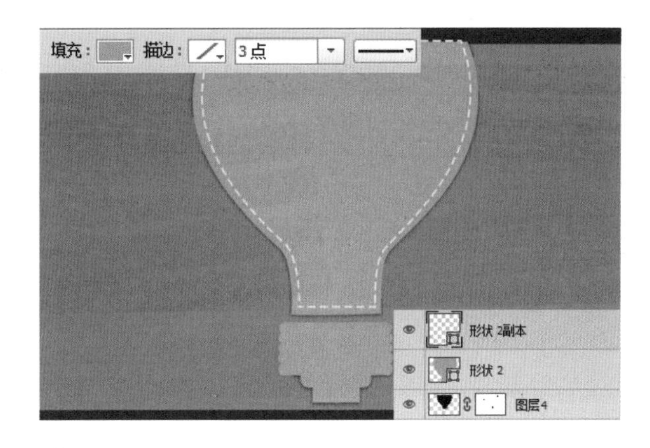

5 新建“图层4”，使用矩形选框工具在画面下方和上方绘制矩形条，并填色为深红色（R91、G1、B2），按快捷键Ctrl+D取消选区。单击“添加图层样式”按钮，选择“投影”选项并设置参数，制作图案样式。

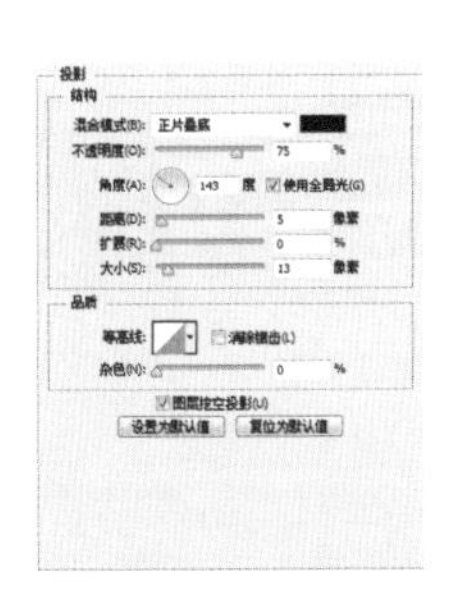

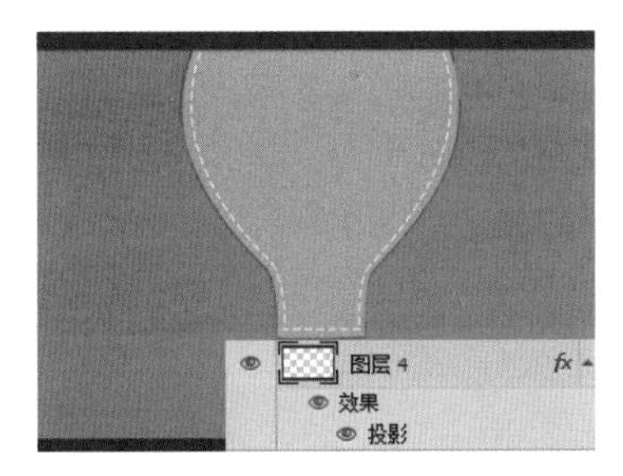

6 继续使用钢笔工具，绘制灯泡底端的形状得到“形状3”，设置其“不透明度”为90%。单击“添加图层样式”按钮，选择“投影”选项并设置参数，制作图案的阴影效果。

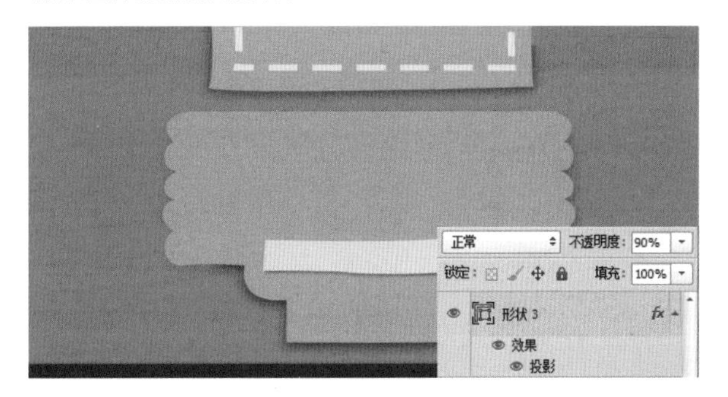

7 执行“文件 > 打开”命令，打开“64.png”文件，将其拖曳到当前文件图像中，生成“图层5”。使用快捷键Ctrl+T变换图像大小，并将其放置于画面中合适的位置，设置其“不透明度”为92%，制作网页图片上面的粘贴效果。

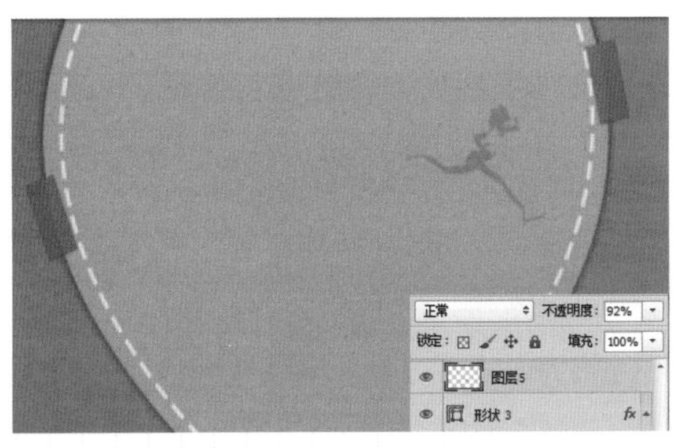

8 执行“文件 > 打开”命令，打开“65.png”文件，将其拖曳到当前文件图像中，生成“图层6”。使用快捷键Ctrl+T变换图像大小，并将其放置于画面中合适的位置，设置其混合模式为“减去”。

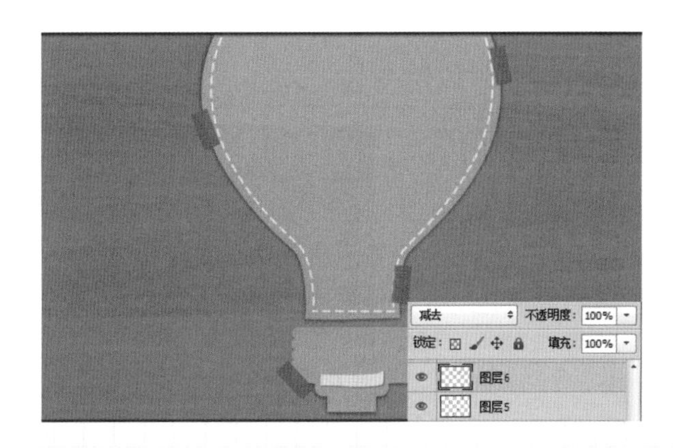

9 执行“文件 > 打开”命令，打开“66.png”文件，将其拖曳到当前文件图像中，生成“图层 7”。使用快捷键 Ctrl+T 变换图像大小，并将其放置于画面右侧合适的位置，丰富画面的效果。

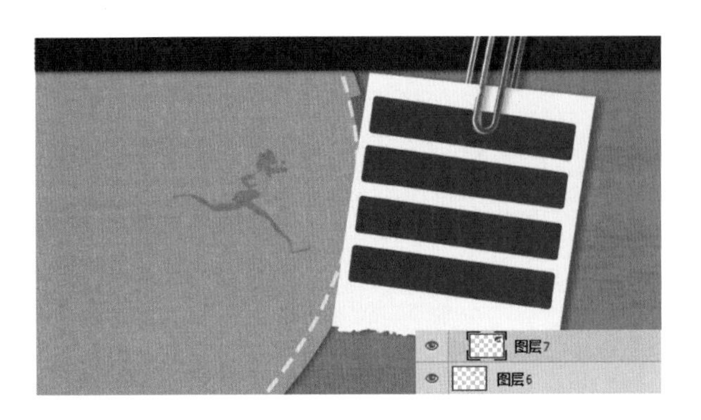

10 单击横排文字工具[T]，设置前景色为白色，输入所需文字。双击文字图层，在其属性栏中设置文字的字体样式及大小。分别使用快捷键 Ctrl+T 变换图像大小，并将其放置于画面中合适的位置，制作导航条的样式。

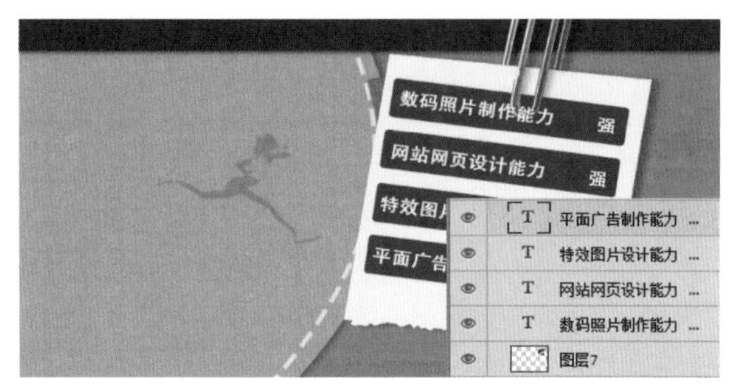

11 继续使用横排文字工具[T]，设置前景色为白色，输入所需文字。分别选择输入“兴趣”两字的文字图层，按快捷键 Ctrl+T 变换图像大小，再选择这两个图层将其合并栅格化图层。单击“添加图层样式”按钮[fx]，选择“投影”选项并设置参数，制作图案的阴影效果。

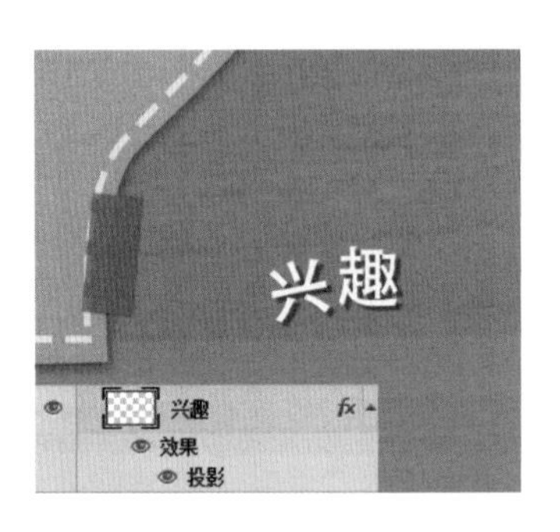

12 执行“文件 > 打开”命令，打开“67.png”文件，将其拖曳到当前文件图像中，生成“图层 8”。使用快捷键 Ctrl+T 变换图像大小，并将其放置于画面右侧合适的位置，增加画面的丰富效果和有趣性。

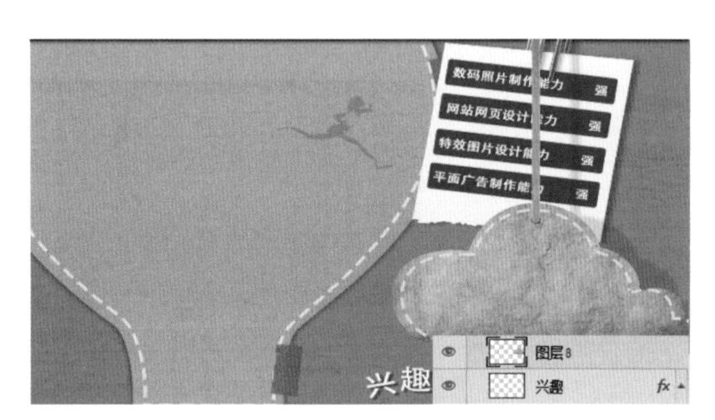

13 新建“图层 9”，使用矩形选框工具[⬚]在画面中间绘制矩形并填色为红色。单击“添加图层样式”按钮[fx]，选择“投影”选项并设置参数，制作其图案叠加的效果。

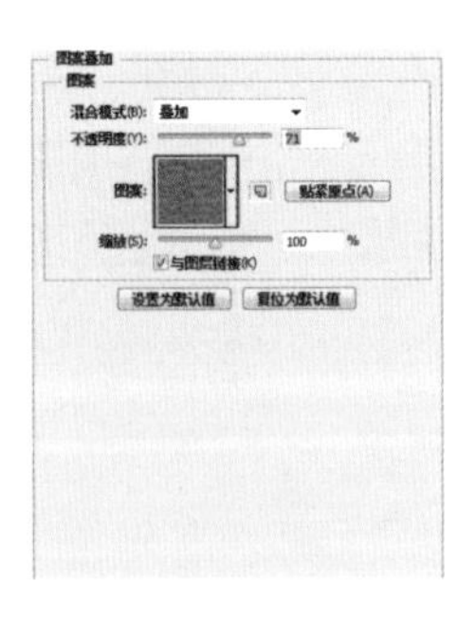

14 新建“图层 10”，使用矩形选框工具[⬚]在画面中间绘制矩形并填充为黑色，设置其“不透明度“为 78%，并添加蒙版适当涂抹。执行“文件 > 打开”命令，打开“68.png”文件，将其拖曳到当前文件图像中，生成“图层 11”，并将其放置于合适的位置。

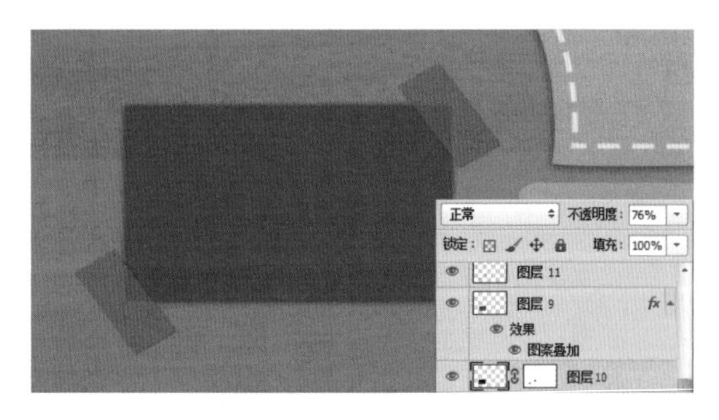

15 执行“文件 > 打开”命令，打开“69.png”文件，将其拖曳到当前文件图像中，生成“图层 12”。使用快捷键 Ctrl+T 变换图像大小，并将其放置于画面中合适的位置，制作个人网页设计中的小标题。

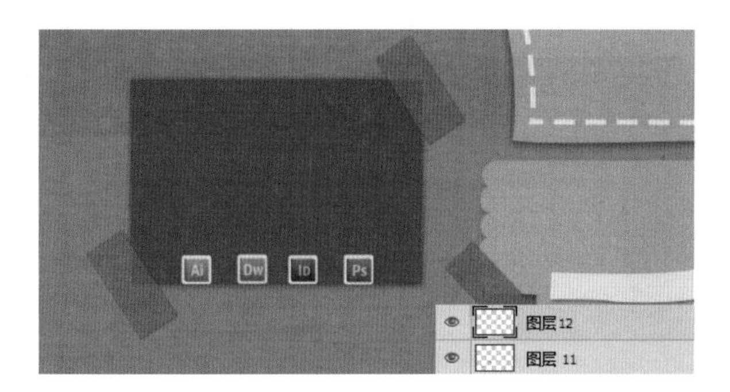

16 使用矩形工具，在其属性栏中设置其属性。按住 Shift 键在画面中绘制长短不一的矩形，得到“矩形 1”。单击“添加图层样式”按钮，选择“图案叠加”选项并设置参数，制作图案样式。

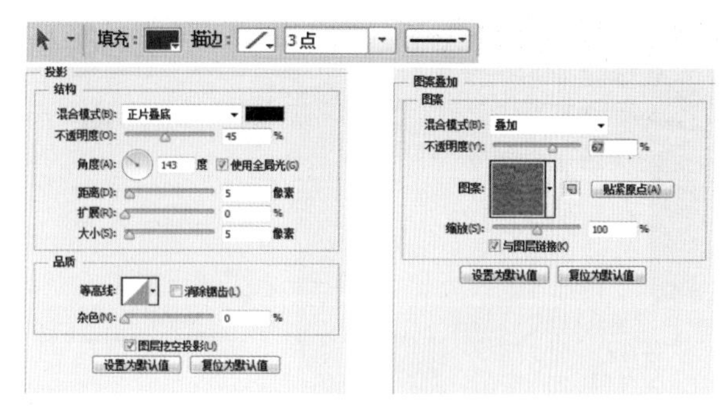

17 选择“投影”选项并设置参数，制作图案样式，制作个人网页设计中的小标题。

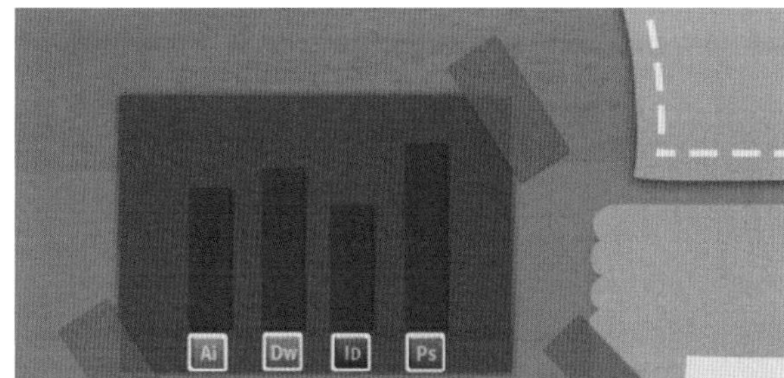

18 选择“图层 8“，按快捷键 Ctrl+J 复制得到“图层 8 副本”。使用快捷键 Ctrl+T 变换图像大小，并将其放置于画面右上方，将其转换为智能对象图层。执行“滤镜 > 模糊 > 高斯模糊”命令，并在弹出的对话框中设置参数。

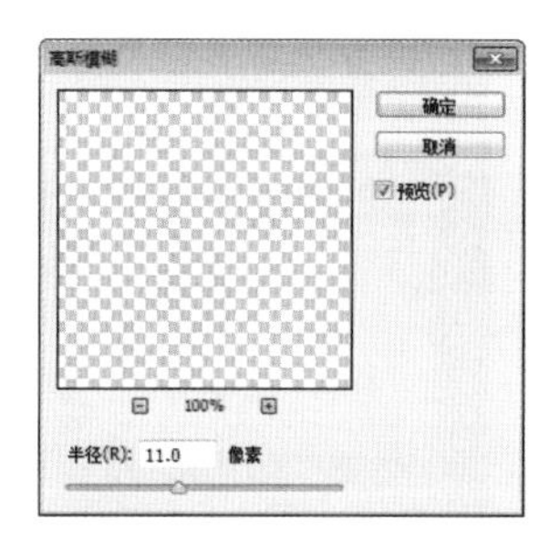

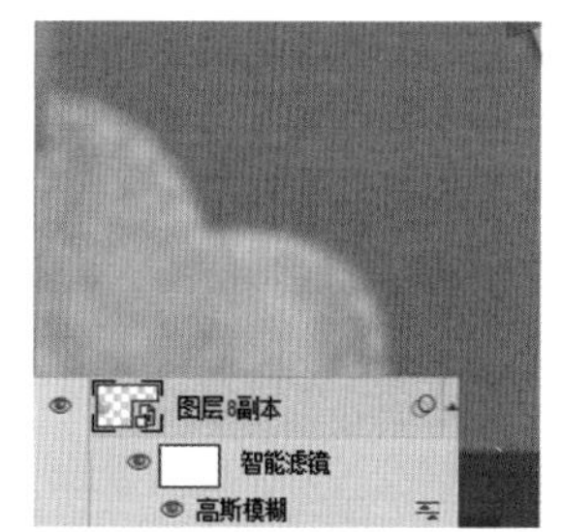

19 选择“图层 8”，按快捷键 Ctrl+J 复制得到“图层 8 副本 2”。按住 Ctrl 键并单击鼠标左键，选择该图层得到其选区后，将其填充为黑色，设置其“不透明度”为 15%。使用快捷键 Ctrl+T 变换图像将其放大，制作阴影效果。

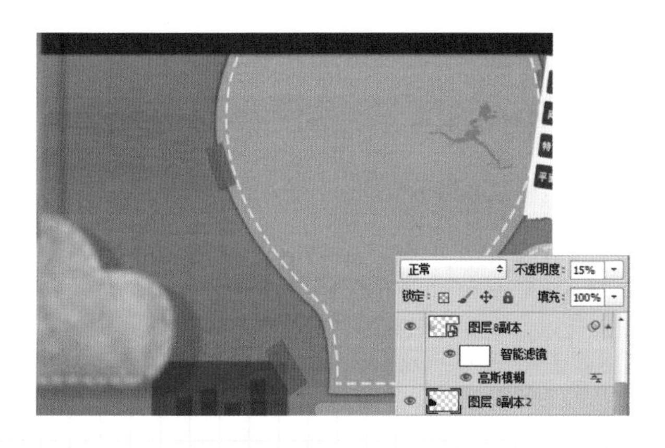

20 单击钢笔工具，在属性栏中设置其属性为“形状”，“填色”为白色。在画面中绘制纸张的形状，得到“图层 4”。打开“个人网页设计 2.jpg”文件，将其拖曳到当前文件图像中，生成“图层 13”。按住 Alt 键并单击鼠标左键，创建其图层剪贴蒙版并设置其“不透明度”为 41%。

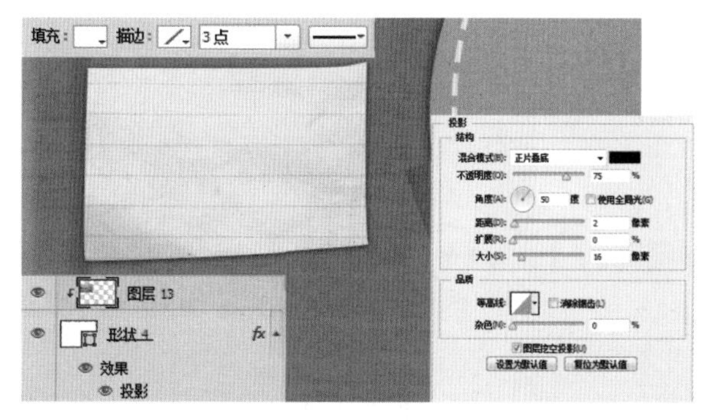

21 打开“70.png”文件，将其拖曳到当前文件图像中，生成“图层 14”。使用快捷键 Ctrl+T 变换图像大小，并将其放置于画面左上方。单击“添加图层样式”按钮[fx]，选择“投影”选项并设置参数，制作图案样式。

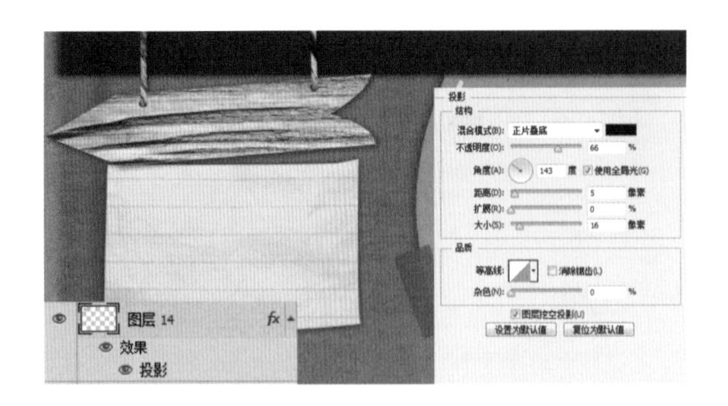

22 打开“71.png”文件，将其拖曳到当前文件图像中，生成“图层 15”。使用快捷键 Ctrl+T 变换图像大小，并将其放置于画面左上方绘制的纸张中合适的位置。

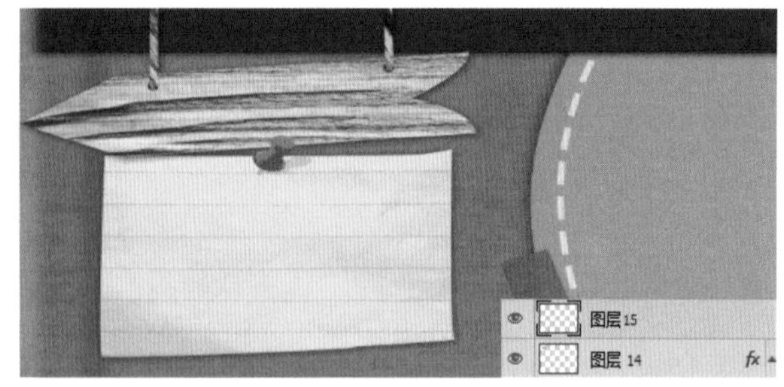

23 打开“72.png”文件，将其拖曳到当前文件图像中，生成“图层 16”。使用快捷键 Ctrl+T 变换图像大小，并将其放置于画面左上方。单击“添加图层样式”按钮[fx]，选择“投影”选项并设置参数，制作图案样式。

24 打开“73.png”~“77.png”文件，将其拖曳到当前文件图像中，生成“图层 17”~“图层 21”。分别使用快捷键 Ctrl+T 变换图像大小，并将其放置于画面右下方合适的位置，制作网页效果。

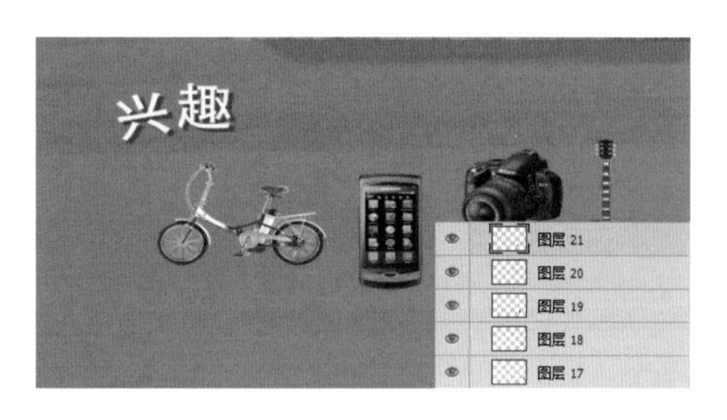

25 新建“图层 22”，将其移至“图层 17”下方，使用多边形套索工具[多边形套索工具图标]在每个图层下方绘制一定选区并填色为亮黄色，制作出剪裁效果，增加画面的趣味性。

26 回到“图层 21”，单击钢笔工具[钢笔工具图标]，在其属性栏中设置其属性为“形状”，“填充”为无，“描边”为大小 3 点的黄色虚线。在画面中的右下角的物品上绘制虚线框，将其归总。

27 单击横排文字工具T，设置前景色为棕黄色，输入所需文字。双击文字图层，在其属性栏中设置文字的字体样式及大小，并将其放于画面右上角合适的位置。

姓名：萝莉娜 年龄:...

28 继续使用横排文字工具T，设置前景色为棕黄色，输入所需文字。双击文字图层，在其属性栏中设置文字的字体样式及大小，将其放于画面右上角合适的位置。单击“添加图层样式”按钮fx，选择“投影”选项并设置参数，制作图案样式。

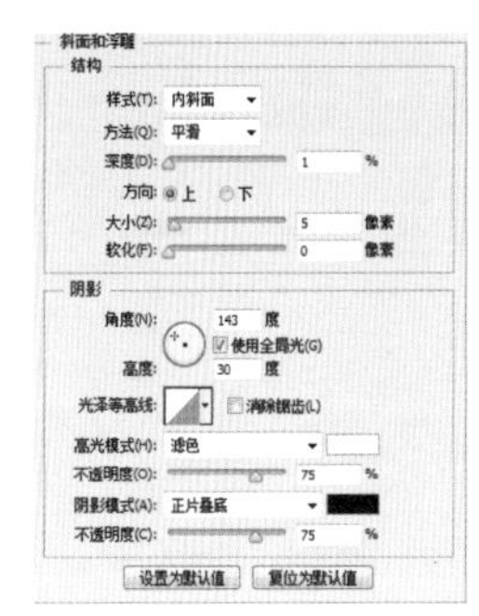

29 单击“添加图层样式”按钮fx，选择“斜面和浮雕”选项并设置参数，制作文字的效果。

30 继续使用横排文字工具T，设置前景色为亮黄色，输入所需文字。单击“添加图层样式”按钮fx，选择“斜面和浮雕”选项并设置参数，制作文字的效果。

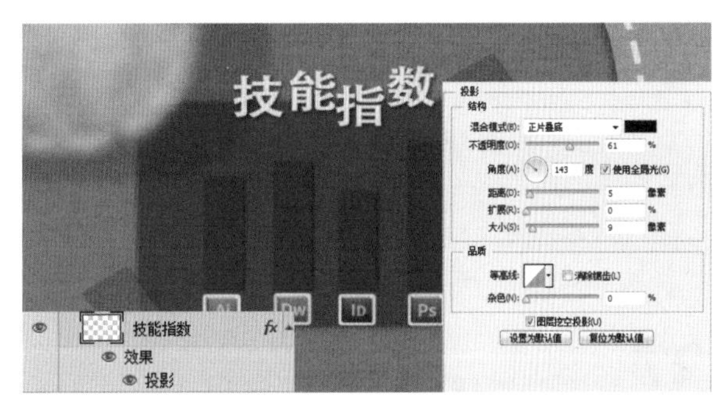

31 继续使用横排文字工具T，设置前景色为亮黄色，输入所需文字。双击文字图层，在其属性栏中设置文字的字体样式及大小，将其放于画面中合适的位置。在输入百分比的每个图层上设置其“不透明度”为65%，制作画面中文字的层次感。

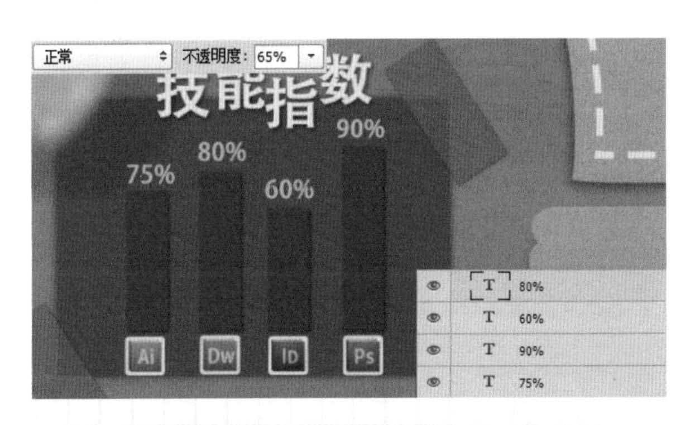

32 继续使用横排文字工具T，设置前景色为亮黄色，输入所需文字。单击“添加图层样式”按钮fx，选择“投影”选项并设置参数，制作文字的投影效果。

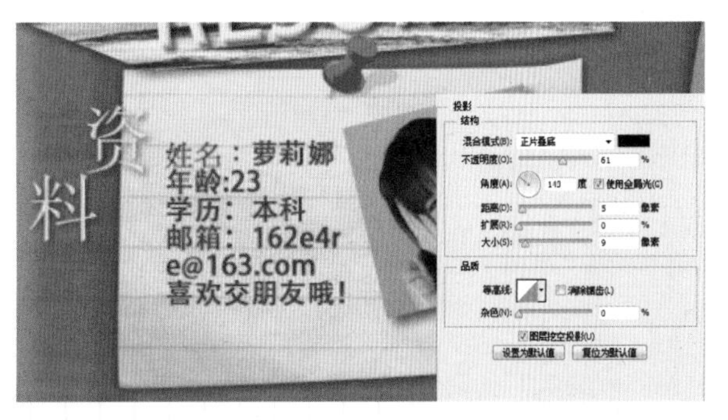

33 继续使用横排文字工具[T]，设置前景色为亮黄色，输入所需文字。单击“添加图层样式”按钮[fx]，选择“投影”选项并设置参数，制作文字的投影效果。

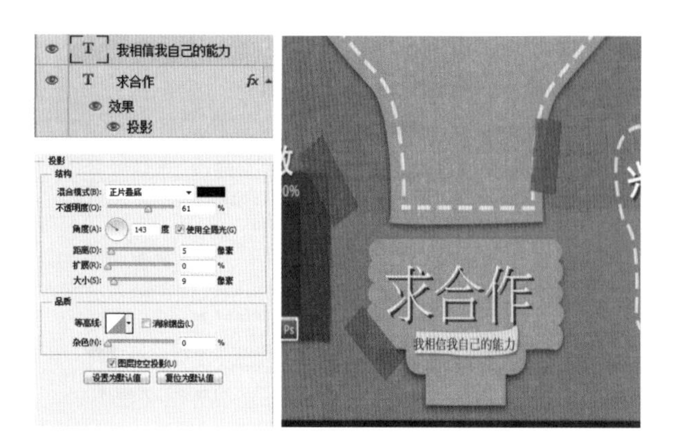

34 使用相同方法，设置不同的前景色输入文字。使用快捷键 Ctrl+T 适当旋转和变换图像大小。单击“添加图层样式”按钮[fx]，选择“描边”、“颜色叠加”、“投影”选项并设置参数，制作文字图案样式。

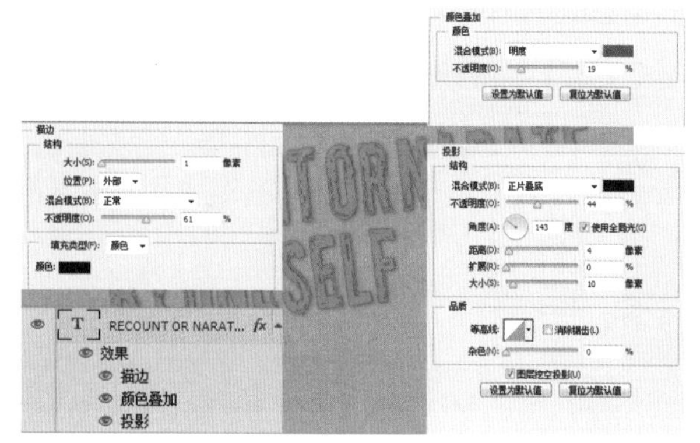

35 继续使用横排文字工具[T]，设置前景为棕红色，输入所需文字。双击文字图层，在其属性栏中设置文字的字体样式及大小，将其放置于画面中合适的位置。

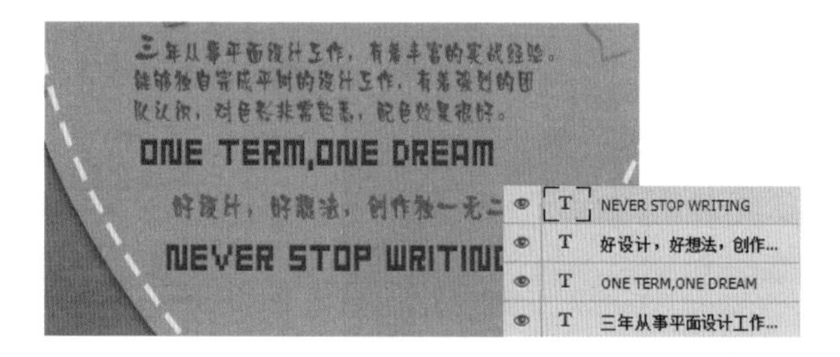

36 单击钢笔工具[✎]，在属性栏中设置其属性为“形状”，“填充”为无，“描边”为大小 3 点的黄色虚线，在画面上绘制文字的分隔线。

37 继续使用横排文字工具[T]，设置前景为棕红色，输入所需文字。双击文字图层，在其属性栏中设置文字的字体样式及大小，将其放置于画面中合适的位置。

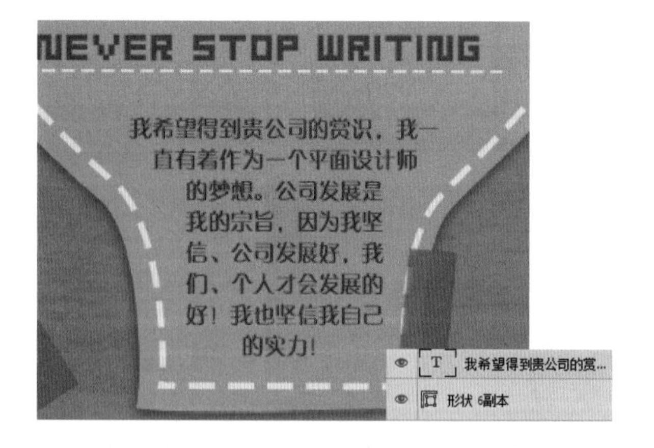

38 打开“78.png ”文件，将其拖曳到当前文件图像中，生成“图层 22”。使用快捷键 Ctrl+T 变换图像大小，并将其放置于画面中合适的位置。继续使用横排文字工具[T]，输入所需文字。单击“添加图层样式”按钮[fx]，选择“投影”选项并设置参数，制作文字的投影效果。至此，本实例制作完成。

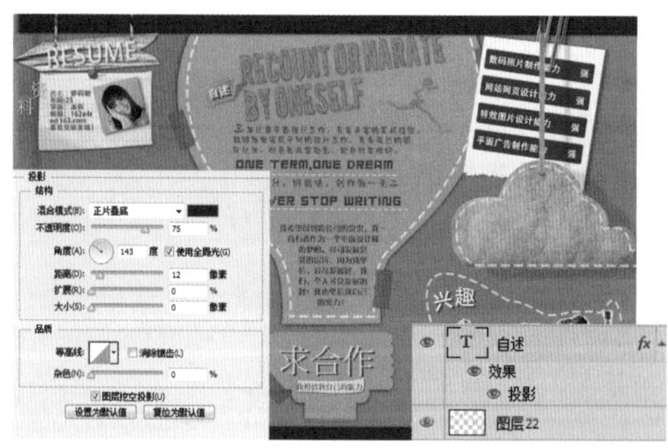

13.5 艺术文字应用领域

当文字遇到 Photoshop 处理，就已经注定不再普通。利用 Photoshop，可以使文字发生各种各样的变化，并且可以利用这些艺术化处理后的文字为图像增加效果。文字下面将分别介绍制作云彩文字效果、气球文字和 3D 文字效果，以帮助读者了解 Photoshop 在艺术文字领域中的应用。

13.5.1 金属文字

设计思路

本实例是制作金属文字。画面通过使用颜色较深的背景，突出了主体的金属文字，使用钢笔工具结合图层样式制作出金属文字。

光盘路径	第 13 章\Complete\金属文字 .psd
视频路径	视频 \ 第 13 章 \ 金属文字 .swf

使用工具

钢笔工具、图层样式、多边形工具

1 执行“文件 > 新建”命令，在弹出的“新建”对话框中设置各项参数及选项，设置完成后单击“确定”按钮，新建空白图像文件。打开“金属文字 .jpg”文件，将其拖曳到当前文件图像中，生成“图层 1”。

2 单击“创建新的填充或调整图层”按钮，在弹出的菜单中选择“色相 / 饱和度”选项设置参数，调整画面的色调。

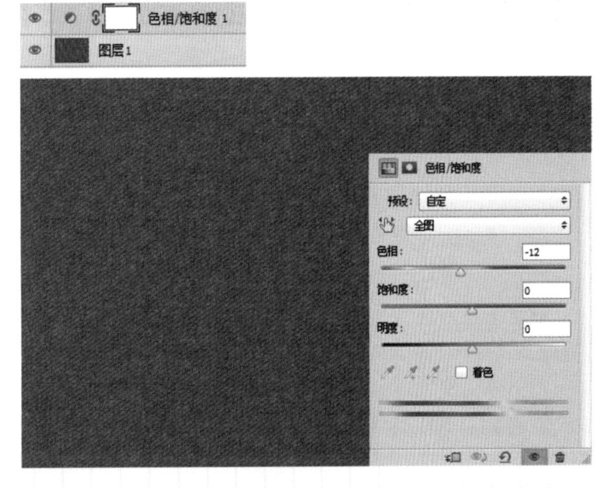

3 单击“创建新的填充或调整图层”按钮，在弹出的菜单中选择“曲线”选项设置参数，调整画面的色调。

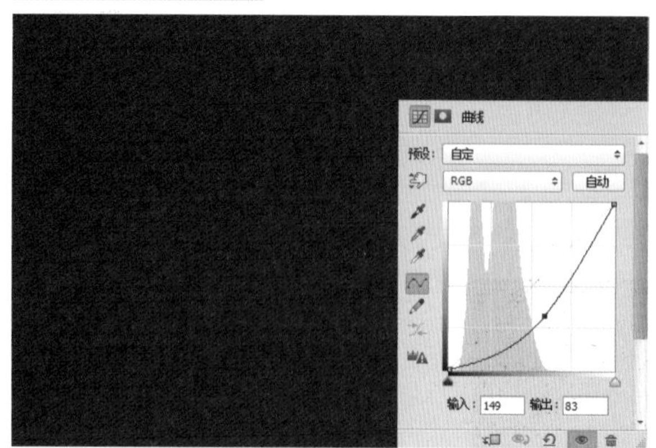

4 单击“创建新的填充或调整图层”按钮，在弹出的菜单中选择“色阶”选项设置参数，调整画面的色调。单击画笔工具，选择柔角画笔并适当调整大小及透明度，在其蒙版上适当涂抹，制作画面聚焦效果。

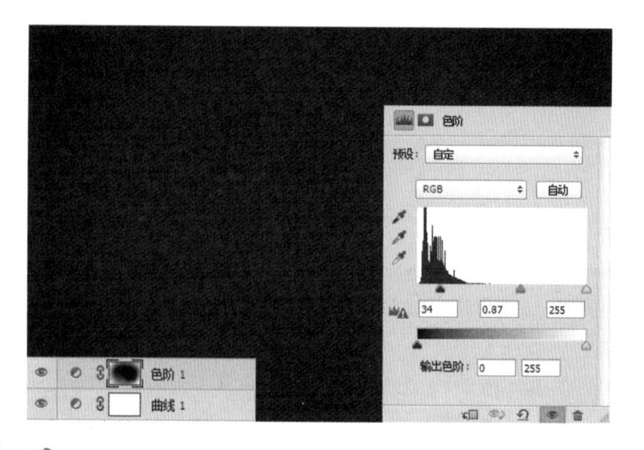

5 单击钢笔工具，在其属性栏中设置其属性为“形状”，“填充”为气泡图案填充，在画面上勾勒出G文字的形状，得到“形状 1”。

6 选择绘制的“形状 1”，单击“添加图层样式”按钮，选择“斜面和浮雕”选项并设置参数，并勾选其下方的“纹理”和“等高线”复选框，设置其各项参数，制作图案样式。

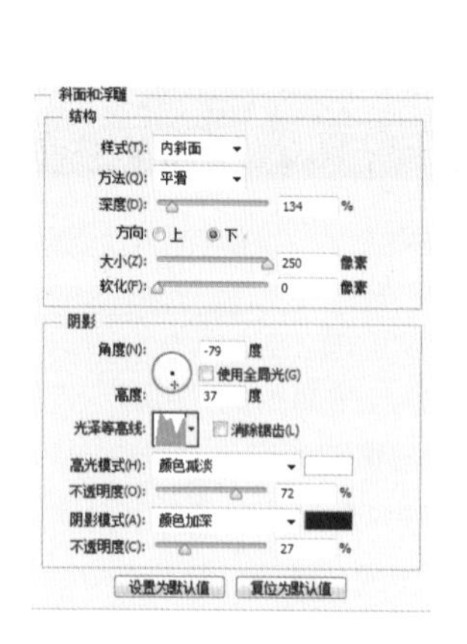

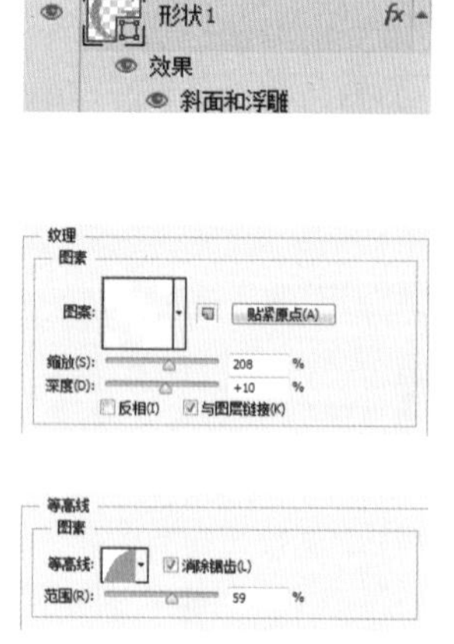

7 继续选择绘制的“形状 1”，单击“添加图层样式”按钮，选择“内阴影”、“内发光”、“光泽”、“外发光”选项并设置参数，制作图案样式。

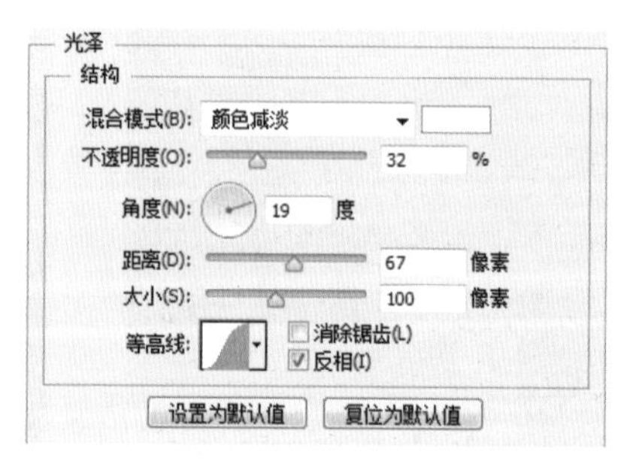

8 继续选择绘制的“形状 1”，单击“添加图层样式”按钮fx，选择“颜色叠加”、“渐变叠加”、“图案叠加”选项并设置参数，制作图案样式。

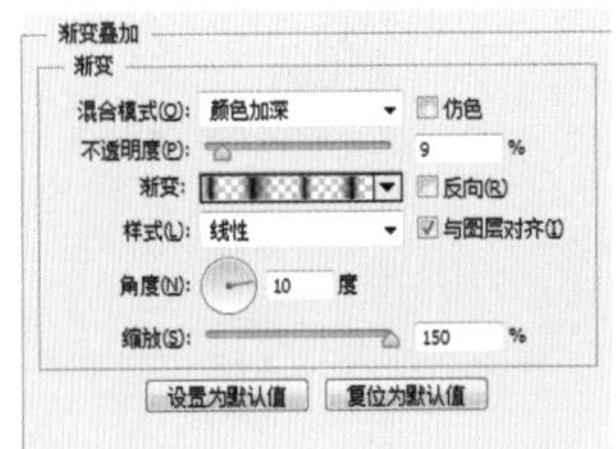

9 继续选择绘制的“形状 1”，单击“添加图层样式”按钮fx，选择“投影”选项并设置参数，制作图案样式，制作出具有金属效果的文字。

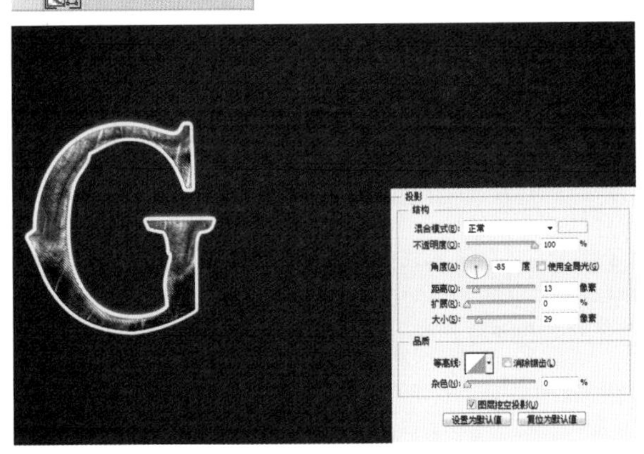

10 选择“形状 1”，按快捷键 Ctrl+J 复制得到“形状 1 副本”，在其属性栏中更改其“填充”为红色，“描边”为无，并删除其“外发光”、“图案叠加”、“渐变叠加”、“颜色叠加”这 4 个图层样式，制作绘制文字的边缘效果。

11 使用钢笔工具，在属性栏中设置其属性为“形状”，“填充”为红色（R255、G0、B0），在画面上勾勒出 O 字的形状，得到“形状 2”。

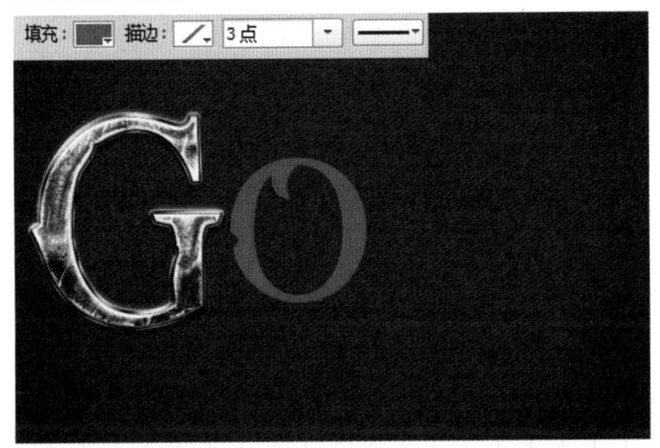

12 选择绘制的“形状 2”，单击“添加图层样式”按钮fx，选择“斜面和浮雕”选项并设置参数，并勾选其下方的“纹理”和“等高线”复选框，设置其各项参数，制作图案样式。

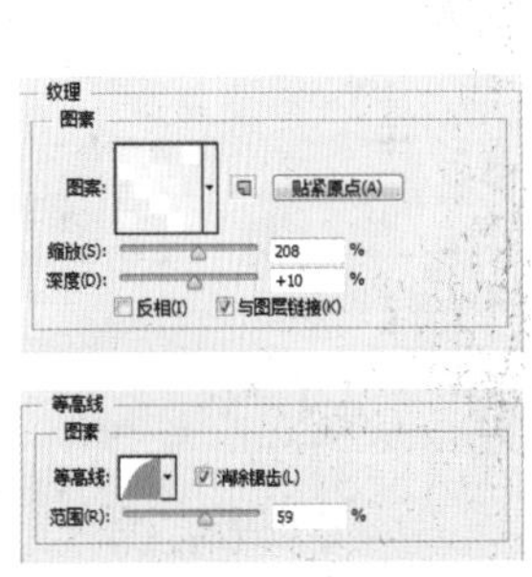

13 选择绘制的“形状 2”，单击“添加图层样式”按钮 fx，选择“内阴影”、“内发光”、“光泽”、“外发光”选项并设置参数，制作图案样式。

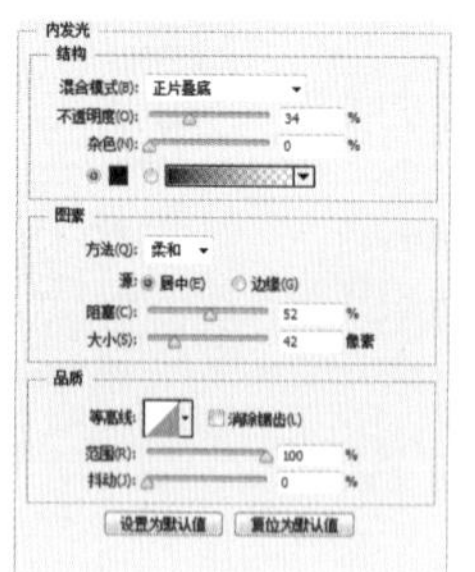

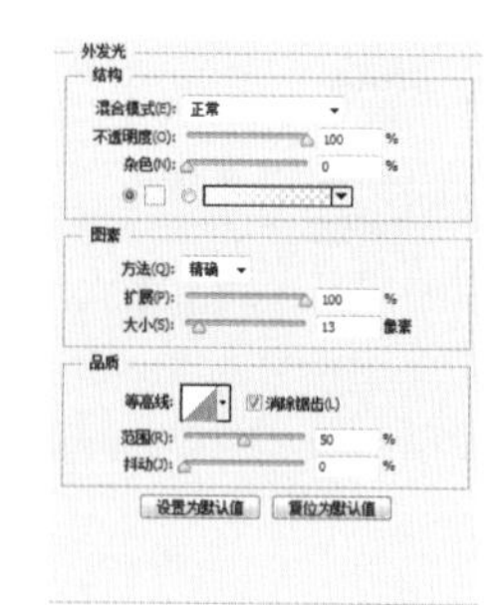

14 继续选择绘制的“形状 1”，单击“添加图层样式”按钮 fx，选择“颜色叠加”、“渐变叠加”、“图案叠加”、“投影”选项并设置参数，制作图案样式。

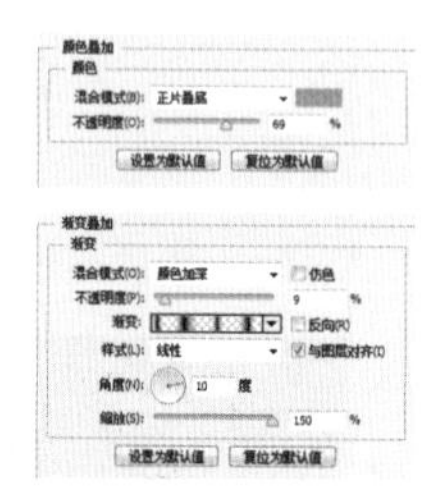

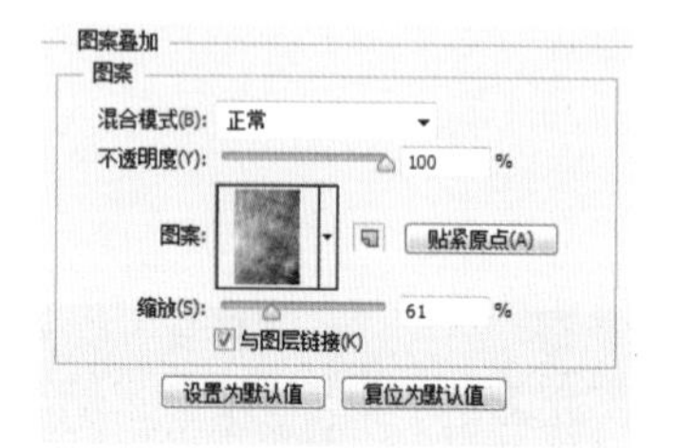

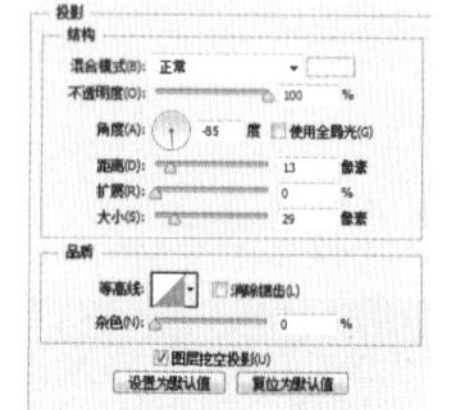

贴心巧计：图层样式

图层样式是 Photoshop 中制作图像效果的重要手段之一，图层样式可以运用于一幅图像中除背景图层以外的任意一个图层。如果要对背景图层使用图层样式，可以在背景图层上双击鼠标并为其重命名。如果要对背景图层使用图层样式，可以在背景图层上双击鼠标并为其重命名。

15 设置好“形状 1”各个图层样式的选项后，制作出具有金属效果的文字。

16 选择“形状 2”，按快捷键 Ctrl+J 复制得到“形状 2 副本”，在属性栏中更改其“填充”为红色，“描边”为无，并删除其“外发光”、“图案叠加”、“渐变叠加”、“颜色叠加”这 4 个图层样式，制作绘制文字的边缘效果。

17 再次选择“形状 2”，按快捷键 Ctrl+J 复制得到“形状 2 副本 2”。将其移至图层上方，并使用移动工具将其向右适当移动，制作出画面中的金属文字效果。

19 使用和上面绘制文字相同的方法，使用钢笔工具，在其属性栏中设置其属性为“形状”，“填充”为红色，在画面上勾勒出 O 字的形状得到“形状 3”。选择绘制的“形状 2”，单击“添加图层样式”按钮，选择“内阴影”、“内发光”、“光泽”、“外发光”等选项并设置参数，制作图案样式。

21 新建“图层 2”，单击画笔工具，设置前景色为亮黄色，选择柔角画笔并适当调整大小及透明度，在画面上适当的位置绘制光斑。

18 继续选择“形状 2”，按快捷键 Ctrl+J 复制得到“形状 2 副本 3”。将其移至图层上方，在其属性栏中更改其“填充”为红色，“描边”为无，并删除其“外发光”、“图案叠加”、“渐变叠加”、“颜色叠加”这 4 个图层样式，制作绘制文字的边缘效果。

20 选择“形状 2”，按快捷键 Ctrl+J 复制得到“形状 2 副本”，在其属性栏中更改其“填充”为红色，“描边”为无，并删除其“外发光”、“图案叠加”、“渐变叠加”、“颜色叠加”这 4 个图层样式，制作绘制文字的边缘效果。

22 单击多边形工具，在其属性栏中设置设置其属性为“形状”，“填色”为白色，“描边”为无，“边”为 4，在画面中适当的位置绘制多边形，得到“多边形 1”。

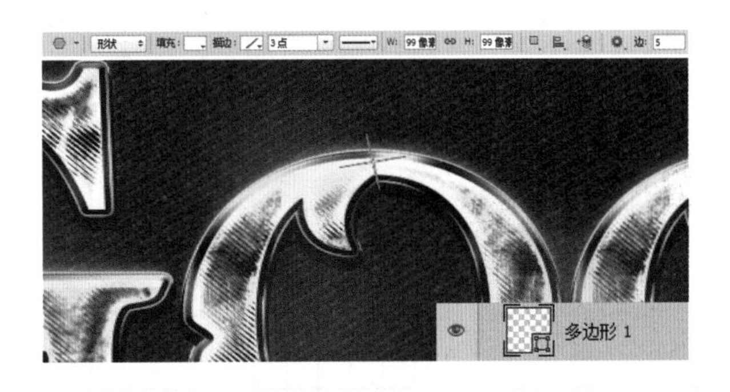

23 选择“多边形 1”，单击“添加图层样式”按钮fx.，选择“外发光”选项并设置参数，制作多边形的外发光效果。

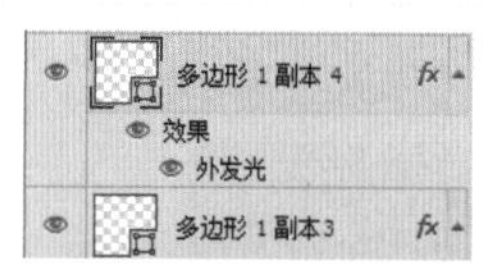

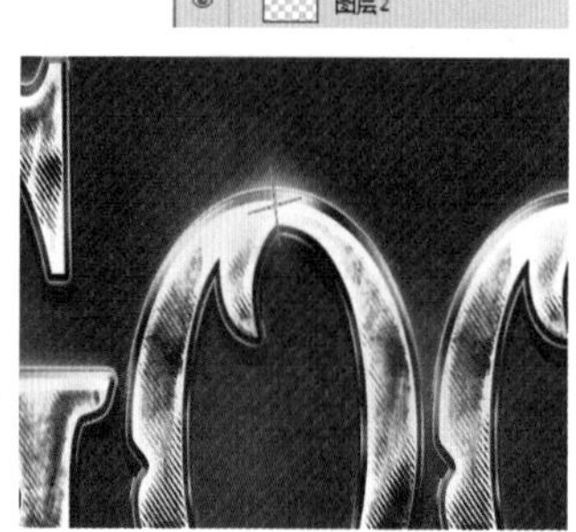

24 选择“多边形 1”，连续按快捷键 Ctrl+J 复制得到多个“多边形 1 副本”

25 使用移动工具，将其移至图层的文字上面不同的位置。

26 使用快捷键 Ctrl+T 变换图像大小，并将其放置于画面中合适的位置。

27 使用上面相同方法，继续复制“多边形 1”，得到其多个副本。

28 将其适当放大、缩小、旋转。将其移至画面中的合适位置，制作金属文字上方的发光效果。至此，本实例制作完成。

13.5.2 荧光文字

设计思路

本实例是制作荧光文字。画面中，通过调色命令调整出具有聚焦效果的深色背景，不但可以突出荧光文字的效果，而且使画面的中心点聚焦到文字中。通过使用文字工具制作文字效果，并结合画笔工具和图层样式，制作出具有荧光质感的文字效果。

光盘路径	第 13 章 \Complete\ 荧光文字 .psd
视频路径	视频 \ 第 13 章 \ 荧光文字 .swf

使用工具

文字工具、调色命令、画笔工具、图层样式

1 执行“文件 > 新建”命令，在弹出的“新建”对话框中设置各项参数及选项，设置完成后单击“确定”按钮，新建空白图像文件。

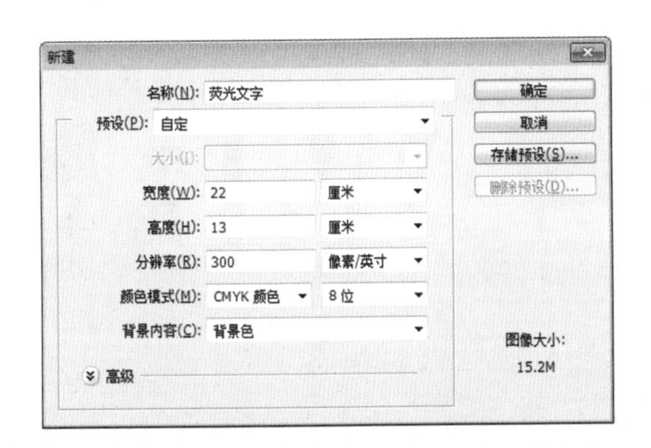

2 执行“文件 > 打开”命令，打开“荧光文字 .jpg”文件，将其拖曳到当前文件图像中，生成“图层 1”。

3 单击“创建新的填充或调整图层”按钮 ，在弹出的菜单中选择“色彩平衡”选项并设置参数，调整画面背景色调。

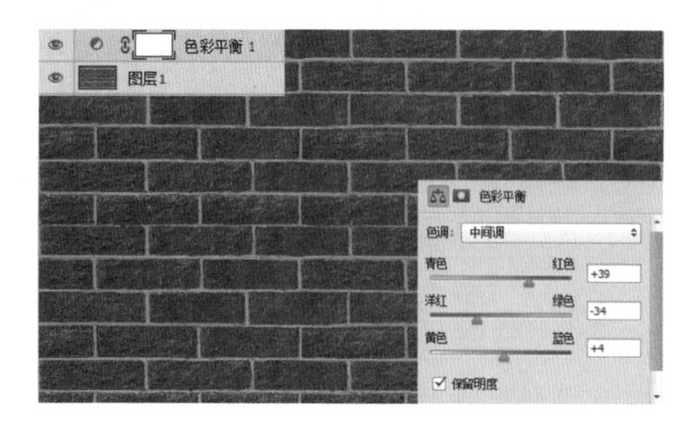

4 单击“创建新的填充或调整图层”按钮 ，在弹出的菜单中选择“亮度 / 对比度”选项并设置参数，调整画面背景色调。

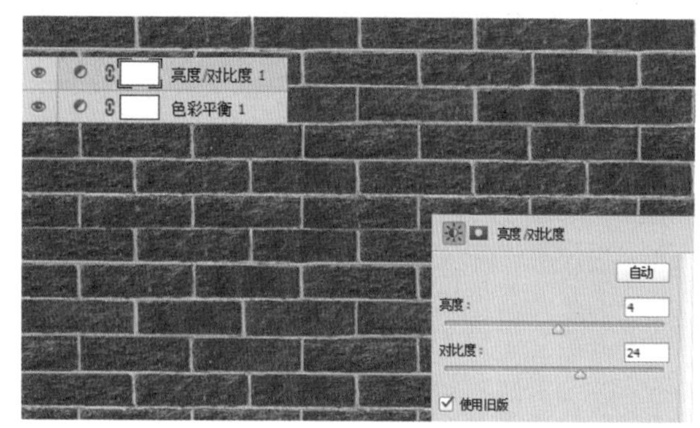

5 单击“创建新的填充或调整图层”按钮 ，在弹出的菜单中选择“色阶”选项设置参数，调整画面背景色调。

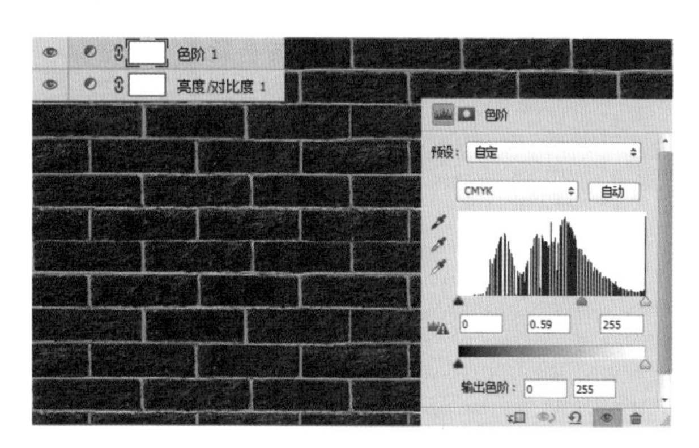

6 新建“图层 2”，设置前景色为黑色，按快捷键 Alt+Delete 填充图层，并设置其“不透明度”为 79%。

7 单击“添加图层蒙版”按钮 ，使用渐变工具 ，设置渐变颜色为黑色到透明色的径向渐变，并在图层蒙版上从内向外拖出其径向渐变，制作画面聚焦效果。

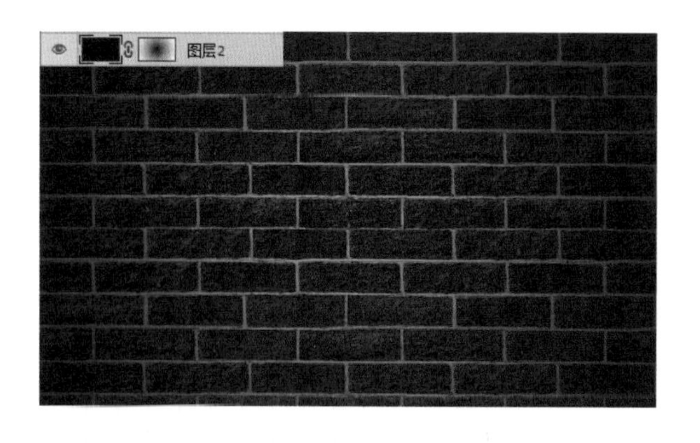

8 单击横排文字工具 ，设置前景色为白色，输入所需文字。双击文字图层，在其属性栏中设置文字的字体样式及大小，并将其放置于画面的中间。

9 双击文字图层，设置前景色为深灰色（R40、G40、B39），按快捷键 Alt+Delete，将文字填充为深灰色。选择图层，单击鼠标右键并选择“栅格化文字”选项，将其栅格化，得到“图层 3”。

10 选择“图层 3”，单击“添加图层样式”按钮 fx，选择“斜面和浮雕”、“投影”选项并设置参数，制作其图层文字的图案样式。

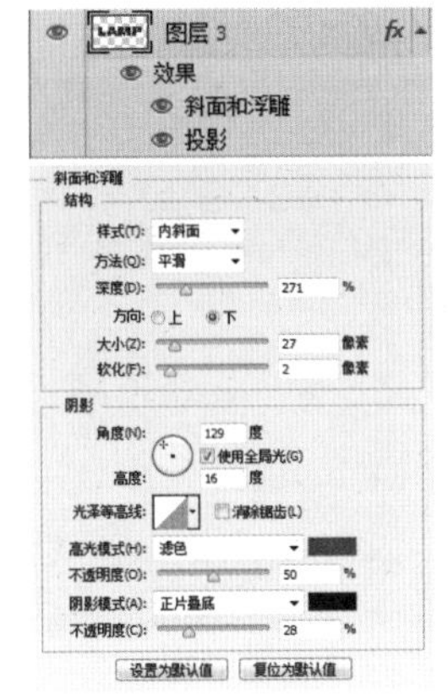

11 选择“斜面和浮雕”下方的“等高线”复选框，设置其各项参数，制作图案样式，得到立体的文字。

12 选择“图层 3”，按快捷键 Ctrl+J 复制得到“图层 3 副本”。删除其图层样式，单击“添加图层样式”按钮 fx，选择“图案叠加”选项并设置参数，制作其图层文字的图案样式。选择图层，单击鼠标右键并选择“栅格化文字”选项，将其栅格化。

13 执行“文件 > 打开”命令，打开“荧光文字.png”文件，将其拖曳到当前文件图像中，生成“图层 4”。使用快捷键 Ctrl+T 变换图像大小，并将其放置于画面中合适的位置，制作文字上的钮钉效果。

14 选择“图层 4”，单击“添加图层样式”按钮 fx，选择“斜面和浮雕”选项并设置参数，制作其图案样式。

15 新建“图层 5”，设置前景色为绿色（R68、G157、B38）。单击画笔工具 选择尖角画笔并适当调整大小及透明度，在画面上的文字上按住 Shift 键，勾勒出其外边缘效果。

16 选择“图层 5”，按快捷键 Ctrl+J 复制得到“图层 5 副本”。

17 在“图层 5 副本”上单击“添加图层样式”按钮 fx，选择“内阴影”选项并设置参数，选择“内放光”选项并设置参数，制作图案样式。

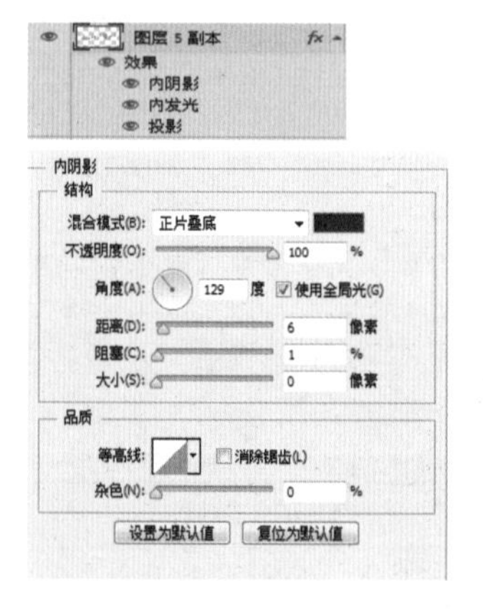

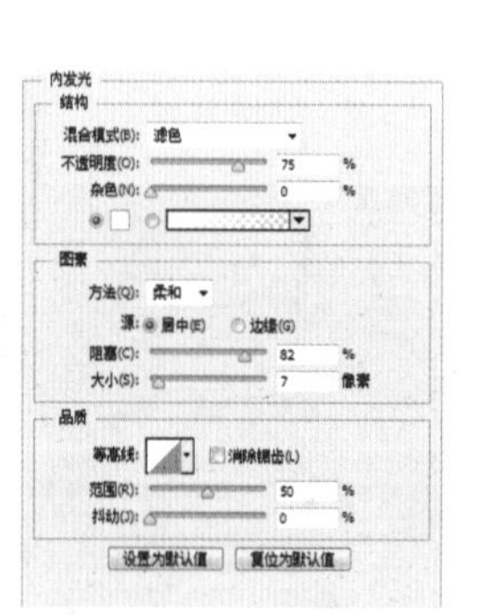

18 继续单击“添加图层样式”按钮 fx，选择“投影”选项并设置参数，制作图案样式，制作荧光文字的边缘效果。

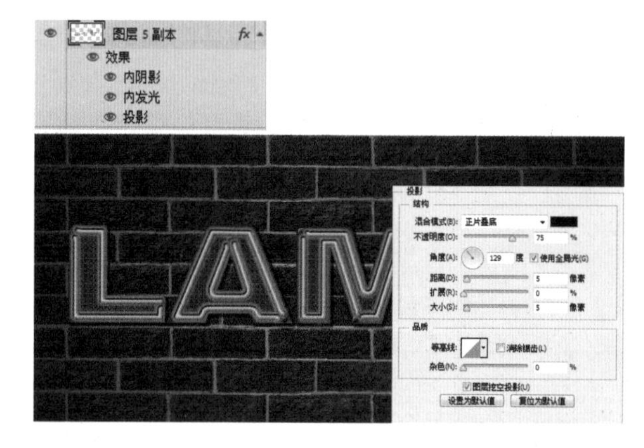

19 新建“图层 6”，设置前景色为白色，单击画笔工具 选择柔角画笔并适当调整大小及透明度，在文字上方绘制高光。

20 选择“图层 6”绘制的高光，设置其混合模式为“滤色”，制作文字的荧光效果。至此，本实例制作完成。

13.5.3 立体冰淇淋文字

设计思路

本实例作是制作立体冰淇淋文字。画面中主要应用蓝色作为立体冰淇淋文字的背景，给人一种清新的视觉感受。并且画面主要采用蓝绿色调，使画面的色彩更加具有吸引力。应用各种素材来制作冰淇淋的喷溅效果，使画面生动有趣。结合文字工具和图层样式的使用，制作在冰淇淋上面的立体文字效果，并适当新建图层，使用画笔工具绘制其高光，使其更加具有立体效果。最后再结合多种滤镜效果，使画面中的文字更具有质感，从而制作出立体冰淇淋文字的动感画面。

光盘路径	第 13 章\Complete\ 立体冰淇淋文字 .psd
视频路径	视频 \ 第 13 章 \ 立体冰淇淋文字 .swf

使用工具

文字工具、蒙版工具、画笔工具、滤镜工具

1 执行“文件 > 新建”命令，在弹出的“新建”对话框中设置各项参数及选项，设置完成后单击“确定”按钮，新建空白图像文件。

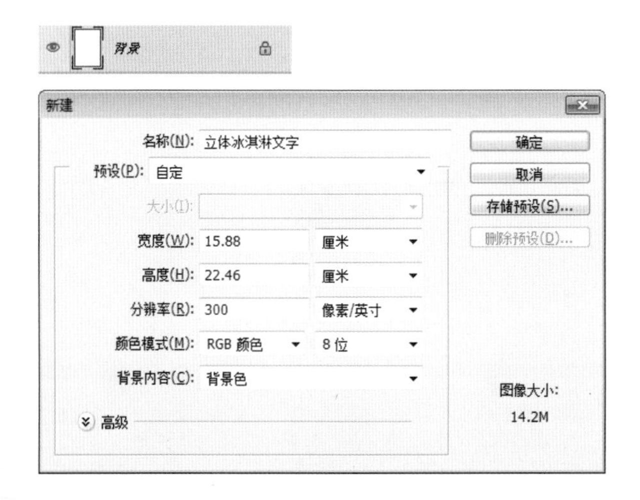

2 新建“图层 1”，设置前景色为蓝色（R3、G214、B225），按快捷键Alt+Delete，填充图层为蓝色。新建“图层 2”，使用渐变工具，设置渐变颜色为黑色到透明色的线性渐变并在画面四周拖出渐变。设置其混合模式为“叠加”，“不透明度”为 73%，制作画面背景。

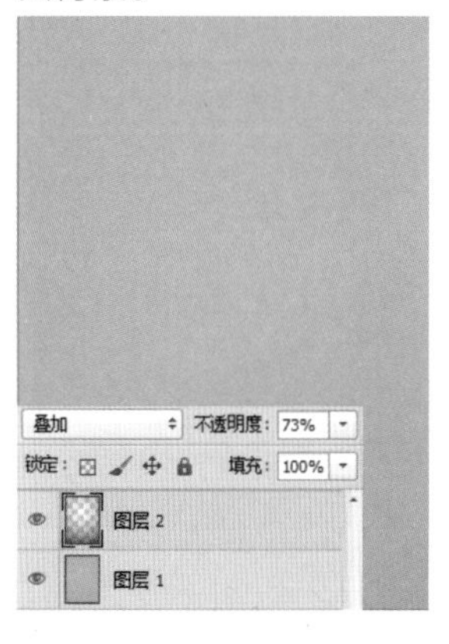

3 新建“图层 3”，设置前景色为蓝色，单击画笔工具，选择柔角画笔并适当调整大小及透明度在画面上方涂抹。设置混合模式为“滤色”，“不透明度”为50%。新建“图层 4”，设置前景色为黑色，使用柔角画笔工具在画面下方涂抹，绘制物体放置点的阴影。

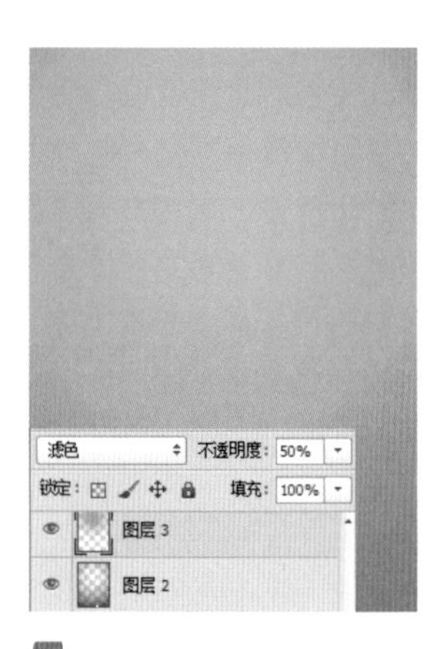

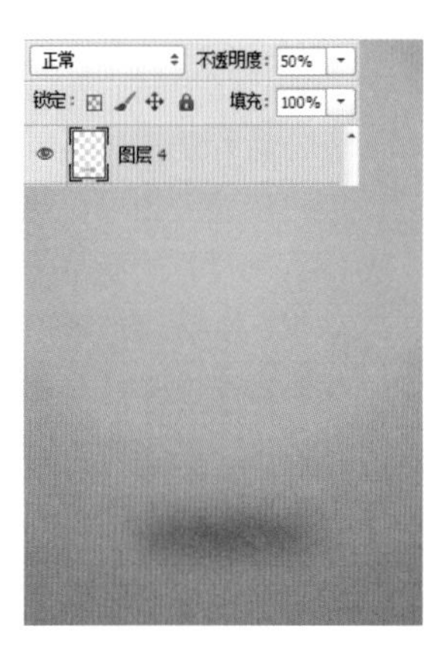

4 执行“文件 > 打开”命令，打开“53.png”、“54.png”文件，生成“图层 5”和“图层 6”。分别使用快捷键 Ctrl+T 变换图像大小，并将其放置于画面中合适的位置，制作冰淇淋喷溅出来的奶花。

5 选择“图层 6”，单击“添加图层样式”按钮，选择“斜面和浮雕”选项并设置参数。选择“颜色叠加”选项并设置参数，制作图案样式，增加画面中奶花的层次感和颜色的和谐丰富性。

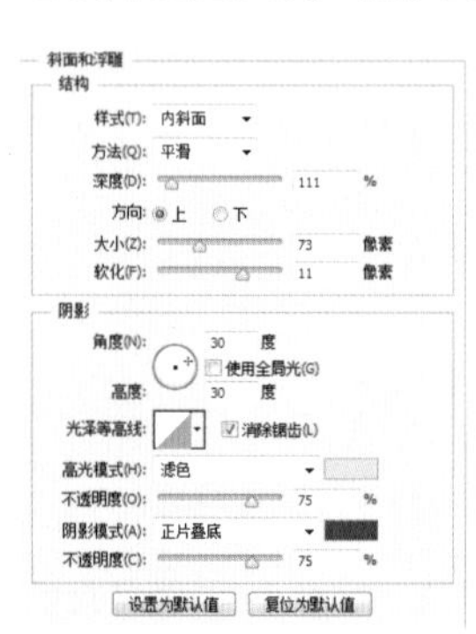

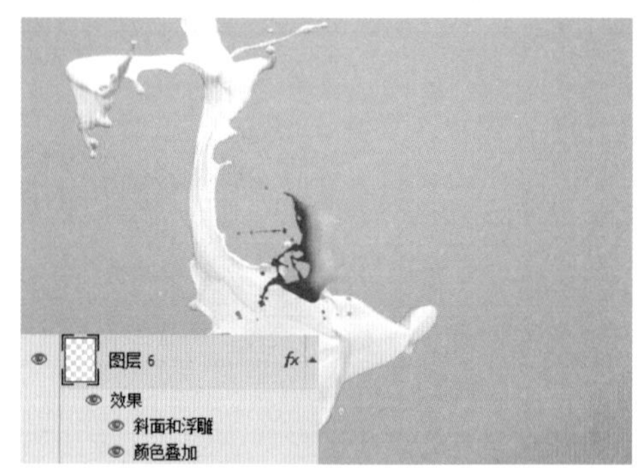

6 打开“55.png”、“56.png”文件，生成“图层 7”和“图层 8”。分别使用快捷键 Ctrl+T 变换图像大小，并将其放置于画面中合适的位置，制作冰淇淋喷溅出来的奶花。

7 打开“57.png”文件，生成“图层 9”。使用快捷键 Ctrl+T 变换图像大小，并将其放置于画面中合适的位置。单击“添加图层蒙版”按钮，单击画笔工具，选择柔角画笔并适当调整大小及透明度，在蒙版上对不需要的部分加以涂抹。

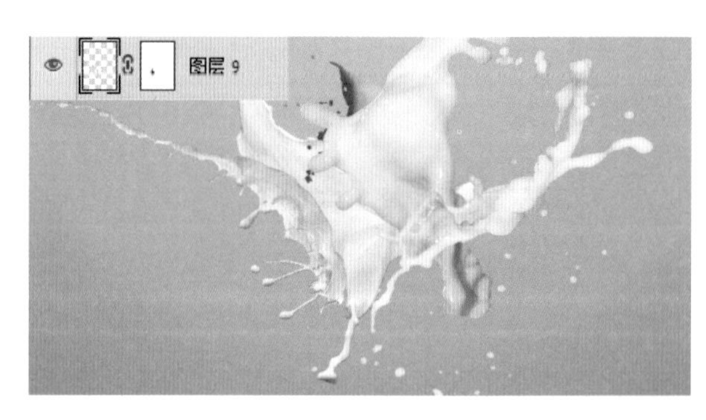

8 选择“图层 9”，单击“添加图层样式”按钮 fx，选择“斜面和浮雕”选项并设置参数。选择“颜色叠加”选项并设置参数，制作图案样式，增加画面中奶花的层次感和颜色的和谐丰富性。

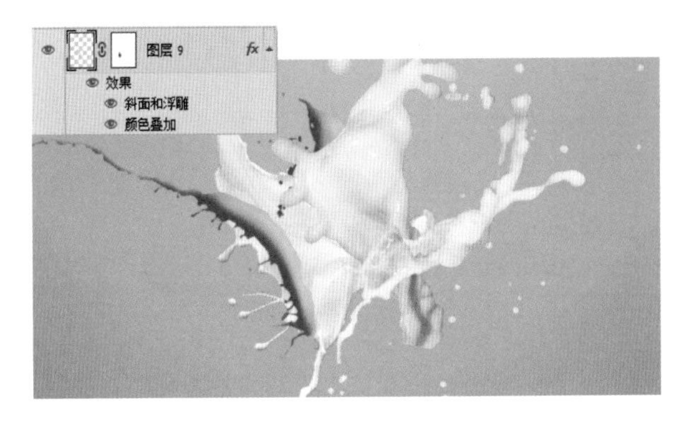

9 打开“58.png”、“59.png”文件，生成“图层10”和“图层 11”。分别使用快捷键 Ctrl+T 变换图像大小，并将其放置于画面中合适的位置。选择“图层 11”，添加蒙版适当涂抹，制作冰淇淋喷溅出来的奶花效果。

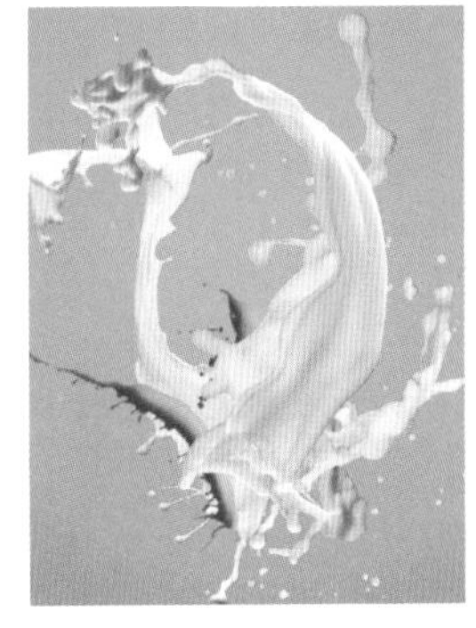

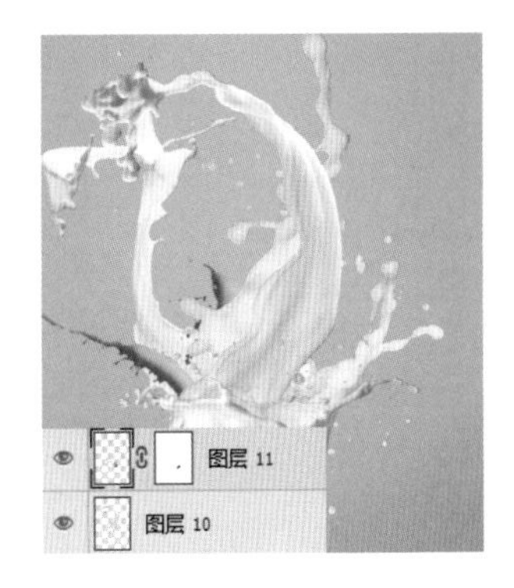

10 打开“57.png”文件，生成“图层 9”。单击钢笔工具绘制出需要的部分并创建选区，单击“添加图层蒙版”按钮，将其冰淇淋下面的部分抠出。使用快捷键 Ctrl+T 变换图像大小，并将其放置于画面中合适的位置。

11 单击“创建新的填充或调整图层”按钮，在弹出的菜单中选择“色阶”选项并设置参数。单击图框中“此调整影响到下面的所有图层”按钮，创建其图层剪贴蒙版，调整冰淇淋下面部分的色调。

12 新建“图层 13”，将其移至“图层 4”上方。设置前景色为黑色，单击画笔工具选择柔角画笔并适当调整大小及透明度，在画面上涂抹出冰淇淋产生的阴影，制作出冰淇淋的立体真实效果。

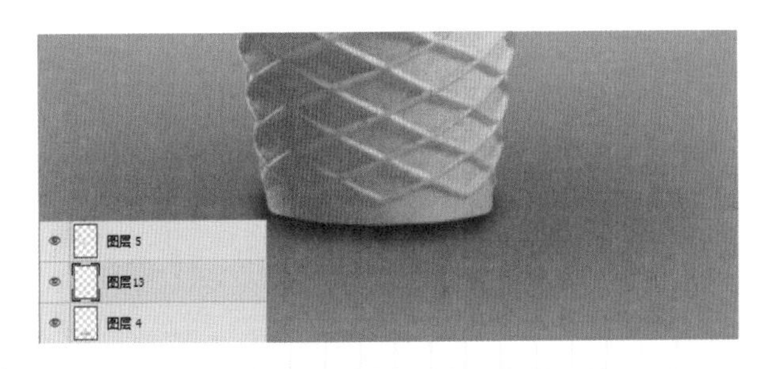

13 回到“色阶 1”图层，单击椭圆工具，在其属性栏中设置其“填充”为亮灰色，“描边”为无，在冰淇淋的右下方绘制椭圆，得到“椭圆 1”，为后面制作水滴效果做铺垫。

填充： 描边： 3点

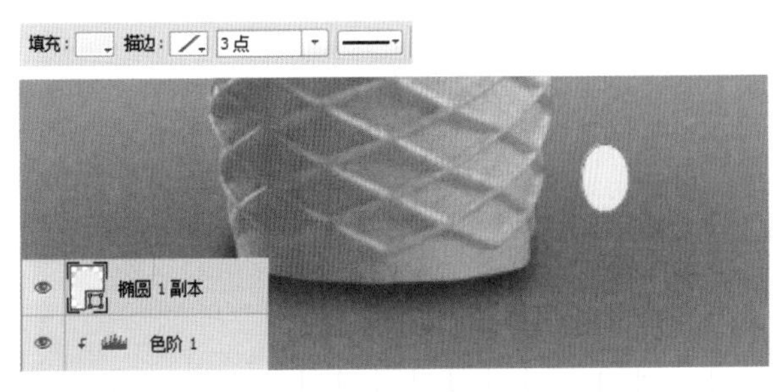

14 选择“椭圆 1”，单击“添加图层样式”按钮fx，选择“斜面和浮雕”选项并设置参数。选择“颜色叠加”选项并设置参数，选择“投影”选项并设置参数，制作“椭圆 1”的图案样式，制作出蓝色的水滴效果。

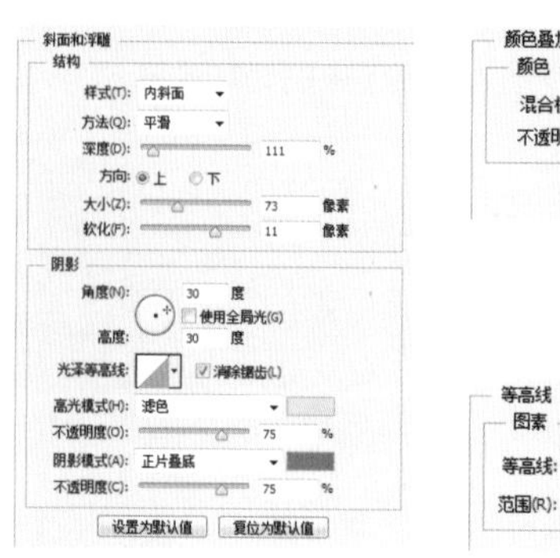

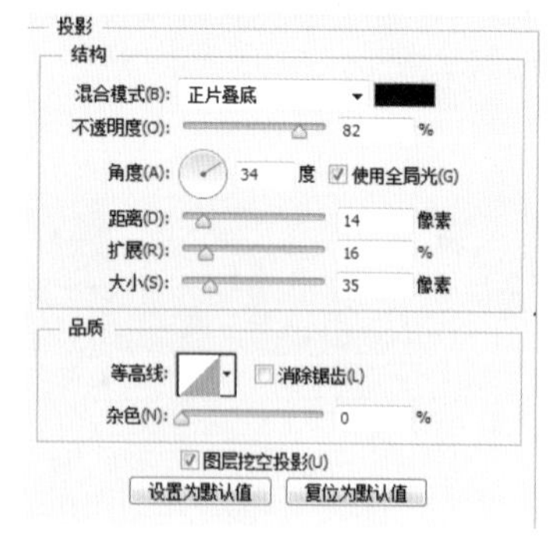

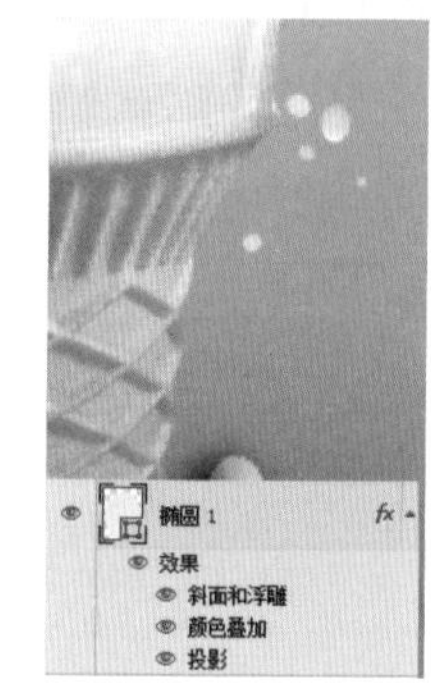

15 新建“图层 14”，设置前景色为黑色，单击画笔工具，选择柔角画笔并适当调整大小及透明度，在冰淇淋上涂抹出阴影效果，制作真实的冰淇淋质感。

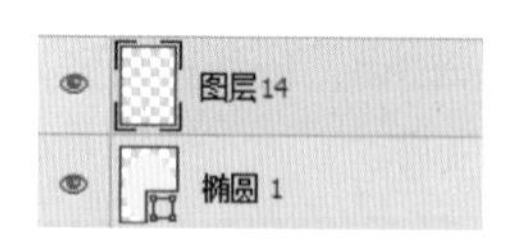

16 打开“61.png”文件，生成“图层 15”。使用快捷键 Ctrl+T 变换图像大小，并将其放置于画面中合适的位置。单击“添加图层样式”按钮fx，选择“斜面和浮雕”、“投影”选项并设置参数，制作图案样式，增加画面中奶花的层次感和颜色的丰富性。

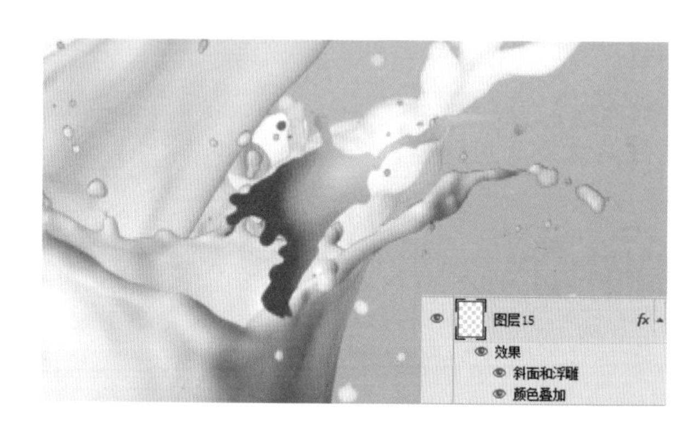

17 选择“图层 15”，按快捷键 Ctrl+J 复制得到“图层 15 副本”。使用快捷键 Ctrl+T 变换图像大小，并将其放置于画面中合适的位置。单击鼠标右键并选择“转化为智能对象”选项，将其转换为智能对象图层。

18 选择“图层 15 副本”，执行“滤镜 > 滤镜库 > 艺术效果 > 塑料包装”命令，并在弹出的对话框中设置参数，制作其奶花的质感。

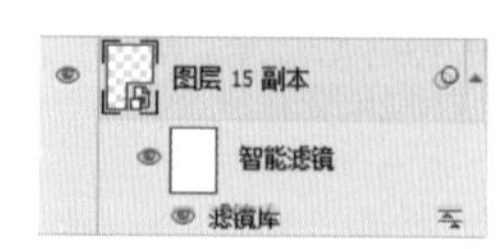

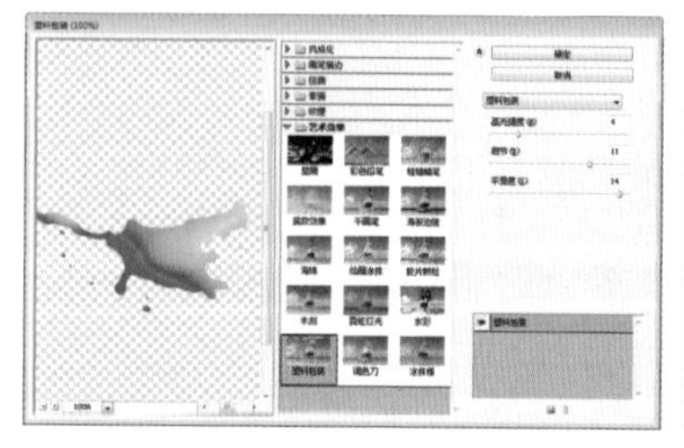

19 单击横排文字工具，设置前景色为黑色，输入所需文字。双击文字图层，在其属性栏中设置文字的字体样式及大小。选择“文字”图层，单击鼠标右键并选择“转换为形状”选项，得到其文字的形状路径。使用和“图层 15”相同的方法制作图层样式。

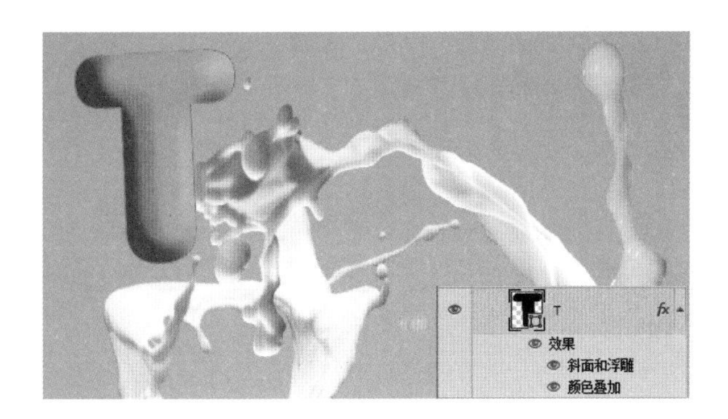

20 新建“图层 16”，设置前景色为黑色。单击画笔工具选择柔角画笔并适当调整大小及透明度，在文字上适当涂抹，制作其阴影效果。按住 Ctrl 键并单击鼠标左键选择文字图层，得到文字图层的选区后单击“添加图层蒙版”按钮将除文字之外的部分擦除，并设置混合模式为“叠加”。

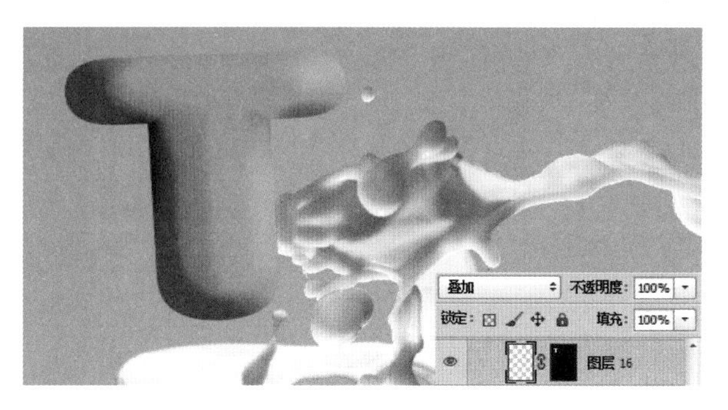

21 新建“图层 17”，单击画笔工具，选择尖角笔刷，设置“大小”为 5 像素，设置前景色为白色。单击钢笔工具，在图像上绘制高光路径，完成后单击鼠标右键，在弹出的菜单中选择“描边路径”选项。在弹出的对话框中设置参数，再单击“确定”按钮，为路径添加白描边。然后按快捷键 Ctrl+H 隐藏路径。

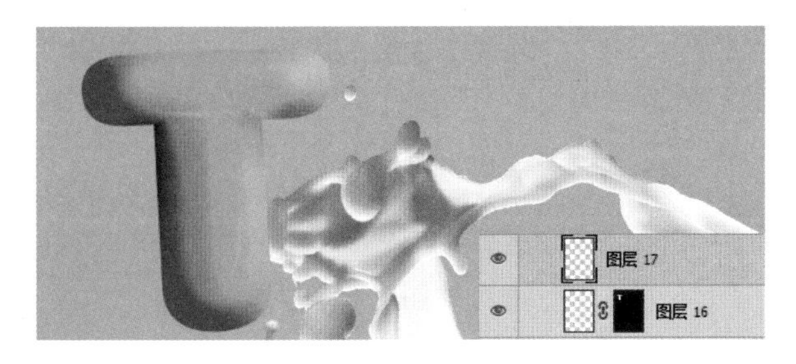

22 使用和上面步骤相同的方法制作立体文字效果。新建“图层 18”，设置前景色为黑色，单击画笔工具选择柔角画笔并适当调整大小及透明度，在画面上绘制文字的高光，并设置其混合模式为“叠加”，添加蒙版适当涂抹，制作文字光感。

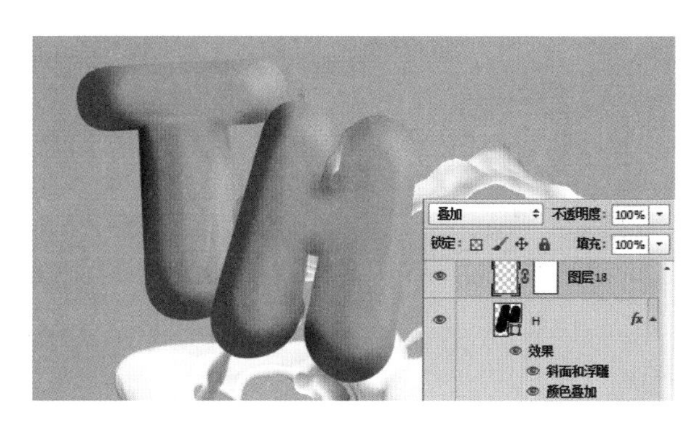

23 使用和上面步骤相同的方法制作立体文字效果。新建“图层 19”，设置前景色为白色，单击画笔工具选择柔角画笔并适当调整大小及透明度，在画面上绘制文字的高光，并添加蒙版适当涂抹。新建“图层 20”，继续涂抹高光，制作文字光感。

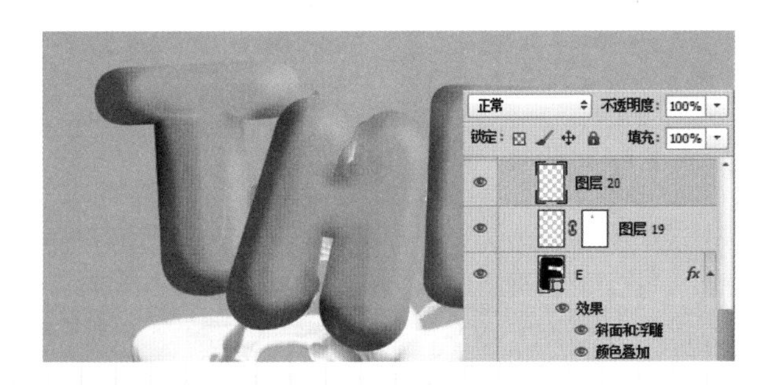

24 按住 Shift 键并选择“T”图层～“图层 20”，按快捷键 Ctrl+G 新建“组 1”。

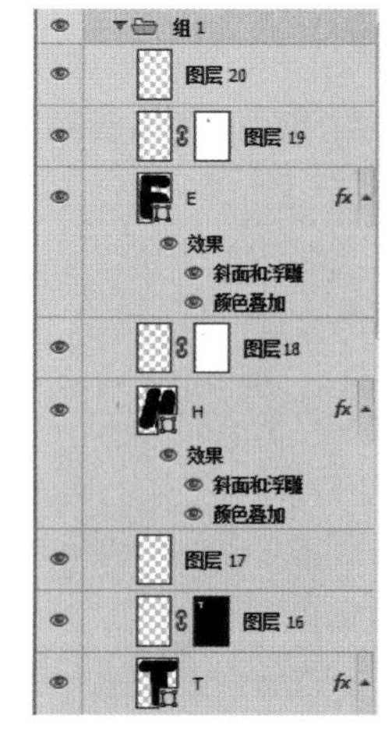

25 使用和上面步骤制作立体文字相同的方法制作立体文字效果，在画面上制作立体文字。

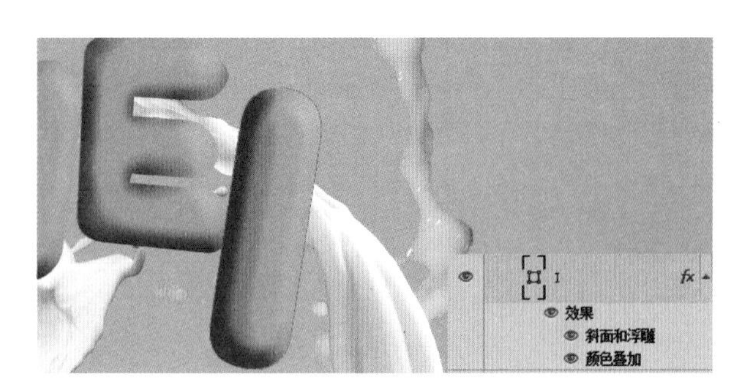

26 继续使用和上面步骤制作立体文字相同的方法制作立体文字效果，在画面上制作立体文字。

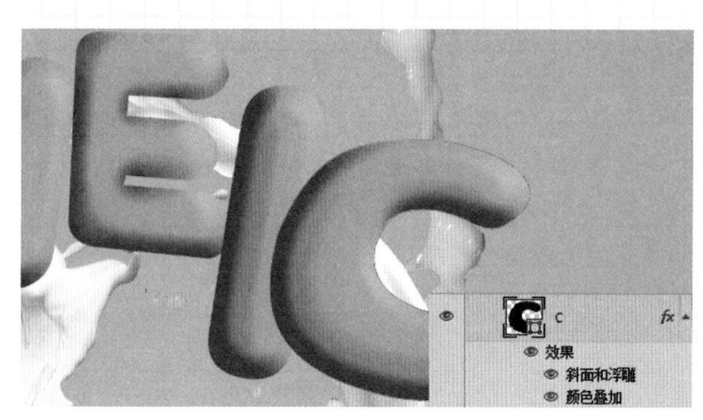

27 按住 Shift 键并选择“E”图层 ~“图层 20”，按快捷键 Ctrl+J 复制，得到“E 副本”图层 ~“图层 20 副本”。将其移至图层上方，使用快捷键 Ctrl+T 变换图像大小，并将其放置于画面中合适的位置。

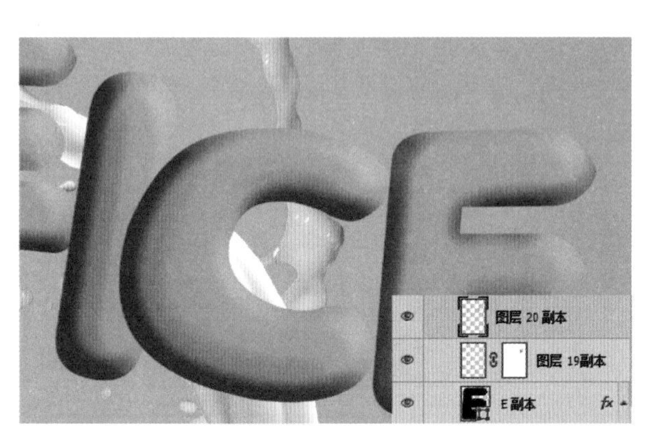

28 按住 Shift 键并选择“I”图层 ~“图层 20 副本”，按快捷键 Ctrl+G 新建“组 2”。

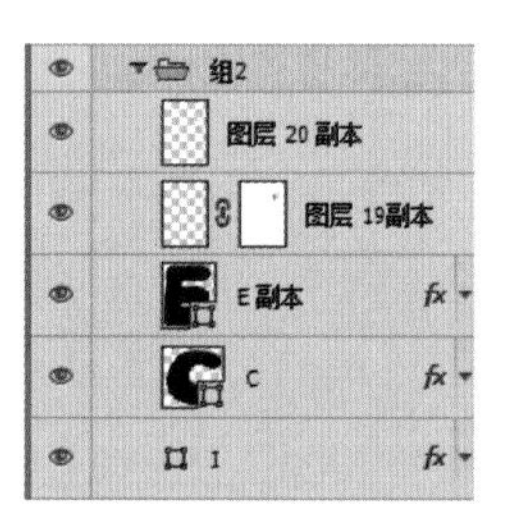

29 继续使用和上面步骤制作立体文字相同的方法制作立体文字效果。新建“图层 21”，设置前景色为白色，单击画笔工具 选择柔角画笔并适当调整大小及透明度，在画面上绘制文字的高光。

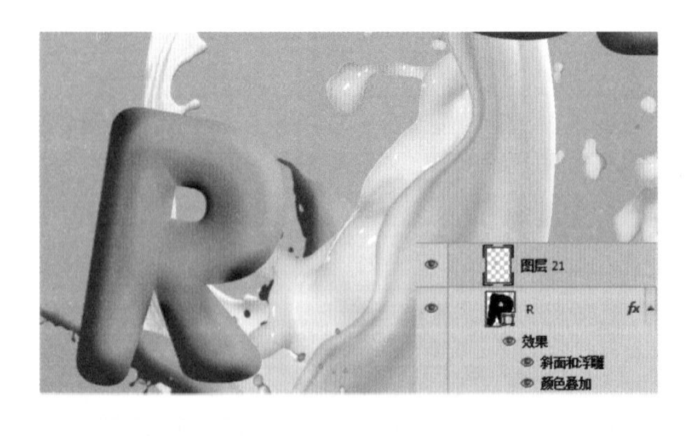

30 继续使用和上面步骤制作立体文字相同的方法制作立体文字效果，在画面上制作立体文字。

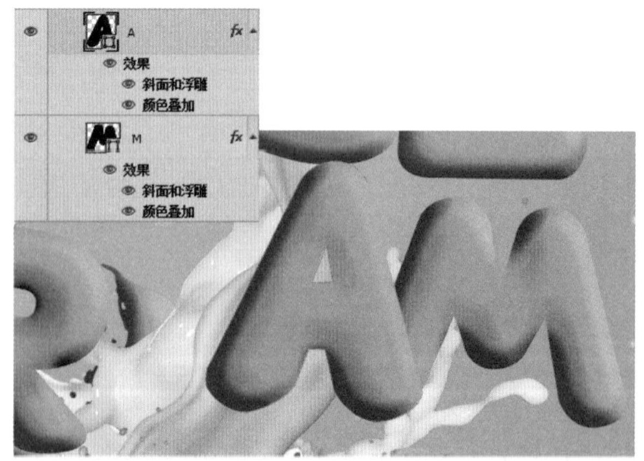

31 继续使用和上面步骤制作立体文字相同的方法制作立体文字效果。新建“图层 22”，设置前景色为白色，单击画笔工具 选择柔角画笔并适当调整大小及透明度，在画面上绘制文字的高光。

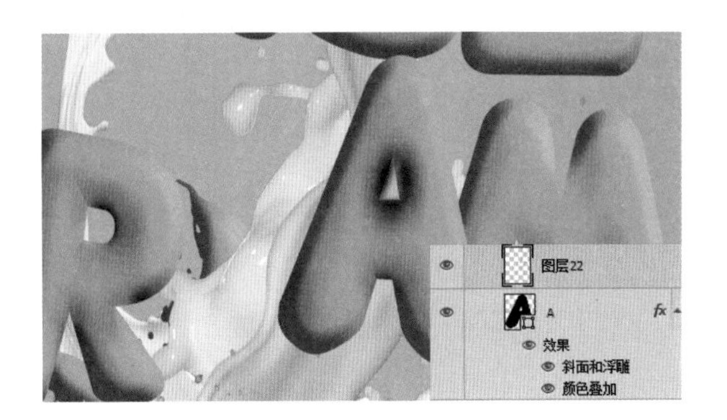

32 继续使用和上面步骤制作立体文字相同的方法制作立体文字效果。按住 Shift 键并选择“E”图层 ~“图层 20”，按快捷键 Ctrl+J 复制得到“E 副本”图层 ~“图层 20 副本”。将其移至图层上方，使用快捷键 Ctrl+T 变换图像大小，并将其放置于画面中合适的位置。

33 按住 Shift 键并选择“R”图层 ~“图层 20 副本 2”，按快捷键 Ctrl+G 新建“组 3”。按住 Shift 键并选择“组 1”~“组 3”，按快捷键 Ctrl+G 新建“组 4”。

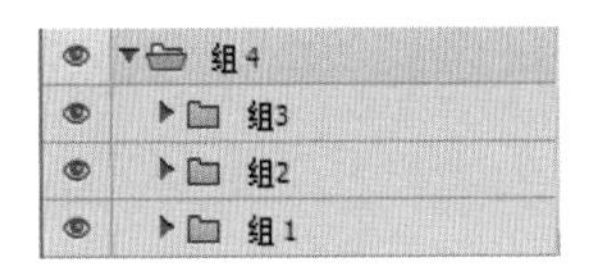

34 选择“组 4”，按快捷键 Ctrl+J 复制得到“组 4 副本”。选择图层，单击鼠标右键并选择“合并组”选项，得到“组 4 副本”图层。再选择“栅格化文字”选项和“转化为智能对象”选项，将其转换为智能对象图层。

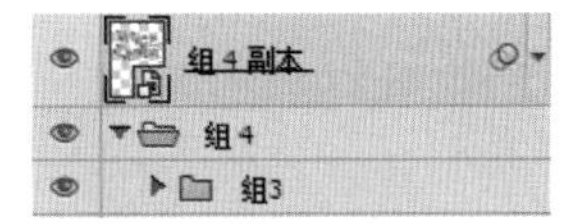

35 选择“组 4 副本”，执行“滤镜 > 滤镜库 > 艺术效果 > 塑料包装”命令，并在弹出的对话框中设置参数，制作奶花的质感。

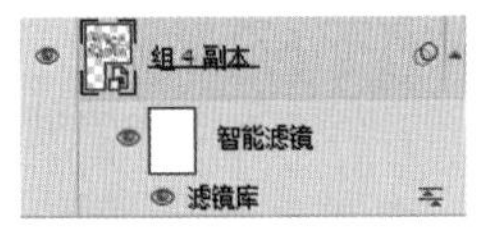

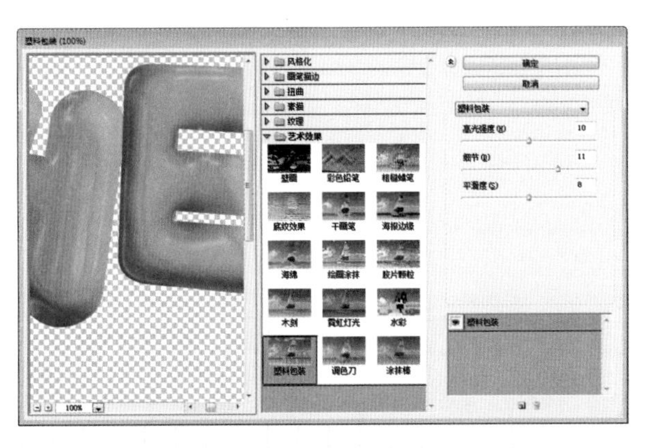

36 在滤镜中制作好效果后，得到具有一定艺术效果的文字。

37 单击“创建新的填充或调整图层”按钮，在弹出的菜单中选择“曲线”选项，分别设置其“RGB”、“蓝”通道的颜色曲线参数，调整图层的色调。

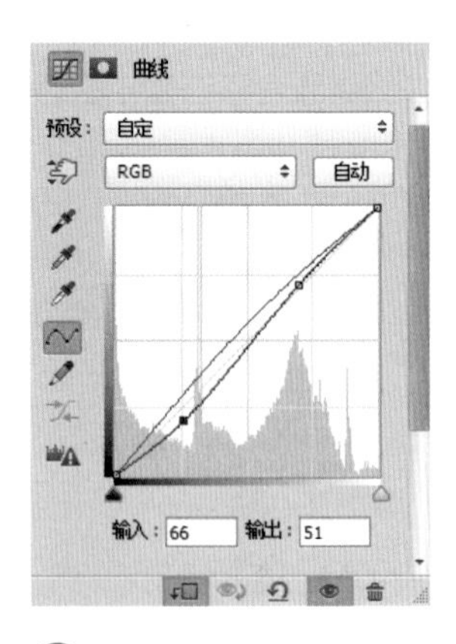

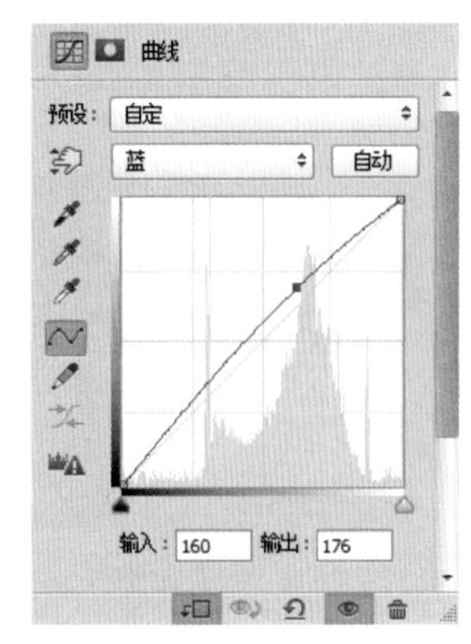

38 按住 Alt 键并单击鼠标左键，创建其图层剪贴蒙版，使此调整影响到下面图层。

39 打开“62.png”文件，生成“图层 22”。使用快捷键 Ctrl+T 变换图像大小，并将其放置于画面中合适的位置。单击“添加图层蒙版”按钮，单击画笔工具选择柔角画笔并适当调整大小及透明度，在蒙版上对不需要的部分加以涂抹。

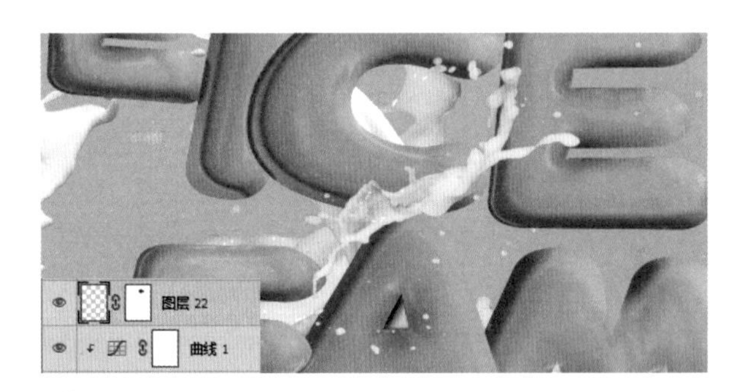

40 打开“63.png”文件，生成“图层 23”。使用快捷键 Ctrl+T 变换图像大小，并将其放置于画面中合适的位置。

41 新建“图层 24”，单击画笔工具，选择尖角笔刷，设置“大小”为 5 像素，设置前景色为白色。单击钢笔工具在图像上绘制高光路径，完成后单击鼠标右键，并在弹出的菜单中选择“描边路径”选项。在弹出的对话框中设置参数，单击“确定”按钮，为路径添加白描边。然后按快捷键 Ctrl+H 隐藏路径。

42 新建“图层 25”，设置前景色为黑色，单击画笔工具选择柔角画笔并适当调整大小及透明度，在画面上涂抹出足球的阴影。设置其“不透明度”为 63%，将立体冰淇淋文字制作完整。至此，本实例制作完成。

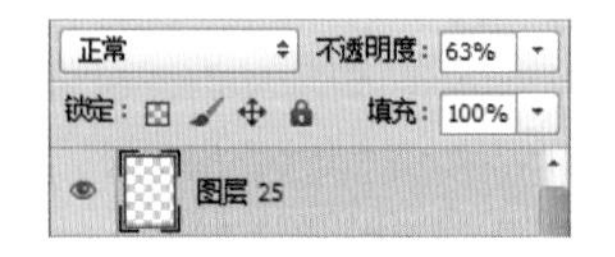

13.6 绘画插画应用领域

由于 Photoshop 具有良好的绘画与调色功能，许多插画设计制作者往往使用铅笔绘制草稿，然后用 Photoshop 填色的方法来绘制插画。除此之外，近些年来非常流行的像素画也多为设计师使用 Photoshop 创作的作品。下面将通过制作唯美插画和 CG 插画来介绍 Photoshop 在绘画插画中的应用。

13.6.1 个性铅笔插画

设计思路

本实例是制作个性铅笔插画。在添加了图像文件后，对文件制作白色的画框，使其看起来更加具有绘画的感觉。对照片文件进行去色调色后，使用各种滤镜工具制作画面中图形图像绘画的感觉，并结合画笔工具和图层混合模式制作出彩色铅笔画的效果。最后给画面添加文字，并制作其立体效果，制作出个性铅笔插画的效果。

光盘路径	第 13 章 \Complete\ 个性铅笔插画 .psd
视频路径	视频 \ 第 13 章 \ 个性铅笔插画 .swf

使用工具

滤镜工具、调色工具、画笔工具、文字工具

小小提示：“色阶”对话框

在“色阶”对话框里，包含了所打开的图像的全部色彩信息，这些信息按亮暗分布在直方图当中。其中，黑色小三角表示暗部区域，白色小三角表示亮部区域，而灰色小三角则表示灰部区域。拖动这些小三角可以调节色阶，一般把黑、白小三角分别放在有色彩信息的两头即可。拖动灰色小三角又可以改变亮暗关系：向白色靠拢将变暗，向黑色靠拢则变亮。

1 执行“文件>打开”命令，打开“个性铅笔插画.jpg”文件，将其拖曳到当前文件图像中，生成“背景”图层。按快捷键 Ctrl+J 复制得到“图层 1”。

2 新建“图层 2”，使用矩形选框工具在画面上分别单击其属性栏中的“添加到选区”按钮和“从选区减去”按钮，在画面上创建出矩形画框。设置前景色为白色，按快捷键 Alt+Delete 填充，得到白色的画框。

3 单击“创建新的填充或调整图层”按钮，在弹出的菜单中选择“黑白”选项并设置参数，将画面调整成为黑白状态。

4 单击“创建新的填充或调整图层”按钮，在弹出的菜单中选择“色阶”选项并设置参数，调整画面的色阶。

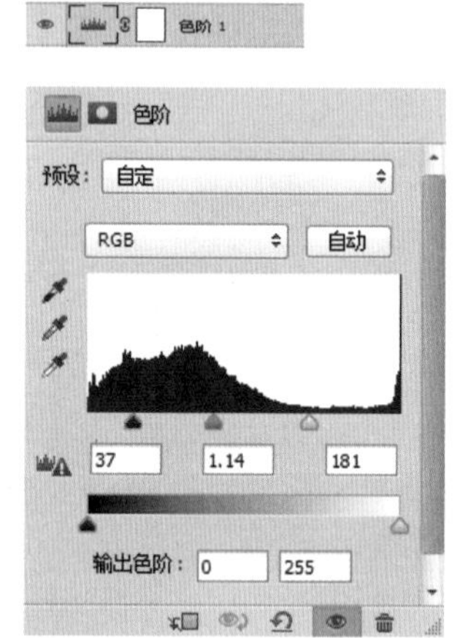

5 单击“创建新的填充或调整图层”按钮，在弹出的菜单中选择“色相/饱和度”选项并设置参数。

6 调整画面的明度，使画面呈现出一种泛灰色的状态。

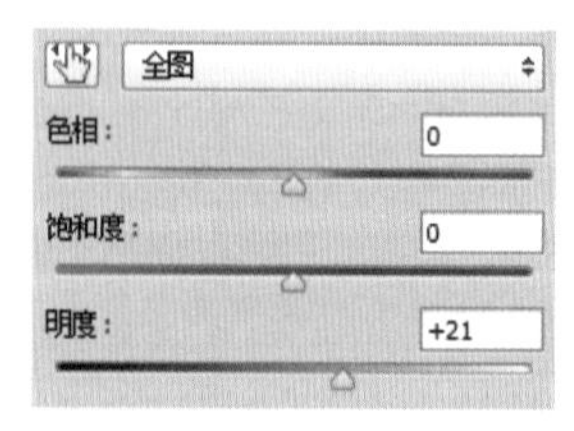

7 按快捷键 Shift+Ctrl+Alt+E 盖印图层，得到“图层 3”。 单击鼠标右键并选择“转化为智能对象”选项，将其转换为智能对象图层。执行“滤镜 > 滤镜库 > 画笔描边 > 成角的线条”命令，在弹出的对话框中设置参数，制作画面的绘画效果。

8 按快捷键 Shift+Ctrl+Alt+E 盖印图层，得到“图层 4”。单击鼠标右键并选择“转化为智能对象”选项，将其转换为智能对象图层。执行“滤镜 > 滤镜库 > 画笔描边 > 成角的线条”命令，在弹出的对话框中设置参数，继续制作画面的绘画效果。

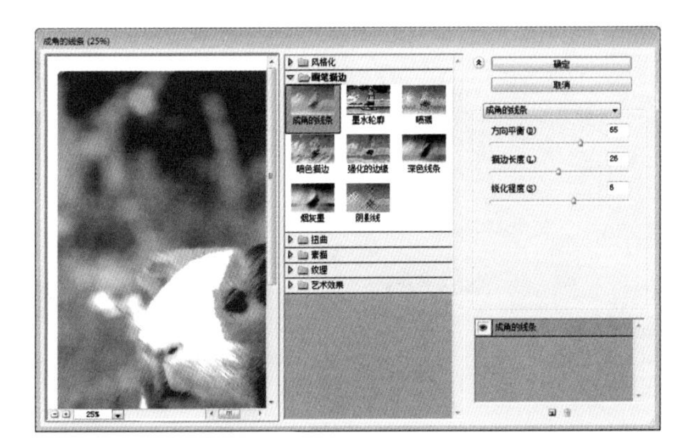

9 执行“滤镜 > 锐化 >USM 锐化”命令，在弹出的对话框中设置参数，继续制作画面的绘画效果。

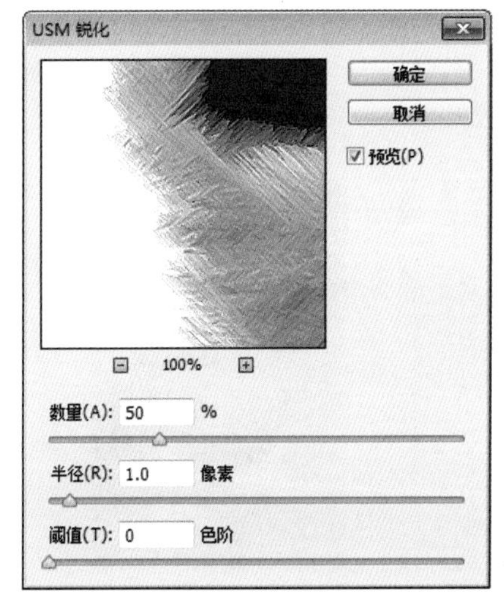

10 执行“滤镜 > 滤镜库 > 画笔描边 > 阴影线”命令，在弹出的对话框中设置参数，继续制作画面的绘画效果。单击“添加图层蒙版”按钮，设置前景色为黑色。单击画笔工具，选择柔角画笔并适当调整大小及透明度，在蒙版上对不需要的部分加以涂抹。

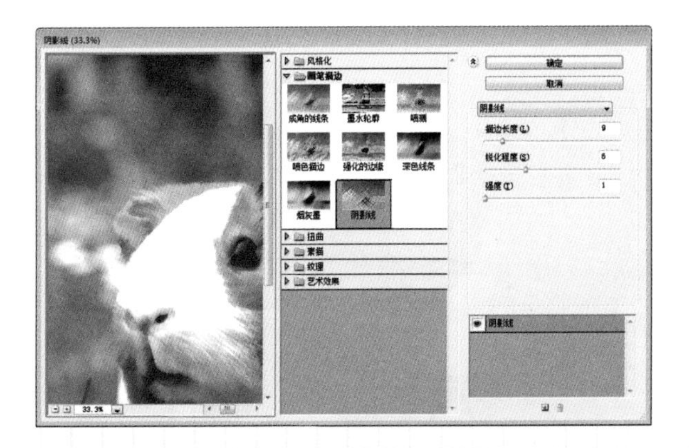

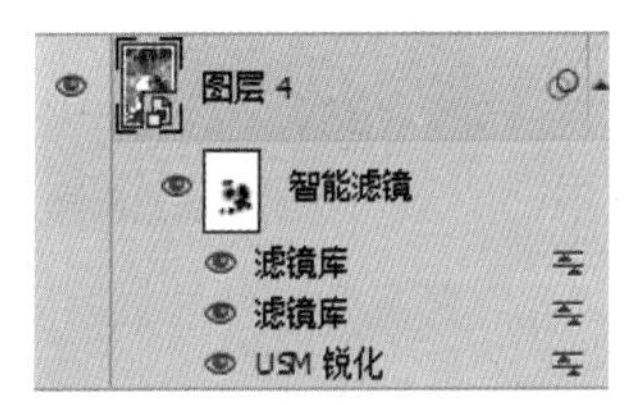

11 单击“创建新的填充或调整图层”按钮，在弹出的菜单中选择“色阶”选项并设置参数，调整画面的色阶。

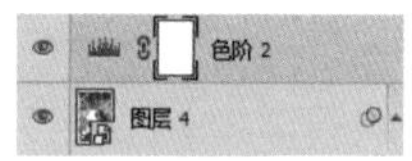

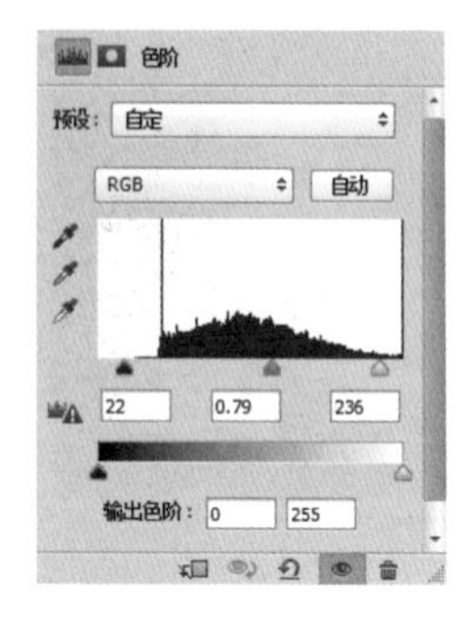

12 新建“图层 5”，设置前景色为嫩绿色（R137、G178、B48）。单击画笔工具，选择柔角画笔并适当调整大小及透明度，在图层上对除画面中兔子以外的部分涂抹。设置混合模式为“滤色”，“不透明度”为76%，制作彩色铅笔画的效果。

13 新建“图层 6”，设置前景色为嫩黄色（R253、G231、B159），在图层上对兔子的部分进行涂抹。设置混合模式为“颜色”，“不透明度”为 76%，制作彩色铅笔画的效果。

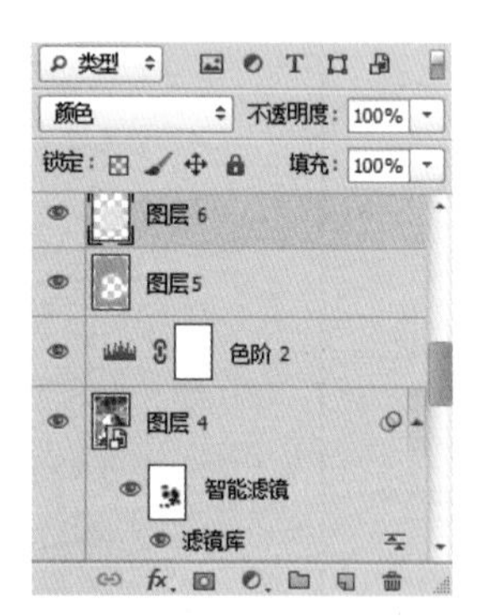

14 执行“文件 > 打开”命令，打开“个性铅笔插画 2.jpg”文件，将其拖曳到当前文件图像中，生成“图层 7”。设置混合模式为“颜色”，“不透明度”为70%，并添加蒙版适当涂抹。

15 打开“个性铅笔插画 .png”文件，将其拖曳到当前文件图像中，生成“图层 8”。将其放置于画面中合适的位置，按住 Ctrl 键并单击鼠标左键选择“图层 2”，再单击“添加图层蒙版”按钮。

16 选择“图层 8”，按快捷键 Ctrl+J 复制得到“图层 8 副本”。使用快捷键 Ctrl+T 变换图像大小，并将其放置于画面中合适的位置。

17 选择“图层 8”，按快捷键 Ctrl+J 复制得到“图层 8 副本 2”。将其移至图层上方，使用快捷键 Ctrl+T 变换图像大小和方向，并将其放置于画面中合适的位置。

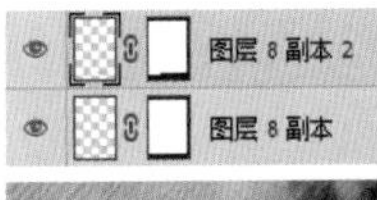

18 单击横排文字工具T，设置前景色为白色，输入所需文字。双击文字图层，在其属性栏中设置文字的字体样式及大小。使用快捷键 Ctrl+T 变换图像大小，并将其放置于画面中合适的位置。

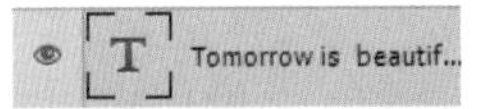

19 选择文字图层，单击“添加图层样式”按钮fx，选择“投影”、“外发光”选项并设置参数，制作文字图案样式。

20 继续单击横排文字工具T，设置前景色为白色，输入所需文字。双击文字图层，在其属性栏中设置文字的字体样式及大小。使用快捷键 Ctrl+T 变换图像大小，并将其放置于画面中合适的位置。单击“添加图层样式”按钮fx，选择“投影”、“外发光”选项并设置参数，制作文字图案样式。至此，本实例制作完成。

13.6.2 古典人物插画

设计思路

本实例是制作古典人物插画。画面中运用具有古典水墨画效果的绿色背景，为图像添加了一份清新的感觉，为制作古典人物插画做了铺垫。结合具有古典效果的人物将其抠出后，再结合多种滤镜效果，并依次新建图层，通过设置不同的前景色，使用画笔工具在人物各个位置上绘制，结合多种题材样式制作其插画效果。

光盘路径	第 13 章 \Complete\ 古典人物插画 .psd
视频路径	视频 \ 第 13 章 \ 古典人物插画 .swf

使用工具

画笔工具、图层蒙版、滤镜工具、图层混合模式

1 执行“文件 > 打开”命令，打开“古典人物插画 .jpg”文件，生成“背景”图层。打开“桥 .jpg”文件，将其拖曳到当前文件图像中，生成“图层 1”。将其放置于画面中合适的位置并添加蒙版适当涂抹，设置混合模式为“线性加深”。

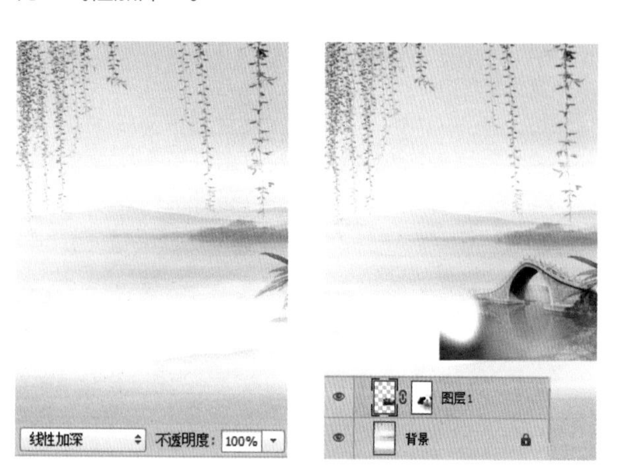

2 打开“小鸟 .png”文件，将其拖曳到当前文件图像中，生成“图层 2”。使用快捷键 Ctrl+T 变换图像大小，并将其放置于画面中合适的位置，制作画面的背景。

图层2
图层1

3 按住 Shift 键并选择“背景”图层~“图层 2”，按快捷键 Ctrl+G 新建“组 1”，将其重命名为“风景”。选择该组，按快捷键 Ctrl+J 复制得到“风景 副本”。

4 选择图层组，单击鼠标右键并选择“合并组”选项。继续单击鼠标右键并选择“转化为智能对象”选项，将其转换为智能对象图层。

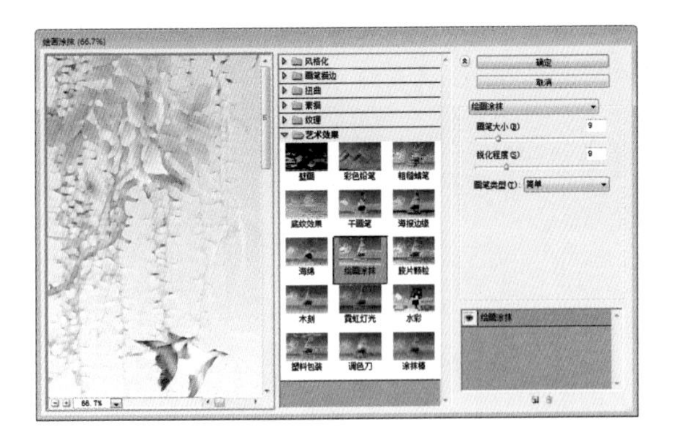

5 选择“风景 副本”图层，执行“滤镜 > 滤镜库 > 艺术效果 > 绘画涂抹”命令，并在弹出的对话框中设置参数。完成后单击“确定”按钮，制作画面的绘画效果。

6 单击“创建新的填充或调整图层”按钮，在弹出的菜单中选择“可选颜色”选项，在其中设置红色和黄色的参数。

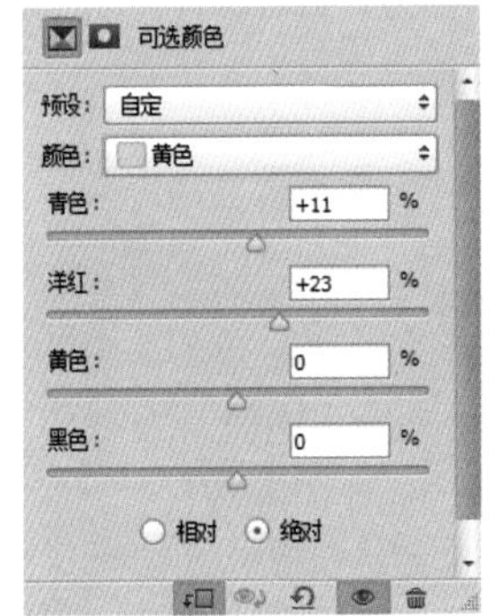

7 选择创建的“选取颜色 1”，并单击图框中“此调整影响到下面的所有图层”按钮，创建其图层剪贴蒙版，调整画面的色调。

8 打开“人物 .jpg”文件，将其拖曳到当前文件图像中，生成“图层 3”。单击“创建新的填充或调整图层”按钮，在弹出的菜单中选择“曲线”选项并设置参数。按快捷键 Shift+Ctrl+Alt+E 盖印图层，得到“图层 4”。

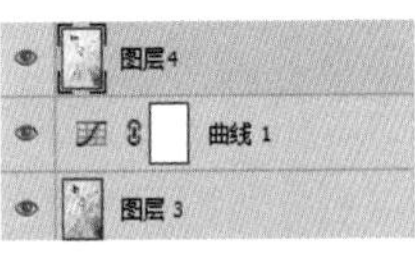

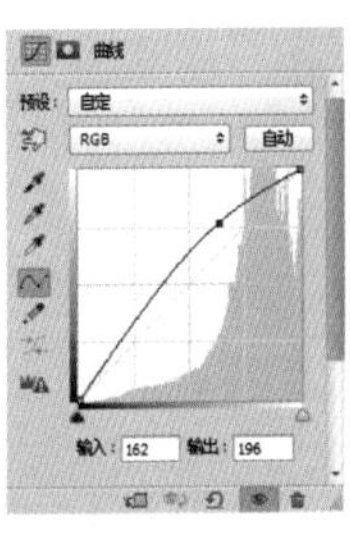

9 在“图层 4”上使用钢笔工具将人物抠出，并单击“添加图层蒙版”按钮，单击画笔工具选择柔角画笔并适当调整大小及透明度，在蒙版上对不需要的部分加以涂抹。

10 选择“图层 4”，单击鼠标右键并选择“转化为智能对象”选项，将其转换为智能对象图层。执行“滤镜 > 滤镜库 > 艺术效果 > 绘画涂抹”命令，并在弹出的对话框中设置参数。

11 设置完成后单击“确定”按钮，制作人物的绘画效果。单击“图层 3”和“曲线 1”图层的“指示图层可见性”按钮，关闭图层的可见性，人物即被放置于制作的背景中。

12 新建“图层 5”，设置前景色为白色。单击画笔工具选择柔角画笔并适当调整大小及透明度，在画面上人物脸上适当的位置为其涂抹高光。按住 Alt 键并单击鼠标左键，创建其图层剪贴蒙版。

13 新建“图层 6”，设置前景色为深棕色。单击画笔工具，选择柔角画笔并适当调整大小及透明度，在画面人物脸上轮廓处适当勾画出其隐约的轮廓。按住 Alt 键并单击鼠标左键，创建其图层剪贴蒙版。

14 新建“图层 7”，设置前景色为黄色。单击画笔工具，选择柔角画笔并适当调整大小及透明度，在画面上人物皮肤处适当地绘制颜色，并设置其混合模式为“颜色加深”。按住 Alt 键并单击鼠标左键，创建其图层剪贴蒙版，制作人物肤色。

15 新建“图层 8”，设置前景色为黄色。单击画笔工具，选择柔角画笔并适当调整大小及透明度，在画面上人物头发处适当的位置加以涂抹。按住 Alt 键并单击鼠标左键，创建其图层剪贴蒙版，制作绘制的效果。

16 新建“图层 9”，设置前景色为黄色。单击画笔工具，选择柔角画笔并适当调整大小及透明度，在画面上人物眼睛处适当涂抹。按住 Alt 键并单击鼠标左键，创建其图层剪贴蒙版，制作人物眼影的绘画效果。

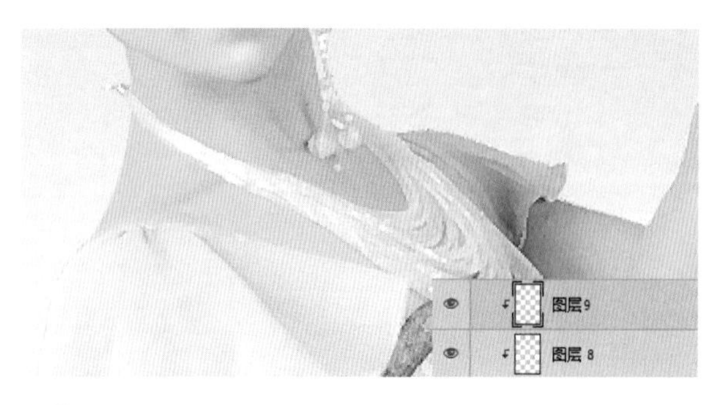

17 新建“图层 10”，设置前景色为白色。单击画笔工具，选择柔角画笔并适当调整大小及透明度，在画面上人物手臂的阴影上适当地涂抹。按住 Alt 键并单击鼠标左键，创建其图层剪贴蒙版。

18 新建“图层 11”，设置前景色为黄色。单击画笔工具，选择柔角画笔并适当调整大小及透明度，在画面上人物手臂的高光处涂抹，以减弱其真实感，制作绘画感。按住 Alt 键并单击鼠标左键，创建其图层剪贴蒙版。

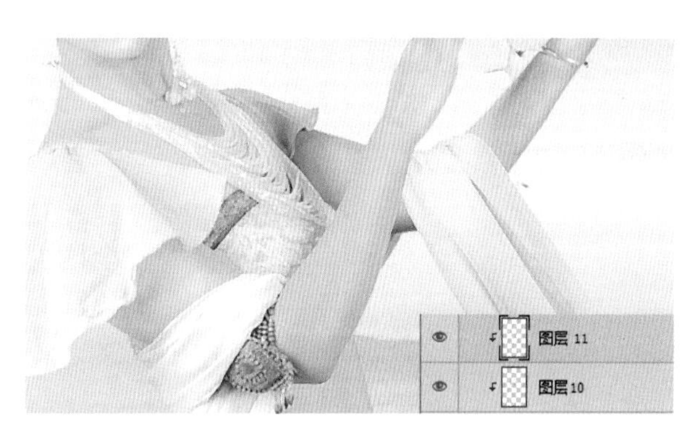

19 新建“图层 12”，设置前景色为黑色。单击画笔工具，选择柔角画笔并适当调整大小及透明度，在画面上人物手臂的轮廓上绘制线条。设置混合模式为“叠加”，制作绘画的效果。按住 Alt 键并单击鼠标左键，创建其图层剪贴蒙版。

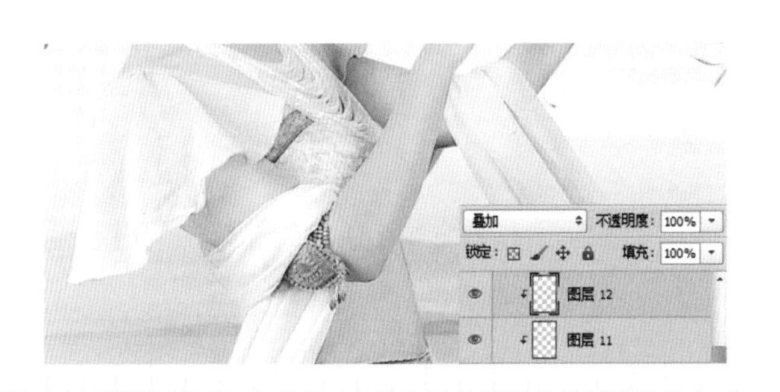

20 新建“图层 13”，设置前景色为红色。单击画笔工具，选择柔角画笔并适当调整大小及透明度，在画面上人物手的指甲上适当涂抹，制作其指甲油的效果。设置其混合模式为“颜色加深”，按住 Alt 键并单击鼠标左键，创建其图层剪贴蒙版。

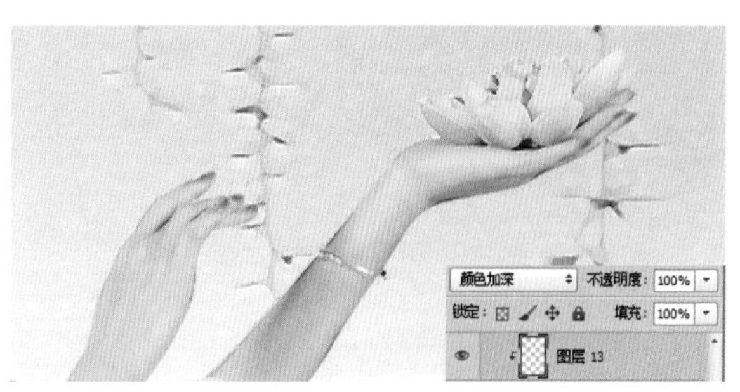

21 按住 Shift 键并选择“图层 4”~“图层 13”，按快捷键 Ctrl+G 新建“组 1”，并重命名为“皮肤”图层组。

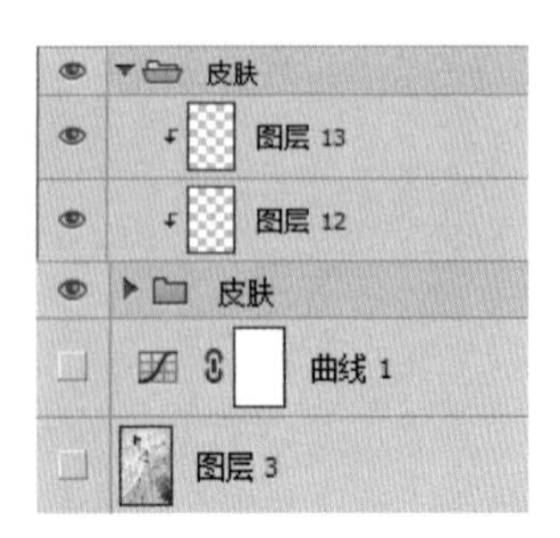

22 新建“图层 14”，设置前景色为橘红色。单击画笔工具，选择柔角画笔并适当调整大小及透明度，在画面上人物嘴巴处适当涂抹。设置混合模式为“亮光”，制作其嘴巴的绘画效果。

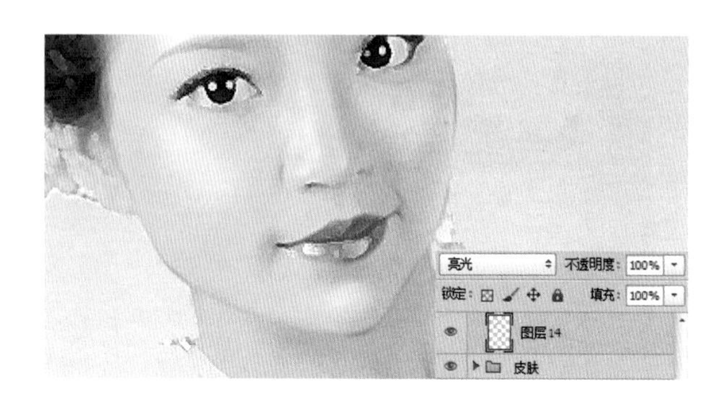

23 新建“图层 15”，设置前景色为深棕色。单击画笔工具，选择柔角画笔并适当调整大小及透明度，在画面上人物嘴巴处适当涂抹，绘制其唇部的绘画效果。

24 新建“图层 16”，设置前景色为橘红色。单击画笔工具，选择柔角画笔并适当调整大小及透明度，在画面上人物嘴巴高光处适当涂抹，使画面效果和谐。

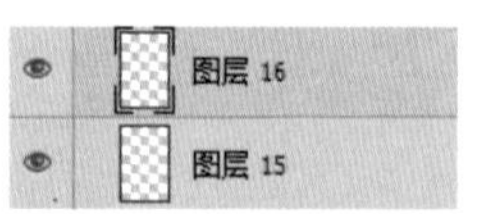

25 新建“图层 17”，设置前景色为白色。单击画笔工具，选择柔角画笔并适当调整大小及透明度，在画面上人物嘴巴上适当抹去些嘴部轮廓，并设置混合模式为“变亮”。

26 新建“图层 18”，单击画笔工具，选择尖角笔刷，设置“大小”为 7 像素，设置前景色为白色。然后单击钢笔工具，在图像上绘制曲线路径，绘制完成后单击鼠标右键并在弹出的菜单中选择“描边路径”选项。在弹出的“描边路径”对话框中设置“工具”为“画笔”，单击“确定”按钮，为路径添加白色描边。然后按快捷键 Ctrl+H 隐藏路径。

27 按住 Shift 键并选择“图层 14”~“图层 18”，按快捷键 Ctrl+G 新建“组 1”，并重命名为“嘴唇”图层组。

28 新建“图层 19”，设置前景色为黄色。单击画笔工具，选择柔角画笔并适当调整大小及透明度，在画面上人物鼻子上适当涂抹，制作绘画效果。按快捷键 Ctrl+G 新建“组 1”，并重命名为“鼻子”图层组。

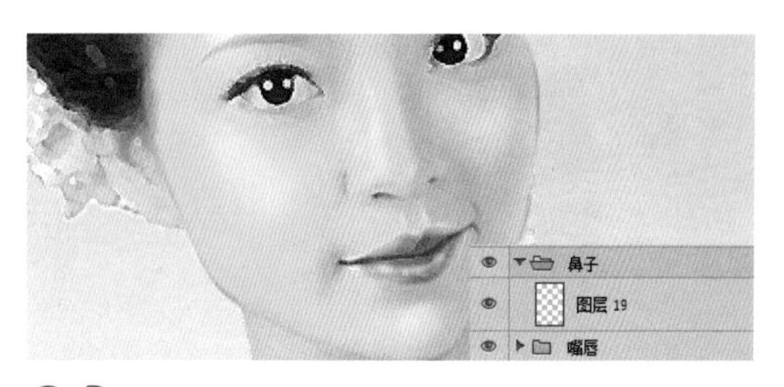

29 新建“图层 20”，设置前景色为黑色。单击画笔工具，选择柔角画笔并适当调整大小及透明度，在画面上人物眼睛上绘制眼线。

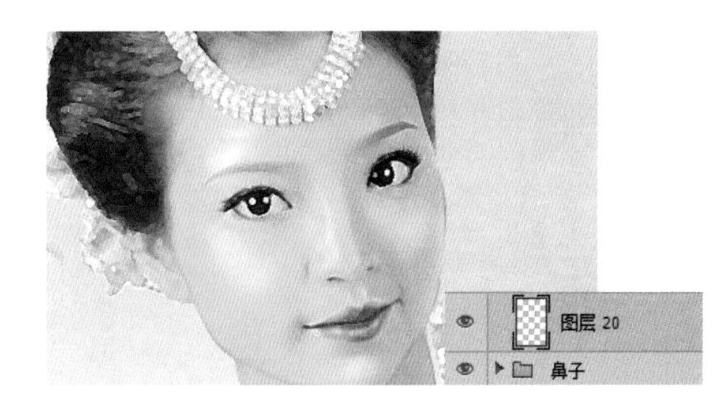

30 继续新建图层，结合画笔工具对人物眼睛部分进行刻画，表现绘画效果。在绘制的过程中，适当调整图层的混合模式，以使绘画效果更自然。

31 按住 Shift 键并选择“图层 20”~“图层 29”，按快捷键 Ctrl+G 新建“组 1”，并重命名为“眼睛”图层组。

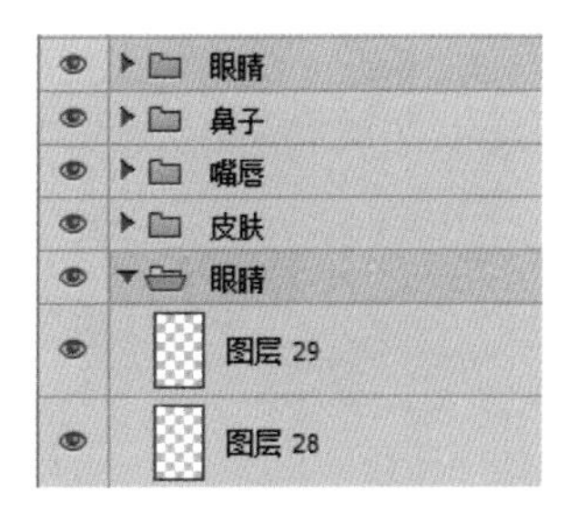

32 继续采用相同的方式，结合画笔工具与图层混合模式，在图像上对人物的头饰进行手绘效果绘制。

贴心巧计：快速设置画笔

在 Photoshop 中使用画笔工具进行绘制的过程中，通常可以结合键盘上的 [与] 键对画笔的大小进行设置。还可以通过按住键盘上的 Alt 键的同时按住鼠标右键不放，再左右移动鼠标对画笔的大小进行调整。上下移动鼠标则可以对画笔的柔角与尖角笔触效果进行调整，操作起来非常方便。

33 新建“图层 35”，设置前景色为亮黄色。单击画笔工具，选择需要的画笔样式，并适当调整大小及透明度，在画面上人物头发上适当涂抹。设置混合模式为“叠加”，制作头发上的光感。

34 新建“图层 36”，设置前景色为黑色。单击画笔工具，选择需要的画笔样式，并适当调整大小及透明度，在画面上人物头发上适当涂抹。设置混合模式为“叠加”，制作头发上的阴影效果。

35 按住 Shift 键并选择“图层 30”~“图层 36”，按快捷键 Ctrl+G 新建“组 1”，并重命名为“头发”图层组。

36 新建“图层 37”，设置不同的前景色。单击画笔工具，选择需要的画笔样式，并适当调整大小及透明度，在画面上的两个荷花处适当地涂抹上颜色阴影和高光，制作其立体的效果。

37 新建“图层 38”，设置前景色为红灰色。单击画笔工具，选择需要的画笔样式，并适当调整大小及透明度，在画面上人物的衣服上涂抹，设置混合模式为“颜色”。

38 新建“图层 39”，设置前景色为黄色。单击画笔工具，选择需要的画笔样式，并适当调整大小及透明度，在画面上人物的衣服上涂抹，设置混合模式为“颜色”。

39 新建“图层40”，设置前景色为粉红色。单击画笔工具，选择需要的画笔样式，并适当调整大小及透明度，在画面上人物衣服的丝带上适当涂抹，使丝带的颜色不要太亮，从而将其融合到画面中去。

40 新建“图层41”，设置前景色为橘红色。单击画笔工具，选择需要的画笔样式，并适当调整大小及透明度，在画面的人物衣服上继续涂抹。设置混合模式为“颜色加深”，制作画面衣服的橘红色调效果。

41 新建“图层42”，设置前景色为红色。单击画笔工具，选择需要的画笔样式，并适当调整大小及透明度，在画面上人物衣服上的丝带处涂抹。设置混合模式为“颜色加深”，制作衣服上的色彩效果。

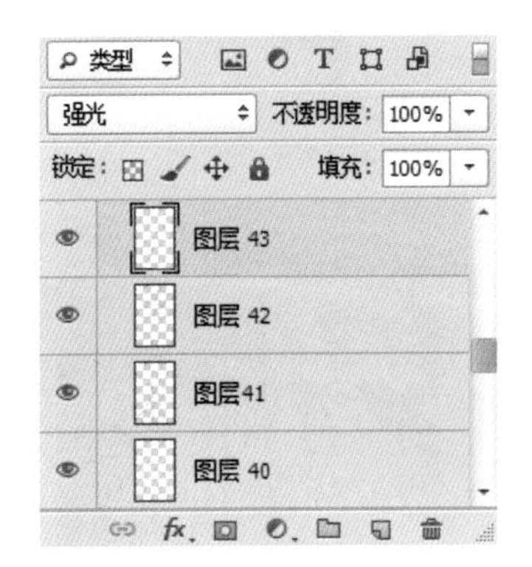

42 新建“图层43”，设置前景色为棕色。单击画笔工具，选择需要的画笔样式，并适当调整大小及透明度，在画面上人物衣服上的阴影处涂抹，制作其褶皱效果。

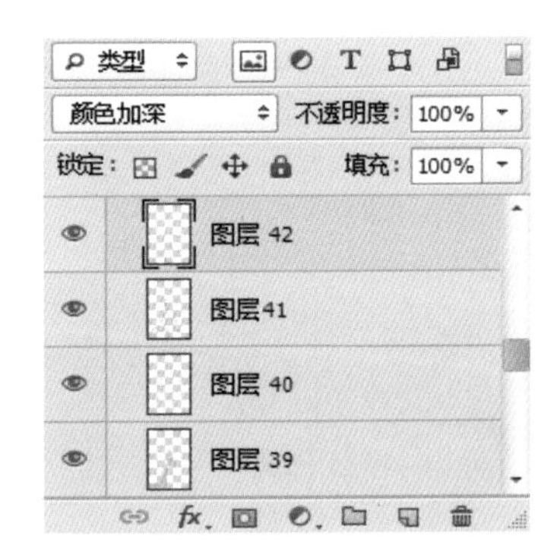

43 新建“图层44”，设置前景色为棕色。单击画笔工具，选择需要的画笔样式，并适当调整大小及透明度，在画面上人物衣服上的轮廓处适当涂抹，将人物皮肤上的轮廓勾勒出来，突出画面中人物的主体。

图层 44
图层 43

44 单击“创建新的填充或调整图层”按钮 ，在弹出的菜单中选择“色阶”选项并设置参数。按住 Ctrl 键并单击鼠标左键选择“图层 38”，得到衣服的选区。按快捷键 Shift+Ctrl+I 反选选中的选区，并将其填充为黑色，调整人物衣服的色阶。

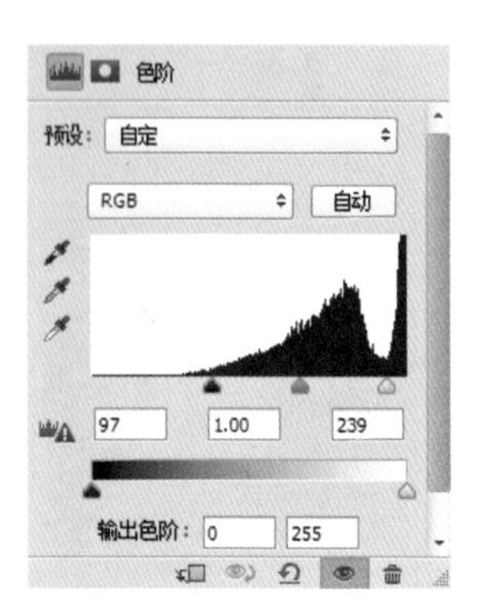

45 按住 Shift 键并选择“图层 38”～“色阶 1”图层，按快捷键 Ctrl+G 新建“组 1”，并重命名为“衣服”图层组。

46 新建“图层 45”， 设置不同的前景色。单击画笔工具 ，选择需要的画笔样式，并适当调整大小及透明度，在画面上人物的头上绘制其装饰的珠宝及其阴影。

47 打开“古典人物插画 3.png”文件，将其拖曳到当前文件图像中，生成“图层 46”。将其放置于画面下方，使用橡皮擦工具 将画面中覆盖人物的地方擦除。单击鼠标右键并选择“转化为智能对象”选项，将其转换为智能对象图层。

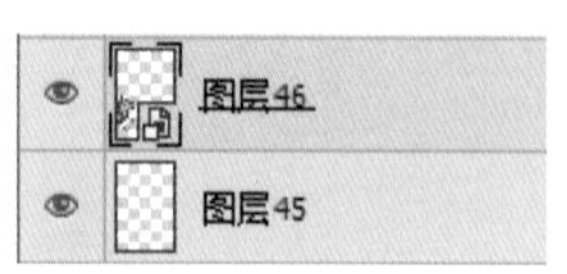

48 单击“添加图层蒙版”按钮 ，单击画笔工具 ，选择柔角画笔并适当调整大小及透明度，在蒙版上对不需要的部分加以涂抹。

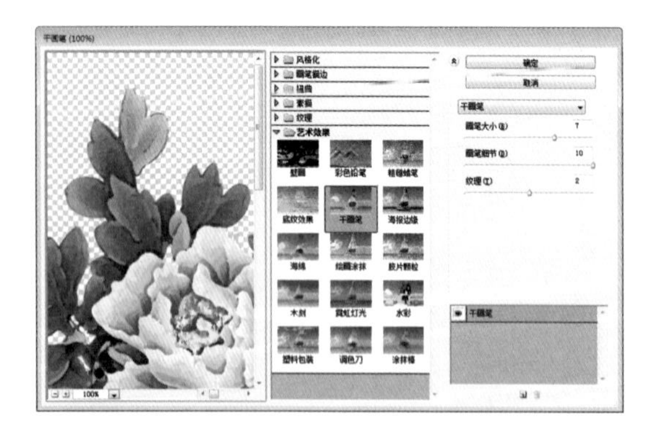

49 在“图层 46”上执行“滤镜 > 滤镜库 > 艺术效果 > 干笔画”命令，并在弹出的对话框中设置参数，制作画面中花朵的干笔画效果。

50 单击“创建新的填充或调整图层”按钮 ，在弹出的菜单中选择“可选颜色”选项并设置其“红色”及“绿色”选项的参数，选择“绝对”选项。

51 创建“选取颜色 2”，调整画面中的[illegible]色和绿色的色调。

52 新建“图层 47”，设置前景色为亮黄色。单击画笔工具 ，选择需要的画笔样式，并适当调整大小及透明度，在画面上添加的花朵图层上适当绘制，并设置其混合模式为“亮光”，制作画面的前后层次感。

53 单击“创建新的填充或调整图层”按钮 ，在弹出的菜单中选择“色相 / 饱和度”选项并设置参数。在其图层蒙版上使用套索工具 将花朵部分选择，按快捷键 Shift+Ctrl+I 反选选中的选区。设置前景色为黑色，按快捷键 Alt+Delete，填充其图层蒙版，制作画面中花朵的色相及饱和度。

54 选择“图层 46”，按快捷键 Ctrl+J 复制得到“图层 46 副本”。将其移至图层上方，并将其转换为智能对象图层。执行“滤镜 > 模糊 > 高斯模糊”命令，在弹出的对话框中设置参数，并添加蒙版适当涂抹，继续制作画面中花朵的层次感。

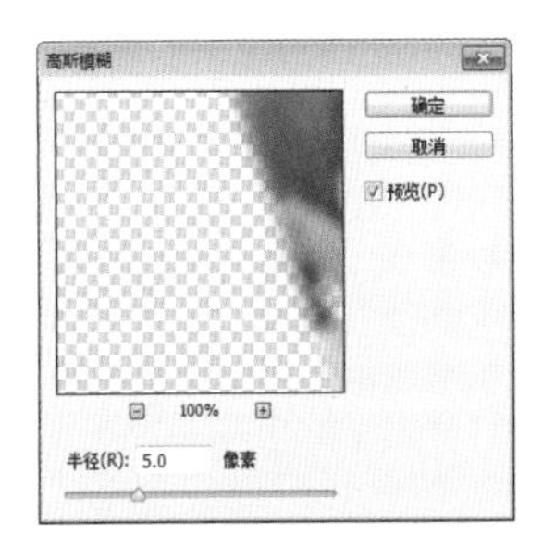

55 打开“古典人物插画 4.png”文件，将其拖曳到当前文件图像中，生成“图层 48”。使用快捷键 Ctrl+T 变换图像大小，将其放置于画面中合适的位置，并将其转换为智能对象图层。

56 …执行“滤镜 > 模糊 > 动感模糊”命令，并在弹出的对话框中设置参数，制作其飘落的样式。

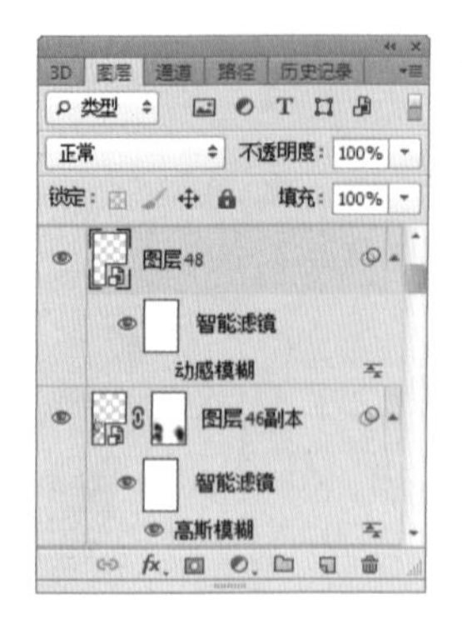

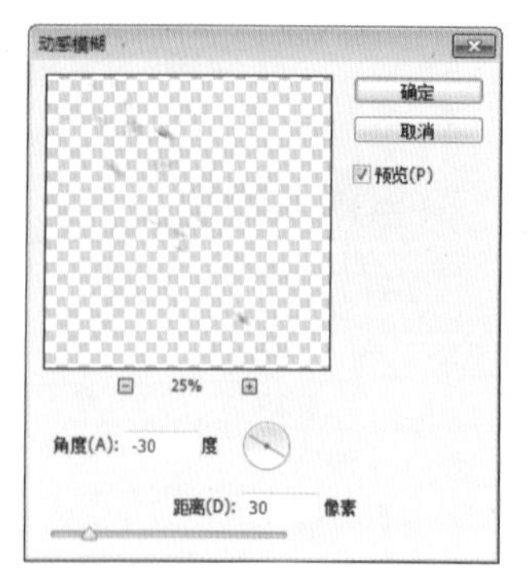

57 制作出具有晕染效果的花朵凋落的绘画样式效果。

小小提示：**模糊滤镜**

当“高斯模糊”、“方框模糊”、“动感模糊”或“形状模糊”应用于选定的图像区域时，有时会在选区的边缘附近产生意外的视觉效果。其原因是，这些模糊滤镜将使用选定区域之外的图像数据在选定区域内部创建新的模糊像素。例如，如果选区表示在保持前景清晰的情况下想要进行模糊处理的背景区域，则模糊的背景区域边缘将会沾染上前景中的颜色，从而在前景周围产生模糊、浑浊的轮廓。在这种情况下，为了避免产生此效果，可以使用“特殊模糊”或“镜头模糊”。

58 选择“图层 48”，按快捷键 Ctrl+J 复制得到“图 48 副本”。使用快捷键 Ctrl+T 变换图像大小，并将其移至图层右下角合适的位置。继续制作花朵调落的绘画样式效果。

59 继续选择“图层 48”，按快捷键 Ctrl+J 复制得到“图 48 副本 2”，并将其移至图层上方。使用快捷键 Ctrl+T 变换图像大小，并将其移至图层左下角合适的位置。

小小提示：**如何在画面上绘制需要的“描边路径”**

新建图层，单击画笔工具，选择尖角笔刷，设置“大小”为 7 像素，设置前景色。然后单击钢笔工具在图像上绘制曲线路径，绘制完成后单击鼠标右键并在弹出的菜单中选择“描边路径”选项，在弹出的“描边路径”对话框中设置“工具”为“画笔”，单击“确定”按钮，为路径添加黑色描边，然后按快捷键 Ctrl+H 隐藏路径。